2.1 位移动画

工程文件：第2章\位移动画
在线视频：第2章\2.1 位移动画.avi

2.3 旋转动画

工程文件：第2章\旋转动画
在线视频：第2章\2.3 旋转动画.avi

2.5 文字缩放动画

工程文件：第2章\文字缩放动画
在线视频：第2章\2.5 文字缩放动画.avi

2.7 梦幻汇集

工程文件：第2章\梦幻汇集
在线视频：第2章\2.7 梦幻汇集.avi

2.8 风沙汇集

工程文件：第2章\风沙汇集
在线视频：第2章\2.8 风沙汇集.avi

2.10 手绘效果

工程文件：第2章\手绘效果
在线视频：第2章\2.10 手绘效果.avi

2.12 穿越时空

工程文件：第2章\穿越时空
在线视频：第2章\2.12 穿越时空.avi

3.1 魔方旋转动画

工程文件：第3章\魔方旋转动画
在线视频：第3章\3.1 魔方旋转动画.avi

3.2 穿梭云层效果

工程文件：第3章\穿梭云层
在线视频：第3章\3.2 穿梭云层效果.avi

3.3 上升的粒子

工程文件：第3章\上升的粒子
在线视频：第3章\3.3 上升的粒子.avi

4.1 电视屏幕效果

工程文件：第4章\电视屏幕效果
在线视频：第4章\4.1 电视屏幕效果.avi

4.3 光晕文字

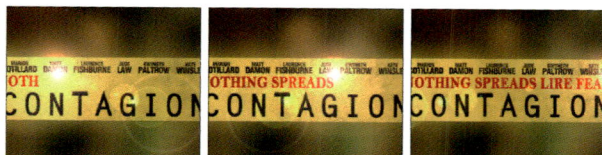

工程文件：第4章\光晕文字
在线视频：第4章\4.3 光晕文字.avi

4.9 打开的折扇

工程文件：第4章\打开的折扇
在线视频：第4章\4.9 打开的折扇.avi

5.3 色彩键抠像

工程文件：第5章\色彩键抠像
在线视频：第5章\5.3 色彩键抠像.avi

5.5 彩色光环

工程文件：第5章\彩色光环
在线视频：第5章\5.5 彩色光环.avi

6.2 跳动的声波

工程文件：第6章\跳动的声波
在线视频：第6章\6.2 跳动的声波.avi

6.4 制作水波浪

工程文件：第6章\水波浪
在线视频：第6章\6.4 制作水波浪.avi

7.3 位置跟踪动画

工程文件：第7章\跟踪动画
在线视频：第7章\7.3 位置跟踪动画.avi

7.4 旋转跟踪动画

工程文件：第7章\旋转跟踪动画
视频位置：第7章\7.4 旋转跟踪动画.avi

8.1 打字效果

工程文件：第8章\打字效果
视频位置：第8章\8.1 打字效果.avi

8.3 卡片翻转文字

工程文件：第8章\卡片翻转文字
视频位置：第8章\8.3 卡片翻转文字.avi

8.4 飘洒纷飞文字

工程文件：第8章\飘洒纷飞文字
视频位置：第8章\8.4 飘洒纷飞文字.avi

8.6 缥缈出字

工程文件：第8章\缥缈出字
视频位置：第8章\8.6 缥缈出字.avi

8.9 飞舞文字

工程文件：第8章\飞舞文字
视频位置：第8章\8.9 飞舞文字.avi

9.1 Shine（光）——炫丽扫光文字

工程文件：第9章\扫光文字动画
视频位置：第9章\9.1 Shine（光）——炫丽扫光文字.avi

9.2 Particular（粒子）——飞舞的彩色粒子

工程文件：第9章\飞舞的彩色粒子
视频位置：第9章\9.2 Particular（粒子）——飞舞的彩色粒子.avi

9.3 Particular（粒子）——旋转空间

工程文件：第9章\旋转空间
视频位置：第9章\9.3 Particular（粒子）——旋转空间.avi

9.4 Particular（粒子）——炫丽光带

工程文件：第9章\炫丽光带
视频位置：第9章\9.4 Particular（粒子）——炫丽光带.avi

10.4 万花筒效果

工程文件：第10章\万花筒效果
视频位置：第10章\10.4 万花筒效果.avi

10.5 闪电动画

工程文件：第10章\闪电动画
视频位置：第10章\10.5 闪电动画.avi

10.8 生长动画

工程文件：第10章\生长动画
视频位置：第10章\10.8 生长动画.avi

10.14 爆炸冲击波

工程文件：第10章\爆炸冲击波
视频位置：第10章\10.14 爆炸冲击波.avi

10.15 云彩字效果

工程文件：第10章\云彩字效果
在线视频：第10章\10.15 云彩字效果.avi

10.17 涌动的火山熔岩

工程文件：第10章\涌动的火山熔岩
在线视频：第10章\10.17 涌动的火山熔岩.avi

11.2 延时光线

工程文件：第11章\延时光线
在线视频：第11章\11.2 延时光线.avi

11.3 流光线条

工程文件：第11章\流光线条
在线视频：第11章\11.3 流光线条.avi

11.4 舞动的精灵

工程文件：第11章\舞动的精灵
在线视频：第11章\11.4 舞动的精灵.avi

11.7 连动光线

工程文件：第11章\连动光线
在线视频：第11章\11.7 连动光线.avi

12.1 流星雨效果

工程文件：第12章\流星雨效果
在线视频：第12章\12.1 流星雨效果.avi

12.2 滴血文字

工程文件：第12章\滴血文字
在线视频：第12章\12.2 滴血文字.avi

After Effects

全套影视特效制作典型实例

| 培训教材版 |

水木居士　编著

人民邮电出版社

北　京

图书在版编目（CIP）数据

After Effects全套影视特效制作典型实例：培训教材版 / 水木居士编著. -- 北京：人民邮电出版社，2021.2
ISBN 978-7-115-50548-4

Ⅰ．①A… Ⅱ．①水… Ⅲ．①图象处理软件—教材
Ⅳ．①TP391.413

中国版本图书馆CIP数据核字(2020)第056874号

内 容 提 要

全书按照由浅入深的写作方法，从基础内容开始，以实例为主，详细讲解了影视制作中应用较为普遍的非线性编辑基础、基础动画入门、合成与三维空间、遮罩与轨道跟踪、调色及键控抠像、音频特效、运动跟踪及画面稳定、绚丽的文字特效、插件炫彩动画、仿真自然特效、光线特效、影视特效、ID 演绎及宣传片、动漫合成、电视栏目包装、常见格式的输出与渲染等，全面详细地讲解了影视后期动画的制作技法。

本书附赠教学资源，包含所有案例的工程文件和在线教学视频，以及方便教师使用的教学 PPT 课件。本书适合想要从事影视制作、栏目包装、电视广告、后期编辑与合成的人员参考，也可作为培训学校、大中专院校相关专业的配套教材或上机实践指导用书。

◆ 编　著　水木居士
　　责任编辑　张丹阳
　　责任印制　马振武

◆ 人民邮电出版社出版发行　　北京市丰台区成寿寺路 11 号
　　邮编　100164　　电子邮件　315@ptpress.com.cn
　　网址　https://www.ptpress.com.cn
　　北京九州迅驰传媒文化有限公司印刷

◆ 开本：787×1092　1/16　　　彩插：2
　　印张：26　　　　　　　　　2021 年 2 月第 1 版
　　字数：738 千字　　　　　　2025 年 2 月北京第 15 次印刷

定价：79.00 元

读者服务热线：(010)81055410　印装质量热线：(010)81055316
反盗版热线：(010)81055315

前　言

● **软件简介**

After Effects是功能非常强大的视频特效处理软件，电影《钢铁侠》《幽灵骑士》《加勒比海盗》《绿灯侠》等都使用After Effects制作特效。After Effects的使用技能已成为影视后期编辑人员必备的技能之一。

现在，After Effects已经被广泛应用于数字和电影的后期制作中，而新兴的多媒体和互联网也为After Effects软件提供了广阔的发展空间。After Effects使用业界的动画和构图标准呈现电影般的视觉效果和细腻动态图形，并同时提供前所未见的出色效能。

● **本书内容介绍**

本书是一本专为影视动画后期制作人员编写的全实例型图书，为想在较短时间内学习并掌握After Effects软件在影视制作中的使用方法和技巧的读者量身打造，所有案例都是作者多年设计工作的积累，实用性强，理论与实践结合紧密，通过精选常用、实用的影视动画案例进行技术剖析和操作详解。

本书首先对After Effects软件的基础动画进行讲解，然后按照由浅入深的顺序，从基础内容开始，以实例为主，详细讲解了在影视制作中应用较为普遍的合成与三维空间、遮罩与轨道跟踪、调色及键控抠像、音频特效、运动跟踪及画面稳定、绚丽的文字特效、插件炫彩动画、仿真自然特效、光线特效、影视特效、ID演绎及宣传片、动漫合成、电视栏目包装、常见格式的输出与渲染等，对影视后期动画的制作技法也进行了详细的说明，对读者迅速掌握After Effects的使用方法和影视特效的专业制作技术非常有益。

对于初学者来说，本书是一本图文并茂，通俗易懂、细致全面的学习操作手册。对计算机动画制作、影视动画设计和专业创作人士来说，本书是一本较好的参考资料。

● **创作团队**

本书由水木居士编著，在创作的过程中，由于时间仓促，疏漏之处在所难免，希望广大读者批评指正。

如果在学习过程中发现问题，或有更好的建议，欢迎反馈给我们。

编　者

资源与支持

本书由"数艺设"出品，"数艺设"社区平台（www.shuyishe.com）为您提供后续服务。

配套资源

所有案例的工程文件
940分钟在线教学视频
PPT教学课件

资源获取请扫码

在线视频

提示：微信扫描二维码，点击页面下方的"兑"→"在线视频+资源下载"，输入51页左下角的5位数字，即可观看视频。

"数艺设"社区平台， 为艺术设计从业者提供专业的教育产品。

与我们联系

我们的联系邮箱是 szys@ptpress.com.cn。如果您对本书有任何疑问或建议，请您发邮件给我们，并请在邮件标题中注明本书书名及ISBN，以便我们更高效地做出反馈。

如果您有兴趣出版图书、录制教学课程，或者参与技术审校等工作，可以发邮件给我们；有意出版图书的作者也可以到"数艺设"社区平台在线投稿（直接访问 www.shuyishe.com 即可）。如果学校、培训机构或企业想批量购买本书或"数艺设"出版的其他图书，也可以发邮件联系我们。

如果您在网上发现针对"数艺设"出品图书的各种形式的盗版行为，包括对图书全部或部分内容的非授权传播，请您将怀疑有侵权行为的链接通过邮件发给我们。您的这一举动是对作者权益的保护，也是我们持续为您提供有价值的内容的动力之源。

关于"数艺设"

人民邮电出版社有限公司旗下品牌"数艺设"，专注于专业艺术设计类图书出版，为艺术设计从业者提供专业的图书、U书、课程等教育产品。出版领域涉及平面、三维、影视、摄影与后期等数字艺术门类，字体设计、品牌设计、色彩设计等设计理论与应用门类，UI设计、电商设计、新媒体设计、游戏设计、交互设计、原型设计等互联网设计门类，环艺设计手绘、插画设计手绘、工业设计手绘等设计手绘门类。更多服务请访问"数艺设"社区平台www.shuyishe.com。我们将提供及时、准确、专业的学习服务。

目　录

第❶章
非线性编辑基础入门

内容摘要

　　本章主要对影视后期制作的基础知识进行讲解，其中先对帧、场、电视制式及视频编码进行介绍，然后对色彩模式的种类和含义、色彩深度与图像分辨率、视频编辑的镜头表现手法、电影蒙太奇的表现手法、非线性编辑操作流程及视频采集基础进行讲解。

教学目标

- 了解帧、频率和场的概念
- 了解色彩模式的种类和含义
- 了解色彩深度与图像分辨率
- 掌握影视镜头的表现手法
- 了解电影蒙太奇表现手法
- 掌握非线性编辑操作流程

1.1 影视制作必备常识

1.1.1 图像的分辨率

　　分辨率是指在单位长度内所含有的像素点的多少，可以分为以下几种类型。

■ 屏幕分辨率

　　屏幕分辨率又称为屏幕频率，是指打印灰度级图像和分色所用的网屏上每英寸的点数，用每英寸上有多少行来测量。

■ 图像分辨率

　　图像分辨率指每英寸图像含有多少点或像素。分辨率的单位为dpi时，如200dpi代表该图像每英寸含有200个点；单位为ppi时，表示每英寸含有的像素数。

　　在数字化图像中，分辨率的大小直接影响图像的品质，分辨率越高，图像就越清晰，所产生的文件也就越大，在工作中所需的内存相应也会越大，CPU处理时间也越长。

■ 设备分辨率

　　设备分辨率是指每单位输出长度所代表的点数或像素。它与图像分辨率不同，图像分辨率可以更改，而设备分辨率则不可以更改。例如，常见的PC显示器、扫描仪、数码相机等设备，都有一个固定的分辨率。

1.1.2 色彩深度

　　色彩深度是指存储每个像素色彩所需要的位数，它决定了色彩的丰富程度，常见的色彩深度有以下几种。

■ 真彩色

　　组成一幅彩色图像的每个像素值中，有R、G、B三个基色分量，每个基色分量直接决定其基色的强度，这样合成产生的色彩就是真实的原始图像的色彩。平常所说的32位彩色，就是在24位之外还有一个8位的Alpha通道，表示每个像素的256种透明度等级。

■ 增强色

　　用16位来表示一种颜色，能表示65536种不同的颜色，远多于人眼所能分辨的数量。因此大多数操作系统都采用16位增强色选项。因为这种色彩空间的建立基于人眼对绿色最敏感的特性，所以其中红色分量占4位，蓝色分量占4位，绿色分量占8位。

索引色

用8位来表示一种颜色，一些较老的计算机硬件或文件格式只能处理8位的像素。三个色频在8位的显示设备上所能表现的色彩范围实在是太少了，因此8位的显示设备通常会使用索引色来表现色彩，其图像的每个像素值不分R、G、B分量，而是把它作为索引进行色彩变换，系统会根据每个像素的8位数值去查找颜色。8位索引色能表示256种颜色。

1.1.3 图像类型

平面设计软件可以处理的图像类型大致可以分为两种——位图图像和矢量图像。下面对这两种图像类型进行逐一介绍。

位图图像

位图图像的优点：能够制作出色彩和色调变化丰富的图像，可以逼真地表现自然界的景象，同时也可以很容易地在不同软件之间交换文件。

位图图像的缺点：无法制作真正的3D图像，并且图像缩放和旋转时会产生失真的现象，同时文件较大，对内存和硬盘空间容量的需求也较高。

用数码相机和扫描仪获取的图像都属于位图图像。

矢量图像

矢量图像的优点：矢量图像也可以说是向量式图像，它用数学的矢量方式来记录图像内容，以线条和色块为主。例如，一条线段的数据只需要记录两个端点的坐标、线段的粗细和色彩等，因此它的文件较小，也可以很容易地进行放大、缩小或旋转等操作，并且不会失真，精确度较高并可以制作3D图像。

矢量图像的缺点：不易制作色调丰富或色彩变化太多的图像，而且绘制出来的图形不是很逼真，无法像照片一样精确地描绘自然界的景象，同时也不易在不同的软件间交换文件。

1.2 镜头的一般表现手法

镜头是影视创作的基本单位，一个完整的影视作品，是通过一个一个的镜头完成的，离开独立的镜头，也就没有了影视作品。只有通过多个镜头的组合与设计的表现，才能完成整个影视作品镜头的制作，所以说，镜头的应用技巧也直接影响影视作品的最终效果。那么在影视作品中，常用镜头是如何表现的呢？下面详细讲解常用镜头的使用技巧。

1.2.1 推镜头

推镜头是拍摄中比较常用的一种拍摄手法，它主要利用摄像机前移或变焦来逐渐靠近要表现的主体对象，使人感觉一步一步走近要观察的事物，近距离观看某个事物。推镜头既可以表现同一个对象从远到近的变化，也可以表现从一个对象到另一个对象的变化。这种镜头的运用，主要突出要拍摄的对象或对象的某个部位，从而可以更清楚地看到整体与局部的关系。

图1.1所示为推镜头的应用效果。

图1.1 推镜头的应用

1.2.2 移镜头

移镜头也叫移动拍摄，它是将摄像机固定在移动的物体上作各个方向的移动来拍摄不动的物体，使不动的物体产生运动效果。摄像时将拍摄画面逐步呈现，形成巡视或展示的视觉感受，它将一些对象连贯起来加以表现，形成动态效果并组成影视动画加以展现，使主题逐渐明了。例如坐在奔驰的车上，观看窗外的景物，本来是不动的景物，但却感觉是在运动。这种拍摄手法多用于静物表现动态时的拍摄。

图1.2所示为移镜头的应用效果。

图1.2 移镜头的应用效果

1.2.3 跟镜头

跟镜头也称为跟拍，在拍摄过程中找到兴趣点，然后跟随进行拍摄，如在一个酒店中，开始拍摄的只是整个酒店中的大场面，然后跟随拍摄一名服务员在桌子间走来走去的镜头。跟镜头时，镜头与要表现的对象在画面中的相对位置一般保持不变，只是跟随它所经过的画面有所变化，就如一个人跟着另一个人穿过大街小巷一样，周围的事物在变化，而本身的跟随是没有变化的。跟镜头也是影视拍摄中比较常见的一种方法，它可以很好地突出主体，表现主体的运动速度、方向及体态等信息，给人一种身临其境的感觉。

图1.3所示为跟镜头的应用效果。

图1.3 跟镜头的应用效果

1.2.4 摇镜头

摇镜头也称为摇拍，在拍摄时摄像机不动，只摇动镜头作左右移动、上下移动或旋转等运动，使人感觉从对象的一个部位逐渐观看到另一个部位，如一个人站立不动、转动脖子来观看事物，就像我们常说的环视四周，其实就是这个道理。

摇镜头也是影视拍摄中经常用到的，如进入一个洞穴里，然后在上下、左右或环周拍摄时应用的就是摇镜头。摇镜头主要用来表现事物的逐渐呈现，一个又一个的画面不断进入镜头来完成对整个事物发展的观察。

图1.4所示为摇镜头的应用效果。

图1.4 摇镜头的应用

1.2.5 旋转镜头

旋转镜头是指被拍摄对象呈旋转效果的画面，镜头沿镜头光轴或接近镜头光轴的角度旋转拍摄，摄像机快速做超过360°的旋转拍摄，被拍对象与摄像机处于同一载体上做360°的旋转拍摄，这种拍摄手法多表现人物的晕眩感觉，是影视拍摄中常用的一种拍摄手法。

图1.5所示为旋转镜头的应用效果。

图1.5 旋转镜头的应用效果

1.2.6 拉镜头

拉镜头与推镜头正好相反，它主要是利用摄像机后移或变焦来完成，逐渐远离要表现的主体对象，使人感觉正一步一步远离要对准的事物。拉镜头可以远距离观看某个事物的整体效果，既可以表现同一个对象从近到远的变化，也可以表现一个对象到另一个对象的变化。这种镜头的应用，主要突出要拍摄的对象与整体的效果，从而更清楚地看到局部到整体的关系，把握全局。例如影视中常见的峡谷内部拍摄到整个峡谷外景拍摄，应用的就是拉镜头，再比如观察一件古董，从细部特征通过变焦看到整体，应用的也是拉镜头。

图1.6所示为拉镜头的应用效果。

图1.6 拉镜头的应用

1.2.7 甩镜头

甩镜头是快速地将镜头摇动，极快地转移到另一个景物，从而将画面切换到另一个内容，而中间的过程则产生模糊一片的效果，这种拍摄可以说明一种内容的突然过渡。

例如电影《冰河世纪》结尾部分松鼠撞到门上的一个镜头，通过甩镜头的应用，表现出松鼠撞到门而产生的撞击效果和眩晕效果。

图1.7所示为甩镜头的应用效果。

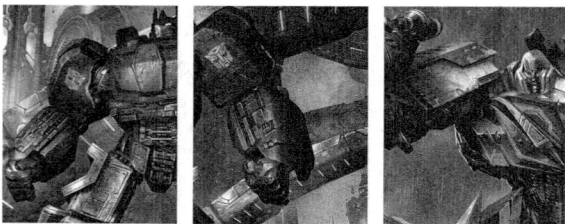

图1.7 甩镜头的应用效果

1.2.8 晃镜头

晃镜头的应用相对于前面的几种镜头要少一些，它主要应用在特定的环境中，让画面产生上下、左右或前后等的摇摆效果，主要用于表现精神恍惚、头晕目眩、乘车船等的摇晃效果，如表现一个喝醉酒的人物场景时，就要用到晃镜头，还有在坐船或坐车时由于道路不平所产生的颠簸效果。

图1.8所示为晃镜头的应用效果。

图1.8 晃镜头的应用效果

1.3 电影蒙太奇表现手法

蒙太奇是法语Montage的译音，原为建筑学用语，意为构成、装配。到了20世纪中期，电影艺术家将它引入到了电影艺术领域，意思转变为剪辑、组合剪接，即影视作品在创作过程中的剪辑组合。在无声电影时代，蒙太奇表现技巧和理论的内容只局限于画面之间的剪接，在后来出现了有声电影之后，影片的蒙太奇表现技巧和理论又包括了声画蒙太奇和声音蒙太奇技巧与理论，含义便更加广泛了。"蒙太奇"的含义有广义和狭义之分。狭义的蒙太奇专指对镜头画面、声音、色彩诸元素编排组接的手段，其中最基本的意义是画面的组合。而广义的蒙太奇不仅指镜头画面的组接，也指影视剧作从开始直到作品完成的整个过程中，艺术家的一种独特艺术思维方式。

1.3.1 蒙太奇技巧的作用

蒙太奇组接镜头与音效的技巧是决定一个影片成功与否的重要因素，它在影片中的表现有下列内容。

■ 表达寓意、创造意境

镜头的分割与组合，声画的有机组合、相互作用，可以给观众在心理上产生新的含义。单个的镜头、单独的画面或声音只能表达其本身的具体含义，使用蒙太奇技巧和表现手法可以使一系列没有任何关联的镜头或画面产生特殊的含义，表达出创作者的寓意，甚至还可以产生特定的含义。

■ 选择和取舍、概括与集中

一部几十分钟的影片，是从许多素材镜头中挑选出来的。这些素材镜头不仅内容、构图、场面调度均不相同，甚至连摄像机的运动速度都有很大的差异，有时还存在一些重复。编导必须根据影片所要表现的主题和内容，认真对素材进行分析和研究，慎重、大胆地进行取舍和筛选，重新进行镜头的组合，尽量增强画面的可视性。

■ 引导观众注意力、激发联想

每一个单独的镜头都只能表现一定的具体内容，但组接后就有了一定的顺序，可以严格地规范、引导并影响观众的情绪和心理，启迪观众进行思考。

■ 可以创造银幕（屏幕）上的时间概念

运用蒙太奇技巧可以对现实生活和空间进行裁剪、组织、加工和改造，使得影视时空所表现的现实生活和影片内容的领域极为广阔，延伸了银幕（屏幕）的空间，达到了跨越时空的作用。

■ 蒙太奇技巧使得影片的画面形成不同的节奏

蒙太奇可以把客观因素（信息量、人物和镜头的运动速度、色彩声音效果、音频效果及特技处理等）和主观因素（观众的心理感受）进行综合研究，通过镜头之间的剪接，将内部节奏和外部节奏、视觉节奏和听觉节奏有机结合，使影片的节奏丰富多彩、生动自然而又和谐统一，产生强烈的艺术感染力。

1.3.2 镜头组接蒙太奇

这种镜头的组接不考虑音频效果和其他因素，根据其表现形式，将这种蒙太奇分为两大类：叙述蒙太奇和表现蒙太奇。

■ 叙述蒙太奇

在影视艺术中又被称为叙述性蒙太奇，它是按照情节的发展时间、空间、逻辑顺序及因果关系来组接镜头、场景和段落，表现了事件的连贯性，推动情节的发展，引导观众理解内容，是影视节目中最基本、最常用的叙述方法。其优点是脉络清晰、逻辑连贯。叙述蒙太奇的叙述方法在具体的操作中还分为连续蒙太奇、平行蒙太奇、交叉蒙太奇以及重复蒙太奇等几种具体方式。

▶ 连续蒙太奇。这种影视的叙述方法类似于小说叙述手法中的顺叙方式。一般来讲它有一个明朗的主线，按照事件发展的逻辑顺序，有节奏地连续叙述。这种叙述方法比较简单，在线索上也比较明朗，能使所要叙述的事件通俗易懂。但同时也有自己的不足，一

个影片中过多地使用连续蒙太奇手法会给人拖沓冗长的感觉。因此在进行非线性编辑的时候，需要考虑到这些方面的内容，最好与其他的叙述方式有机结合，互相配合使用。

▶ 平行蒙太奇。这是一种分叙式表达方法，将两个或两个以上的情节线索分头叙述，但仍统一在一个完整的情节之中。这种方法有利于概括集中，节省篇幅，扩大影片的容量，由于平行表现，相互衬托，可以形成对比、呼应，产生多种艺术效果。

▶ 交叉蒙太奇。这种叙述手法与平行蒙太奇一样，平行蒙太奇手法只重视情节的统一和主题的一致，以及事件的内在联系和主线的明朗。而交叉蒙太奇强调的是并列的多个线索之间的交叉关系、事件的统一性和对比性，以及这些事件之间的相互影响和相互促进，最后将几条线索汇合为一。这种叙述手法能造成强烈的对比和激烈的气氛，加强矛盾冲突的尖锐性，引起悬念，是控制观众情绪的一个重要手段。

▶ 重复蒙太奇。这种叙述手法是让代表一定寓意的镜头或场面在关键时刻反复出现，造成强调、对比、呼应和渲染等艺术效果，以达到加深寓意的效果。

■ 表现蒙太奇

这种蒙太奇表现在影视艺术中也被称为对称蒙太奇，它是以镜头序列为基础，通过相连或相叠镜头在形式或内容上的相互对照、冲击，从而产生单独镜头本身不具有的或更为丰富的含义，以表达创作者的某种情感，也给观众在视觉上和心理上造成强烈的印象，增加感染力，激发观众的联想，启迪观众思考。表现蒙太奇技巧的目的不是叙述情节，而是表达情绪、表现寓意和揭示内在的含义，其表现形式又有以下几种。

▶ 隐喻蒙太奇。这种叙述手法通过镜头（或场面）的队列或交叉表现进行分类，含蓄而形象地表达创作者的某种寓意或对某个事

件的主观情绪。它往往是将不同的事物之间具有某种相似的特征表现出来，目的是引起观众的联想，让他们领会创作者的寓意，领略事件的主观情绪色彩。这种表现手法将巨大的概括力和简洁的表现手法相结合，具有强烈的感染力和形象表现力。在要制作的节目中，必须将要隐喻的因素与所要叙述的线索相结合，这样才能达到想要表达的艺术效果。用来隐喻的要素必须与所要表达的主题一致，并且能够在表现手法上补充说明主题，不能脱离情节生硬插入，因而要求这一手法必须运用得贴切、自然、含蓄和新颖。

► 对比蒙太奇。这种蒙太奇表现手法在镜头的内容上或形式上造成一种对比，给人一种反差感受。通过内容的相互协调和对比冲突，表达作者的某种寓意或某些话所表现的内容、情绪和思想。

► 心理蒙太奇。这种表现技巧是通过镜头组接，直接、生动地表现人物的心理活动、精神状态，如人物的回忆、梦境、幻觉及想象等心理，甚至是潜意识的活动，这种手法往往用在表现追忆的镜头中。心理蒙太奇表现手法的特点是形象的片断性、叙述的不连贯性，多用交叉、队列及穿插的手法表现，带有强烈的主观色彩。

1.3.3 声画组接蒙太奇

在无声电影时代，画面上主要是以演员的表情和动作来引起观众的联想，达到声画的默契。后来又通过幕后语言配合或人工音响如钢琴、留声机、乐队的伴奏与屏幕结合，进一步提高了声画融合的艺术效果。为了真正达到声画一致，把声音作为影视艺术的表现元素，则是利用录音、声电光感应胶片技术和磁带录音技术，把声音作为影视艺术的一个有机组成部分合并到影视节目之中。

■ 影视语言

影视艺术是声画艺术的结合物，离开两者之中的任何一个都不能成为现代影视艺术。在声

音元素里，包括了影视的语言因素，在影视艺术中，对语言的要求是不同于其他艺术形式的，它有着自己特殊的要求和规则，可以归纳为以下几方面。

（1）语言的连贯性，声画和谐

在影视节目中，如果把语言分解开，会发现它不像一篇完整的文章，段落之间也不一定有着严密的逻辑性。但如果将语言与画面相配合，就可以看出节目整体的不可分割性和严密的逻辑性。这种逻辑性，表现在语言和画面是互相渗透、有机结合的。在声画组合中，有时以画面为主，说明画面的抽象内涵；有时以声音为主，画面只是作为形象的提示。根据以上分析，影视语言有以下特点和作用：深化和升华主题，将形象的画面用语言表达出来；语言可以抽象概括画面，将具体的画面表现为抽象的概念；语言可以表现不同人物的性格和心态；语言可以衔接画面，使镜头过渡流畅；语言可以代替画面，将一些不必要的画面省略掉。

（2）语言的口语化、通俗化

影视节目面对的观众是多层次化的，除了特定的一些影片外，都应该使用通俗语言。所谓的通俗语言，就是影片中使用的口头语、大白话。如果语言不通俗，让人费解、难懂，会让观众在观看时分心，这种听觉上的障碍会妨碍到视觉功能，会影响到观众对画面的感受和理解，就不能取得良好的视听效果。

（3）语言简练概括

影视艺术是以画面为基础的，所以，影视语言必须简明扼要，点明则止，剩下的时间和空间都要用画面来表达，让观众在有限的时空里自由想象。

解说词与画面也必须是同步的，但如果语言不精练、表达过多，会使观众的听觉和视觉都处于紧张状态，顾此失彼，这样就会对听觉起干扰和掩蔽的作用。

（4）语言准确贴切

由于影视画面是展示在观众眼前的，任何细节对观众来说都是一览无余的，因此对于影视语言的要求是相当精确的。每句台词，都必须经得

起观众的考验，这就不同于广播的语言，即使不够准确还能够混过听众的听觉。在视听画面的影视节目前，观众既可以看清画面，又可以听见声音效果，互相对照，稍有差错，就能够被观众轻易发现。

如果对同一画面可以有不同的解说和说明，就要检查画面是否准确、语言是否合理。如果发生矛盾，则很有可能是语言的不准确表达造成的。

■ 语言录音

影视节目中的语言录音包括对白、解说、旁白和独白等。为了提高录音效果，必须注意解说员的声音素质、录音的技巧及方式。

（1）解说员的素质

一名合格的解说员必须充分理解剧本，对剧本内容的重点做到心中有数，对一些比较专业的词语必须理解，读的时候还要抓住主题，确定语音的基调，即总的气氛和情调。在台词对白上必须符合人物形象的性格，解说时语言要流利，不能含混不清。

（2）录音

录音在技术上要求尽量创造有利的物质条件，保证良好的音质音量，尽量在专业的录音棚进行录制。在进行解说录音的时候，需要对画面进行编辑，让配音员观看后再进行配音。

（3）解说的形式

在影视节目中，解说的形式多种多样，需要根据影片的内容而定。大致可以分为3类，第一人称解说、第三人称解说以及第一人称解说与第三人称解说交替的自由形式。

■ 影视音乐

在电影史上，默片电影一出现就与音乐有着密切的联系。早在1896年，卢米埃尔兄弟的影片就使用了钢琴伴奏的形式。后来逐渐完善，将音乐逐渐渗透到影片中，而不再是外部的伴奏形式。再到后来有声电影出现后，影视音乐更是发展到了一个更加丰富多彩的阶段。

（1）影视音乐的特点和作用

一般音乐都是作为一种独特的听觉艺术形式来满足人们的艺术欣赏要求的。而一旦成为影视音乐，它将丧失自己的独立性，成为某一个节目的组成部分，服从影视节目的总要求，以影视的形式表现。

影视音乐的目的性：影视节目的内容、对象和形式的不同，决定了各种影视节目音乐的结构和目的的表现形式各有特点，即使同一首歌或同一段乐曲，在不同的影视节目中也会产生不同的作用和目的。

影视音乐的融合性：融合性也就是影视音乐必须和其他影视因素结合，因为音乐本身在表达感情的程度上往往不够准确，但如果与语言、音响和画面融合，就可以突破这种局限性。

（2）音乐的分类

按照影视节目的内容区分：如故事片音乐、新闻片音乐、科教片音乐、美术片音乐及广告片音乐。

按照音乐的性质划分：抒情音乐、描绘性音乐、说明性音乐、色彩性音乐、戏剧性音乐、幻想性音乐、气氛性音乐及效果性音乐。

按照影视节目的段落划分音乐类型：片头主题音乐、片尾音乐、片中插曲及情节性音乐。

（3）音乐与画面的结合形式

音乐与画面同步：表现为音乐与画面紧密结合，音乐情绪与画面情绪基本一致，音乐节奏与画面节奏完全吻合。音乐强调画面提供的视觉内容，起到解释画面、烘托气氛的作用。

音乐与画面平行：音乐不是直接地追随或解释画面内容，也不是与画面处于对立状态，而是以自身独特的表现方式从整体上揭示影片的内容。

音乐与画面的对立：音乐与画面之间在情绪、气氛、节奏及内容上互相对立，使音乐具有寓意性，从而深化影片的主题。

（4）音乐设计与制作

专门谱曲：这是音乐创作者和导演充分交换对影片的构思、创作意图后设计的，其中包括音乐的风格、主题音乐的特征、主题音乐的性格特征、音乐的布局、高潮的分布、音乐与语言、音响在影视中的有机安排以及音乐的情绪等要素。

音乐资料改编：根据需要将现有的音乐进行改编，但所配的音乐要与画面的时间保持一致，有头有尾。改编的方法有很多，如将曲子中间一些不需要的段落舍去，去掉重复的段落，还可以将音乐的节奏进行调整，这在非线性编辑系统中是相当容易实现的。

影视音乐的转换技巧：在非线性编辑中，画面需要转换技巧，音乐也需要转换技巧，并且很多画面的转换技巧对于音乐同样是适用的。

切：音乐的切入点和切出点最好选择在解说和音响之间，这样不容易引起注意，音乐的开始也最好选择这个时候，这样会切得不露痕迹。

淡：在配乐的时候，如果找不到合适长度的音乐，可以取其中的一段、头部或者尾部。在录音的时候，可以对其进行淡入处理或淡出处理。

1.4 数字视频基础

1.4.1 视频基础

所谓视频，即由一系列单独的静止图像组成，每秒钟连续播放静止图像，利用人眼的视觉残留现象，在观者眼中产生的平滑而连续活动的影像。

- ▶ 帧：一帧是扫描获得的一幅完整图像的模拟信号，是视频图像的最小单位。
- ▶ 帧率：每秒钟扫描多少帧。对于PAL制式电视系统，帧率为25帧；而NTSC制式电视系统，帧率为30帧。
- ▶ 场：视频的一个扫描过程，有逐行扫描和隔行扫描。对于逐行扫描，一帧即是一个垂直扫描场；对于隔行扫描，一帧由奇数场和偶数场两行构成，用两个隔行扫描场表示一帧。

1.4.2 电视制式简介

电视的制式就是电视信号的标准。它的区分主要在帧频、分辨率、信号带宽、载频以及色彩空间的转换关系上。不同制式的电视机只能接收和处理相应制式的电视信号，但现在也出现了多制式或全制式的电视机，为处理不同制式的电视信号提供了极大的方便。全制式电视机可以在各个国家（地区）使用。目前各个国家（地区）的电视制式并不统一，全世界目前有三种电视制式。

PAL制式

PAL制式即逐行倒相正交平衡调幅制。它是德国在1962年制定的彩色电视广播标准，它克服了NTSC制式色彩失真的缺点。根据不同的参数细节，它又可以分为G、I、D等制式。

NTSC制式（N制）

NTSC制式是由美国国家电视标准委员会于1952年制定的彩色广播标准，它采用正交平衡调幅技术（正交平衡调幅制）。NTSC制式有色彩失真的缺陷。

SECAM制式

SECAM是法文"顺序传送彩色信号与存储恢复彩色信号制"的缩写，由法国在1956年提出、1966年制定的一种新的彩色电视制式。它克服了NTSC制式相位失真的缺点，采用时间分隔法来逐行依次传送两个色差信号。

1.4.3 视频时间码

一段视频片段的持续时间、开始帧和结束帧通常用时间单位和地址来计算，这些时间和地址被称为时间码（简称时码）。时间码用来识别和记录视频数据流中的每一帧，从一段视频的起始帧到终止帧，每一帧都有一个唯一的时间码地址，这样在编辑时利用它可以准确地在素材上定位出某一帧的位置，以方便安排编辑和实现视频和音频的同步。这种同步方式叫作帧同步。"动画和电视工程师协会"采用的时间码标准为SMPTE，其格式为小时:分钟:秒:帧，如一个PAL制式的素材片段表示为0:01:30:13，即它持续1分30秒13帧，换算成帧单位就是2263帧，如果播放的帧速率为25fps，那么这段素材可以播放约90.5秒。

电影、电视行业中使用的帧率各不相同，但它们都有各自对应的SMPTE标准，如PAL采用25帧/秒或24帧/秒，NTSC制式采用30帧/秒或29.97帧/秒。早期黑白电视采用29.97帧/秒而非30帧/秒，这样就会产生一个问题，即在时间码与实际播放之间产生0.1%的误差。为了解决这个问题，设计出了帧同步技术，这样可以保证时间码与实际播放时间一致。与帧同步格式对应的是帧不同步格式，它会忽略时间码与实际播放帧之间的误差。

1.4.4 压缩编码的种类

视频压缩是视频输出工作中不可缺少的一部分，由于计算机硬件和网络传输速率的限制，视频在存储或传输时会出现文件过大的情况，为了避免这种情况，在输出文件的时候就会选择合适的方式对文件进行压缩，这样才能很好地解决传输和存储时出现的问题。压缩就是将视频文件的数据信息通过特殊的方式进行重组或删除来达到减小文件大小的过程。压缩可以分为以下几种方式。

▶ 有损和无损压缩：在视频压缩中有损（Lossy）和无损（Lossless）的概念与静态图像中基本类似。无损压缩也即压缩前和解压缩后的数据完全一致。多数的无损压缩都采用RLE行程编码算法。有损压缩意味着解压缩后的数据与压缩前的数据不一致。在压缩的过程中要丢失一些人眼和人耳所不敏感的图像或音频信息，而且丢失的信息不可恢复。

▶ 帧内和帧间压缩：帧内（Intraframe）压缩也称为空间压缩（Spatial compression）。当压缩一帧图像时，仅考虑本帧的数据而不考虑相邻帧之间的冗余信息，这实际上与静态图像压缩类似。帧内一般采用有损压缩算法，帧内压缩一般达不到很高的压缩；帧间压缩也称为时间压缩（Temporal compression），它通过比较时间轴上不同帧之间的数据进行压缩。帧间压缩一般是无损的。

▶ 对称和不对称编码：对称性（symmetric）

是压缩编码的一个关键特征。对称意味着压缩和解压缩占用相同的计算处理能力和时间，对称算法适合于实时压缩和传送视频，如视频会议应用就以采用对称的压缩编码算法为好。而在电子出版和其他多媒体应用中，一般是把视频预先压缩处理好，然后再播放，因此可以采用不对称（asymmetric）编码。不对称或非对称意味着压缩时需要花费大量的处理能力和时间，而解压缩时则能较好地实时回放。一般地说，压缩一段视频的时间比回放（解压缩）该视频的时间要多得多。

1.4.5 压缩编码的方式

压缩不是单纯地为了减小文件，而是要在保证画面的同时来达到减小文件大小的目的，不能只管压缩而不计损失，要根据文件的类别选择合适的压缩方式，这样才能更好地达到压缩的目的，常用的视频和音频压缩方式有以下几种。

▮ Microsoft Video 1

这种方式针对模拟视频信号进行压缩，是一种有损压缩方式，支持8位或16位的影像深度，适用于Windows平台。

▮ IntelIndeo（R）Video R3.2

这种方式适合制作在CD-ROM上播放的24位的数字电影，和Microsoft Video 1相比，它能得到更高的压缩比和质量，以及更快的回放速度。

▮ DivX MPEG-4（Fast-Motion）和 DivX MPEG-4（Low-Motion）

这两种压缩方式是Premiere Pro增加的算法，压缩基于DivX播放的视频文件。

▮ Cinepak Codec by Radius

这种压缩方式可以压缩彩色或黑白图像，适合压缩24位的视频信号，制作用于CD-ROM播放或网上发布的文件。和其他压缩方式相比，利用它可以获得更高的压缩比和更快的回放速度，但压缩速度较慢，而且只适用于Windows平台。

▌Microsoft RLE

这种方式适合压缩具有大面积色块的影像素材，如动画或计算机合成图像等。它使用RLE（run length encoding）方式进行压缩，是一种无损压缩方案，适用于Windows平台。

▌Intel Indeo 5.10

这种方式适合于所有基于MMX技术或Pentium II以上处理器的计算机。它具有快速的压缩选项，并可以灵活设置关键帧，具有很好的回放效果；适用于Windows平台，作品适合网上发布。

▌MPEG

在非线性编辑时最常用的是MJPEG算法，即Motion JPEG。它将视频信号50场/秒（PAL制式）变为25帧/秒，然后按照25帧/秒的速度使用JPEG算法对每一帧进行压缩。通常压缩倍数在3.5~5倍时可以达到Betacam的图像质量。MPEG算法适用于动态视频的压缩，除了对单幅图像进行编码外还利用图像序列中的相关原则，将冗余去掉，这样可以大大提高视频的压缩比。 目前MPEG-I用于VCD节目中，MPEG-II用于VOD、DVD节目中。

其他还有很多方式，如Planar RGB、Cinepak、Graphics、Motion JPEG A和Motion JPEG B、DV NTSC和DV PAL、Sorenson、Photo-JPEG、H.263、Animation及None等。

1.5 非线性编辑流程

一般非线性编辑的操作流程可以简单地分为导入、编辑处理和输出影片3部分。由于非线性编辑软件的不同，又可以细分为更多的操作步骤。以After Effects为例，可以简单地分为5个步骤，具体说明如下。

▌总体规划和准备

在制作影视节目前，首先要清楚自己的创作

意图和要表达的主题，应该有一个分镜头稿本，由此确定作品的风格。它的主要内容包括素材的取舍，各个片段持续的时间，片段之间的连接顺序和转换效果，以及片段需要的视频特效、抠像处理和运动处理等。

确定了自己创作的意图和要表达的主题手法后，还要着手准备需要的各种素材，包括静态图片、动态视频、序列素材和音频文件等，并可以利用相关的软件素材进行配合，达到需要的尺寸和效果，还要注意格式的转换，注意制作符合软件所支持的格式，如使用DV所支持的格式拍摄的素材可以通过1394卡采集转换到计算机中，并按照类别放置在不同的文件夹目录下，以便于素材的查找和导入。

▌创建项目并导入素材

前期的工作完成后，接下来制作影片。首先要创建新项目，并根据需要设置符合影片的参数，如编辑模式使用PAL制或NTSC制式来编辑视频，这时帧速率应设置为25或30；设置视频画面的大小，PAL制式的标准默认尺寸是720像素×576像素，NTSC制式为720像素×480像素；指定音频的采样频率等参数设置，创建一个新项目。

新项目创建完成后，根据需要可以创建不同的文件夹，并根据文件夹的属性导入不同的素材，如静态素材、动态视频、序列素材和音频素材等，并进行前期的编辑，如设置素材入点和出点、持续时间等。

▌影片的特效制作

创建项目并导入素材后，就开始了最精彩的制作部分，根据分镜头稿本将素材添加到时间轴并进行剪辑编辑，添加相关的特效处理，如视频特效、运动特效、键控特效和视频切换等特效，制作完美的影片效果，然后添加字幕效果和音频文件，完成整个影片的制作。

▌保存和预演

保存影片是将影片的源文件保存起来，默认的保存格式为PPT格式，同时保存了Premiere Pro

当时所有窗口的状态，如窗口的位置、大小和参数，便于以后进行修改。

保存影片源文件后，可以对影片的效果进行预演，以此检查影片的各种实际效果是否达到设计的目的，以免在输出成最终影片时出现错误。

■ 输出影片

预演只是查看效果，并不生成最后的文件，要制作出最终的影片效果，需要将影片输出生成一个可以单独播放的最终作品，也可以转录到录像带、DV机上。Premiere Pro可以生成的影片格式有很多种，如静态素材BMP、GIF、TIF、TGA等格式，也可以输出成Animated GIF、AVI、Quick Time等视频格式，还可以输出成Windows Waveform音频格式。较常使用的是AVI格式文件，它可以在许多多媒体软件中播放。

1.6 After Effects支持的文件格式

图像格式是指计算机表示、存储图像信息的格式，常用的格式有10多种。同一幅图像可以使用不同的格式来存储，不同的格式之间所包含的图像信息并不完全相同，文件大小也有很大的差别。用户在使用时可以根据自己的需要选用适当的格式。After Effects支持许多文件格式，下面是常见的几种。

1.6.1 静态图像格式

■ PSD格式

这是知名的Adobe公司的图像处理软件Photoshop的专用格式Photoshop Document（PSD）。PSD其实是Photoshop进行平面设计的一张"草稿图"，它里面包含各种图层、通道、蒙版等多种设计的样稿，以便于下次打开时可以修改上一次的设计。在Photoshop所支持的各种图像格式中，PSD的存取速度比其他格式快很多，功能也很强大。由于Photoshop的应用越来越广泛，这种格式也会越来越流行。

■ BMP格式

BMP即位图（外语简称：BMP）BMP是一种与硬件设备无关的图像文件格式，使用非常广。它采用位映射存储格式，除了图像深度可选以外，不采用其他任何压缩，因此，BMP文件所占用的空间很大。BMP文件的图像深度可选lbit、4bit、8bit及24bit。BMP文件存储数据时，图像的扫描方式是按从左到右、从下到上的顺序。由于BMP文件格式是Windows环境中交换与图有关的数据的一种标准，因此在Windows环境中运行的图形图像软件都支持BMP图像格式。

■ GIF格式

这种格式是由CompuServe提供的一种图像格式。由于GIF格式可以使用LZW方式进行压缩，所以它被广泛用于通信领域和HTML网页文档中。GIF格式的文件是8位图像文件，最多为256色，不支持Alpha通道。GIF格式产生的文件较小，常用于网络传输，在网页上见到的图片大多是GIF和JPEG格式的。GIF格式与JPEG格式相比，其优点在于GIF格式的文件可以保持动画效果。

■ JPEG格式

JPEG是一种带压缩的文件格式。其压缩率是目前各种图像文件格式中最高的。但是，JPEG在压缩时存在一定程度的失真，因此，在制作印刷制品的时候最好不要用这种格式。JPEG格式支持RGB、CMYK和灰度颜色模式，但不支持Alpha通道。JPEG格式是目前网络上非常流行的图像格式，是可以把文件压缩到最小的格式。

■ TIFF格式

TIFF是由Aldus和Microsoft公司为桌上出版系统研制开发的一种较为通用的图像文件格式，可以跨平台操作。TIFF格式的出现是为了便于应用软件之间进行图像数据的交换，其全名是"Tagged 图像 文件 格式"（标志图像文件格式）。因此TIFF文件格式的应用非常广泛，可以在许多图像软件之间转换。TIFF格式支持RGB、CMYK、Lab、Indexed-颜色、位图模式和灰度的色彩模式，并且在RGB、CMYK和灰度三种色彩模式中还支持使用Alpha通道。TIFF格式独立于操作系统和文件，大多数扫描仪都输出TIFF格式的图像文件。

TGA格式

已标记的图形（外语全称：Tagged Graphics）是由美国Truevision公司为其显示卡开发的一种图像文件格式，文件扩展名为"．tga"，已被国际上的图形、图像工业所接受。TGA的结构比较简单，属于一种图形、图像数据的通用格式，在多媒体领域有很大影响，是计算机生成图像向电视转换的一种首选格式。TGA图像格式最大的特点是可以做出不规则形状的图形、图像文件，一般图形、图像文件都为四方形，若需要有圆形、菱形甚至是镂空的图像文件时，TGA格式可就派上用场了。

PNG格式

便携式网络图形（外语简称PNG），是网上接受的最新图像文件格式。PNG能够提供长度比GIF小30%的无损压缩图像文件。它同时提供 24位和48位真彩色图像支持以及其他诸多技术性支持。Photoshop可以处理PNG图像文件，也可以用PNG图像文件格式存储。

1.6.2 视频格式

AVI格式

AVI（Audio Video Interleaved）是音频视频交错的英文缩写。这种视频格式的优点是图像质量好，可以跨多个平台使用；其缺点是体积过大。AVI文件支持多视频流和音频流。它对视频文件采用了一种有损压缩方式，但压缩比较高，因此尽管画面质量不是太好，但其应用范围仍然非常广泛。使用Windows Media Player播放AVI格式文件的效果如图1.9所示。

图1.9 使用Windows Media Player播放效果

MOV格式

MOV即QuickTime影片格式，它是Apple公司开发的一种视频文件格式，其默认的播放器是苹果的QuickTime Player，当选择QuickTime（w.mov）作为保存类型时，动画将保存为.mov文件。QuickTime提供了两种标准图像和数字视频格式，即可以支持静态的*.pic和*.jpg图像格式，动态的基于Indeo压缩法的*.mov和基于MPEG压缩法的*.mpg视频格式。这种格式有些非编软件也可以对它实行处理，其中包括Adobe公司的专业级多媒体视频处理软件After Effects和Premiere等QuickTime播放器MOV格式视频效果如图1.10所示。

图1.10 QuickTime播放器效果

MPG格式

它是压缩视频的基本格式，如VCD碟片；其压缩方法是将视频信号分段取样，然后忽略相邻各帧不变的画面，而只记录变化了的内容，因此其压缩比很大。这可以从VCD和CD的容量看出来。

rmvb格式

这是一种由RM视频格式升级延伸出的新视频格式，它的先进之处在于RMVB视频格式打破了原先RM格式那种平均压缩采样的方式，在保证平均压缩比的基础上合理利用比特率资源，就是说静止和动作场面少的画面场景采用较低的编码速率，这样可以留出更多的带宽空间，而这些带宽会在出现快速运动的画面场景时被利用。这样在保证了静止画面质量的前提下，大幅地提高了运动图像的画面质量，从而图像质量和文件大小之间就达到了微妙的平衡。采用这种技术，最大的好处是可以有效降低高清电影的文件大小，便于网上传输。

FLV格式

FLV流媒体格式是一种全新的视频格式，全称为Flash Video。由于它形成的文件极小、加载速度极快，使得网络观看视频文件成为可能。它的出现有效地解决了视频文件导入Flash后，使导出的SWF文件体积庞大，不能在网络上很好地应用等缺点，因此FLV格式成为当今主流视频格式。目前几乎所有全球热门的在线视频网站都采用了FLV视频格式。

WMV格式

WMV格式的英文全称为Windows Media Video，也是微软推出的一种采用独立编码方式并且可以直接在网上实时观看视频节目的文件压缩格式。WMV格式的主要优点包括：本地或网络回放、可扩充的媒体类型、部件下载、可伸缩的媒体类型、流的优先级化、多语言支持、环境独立性、丰富的流间关系以及扩展性等。

DV格式

After Effects支持DV格式的视频文件。DV的英文全称是Digital Video Format，是由索尼、松下、JVC等多家厂商联合提出的一种家用数字视频格式。数码摄像机就是使用这种格式记录视频数据的。它可以通过计算机的IEEE 1394端口传输视频数据到计算机，也可以将编辑好的视频数据回录到数码摄像机中。这种视频格式也叫DV-AVI格式。

MP4格式

MP4是一套用于音频、视频信息的压缩编码标准，由国际标准化组织（ISO）和国际电工委员会（IEC）下属的"动态图像专家组"（Moving Picture Experts Group，MPEG）制定，MPEG-4格式的主要用途在于网络、光盘、语音发送（视频电话），以及电视广播。

1.6.3 音频格式

MP3格式

MP3是现在非常流行的音频格式之一。它是将WAV文件以MPEG2的多媒体标准进行压缩，压缩后的体积只有原来的1/10甚至1/15而音质能基本保持不变。

WAV格式

它是微软公司开发的一种声音文件格式，用于保存Windows平台的音频信息资源，被Windows平台及其应用程序所支持。"*.WAV"格式支持MSADPCM、CCITT A LAW等多种压缩算法，支持多种音频位数、采样频率和声道，标准格式的WAV文件和CD格式一样，也是44.1KB的采样频率，速率1411KB/秒，16位量化位数，WAV格式的声音文件质量和CD相差无几，几乎所有的音频编辑软件都"认识"WAV格式。

MID格式

MID格式被经常玩音乐的人使用，MID文件主要用于原始乐器作品，流行歌曲的业余表演，游戏音轨以及电子贺卡等。这种文件又叫MIDI文件，它的体积都很小，一首十多分钟的音乐只有几十K。

CD格式

标准CD格式也就是44.1K的采样频率，速率1411K/秒，16位量化位数，因为CD音轨可以说是近似无损的，因此它的声音基本上是忠于原声的。

AIFF格式

AIFF和WAV非常相像，是Apple公司开发的一种音频文件格式，被MACINTOSH平台及其应用程序所支持，AIFF是苹果电脑上面的标准音频格式，属于QuickTime技术的一部分。不过由于苹果电脑多用于多媒体制作出版行业，因此几乎所有的音频编辑软件和播放软件都或多或少地支持AIFF格式。

AAC格式

AAC实际上是高级音频编码的英文缩写，AAC所采用的运算法则与MP3的运算法则有所不同，AAC 通过结合其他的功能来提高编码效率。

AAC的音频算法在压缩能力上远远超过了以前的一些压缩算法（比如MP3等）。它还同时支持多达48个音轨、15个低频音轨、更多种采样率和比特率、多种语言的兼容能力、更高的解码效率。总之，AAC可以在比MP3文件缩小30%的前提下提供更好的音质。

APE格式

APE是流行的数字音乐文件格式之一。与MP3这类有损压缩方式不同，APE是一种无损压缩音频技术，也就是说当你将从音频CD上读取的音频数据文件压缩成APE格式后，你还可以再将APE格式的文件还原，而还原后的音频文件与压缩前的一模一样，没有任何损失。

FLAC格式

FLAC与MP3相仿，都是音频压缩编码，但FLAC是无损压缩，也就是说音频以FLAC编码压缩后不会丢失任何信息，将FLAC文件还原为WAV文件后，与压缩前的WAV文件内容相同。FLAC文件的体积同样约等于普通音频CD的一半，并且可以自由地互相转换，所以它也是音乐光盘存储在计算机上的最好选择之一。

第②章
基础动画轻松入门

内容摘要

本章主要讲解基础动画轻松入门。首先讲解关键帧的操作及Position（位置）、Scale（缩放）、Rotation（旋转）和Opacity（不透明度）4大基础属性参数及动画制作；然后通过一些简单的实例，讲解基础动画的制作技巧。本章从基础入手，让零起点读者轻松起步，迅速掌握动画制作核心技术，掌握After Effects动画制作的技巧。

教学目标

- 了解Position（位置）的参数并掌握Position（位置）操作
- 了解Scale（缩放）的参数并掌握Scale（缩放）操作
- 了解Rotation（旋转）的参数并掌握Rotation（旋转）操作
- 了解Opacity（不透明度）的参数并掌握Opacity（不透明度）操作
- 了解关键帧的动画使用技巧
- 学习特效动画的制作技巧

2.1 位移动画

难易程度：★☆☆☆☆

实例说明：本例讲解位移动画的制作。通过修改素材的位置，可以很轻松地制作出精彩的位移动画效果。通过该实例的制作，学习帧时间的调整方法，了解关键帧的使用，掌握路径的修改技巧。本例最终的动画流程效果如图2.1所示。

工程文件：第2章\位移动画

图2.1 位移动画流程效果

知识点

- 了解Position（位置）属性的使用

操作步骤

步骤01 打开工程文件。执行菜单栏中的File（文件）|
Open Project（打开项目）命令，打开"打开"对话
框，选择配套资源中的"工程文件＼第2章＼位移动
画＼立移动画练习.aep"文件。

步骤02 将时间线调整到0:00:00:00的位置，在时间轴
面板中，按住Ctrl键选择"夏""天""来"和
"了"4个文字层，然后按P键，展开Position（位
置），单击4个图层的Position（位置）左侧的码表按
钮，在当前时间设置关键帧，并且修改Position
（位置）的值。设置"夏"层的Position（位置）为
220,445,10000、"天"层的Position（位置）为
330,445,10000、"来"层的Position（位置）为
440,445,10000、"了"层的Position（位置）为
550,445,10000，如图2.2所示。

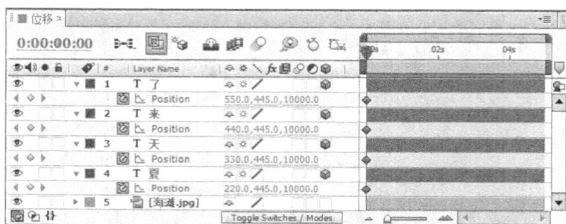

图2.2　设置关键帧

步骤03 添加完关键帧位置后，素材的位置也跟着变
化，此时，Composition（合成）窗口中的素材效果
如图2.3所示。

图2.3　素材的变化效果

步骤04 将时间线调整到0:00:01:00的位置。修改
"夏"层的Position（位置）为220,380,-300，单击
"天"层的Position（位置）左侧的记录关键帧按钮，
在当前时间设置关键帧，但不修改Position（位置）的
值，如图2.4所示。

图2.4　修改位置添加关键帧

步骤05 修改完关键帧位置后，素材的位置也跟着变
化，此时，Composition（合成）窗口中的素材效果
如图2.5所示。

图2.5　素材的变化效果

步骤06 将时间线调整到0:00:02:00的位置。修改
"天"层的Position（位置）为330,380,-300，单击
"来"层的Position（位置）左侧的记录关键帧按钮
，在当前时间设置关键帧，但不修改Position（位
置）的值，如图2.6所示。

图2.6　关键帧位置设置及图像效果

步骤07 将时间线调整到0：00：03：00的位置。修改"来"层的Position（位置）的值为440,380,-300，单击"了"层的Position（位置）左侧的记录关键帧按钮，在当前时间设置关键帧，但不修改Position（位置）的值，如图2.7所示。

图2.7 关键帧位置设置及图像效果

步骤08 将时间线调整到0：00：04：00的位置。修改"了"层的Position（位置）的值为550,380,-300，如图2.8所示。

图2.8 关键帧位置设置及图像效果

步骤09 这样，就完成了位移动画的制作，按空格键或小键盘上的0键，可以预览动画的效果，其中的几帧画面如图2.9所示。

图2.9 位移动画效果

2.2 缩放动画

难易程度： ★☆☆☆☆

实例说明： 本例主要讲解缩放动画的制作方法，通过本例的学习，可以掌握关键帧的设置方法，以及缩放属性的修改技巧。本例最终的动画流程效果如图2.10所示。

工程文件： 第2章\缩放动画

图2.10 缩放动画流程效果

- 掌握Position（位置）属性的设置
- 掌握Scale（缩放）属性的设置

操作步骤

步骤01 执行菜单栏中的File（文件）| Open Project（打开项目）命令，打开"打开"对话框，打开配套资源中的"工程文件 \第2章\ 缩放动画 \ 缩放动画练习.aep"文件。

步骤02 将时间线调整到0:00:00:00的位置，在时间轴面板中，选择"车"层，然后按S键，展开Scale（缩放）属性，单击Scale（缩放）属性左侧的码表按钮⏱，在当前时间设置一个关键帧，修改Scale（缩放）的值为25,25，如图2.11所示。

图2.11 修改缩放值

步骤03 保持时间线在0:00:00:00的位置，然后按P键，展开Position（位置），修改Position（位置）的

值为663,384，如图2.12所示。

图2.12 0:00:00:00位置参数设置

步骤04 将时间线调整到0:00:02:24的位置，在时间轴面板中，选择"车"层，然后按U键，展开已经记录关键帧的属性，修改Position（位置）的值为648,420、Scale（缩放）的值为100,100，如图2.13所示。

图2.13 修改缩放值

步骤05 这样，就完成了缩放动画的制作，按空格键或小键盘上的0键，可以预览动画的效果，其中的几帧画面如图2.14所示。

图2.14 缩放动画效果

2.3 旋转动画

难易程度： ★☆☆☆☆

实例说明： 本例讲解利用旋转属性制作旋转动画的方法。通过本例的制作，掌握旋转属性的设置技巧。本例最终的动画流程效果如图2.15所示。

工程文件： 第2章\旋转动画

图2.15 旋转动画流程效果

知识点

- 掌握Rotation（旋转）属性的使用

操作步骤

步骤01 执行菜单栏中的File（文件）| Open Project（打开项目）命令，打开"打开"对话框，打开配套资源中的"工程文件\第2章\旋转动画\旋转动画练习.aep"文件。

步骤02 将时间线调整到0:00:00:00的位置，在时间轴面板中选择"分针"层，然后按R键，打开Rotation（旋转）属性，单击左侧的码表按钮，在当前时间设置一个关键帧，再将"分针"层的Rotation（旋转）的值设置为0×−52°，如图2.16所示。

图2.16 "分针"层旋转参数设置

步骤03 保持时间线在0:00:00:00的位置，选择"时针"层，然后按R键，打开Rotation（旋转）属性，单击左侧的码表按钮，在当前时间设置一个关键帧，再将"时针"层的Rotation（旋转）的值设置为0×+112°，如图2.17所示。

图2.17 "时针"层旋转参数设置

步骤04 将时间线调整到0:00:04:24的位置，在时间轴面板中，修改"分针"层Rotation（旋转）的值为1×+308°，修改"时针"层Rotation（旋转）的值为0×+172°，如图2.18所示。

图2.18 修改旋转值

步骤05 这样就完成了旋转动画的制作，按空格键或小键盘上的0键，可以预览动画的效果，其中的几帧画面如图2.19所示。

图2.19 旋转动画效果

2.4 不透明度动画

难易程度： ★☆☆☆☆

实例说明： 下面通过实例详细讲解不透明度动画的制作过程，通过本实例的制作，掌握不透明度的设置方法及动画制作技巧。本例最终的动画流程效果如图2.20所示。

工程文件： 第2章\不透明度动画

图2.20 不透明度动画流程效果

图2.21 设置关键帧

步骤03 修改完关键帧的不透明度后，素材的不透明度也跟着变化，此时，Composition（合成）窗口中的素材效果如图2.22所示。

图2.22 素材的变化效果1

步骤04 将时间线调整到0:00:01:00的位置。修改"夏"层的Opacity（不透明度）为100，单击"天"层的Opacity（不透明度）左侧的记录关键帧按钮，在当前时间设置关键帧，但不修改Opacity（不透明度）的值，如图2.23所示。

图2.23 修改位置添加关键帧

步骤05 修改完关键帧的不透明度后，素材的不透明度也将跟着变化，此时，Composition（合成）窗口中的素材效果如图2.24所示。

图2.24 素材的变化效果2

知识点

- 掌握Opacity（不透明度）属性的使用

操作步骤

步骤01 执行菜单栏中的File（文件）| Open Project（打开项目）命令，打开"打开"对话框，打开配套资源中的"工程文件 \ 第2章\ 不透明度动画 \ 不透明度动画练习.aep"文件。

步骤02 将时间线调整到0:00:00:00的位置，在时间轴面板中，按住Ctrl键选择"夏""天""来""了"4个文字层，然后按T键，展开Opacity（不透明度）属性，单击4个图层的Opacity（不透明度）左侧的码表按钮，在当前时间设置关键帧，并且修改Opacity（不透明度）的值："夏"层的Opacity（不透明度）为0，"天"层的Opacity（不透明度）为0，"来"层的Opacity（不透明度）为0，"了"层的Opacity（不透明度）为0，如图2.21所示。

步骤06 将时间线调整到0:00:02:00的位置。修改 "天" 层的Opacity（不透明度）为100，单击 "来" 层的Opacity（不透明度）左侧的记录关键帧按钮，在当前时间设置关键帧，但不修改Opacity（不透明度）的值，如图2.25所示。

图2.25 关键帧不透明度设置及图像效果1

步骤07 将时间线调整到0:00:03:00的位置。修改 "来" 层的Opacity（不透明度）为100，单击 "了" 层的Opacity（不透明度）左侧的记录关键帧按钮，在当前时间设置关键帧，但不修改Opacity（不透明度）的值，如图2.26所示。

图2.26 关键帧不透明度设置及图像效果2

步骤08 将时间线调整到0:00:04:00的位置。修改 "了" 层的Opacity（不透明度）为100，如图2.27所示。

图2.27 关键帧不透明度设置及图像效果3

步骤09 这样，就完成了不透明度动画的制作，按空格键或小键盘上的0键，可以预览动画的效果，其中的几帧画面如图2.28所示。

图2.28 不透明度动画效果

2.5 文字缩放动画

难易程度：★★☆☆☆

实例说明：本例主要讲解利用Scale（缩放）属性制作文字缩放动画的方法。本例最终的动画流程效果如图2.29所示。

工程文件：第2章\文字缩放动画

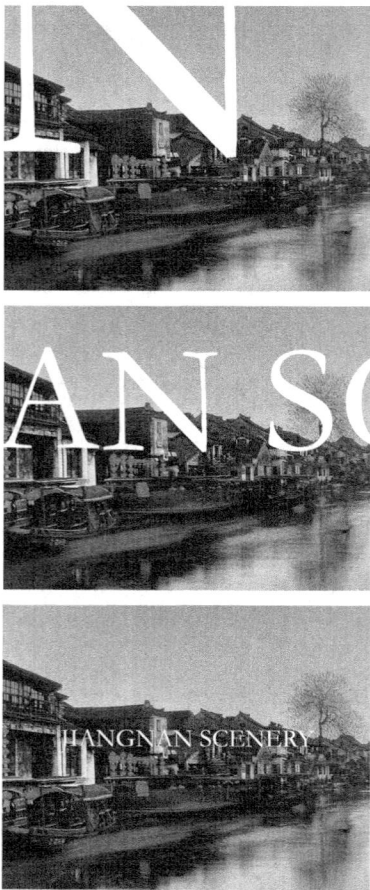

图2.29 文字缩放动画流程画面

知识点

● 掌握Scale（缩放）属性的设置
● 掌握关键帧"辅助"命令的使用

操作步骤

步骤01 执行菜单栏中的File（文件）|Open Project（打开项目）命令，选择配套资源中的"工程文件\第2章\文字缩放动画\缩放动画练习.aep"文件，将"缩放动画练习.aep"文件打开。

步骤02 执行菜单栏中的Layer（图层）|New（新建）|Text（文本）命令，新建文字层，输入"JIANGNAN SCENERY"，在Character（字符）面板中，设置文字字体为Garamond、字号为35px、文字颜色为白色。

步骤03 将时间线调整到0：00：00：00的位置，选中"JIANGNAN SCENERY"层，按S键打开Scale（缩放）属性，设置Scale（缩放）的值为9500,9500，单击Scale（缩放）左侧的码表按钮 🕙 ，在当前位置设置关键帧。

步骤04 将时间线调整到0：00：01：00的位置，设置Scale（缩放）的值为100,100，系统会自动设置关键帧，如图2.30所示。此时合成窗口效果如图2.31所示。

图2.30 设置缩放关键帧

图2.31 设置缩放后效果

步骤05 选中"JIANGNAN SCENERY"层的关键帧，执行菜单栏中的Animation（动画）|Keyframe Assistant（关键帧辅助）|Exponential Scale（指数比例）命令，效果如图2.32所示。

图2.32 添加关键帧效果

步骤06 这样就完成了文字缩放动画的整体制作，按小键盘上的0键，即可在合成窗口中预览动画。

2.6 跳动音符

难易程度： ★★☆☆☆

实例说明： 本例主要讲解利用缩放属性和Glow特效制作跳动音符动画效果的方法。本例最终的动画流程效果如图2.33所示。

工程文件： 第2章\跳动音符

图2.33 动画流程画面

知识点

- 掌握Scale（缩放）属性的使用
- 学习Glow（发光）特效的应用

操作步骤

步骤01 执行菜单栏中的File（文件）|Open Project（打开项目）命令，选择配套资源中的"工程文件\第2章\跳动音符\跳动音符练习.aep"文件，将"跳动音符练习.aep"文件打开。

步骤02 执行菜单栏中的Layer（图层）|New（新建）|Text（文本）命令，输入"IIIIIIIIIIIIIII"，在Character（字符）面板中，设置文字字体为Franklin Gothic Medium Cond、字号为101px、字符间距为100、文本颜色为蓝色（R:17，G:163，B:238），如图2.34所示，画面效果如图2.35所示。

图2.34 设置文字　　图2.35 设置文字属性后效果

步骤03 将时间线调整到0:00:00:00的位置，在工具栏中选择Rectangle Tool（矩形工具）▭，在文字层上绘制一个矩形路径，如图2.36所示。

图2.36 绘制矩形路径

步骤04 展开"IIIIIIIIIIIIIII"层，单击Text（文本）右侧的三角形 Animate: ▶ 按钮，从菜单中选择Scale（缩放）命令，单击Scale（缩放）参数值左侧的Constrain Proportions（约束比例）按钮，取消约束，设置Scale（缩放）的值为100，-234；单击Animator 1（动画制作工具 1）右侧的三角形 Add: ▶ 按钮，从菜单中选择Selector（选择器）|Wiggly（摆动）选项，如图2.37所示。

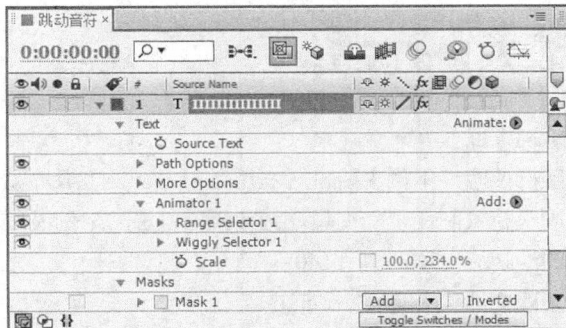

图2.37 设置参数

步骤05 为"llllllllllllllll"层添加Glow（发光）特效。在Effects & Presets（效果和预设）中展开Stylize（风格化）特效组，然后双击Glow（发光）特效。

步骤06 在Effect Controls（效果控件）面板中修改Glow（发光）特效的参数，设置Glow Radius（发光半径）的值为45，如图2.38所示。此时合成窗口效果如图2.39所示。

图2.38 设置发光特效参数

图2.39 设置辉光特效后效果

步骤07 这样就完成了跳动音符动画的整体制作，按小键盘上的0键，即可在合成窗口中预览动画。

2.7 梦幻汇集

难易程度： ★★☆☆☆

实例说明： 本例主要讲解利用Card Dance（卡片动画）特效制作梦幻汇集动画效果的方法。本例最终的动画流程效果如图2.40所示。

工程文件： 第2章\梦幻汇集

图2.40 动画流程画面

知识点

● 学习Card Dance（卡片动画）特效的使用

操作步骤

步骤01 执行菜单栏中的File（文件）|Open Project（打开项目）命令，选择配套资源中的"工程文件\第2章\梦幻汇集\梦幻汇集练习.aep"文件，将"梦幻汇集练习.aep"文件打开。

步骤02 为"背景"层添加Card Dance（卡片动画）特效。在Effects & Presets（效果和预设）面板中展开Simulation（模拟）特效组，然后双击Card Dance（卡片动画）特效。

步骤03 在Effect Controls（效果控件）面板中，修改Card Dance（卡片动画）特效的参数。从Rows & Columns（行数和列数）下拉列表中选择"Columns Follows Rows（列数受行数控制），设置Rows（行数）的值为25，分别从Gradient Layer 1、2（渐变图层1、2）下拉列表中选择"1.背景.jpg"层，如图2.41所示。

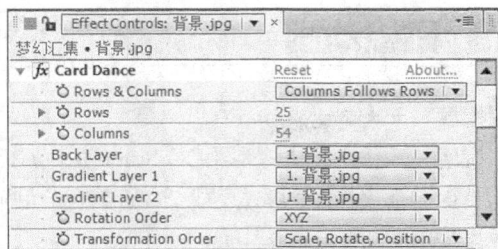

图2.41 设置卡片动画特效参数

步骤04 将时间线调整到0:00:00:00的位置,展开X Position（x位置）选项组,从Source（源）下拉列表中选择Red 1（红色1）选项,设置Multiplier（乘数）的值为24、Offset（偏移）的值为11,同时单击Multiplier（乘数）和Offset（偏移）左侧的码表按钮🕙,在当前位置设置关键帧,合成窗口效果如图2.42所示。

图2.42 设置第0秒关键帧效果

步骤05 将时间线调整到0:00:04:11的位置,设置Multiplier（乘数）的值为0、Offset（偏移）的值为0,系统会自动设置关键帧,如图2.43所示。

图2.43 设置第4秒第11帧的关键帧

步骤06 展开Z Position（z轴位置）选项组,将时间线调整到0:00:00:00的位置,设置Offset（偏移）的值为10,单击Offset（偏移）左侧的码表按钮🕙,在当前位置设置关键帧。

步骤07 将时间线调整到0:00:04:11的位置,设置Offset（偏移）的值为0,系统会自动设置关键帧,如图2.44所示,合成窗口效果如图2.45所示。

图2.44 设置z轴位置的参数

图2.45 设置z轴位置后效果

步骤08 这样就完成了梦幻汇集动画的整体制作,按小键盘上的0键,即可在合成窗口中预览动画。

2.8 风沙汇集

难易程度: ★★☆☆☆

实例说明: 本例主要讲解利用CC Pixel Polly（CC像素多边形）特效制作风沙汇集动画效果的方法。本例最终的动画流程效果如图2.46所示。

工程文件: 第2章\风沙汇集

图2.46 动画流程画面

图2.46 动画流程画面（续）

知识点

● 掌握CC Pixel Polly（CC像素多边形）特效
的使用

操作步骤

步骤01 执行菜单栏中的File（文件）|Open Project
（打开项目）命令，选择配套资源中的"工程文件\
第2章\风沙汇集动画\风沙汇集动画练习.aep"文
件，将"风沙汇集动画练习.aep"文件打开。

步骤02 为"背景"层添加CC Pixel Polly（CC像素
多边形）特效。在Effects & Presets（效果和预设）面
板中展开Simulation（模拟）特效组，然后双击CC
Pixel Polly（CC像素多边形）特效。

步骤03 在Effect Controls（效果控件）面板中，修改
CC Pixel Polly（CC像素多边形）特效的参数。设置
Grid Spacing（网格间隔）的值为2，从Object（对
象）右侧的下拉列表中选择Polygon（多边形），如
图2.47所示。合成窗口效果如图2.48所示。

图2.47 设置CC像素多边形特效参数

图2.48 CC像素多边形特效效果

步骤04 这样就完成了风沙汇集效果的整体制作，按
小键盘上的0键，即可在合成窗口中预览动画。

2.9 碰撞动画

难易程度：★★☆☆☆

实例说明：本例主要讲解利用CC Scatterize（CC散
射）特效制作碰撞动画的方法。本例最终的动画流
程效果如图2.49所示。

工程文件：第2章\碰撞动画

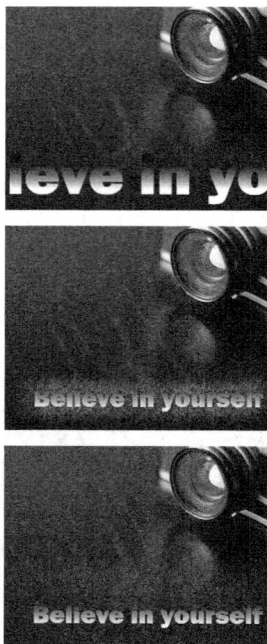

图2.49 动画流程画面

知识点

● 掌握CC Scatterize（CC散射）特效的使用
● 掌握文本的输入与设置
● 掌握Ramp（梯度渐变）特效的使用

操作步骤

步骤01 执行菜单栏中的File（文件）|Open Project
（打开项目）命令，选择配套资源中的"工程文件\
第2章\碰撞动画\碰撞动画练习.aep"文件，将"碰
撞动画练习.aep"文件打开。

步骤02 执行菜单栏中的Layer（图层）|New（新
建）|Text（文本）命令，输入"Believe in
yourself"，在Character（字符）面板中，设置文字
字体为Franklin Gothic Heavy、字号为71px、文本颜
色为白色。

步骤03 选中"Believe in yourself"层，按Ctrl+D组合键复制出另一个新的文字层，将该图层重命名为"Believe in yourself 2"，如图2.50所示。

图2.50 复制文字层

步骤04 为"Believe in yourself"层添加CC Scatterize（CC散射）特效。在Effects & Presets（效果和预设）面板中展开Simulation（模拟）特效组，然后双击CC Scatterize（CC散射）特效，如图2.51所示。

图2.51 添加CC散射特效

步骤05 在Effect Controls（效果控件）面板中，修改CC Scatterize（CC散射）特效的参数。从Transfer Mode（转换模式）下拉列表中选择Alpha Add（Alpha相加）选项；将时间线调整到0:00:01:01的位置，设置Scatter（散射）的值为0，单击Position（位置）左侧的码表按钮，在当前位置设置关键帧。

步骤06 将时间线调整到0:00:02:01的位置，设置Scatter（散射）的值为167，系统会自动设置关键帧，如图2.52所示，合成窗口效果如图2.53所示。

图2.52 设置关键帧

图2.53 设置散射后效果

步骤07 选中"Believe in yourself"层，将时间线调整到0:00:01:00的位置，按T键打开Opacity（不透明度）属性，设置Opacity（不透明度）的值为0，单击Opacity（不透明度）左侧的码表按钮，在当前位置设置关键帧。

步骤08 将时间线调整到0:00:01:01的位置，设置Opacity（不透明度）的值为100%，系统会自动设置关键帧。

步骤09 将时间线调整到0:00:01:11的位置，设置Opacity（不透明度）的值为100%。

步骤10 将时间线调整到0:00:01:18的位置，设置Opacity（不透明度）的值为0，如图2.54所示。

图2.54 设置不透明度关键帧

步骤11 为"Believe in yourself 2"层添加Ramp（梯度渐变）特效。在Effects & Presets（效果和预设）面板中展开Generate（生成）特效组，然后双击Ramp（梯度渐变）特效。

步骤12 在Effect Controls（效果控件）面板中，修改Ramp（梯度渐变）特效的参数。设置Start of Ramp（渐变起点）的值为362,438、End of Ramp（渐变终点）的值为362,508，从Ramp Shape（渐变形状）下拉列表中选择Linear Ramp（线性渐变）选项，如图2.55所示。合成窗口效果如图2.56所示。

图2.55 设置渐变参数

图2.56 设置渐变后效果

步骤13 选中"Believe in yourself 2"层，设置Anchor Point（锚点）的值为266，-14；将时间线调整到0:00:00:00的位置，设置Scale（缩放）的值为3407,3407，单击Scale（缩放）左侧的码表按钮 🕐，在当前位置设置关键帧。

步骤14 将时间线调整到0:00:01:01的位置，设置Scale（缩放）的值为100,100，系统会自动设置关键帧，如图2.57所示，合成窗口效果如图2.58所示。

图2.57 设置缩放关键帧

图2.58 设置缩放后效果

步骤15 这样就完成了碰撞动画的整体制作，按小键盘上的0键，即可在合成窗口中预览动画。

2.10 手绘效果

难易程度： ★★☆☆☆

实例说明： 本例主要讲解利用Scribble（涂写）特效制作手绘效果的方法。本例最终的动画流程效果如图2.59所示。

工程文件： 第2章\手绘效果

图2.59 动画流程画面

知识点

- 掌握Pen Tool（钢笔工具） 🖊 的使用
- 掌握Scribble（涂写）特效的使用

操作步骤

步骤01 执行菜单栏中的File（文件）|Open Project（打开项目）命令，选择配套资源中的"工程文件\第2章\手绘效果\手绘效果练习.aep"文件，将"手绘效果练习.aep"文件打开。

步骤02 执行菜单栏中的Layer（图层）|New（新建）|Solid（纯色）命令，打开Solid Settings（纯色设置）对话框，设置Name（名称）为"心"、Color（颜色）为白色。

步骤03 选择"心"层，在工具栏中选择Pen Tool（钢笔工具） 🖊，在文字层上绘制一个心形路径，如图2.60所示。

图2.60 绘制路径

步骤04 为"心"层添加Scribble（涂写）特效。在Effects & Presets（效果和预设）面板中展开Generate（生成）特效组，然后双击Scribble（涂写）特效。

步骤05 在Effect Controls（效果控件）面板中，修改Scribble（涂写）特效的参数。从Mask（蒙版）下拉列表中选择Mask 1（蒙版 1）选项，设置Color（颜色）为红色（R:255，G:20，B:20）、Angle（角度）的值为0×+129°；设置Stroke Width（描边宽度）的值为1.6；将时间线调整到0:00:01:22的位置，设置Opacity（不透明度）的值为100，单击Opacity（不透明度）左侧的码表按钮 🕙，在当前位置设置关键帧。

步骤06 将时间线调整到0:00:02:06的位置，设置Opacity（不透明度）的值为1，系统会自动设置关键帧，如图2.61所示。

图2.61 设置不透明度关键帧

步骤07 将时间线调整到0:00:00:00的位置，设置End（结束）的值为0，单击End（结束）左侧的码表按钮 🕙，在当前位置设置关键帧。

步骤08 将时间线调整到0:00:01:00的位置，设置End（结束）的值为100，系统会自动设置关键帧，如图2.62所示，合成窗口效果如图2.63所示。

图2.62 设置结束关键帧

图2.63 设置结束后效果

步骤09 这样就完成了手绘效果的整体制作，按小键盘上的0键，即可在合成窗口中预览动画。

2.11 心电图效果

难易程度： ★☆☆☆☆

实例说明： 本例主要讲解利用Vegas（勾画）特效制作心电图效果的方法。本例最终的动画流程效果如图2.64所示。

工程文件： 第2章\心电图效果

图2.64 动画流程画面

知识点

- 学习Vegas（勾画）特效的使用
- 学习Grid（网格）特效的使用
- 学习Glow（发光）特效的使用

操作步骤

步骤01 执行菜单栏中的Composition（合成）| New Composition（新建合成）命令，打开Composition Settings（合成设置）对话框，设置Composition Name（合成名称）为"心电图动画"、Width（宽度）为"720"、Height（高度）为"576"、Frame

Rate（帧速率）为"25"，并设置Duration（持续时间）为0:00:10:00。

步骤02 执行菜单栏中的Layer（图层）|New（新建）|Solid（纯色）命令，打开Solid Settings（纯色设置）对话框，设置Name（名称）为"渐变"、Color（颜色）为黑色。

步骤03 为"渐变"层添加Ramp（梯度渐变）特效。在Effects & Presets（效果和预设）面板中展开Generate（生成）特效组，然后双击Ramp（梯度渐变）特效。

步骤04 在Effect Controls（效果控件）面板中，修改Ramp（梯度渐变）特效的参数。设置Start Color（开始颜色）为深蓝色（R:0，G:45，B:84）、End Color（结束颜色）为墨绿色（R:0，G:63，B:79），如图2.65所示。合成窗口效果如图2.66所示。

图2.65 设置渐变参数

图2.66 设置渐变后效果

步骤05 执行菜单栏中的Layer（图层）|New（新建）|Solid（纯色）命令，打开Solid Settings（纯色设置）对话框，设置Name（名称）为"网格"、Color（颜色）为黑色。

步骤06 为"网格"层添加Grid（网格）特效。在Effects & Presets（效果和预设）面板中展开Generate（生成）特效组，然后双击Grid（网格）特效。

步骤07 在Effect Controls（效果控件）面板中，修改Grid（网格）特效的参数。设置Anchor（锚点）的值为360,277，从Size From（大小来自）下拉列表中选择Width & Height Sliders（宽度和高度滑块）选项，

设置Width（宽度）的值为15、Height（高度）的值为55、Border（边界）的值为1.5，如图2.67所示。合成窗口效果如图2.68所示。

图2.67 设置网格参数

图2.68 设置网格后效果

步骤08 执行菜单栏中的Layer（图层）|New（新建）|Solid（纯色）命令，打开Solid Settings（纯色设置）对话框，设置Name（名称）为"描边"、Color（颜色）为黑色。

步骤09 在时间轴面板中，选中"描边"层，在工具栏中选择Pen Tool（钢笔工具） ，在文字层上绘制一个路径，如图2.69所示。

图2.69 绘制路径

步骤10 为"描边"层添加Vegas（勾画）特效。在Effects & Presets（效果和预设）面板中展开Generate

（生成）特效组，然后双击Vegas（勾画）特效，如图2.70所示。

图2.70 添加勾画特效

步骤11 在Effect Controls（效果控件）面板中，修改Vegas（勾画）特效的参数。从Stroke（描边）下拉列表中选择Mask/Path（蒙版和路径）选项；展开Mask/Path（蒙版和路径）选项组，从Path（路径）下拉列表中选择Mask 1（蒙版 1）；展开Segments（线段）选项组，设置Segments（线段）的值为1、Length（长度）的值为0.5；将时间线调整到0:00:00:00的位置，设置Rotation（旋转）的值为0，单击Rotation（旋转）左侧的码表按钮 ，在当前位置设置关键帧，如图2.71所示。

图2.71 设置第0秒关键帧

步骤12 将时间线调整到0:00:09:22的位置，设置Rotation（旋转）的值为0 × +323°，系统会自动设置关键帧，如图2.72所示。

图2.72 设置第9秒第22帧关键帧

步骤13 展开Rendering（渲染）选项组，从Blend Mode（混合模式）下拉列表中选择Transparent（透明）选项，设置Color（颜色）为绿色（R:0，G:150，B:25）、Hardness（硬度）的值为0.14、Start Opacity（开始点不透明度）的值为0、Mid-point Opacity（中间点不透明度）的值为1、Mid-point Position（中间点位置）的值为0.366、End Opacity（结束点不透明度）的值为1，如图2.73所示。合成窗口效果如图2.74所示。

图2.73 设置勾画参数

图2.74 设置勾画参数后效果

步骤14 为"描边"层添加Glow（发光）特效。在Effects & Presets（效果和预设）面板中展开Stylize（风格化）特效组，然后双击Glow（发光）特效。

步骤15 在Effect Controls（效果控件）面板中，修改Glow（发光）特效的参数，设置Glow Threshold（发光阈值）的值为43、Glow Radius（发光半径）的值为13、Glow Intensity（发光强度）的值为1.5，从Glow Colors（发光色）下拉菜单中选择A & B Colors（A和B颜色）选项，设置Color A（颜色 A）为白色、Color B（颜色 B）为亮绿色（R:111，G:255，B:128），如图2.75所示。合成窗口效果如图2.76所示。

图2.75 设置发光参数

图2.76 设置发光后效果

步骤16 这样就完成了心电图效果的整体制作，按小键盘上的0键，即可在合成窗口中预览动画。

2.12 穿越时空

难易程度： ★★☆☆☆

实例说明： 本例主要讲解利用CC Flo Motion（CC两点扭曲）特效制作穿越时空效果的方法。本例最终的动画流程效果如图2.77所示。

工程文件： 第2章\穿越时空

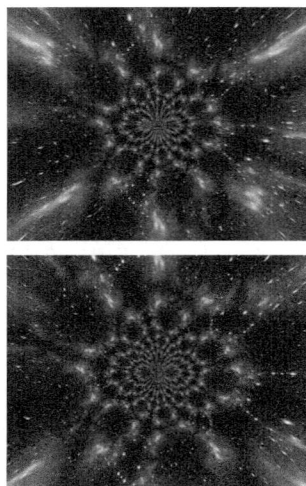

图2.77 动画流程画面

知识点

● 掌握CC Flo Motion（CC 两点扭曲）特效的使用

操作步骤

步骤01 执行菜单栏中的File（文件）|Open Project（打开项目）命令，选择配套资源中的"工程文件\第2章\穿越时空\穿越时空练习.aep"文件，将"穿越时空练习.aep"文件打开。

步骤02 为"星空图"层添加CC Flo Motion（CC 两点扭曲）特效。在Effects & Presets（效果和预设）面板中展开Distort（扭曲）特效组，然后双击CC Flo Motion（CC 两点扭曲）特效。

步骤03 在Effect Controls（效果控件）面板中，修改CC Flo Motion（CC 两点扭曲）特效的参数。设置Knot 1（结头1）的值为361,290；将时间线调整到0:00:00:00的位置，设置Amount 1（数量 1）的值为73，单击Amount 1（数量 1）左侧的码表按钮，在当前位置设置关键帧。

步骤04 将时间线调整到0:00:02:24的位置，设置Amount 1（数量 1）的值为223，系统会自动设置关键帧，如图2.78所示。合成窗口效果如图2.79所示。

图2.78 设置数量1参数

图2.79 设置数量1后效果

步骤05 这样就完成了穿越时空效果的整体制作，按小键盘上的0键，即可在合成窗口中预览动画。

2.13 拖尾效果

难易程度： ★★☆☆☆

实例说明： 本例主要讲解利用Echo（残影）特效制作拖尾效果的方法。本例最终的动画流程效果如图2.80所示。

工程文件： 第2章\拖尾效果

图2.80 动画流程画面

知识点

● 掌握Echo（残影）特效的使用

操作步骤

步骤01 执行菜单栏中的File（文件）|Open Project（打开项目）命令，选择配套资源中的"工程文件\第2章\拖尾效果\拖尾效果练习.aep"文件，将"拖尾效果练习.aep"文件打开。

步骤02 为"足球合成"层添加Echo（残影）特效。在Effects & Presets（效果和预设）面板中展开Time（时间）特效组，然后双击Echo（残影）特效。

步骤03 在Effect Controls（效果控件）面板中，修改Echo（残影）特效的参数。设置Number Of Echoes（残影数量）的值为7、Decay（衰减）的值为0.77，从Echo Operator（残影操作）菜单中选择Maximum（最大），如图2.81所示。合成窗口效果如图2.82所示。

图2.81 设置残影参数

图2.82 设置残影后效果

步骤04 这样就完成了拖尾效果的整体制作，按小键盘上的0键，即可在合成窗口中预览动画。

2.14 风化效果

难易程度： ★★☆☆☆

实例说明： 本例主要讲解利用Displacement Map（置换图）特效制作风化效果的方法。本例最终的动画流程效果如图2.83所示。

工程文件： 第2章\风化效果

图2.83 动画流程画面

● 掌握Displacement Map（置换图）特效的
使用

操作步骤

步骤01 执行菜单栏中的File（文件）|Open Project
（打开项目）命令，选择配套资源中的"工程文件\
第2章\风化效果\风化效果练习.aep"文件，将"风
化效果练习.aep"文件打开。

步骤02 为"墙面"层添加Displacement Map（置换
图）特效。在Effects & Presets（效果和预设）面板中
展开Distort（扭曲）特效组，然后双击Displacement
Map（置换图）特效。

步骤03 在Effect Controls（效果控件）面板中，修改
Displacement Map（置换图）特效的参数。从
Displacement Map Layer（置换图层）下拉列表中选
择"3.贴图.jpg"；将时间线调整到0:00:00:00的位
置，设置Max Horizontal Displacement（最大水平置
换）的值为5，单击Max Horizontal Displacement（最
大水平置换）左侧的码表按钮 ，在当前位置设置关
键帧，如图2.84所示。合成窗口效果如图2.85所示。

图2.84 设置第0秒关键帧

图2.85 设置关键帧后效果

步骤04 将时间线调整到0:00:02:14的位置，设置Max
Horizontal Displacement（最大水平置换）的值为
917，系统会自动设置关键帧，如图2.86所示，合成
窗口效果如图2.87所示。

图2.86 设置置换贴图关键帧

图2.87 设置置换贴图效果

步骤05 这样就完成了风化效果的整体制作，按小键
盘上的0键，即可在合成窗口中预览动画。

第 ③ 章
合成与三维空间动画

内容摘要

　　本章主要讲解合成与三维空间动画的制作。利用After Effects进行动画制作时，多合成多时间线的应用是动画制作的关键，特别是较大的动画制作离不开多合成的使用，另外三维层对制作三维效果非常重要。本章通过几个实例，详细讲解合成与三维空间动画的制作，通过本章的学习，读者能掌握多合成及三维空间动画的制作技巧。

教学目标

- 掌握三维层的使用
- 学习多合成多时间线的应用
- 掌握摄像机的使用
- 掌握空对象的使用技巧

3.1 魔方旋转动画

难易程度： ★ ★ ★ ☆ ☆

实例说明： 本例主要讲解利用三维层制作魔方旋转动画效果的方法。本例最终的动画流程效果如图3.1所示。

工程文件： 第3章\魔方旋转动画

图3.1 动画流程画面

知识点

- 三维层的使用
- Parent（父子约束）的使用

操作步骤

步骤01 执行菜单栏中的File（文件）|Open Project（打开项目）命令，选择配套资源中的"工程文件\第3章\魔方旋转动画\魔方旋转动画练习.aep"文件，将"魔方旋转动画练习.aep"文件打开。

步骤02 执行菜单栏中的Layer（图层）|New（新建）|Solid（纯色）命令，打开Solid Settings（纯色设置）对话框，设置Name（名称）为"魔方1"、Width（宽）为"200"、Height（高）为"200"、Color（颜色）为灰色（R:183，G:183，B:183）。

步骤03 选择"魔方1"层，在Effects & Presets（效果和预设）面板中展开Generate（生成）特效组，然后双击Ramp（梯度渐变）特效。

步骤04 在Effect Controls（效果控件）面板中，修改Ramp（梯度渐变）特效的参数。设置Start of Ramp（渐变起点）的值为100,103、Start Color（开始颜色）为白色、End of Ramp（渐变终点）的值为231,200、End Color（结束颜色）为暗绿色（R:31，G:70，B:73），从Ramp Shape（渐变类型）下拉列表中选择Radial Ramp（径向渐变）。

步骤05 打开"魔方1"层三维开关，选中"魔方1"层，设置Position（位置）的值为350,400,0，设置X Rotation（x轴旋转）的值为0×+90°，如图3.2所示。

图3.4 设置"魔方3"参数

图3.2 设置"魔方1"参数

步骤06 选中"魔方1"层，按Ctrl+D组合键复制出另一个新的图层，将该图层名字更改为"魔方2"，设置Position（位置）的值为350,200,0、X Rotation（x轴旋转）的值为0×+90°，如图3.3所示。

图3.3 设置"魔方2"参数

步骤07 选中"魔方2"层，按Ctrl+D组合键复制出另一个新的图层，将该图层名字重命名为"魔方3"，设置Position（位置）的值为350,300,-100、X Rotation（x轴旋转）的值为0，如图3.4所示。

步骤08 选中"魔方3"层，按Ctrl+D组合键复制出另一个新的图层，将该图层名字重命名为"魔方4"，设置Position（位置）的值为350,300,100，如图3.5所示。

图3.5 设置"魔方4"参数

步骤09 选中"魔方4"层，按Ctrl+D组合键复制出另一个新的图层，将该图层名字重命名为"魔方5"，设置Position（位置）的值为450,300,0、Y Rotation（y轴旋转）的值为0×+90°，如图3.6所示。

图3.6 设置"魔方5"参数

步骤10 选中"魔方5"层，按Ctrl+D组合键复制出另一个新的图层，将该图层名字重命名为"魔方6"，设置Position（位置）的值为250,300,0、Y Rotation（y轴旋转）的值为0×+90°，如图3.7所示，合成窗口效果如图3.8所示。

图3.7 设置位置及旋转参数

图3.8 参数设置后效果

步骤11 在时间轴面板中，选择"魔方2""魔方3""魔方4""魔方5""魔方6"层，将其设置为"魔方1"层的子物体，如图3.9所示。

图3.9 设置父子约束

步骤12 将时间线调整到0:00:00:00的位置，选中"魔方1"层，按R键打开Rotation（旋转）属性，设置Orientation（方向）的值为320,0,0、Z Rotation（z轴旋转）的值为0，单击Z Rotation（z轴旋转）左侧的码表按钮，在当前位置设置关键帧。

步骤13 将时间线调整到0:00:04:24的位置，设置Z Rotation（z轴旋转）的值为2×+0°，系统会自动设置关键帧，如图3.10所示。

图3.10 设置z轴旋转关键帧

步骤14 这样就完成了魔方旋转动画的整体制作，按小键盘上的0键，即可在合成窗口中预览动画。

3.2 穿梭云层效果

难易程度： ★ ★ ★ ☆ ☆

实例说明： 本例主要讲解利用摄像机制作穿梭云层效果的方法。本例最终动画流程效果如图3.11所示。

工程文件： 第3章\穿梭云层

图3.11 动画流程画面

知识点

- Solid（纯色）命令的使用
- Camera（摄像机）的使用
- Ramp（梯度渐变）特效
- Null Object（空对象）层

操作步骤

步骤01 执行菜单栏中的File（文件）| Open Project（打开项目）命令，选择配套资源中的"工程文件\第3章\穿梭云层\穿梭云层练习.aep"文件，将"穿梭云层练习.aep"文件打开。

步骤02 执行菜单栏中的Composition（合成）| New Composition（新建合成）命令，打开Composition Settings（合成设置）对话框，设置Composition Name（合成名称）为"穿梭云层"、Width（宽度）为"720"、Height（高度）为"576"、Frame Rate（帧速率）为"25"，并设置Duration（持续时间）为0:00:03:00。

步骤03 执行菜单栏中的Layer（图层）| New（新建）| Solid（纯色）命令，打开Solid Settings（纯色设置）对话框，设置Name（名称）为"背景"，Color（颜色）为蓝色（R:0，G:81，B:253）。

步骤04 为"背景"层添加Ramp（梯度渐变）特效。在Effects & Presets（效果和预设）面板中展开Generate（生成）特效组，然后双击Ramp（梯度渐变）特效。

步骤05 在Effect Controls（效果控件）面板中，修改Ramp（梯度渐变）特效的参数。设置Start of Ramp（渐变起点）的值为（360，206）、Start Color（开始颜色）为蓝色（R:0，G:48，B:255）、End of Ramp（渐变终点）的值为360,532、End Color（结束颜色）为浅蓝色（R:107，G:131，B:255），如图3.12所示。合成窗口效果如图3.13所示。

图3.12 设置渐变参数

图3.13 设置渐变后效果

步骤06 在Project（项目）面板中，选择"云.tga"素材，将其拖动到"穿梭云层"合成的时间轴面板中。

步骤07 打开"云.tga"层三维开关，选中"云.tga"层，按Ctrl+D组合键复制出另外4个新的图层，将图层分别重命名为"云2""云3""云4""云5"。选中"云.tga"层，设置Position（位置）的值为256,162,−1954；接着设置"云2"层Position（位置）的值为524,418,−1807、"云3"层Position（位置）的值为162,446,−1393、"云4"层Position（位置）的值为520,160,−1058、"云5"层Position（位置）的值为106,136,−182，如图3.14所示。合成窗口效果如图3.15所示。

图3.14 设置位置参数

图3.15 设置位置参数后效果

步骤08 执行菜单栏中的Layer（图层）|New（新建）|Camera（摄像机）命令，打开Camera Settings（摄像机设置）对话框，勾选Enable Depth of Field（启用景深）复选框，如图3.16所示。

图3.16 设置摄像机

步骤09 执行菜单栏中的Layer（图层）|New（新建）|Null Object（空对象）命令，创建空对象"Null 2"。在时间轴面板中设置"Camera 1（摄像机1）"层的子物体为"Null 2"，如图3.17所示。

图3.17 设置子物体

步骤10 将时间线调整到0:00:00:00的位置，打开"Null"层三维开关，按P键打开Position（位置）属性，设置Position（位置）的值为360,288,-592，单击Position（位置）左侧的码表按钮，在当前位置设置关键帧。

步骤11 将时间线调整到0:00:03:00的位置，设置Position（位置）的值为360,288,743，系统会自动设置关键帧，如图3.18所示。合成窗口效果如图3.19所示。

图3.18 设置空对象的关键帧

图3.19 设置空对象关键帧后效果

步骤12 这样就完成了穿梭云层效果的整体制作，按小键盘上的0键，即可在合成窗口中预览动画。

3.3 上升的粒子

难易程度： ★ ★ ☆ ☆ ☆

实例说明： 本例主要讲解利用CC Particle World（CC粒子仿真世界）特效制作上升的粒子效果。本例最终的动画流程效果如图3.20所示。

工程文件： 第3章\上升的粒子

图3.20 动画流程画面

知识点

- CC Particle World（CC粒子仿真世界）特效
- Ramp（渐变）特效

操作步骤

步骤01 执行菜单栏中的Composition（合成）| New Composition（新建合成）命令，打开Composition Settings（合成设置）对话框，设置Composition Name（合成名称）为"圆环"、Width（宽）为"720"、Height（高）为"576"、Frame Rate（帧率）为"25"，并设置Duration（持续时间）为0:00:03:00秒，如图3.21所示。

图3.21 合成设置

步骤02 执行菜单栏中的File（文件）| Import（导入）| File（文件）命令，打开Import File（导入文件）对话框，选择配套资源中的"工程文件\第3章\上升的粒子\瓶子.psd"素材，如图3.22所示。单击"打开"按钮，将素材导入到Project（项目）面板中。

图3.22 Import File（导入文件）对话框

步骤03 制作圆环合成。打开"圆环"合成，在"圆环"合成的时间轴面板中，按Ctrl+Y组合键，打开Solid Settings（纯色设置）对话框，设置Name（名称）为"大圆环"、Color（颜色）为白色，如图3.23所示。

图3.23 Solid Settings（纯色设置）对话框

步骤04 单击New（新建）按钮，在时间轴面板中将会创建一个名为"大圆环"的纯色层。为"大圆环"纯色层绘制蒙版，选择"大圆环"纯色层，单击工具箱中的Ellipse Tool（椭圆工具）按钮，在"圆环"合成窗口中，绘制正圆蒙版，如图3.24所示。

图3.24 绘制正圆蒙版

步骤05 在时间轴面板中，按M键，打开"大圆环"纯色层的Mask 1（蒙版1）选项，选择Mask1（蒙版1）按Ctrl+D组合键，将复制出Mask 2（蒙版2），然后展开Mask 2（蒙版2）选项的所有参数，在Mask 2（蒙版2）右侧的下拉菜单中选择Subtract（相减）选项，设置Mask Expansion（蒙版扩展）的值为-20 pixels，如图3.25所示。此时的画面效果，如图3.26所示。

图3.25 设置Mask 2（蒙版2）的参数值

图3.26 设置后的画面效果

步骤06 选择"大圆环"纯色层，按Ctrl+D组合键，将其复制一份，然后将复制层重命名为"小圆环"，按S键，打开"小圆环"纯色层的Scale（缩放）选项，设置Scale（缩放）的值为（70，70），如图3.27所示。修改Scale（缩放）值后的画面效果，如图3.28所示。

图3.27 复制得到"小圆环"纯色层

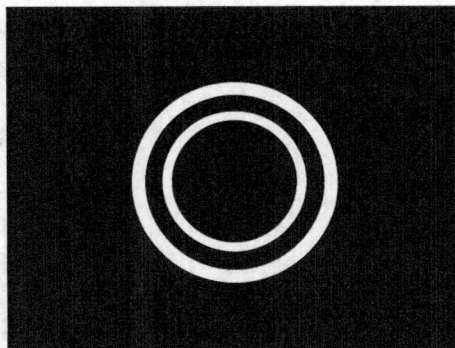

图3.28 修改Scale（缩放）值后的画面

步骤07 制作上升的粒子。执行菜单栏中的Composition（合成）| New Composition（新建合成）命令，打开Composition Settings（合成设置）对话框，新建一个Composition Name（合成名称）为"上升的粒子"、Width（宽）为"720"、Height（高）为"576"、Frame Rate（帧率）为"25"，Duration（持续时间）为0:00:03:00秒的合成。

步骤08 打开"上升的粒子"合成，在Project（项目）面板中选择"圆环"合成和"瓶子.psd"素材，将其拖动到"上升的粒子"合成的时间轴面板中，然后单击"圆环"左侧的眼睛图标，将"圆环"层隐藏，如图3.29所示。

图3.29 添加素材

步骤09 选择"瓶子.psd"素材，单击其左侧的灰色三角形按钮，展开Transform（转换）选项组，设置Position（位置）的值为（360，529）、Scale（缩放）的值为（53，53），如图3.30所示。调整后的画面效果，如图3.31所示。

图3.30 设置"瓶子.psd"的位置和缩放值

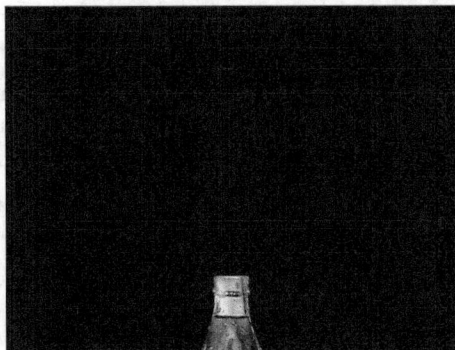

图3.31 调整后瓶子的效果

步骤10 新建"粒子"纯色层，按Ctrl+Y组合键，打开Solid Settings（纯色设置）对话框，新建一个Name（名称）为"粒子"、Color（颜色）为白色的纯色层。

步骤11 选择"粒子"纯色层，在Effects & Presets（效果和预置）面板中展开Simulation（模拟）特效组，然后双击CC Particle World（CC粒子仿真世界）特效，如图3.32所示。添加特效后的画面效果，如图3.33所示。

图3.32 添加CC Particle World（CC粒子仿真世界）特效

图3.33 添加CC Particle World特效后的画面效果

步骤12 在Effect Control（效果控件）面板中，设置Birth Rate（出生率）的值为1；展开Producer（发生器）选项组，设置Position Y（y轴位置）的值为0.21；展开Physics（物理学）选项组，在Animation（动画）右侧的下拉菜单中选择Jet Sideways（向一个方向喷射），设置Velocity（速度）的值为2、Gravity（重力）的值为-1、Resistance（阻力）的值为3、Extra（追加）的值为2，如图3.34所示。此时的画面效果如图3.35所示。

图3.34 参数设置1

图3.35 设置参数后的画面效果

步骤13 在Effect Controls（效果控件）面板中，展开Particle（粒子）选项组，在Particle Type（粒子类型）右侧的下拉菜单中选择Textured Square（纹理广场）选项，然后展开Texture（纹理）选项组，在Texture Layer（纹理层）右侧的下拉菜单中选择"3.圆环"选项；设置Birth Size（产生粒子尺寸）的值为0.3、Death Size（死亡粒子尺寸）的值为1、Size Variation（尺寸变化）的值为100、Max Opacity（最大不透明度）的值为100、Birth Color（产生粒子颜色）的值为红色（R:255，G:0，B:0）、Death Color（死亡粒子颜色）的值为黄色（R:255，G:255，B:0）、Volume Shade（体积阴影）的值为100，如图3.36所示。设置完成后，其中一帧的画面效果如图3.37所示。

图3.36 参数设置2

图3.37 其中一帧的画面效果

步骤14 制作背景。在"上升的粒子"合成的时间轴面板中，按Ctrl+Y组合键，打开Solid Settings（纯色设置）对话框，新建一个Name（名称）为背景、Color（颜色）为白色的纯色层。

步骤15 选择"背景"纯色层，在Effects & Presets（效果和预置）面板中展开Generate（创造）特效组，然后双击Ramp（渐变）特效，如图3.38所示。添加特效后的画面效果，如图3.39所示。

图3.38 添加Ramp（渐变）特效

图3.39 添加特效后的画面效果

步骤16 在Effect Control（效果控件）面板中，从Ramp Shape（渐变形状）右侧的下拉菜单中选择Radial Ramp（径向渐变），设置Start Color（起始颜色）为红色（R:255，G:0，B:0）、End Color（结束颜色）为黑色，如图3.40所示。此时的画面效果，如图3.41所示。

图3.40 为Ramp（渐变）特效设置参数

图3.41 调整渐变参数后的画面效果

步骤17 这样就完成了上升的粒子效果的整体制作，按小键盘上的0键，即可在合成窗口中预览动画。

3.4 摄像机动画

难易程度： ★★☆☆☆

实例说明： 本例首先应用Camera（摄像机）命令创建一台摄像机，然后通过三维属性设置摄像机动画，并使用Light（灯光）命令制作出层次感，最后利用Shine（光）特效制作出流光效果。本例最终的动画流程效果如图3.42所示。

工程文件： 第3章\摄像机动画

图3.42 最终效果

知识点

- Camera（摄像机）的创建方法
- 三维属性
- Light（灯光）命令
- Shine（光）特效

操作步骤

步骤01 执行菜单栏中的Composition（合成）| New Composition（新建合成）命令，打开Composition Settings（合成设置）对话框，设置Composition Name（合成名称）为"摄像机动画"、Width（宽）为"352"、Height（高）为"288"、Frame Rate（帧率）为"25"，并设置Duration（持续时间）为0:00:05:00秒。

步骤02 执行菜单栏中的File（文件）| Import（导入）| File（文件）命令，打开Import File（导入文件）对话框，选择配套资源中的"工程文件\第3章\摄像机动画\方块图.jpg"素材，单击【打开】按钮，将图片导入。

步骤03 在Project（项目）面板中选择"方块图.jpg"素材，然后将其拖动到时间轴面板中，并打开三维属性，如图3.43所示。

图3.43 添加素材

步骤04 执行菜单栏中的Layer（图层）| New（新建）| Camera（摄像机）命令，打开Camera Settings（摄像机设置）对话框，如图3.44所示。

图3.44 Camera Settings（摄像机设置）对话框

步骤05 将时间线调整到0:00:00:00的位置，在时间轴面板中，展开Camera 1（摄像机 1）参数，设置Point of Interest（目标兴趣点）的值为（176，177，0）、Position（位置）的值为（176，502，−146），并为这两个选项设置关键帧，如图3.45所示。

图3.45 设置关键帧

步骤06 按End键，将时间调到时间线的末尾，即0:00:04:24帧处，设置Point of Interest（目标兴趣点）的值为（176，–189，0）、Position（位置）的值为（176，250，–146），如图3.46所示。

图3.46 0:00:04:24帧处参数设置

步骤07 此时，拖动时间滑块可以看到，方块图由于摄像机的作用，产生图像推进的效果，其中的几帧图像，如图3.47所示。

图3.47 其中的几帧画面

步骤08 为了表现出层次感，执行菜单栏中的Layer（图层）| New（新建）| Light（灯光）命令，打开Light Settings（灯光设置）对话框，如图3.48所示。

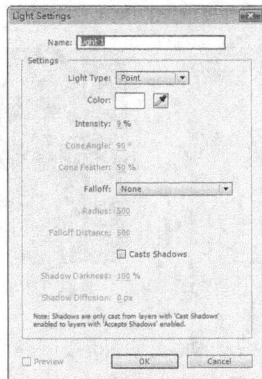

图3.48 Light Settings（灯光设置）对话框

步骤09 在时间轴面板中，展开Light 1（灯光1）参数，设置Position（位置）的值为（180，58，–242）、Intensity（强度）的值为120，如图3.49所示。此时，从合成窗口中，可以看到添加灯光后的图像效果，已经产生了很好的层次感。

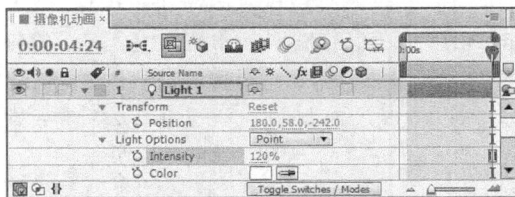

图3.49 设置灯光参数

步骤10 创建一个新的合成文件。执行菜单栏中的Composition（合成）| New Composition（新建合成）命令，打开Composition Settings（合成设置）对话框，设置Composition Name（合成名称）为"光特效"、Width（宽）为"352"、Height（高）为"288"、Frame Rate（帧率）为"25"，并设置Duration（持续时间）为0:00:05:00秒。

步骤11 在Project（项目）面板中选择"摄像机动画"合成素材，然后将其拖动到时间轴面板中，如图3.50所示。

图3.50 添加素材

步骤12 在Effects & Presets（效果和预设）面板中展开Trapcode特效组，然后双击Shine（光）特效，如图3.51所示。此时从合成窗口中，可以看到很强的光线效果，如图3.52所示。

图3.51 双击Shine特效

图3.52 应用光线效果

步骤13 制作光效动画。将时间线调整到0:00:00:00的位置，在Effect Controls（效果控件）面板中，设置Ray Length（光线长度）为6、Boost Light（光线亮度）的值为2；展开Colorize（着色）选项，从Colorize（着色）下拉菜单中选择3-Color Gradient（三色渐变）命令，设置Highlights（高光色）为白色、Midtones（中间色）为浅绿色（R:136，G:255，B:153）、Shadows（阴影色）为深绿色（R:0，G:114，B:0），并设置Transfer Mode（转换模式）为Add（相加），然后设置Source Point（源点）的值为（176，265），并为该项设置关键帧，如图3.53所示。此时从合成窗口中可以看到添加光线后的效果，如图3.54所示。

图3.53 光效参数设置

图3.54 添加光效后效果

步骤14 按End键，将时间调整到结束位置，即0:00:04:24帧处，在Effect Controls（效果控件）面板中，修改Source Point（源点）的值为（176，179），如图3.55所示。合成窗口中的图像效果如图3.56所示。

图3.55 修改源点位置

图3.56 图像效果

步骤15 这样，就完成了摄像机动画的制作，按小键盘上的0键，即可在合成窗口中预览动画效果。

第 ④ 章
遮罩与轨道跟踪

内容摘要

本章主要讲解蒙版和遮罩的使用方法，蒙版图层的创建；图层模式的应用技巧；矩形蒙版工具的使用；蒙版图形的羽化设置；蒙版节点的添加、移动及修改技巧；另外讲解了轨道跟踪的使用技巧。通过本章的制作，可以学习蒙版与遮罩的制作方法与使用技巧。

教学目标

- 蒙版层的创建
- 图层模式的使用
- 遮罩工具的使用
- 轨道跟踪的使用

4.1 电视屏幕效果

难易程度： ★★☆☆☆

实例说明： 本例主要讲解如何利用Mask Path（蒙版路径）制作电视屏幕效果。本例最终的动画流程效果如图4.1所示。

工程文件： 第4章\电视屏幕

图4.1 动画流程画面

知识点

- Rectangle Tool（矩形工具）▢
- 锚点的调整应用

操作步骤

步骤01 执行菜单栏中的File（文件）| Import（导入）| File（文件）命令，或在Project（项目）面板中双击，打开Import File（导入文件）对话框，选择配套资源中的"工程文件\第4章\电视屏幕\电视屏幕.psd"素材，效果如图4.2所示。

步骤02 单击"打开"按钮，此时将弹出一个文件名称的对话框，单击Import Kind（导入类型）下拉按钮，选择Composition（合成）选项，如图4.3所示。

图4.2 导入文件对话框

图4.3 选择导入类型

步骤03 单击OK（确定）按钮，此时会在Project（项目）面板中看到导入的素材，如图4.4所示。

图4.4 导入后的效果

步骤04 双击Project（项目）面板中的"电视屏幕"合成，打开其时间轴面板。调整时间到0:00:00:00的位置，如图4.5所示。

图4.5 "电视屏幕"时间轴面板

步骤05 选择"图层1"层，单击工具栏中的Rectangle Tool（矩形工具）■，在Composition（合成）面板中绘制一条状矩形，具体大小与位置如图4.6所示。

图4.6 条状矩形的绘制

步骤06 修改羽化值。在时间轴面板中，展开Mask 1（蒙版 1）层列表项，修改Mask Feather（蒙版羽化）的值为（20，20），如图4.7所示。

图4.7 设置蒙版羽化

步骤07 调整时间到0:00:00:00的位置。单击Mask Expansion（蒙版扩展）属性左侧的码表按钮，在当前时间设置一个关键帧，修改Mask Expansion（蒙版扩展）值为0，如图4.8所示。

图4.8 建立关键帧并修改蒙版扩展属性

步骤08 调整时间到0:00:00:13的位置,然后修改Mask Expansion(蒙版扩展)值为72。调整时间到0:00:01:00的位置,修改Mask Expansion(蒙版扩展)值为100。调整时间到0:00:02:00的位置,修改Mask Expansion(蒙版扩展)值为200。调整时间到0:00:02:24的位置,修改Mask Expansion(蒙版扩展)值为500。修改时间轴面板后效果如图4.9所示。

图4.9 时间轴面板的设置

步骤09 这样就完成了电视屏幕效果动画。按空格键或小键盘上的0键预览动画,其中的几帧动画效果如图4.10所示。

图4.10 其中的几帧动画效果

4.2 扫光文字效果

难易程度: ★★☆☆☆

实例说明: 本例主要讲解利用轨道蒙版制作扫光文字效果。本例最终的动画流程效果如图4.11所示。

工程文件: 第4章\扫光文字效果

图4.11 动画流程画面

知识点

- Track Matte(轨道蒙版)
- Solid(纯色)命令
- Pen Tool(钢笔工具)

操作步骤

步骤01 执行菜单栏中的File(文件)|Open Project(打开项目)命令,选择配套资源中的"工程文件\第4章\扫光文字效果\扫光文字效果练习.aep"文件,将"扫光文字效果练习.aep"文件打开。

步骤02 执行菜单栏中的Layer(图层)|New(新建)|Text(文本)命令,输入"Desire has no rest",在Character(字符)面板中,设置文字字体为HYZongYiJ、字号为39px、字体颜色为黄绿色(R:197,G:230,B:7),如图4.12所示。设置后的效果如图4.13所示。

图4.12 设置文字样式

图4.13 设置文字样式后效果

步骤03 执行菜单栏中的Layer（图层）|New（新建）|Solid（纯色）命令，打开Solid Settings（纯色设置）对话框，设置Name（名称）为"光"、Color（颜色）为白色。

步骤04 选中"光"层，在工具栏中选择Pen Tool（钢笔工具）◇，绘制一个长方形路径，按F键打开Mask Feather（蒙版羽化）属性，设置Mask Feather（蒙版羽化）的值为（16，16），如图4.14所示。

图4.14 设置蒙版形状

步骤05 选中"光"层，将时间线调整到0:00:00:00的位置，按P键打开Position（位置）属性，设置Position（位置）的值为（304，254），单击Position（位置）左侧的码表按钮◇，在当前位置设置关键帧。

步骤06 将时间线调整到0:00:01:15的位置，设置Position（位置）的值为（840，332），系统会自动设置关键帧，如图4.15所示。

图4.15 设置位置关键帧

步骤07 在时间轴面板中，将"光"层拖动到文字层下面，设置"光"层的Track Matte（轨道蒙版）为"Alpha Matte'Desire has no rest'"，如图4.16所示。合成窗口效果如图4.17所示。

图4.16 设置蒙版

图4.17 设置蒙版后效果

步骤08 选中文字层，按Ctrl+D组合键复制出另一个新的文字层并拖动到"光"层下面，再将其显示出来，如图4.18所示，合成窗口效果如图4.19所示。

图4.18 拖动文字层

图4.19 扫光效果

步骤09 这样就完成了扫光文字效果的整体制作，按小键盘上的0键，即可在合成窗口中预览动画。

4.3 光晕文字

难易程度：★★☆☆☆

实例说明：本例主要讲解利用Lens Flare（光晕）特效制作光晕文字效果。本例最终的动画流程效果如图4.20所示。

工程文件：第4章\光晕文字

图4.20 动画流程画面

操作步骤

步骤01 执行菜单栏中的File（文件）|Open Project（打开项目）命令，选择配套资源中的"工程文件\

第4章\光晕文字\光晕文字练习.aep"文件，将文件打开。

步骤02 执行菜单栏中的Layer（图层）|New（新建）|Text（文本）命令，新建文字层，此时，Composition（合成）窗口中将出现一个闪动的光标效果，在时间轴面板中将出现一个文字层，输入"NOTHING SPREADS LIRE FEAR"。在Character（字符）面板中，设置文字字体为Bell MT、字号为44px、字体颜色为红色（R:196，G:0，B:0），如图4.21所示。设置后合成窗口中效果如图4.22所示。

图4.21 设置文字样式

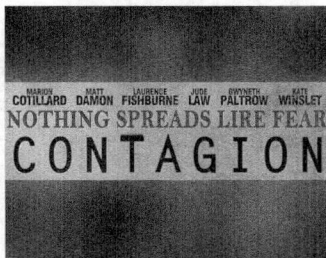

图4.22 设置文字样式后效果

步骤03 按Ctrl+Y组合键，打开Solid Settings（纯色设置）对话框，新建一个Name（名称）为"光晕"、Color（颜色）为黑色的纯色层。

步骤04 为"光晕层添加Lens Flare（光晕）特效。在Effects & Presets（效果和预设）面板中展开Generate（创造）特效组，然后双击Lens Flare（光晕）特效，如图4.23所示。

图4.23 添加特效

步骤05 单击时间轴面板左下角的按钮🔆，打开层混合模式，单击"光晕"层右侧的 Nor... ▼ 按钮，从弹出的下拉菜单中选择Add（相加）模式，如图4.24所示。

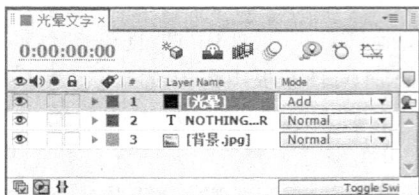

图4.24 Add（相加）模式

步骤06 调整时间到0:00:00:00的位置，在Effect Controls（效果控件）面板中，修改Lens Flare（光晕）特效的参数，设置Flare Center（光晕中心）的值为（12，230），并单击Flare Center（光晕中心）左侧的码表按钮🔆，在此位置设置关键帧，如图4.25所示。合成窗口效果如图4.26所示。

图4.25 设置关键帧

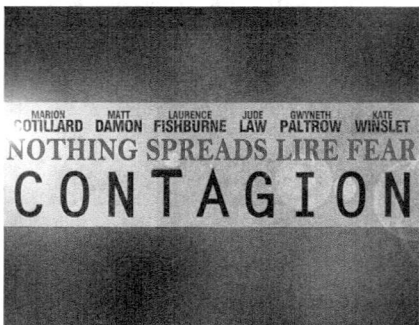

图4.26 设置关键帧后效果

步骤07 调整时间到0:00:02:00的位置，设置Flare Center（光晕中心）的值为（706，230），系统自动建立关键帧，如图4.27所示。合成窗口效果如图4.28所示。

图4.27 添加关键帧

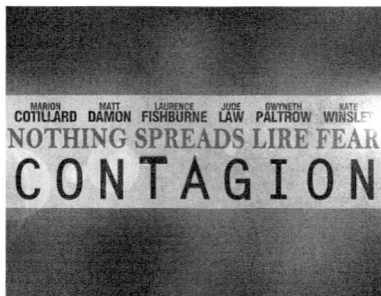

图4.28 设置关键帧后效果

步骤08 选择文字层，单击工具箱中的Rectangle Tool（矩形工具）▢，在合成窗口中沿文字形状绘制一个矩形，如图4.29所示。

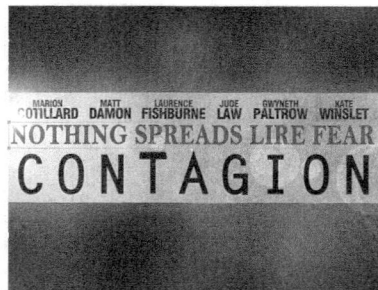

图4.29 绘制矩形蒙版

步骤09 按两次M键，展开Mask 1（蒙版 1），勾选Add（相加）右侧的Inverted（反选）复选框，如图4.30所示。

图4.30 勾选Inverted（反选）复选框

步骤10 调整时间到0:00:00:03的位置，单击Mask Path（蒙版形状）左侧的码表按钮🔆，在此位置设置关键帧，如图4.31所示。合成窗口效果如图4.32所示。

图4.31 设置关键帧

图4.32 设置好关键帧后的效果

步骤11 调整时间线0:00:00:24的位置，在合成窗口修改矩形蒙版，系统将自动创建关键帧，如图4.33所示。合成窗口效果如图4.34所示。

图4.33 添加关键帧

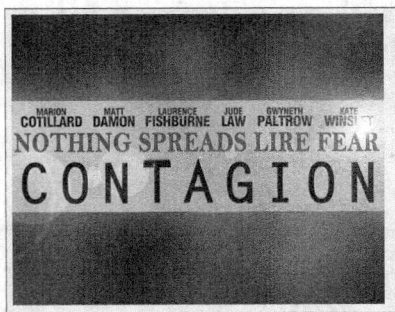

图4.34 修改矩形蒙版后效果

步骤12 这样就完成了"光晕文字"的整体制作，按小键盘上的0键，即可在合成窗口中预览动画。

4.4 影视经典

难易程度： ★★☆☆☆

实例说明： 本例主要讲解利用Track Matte（轨道蒙版）属性制作影视经典效果。本例最终的动画流程效果如图4.35所示。

工程文件： 第4章\影视经典

图4.35 动画流程画面

知识点

- Track Matte（轨道蒙版）
- Wiggler（摇摆器）

操作步骤

步骤01 执行菜单栏中的File（文件）|Open Project（打开项目）命令，选择配套资源中的"工程文件\第4章\影视经典\影视经典练习.aep"文件，将文件打开。

步骤02 执行菜单栏中的Composition（合成）|New Composition（新建合成）命令，打开Composition Settings（合成设置）对话框，设置Composition Name（合成名称）为"载体"、Width（宽）为"720"、Height（高）为"576"、Frame Rate（帧速率）为"25"，并设置Duration（持续时间）为0:00:02:15秒。

步骤03 执行菜单栏中的Layer（图层）|New（新建）|Solid（纯色）命令，打开Solid Settings（纯色

设置）对话框，设置Name（名称）为"条横"、Color（颜色）为白色。

步骤04 在时间轴面板中，选中"条横"层，按Ctrl+D组合键复制出另外两个新的层，将新图层分别重命名为"条横2"和"条横3"，选中"条横""条横2"和"条横3"层，按S键打开Scale（缩放）属性，分别单击Scale（缩放）左侧的按钮，取消约束，分别设置（缩放）的值为（10，100）、（21，100）、（12，100），如图4.36所示。合成窗口效果如图4.37所示。

图4.36 设置缩放参数

图4.37 设置缩放参数后效果

步骤05 打开"影视经典"合成，在Project（项目）面板中，选择"载体"合成，将其拖动到"影视经典"合成的时间轴面板中。

步骤06 选中"载体"合成，按P键打开Position（位置）属性，将时间线调整到0:00:00:00的位置，设置Position（位置）的值为（360，288），单击Position（位置）左侧的码表按钮，在当前位置设置关键帧。

步骤07 将时间线调整到0:00:02:00的位置，添加延迟帧，如图4.38所示。合成窗口效果如图4.39所示。

图4.38 添加延迟帧

图4.39 设置延迟帧后效果

步骤08 选中"载体"合成，按U键打开关键帧，选中所有关键帧，执行菜单栏中的Window（窗口）| Wiggler（摇摆器）命令，打开Wiggler（摇摆器）面板，从Dimensions（尺寸）菜单中选择X选项，设置Magnitude（数量）的值为200，单击Apply（应用）按钮，如图4.40所示。设置摇摆器后的关键帧效果如图4.41所示。

图4.40 设置摇摆器参数

图4.41 设置摇摆器后关键帧效果

步骤09 在时间轴面板中，设置"风景2"层的Track Matte（轨道遮罩）为"Alpha Matte'载体'"，如图4.42所示。合成窗口效果如图4.43所示。

图4.42 设置轨道遮罩

图4.43 设置轨道蒙版后效果

步骤10 这样就完成了影视经典的整体制作，按小键盘上的0键，即可在合成窗口中预览动画。

4.5 手写字

难易程度： ★★★☆☆

实例说明： 本例主要讲解利用Write-on（书写）特效制作手写字效果。本例最终的动画流程效果如图4.44所示。

工程文件： 第4章\手写字

图4.44 动画流程画面

操作步骤

步骤01 执行菜单栏中的File（文件）|Open Project（打开项目）命令，选择配套资源中的"工程文件\第4章\手写字\手写字练习.aep"文件，将文件打开。

步骤02 选择"龙"层，在Effects & Presets（效果和预设）面板中展开Generate（创造）特效组，然后双击Write-on（书写）特效。

步骤03 按两次Ctrl+D组合键，将"龙"层复制两层，单击"龙"层左侧眼睛按钮，将第2层和第3层隐藏，如图4.45所示。

图4.45 隐藏图层

步骤04 在Effect Controls（效果控件）面板中，修改Write-on（书写）特效参数，设置Brush Size（画笔大小）的值为40、Brush Opacity（画笔不透明度）值为100、Brush Position（画笔位置）值为（33，50），如图4.46所示。

图4.46 设置特效参数

步骤05 调整时间到0:00:00:00的位置，单击Brush Position（画笔位置）左侧的码表按钮，添加关键帧。按Page Down键，设置Brush Position（画笔位置）的值为（109，37）；按Page Down键，设置Brush Position（画笔位置）的值为（137，53）；按Page Down键，设置Brush Position（画笔位置）的值为（117，54）；按Page Down键，设置Brush Position（画笔位置）的值为（65，83），如图4.47所示。

图4.47 添加关键帧并设置画笔位置

步骤06 在Effect Controls（效果控件）面板中，修改Write-on（书写）特效参数，在Paint Style（书写样式）右侧的下拉列表中选择Reveal Original Image（反转原图），如图4.48所示。合成窗口效果如图4.49所示。

图4.48 设置特效参数

图4.49 合成窗口效果

步骤07 调整时间到0:00:00:04的位置，显示第2层"龙"层，按[键，给第2层"龙"层设置入点，如图4.50所示。

图4.50 显示第2层并设置入点

步骤08 和步骤05与06一样，配合Page Down键，沿文字的笔画顺序开始描字，在Effect Controls（效果控件）面板中，修改Write-on（书写）特效参数，在Paint Style（书写样式）右侧的下拉列表中选择Reveal Original Image（反转原图），如图4.51所示。

合成窗口效果如图4.52所示。

图4.51 设置特效参数

图4.52 合成窗口效果

步骤09 显示第3层"龙"层，将时间线调整到第2层最后一个关键帧处，按[键，给第3层"龙"层设置入点，沿文字的笔画顺序开始描字。此时合成窗口效果如图4.53所示。

图4.53 合成窗口效果

步骤10 在合成窗口中，按G键，用钢笔工具在第3层绘制蒙版，如图4.54所示。

图4.54 绘制蒙版

步骤11 这样就完成了手写字的整体制作，按小键盘上的0键，即可在合成窗口中预览动画。

4.6 扫光着色效果

难易程度： ★★☆☆☆

实例说明： 本例首先绘制矩形蒙版，然后通过修改矩形蒙版的位置，制作出动画效果，最后利用调节层，制作出扫光着色动画。本例最终的动画流程效果，如图4.55所示。

工程文件： 第4章\扫光着色

图4.55 动画流程画面

知识点

- 学习利用Rectangle Tool（矩形工具）▢创建蒙版的方法
- 学习利用Adjustment Layer（调节图层）制作蒙版层的方法
- 掌握蒙版的旋转及羽化设置

操作步骤

步骤01 创建新合成。执行菜单栏中的Composition（合成）| New Composition（新建合成）命令，打开 Composition Settings（合成设置）对话框，设置Composition Name（合成名称）为"扫光"、Width（宽）为"720"、Height（高）为"405"、Frame Rate（帧速率）为"25"，并设置Duration（持续时间）为4秒，如图4.56所示。

图4.56 合成设置

步骤02 导入素材。执行菜单栏中的File（文件）| Import（导入）| File（文件）命令，或按Ctrl + I组合键，打开Import File（导入文件）对话框，选择配套资源中的"工程文件\第4章\扫光着色\世界.jpg、彩色条纹.jpg"文件，然后将其添加到时间轴面板中。

步骤03 制作扫光遮罩。选择Rectangle Tool（矩形工具）▢，在"彩色条纹"图层上绘制遮罩，绘制后效果如图4.57所示。

图4.57 绘制遮罩后效果图

步骤04 旋转遮罩。选中"彩色条纹"图层，双击遮罩的某个节点进行激活，激活后会有灰白色线框，再选择Rotation Tool（旋转工具）↻，按住Shift键进行旋转调整。激活状态效果和旋转后效果如图4.58和图4.59所示。

图4.58 遮罩激活效果

图4.59 遮罩旋转后效果

步骤05 调整彩条长度。对彩条的长度进行调整，效果如图4.60所示。

图4.60 调整彩条光度后效果

步骤06 调整遮罩。选中"彩色条纹"图层，展开Masks（蒙版）属性栏，再展开Mask 1（蒙版 1）属性进行属性调整，效果如图4.61所示。

图4.61 遮罩属性修改后效果

步骤07 制作动画。注意是给蒙版做动画，所以选择Mask 1（蒙版 1）底下的Mask Path（蒙版路径），将时间线调整到0:00:00:00，单击Mask Path（蒙版形状）左侧的码表按钮，设置关键帧，再单击Mask Path（蒙版路径）右侧的Shape（形状）进行数值的调整，参数设置如图4.62所示。

图4.62 设置0:00:00:00时蒙版形状

步骤08 制作动画。再将时间线调整到0:00:03:00帧，单击Mask Path（蒙版形状）右侧的Shape（形状）进行数值的调整，参数设置如图4.63所示。

图4.63 在0:00:03:00遮罩形状的设置

步骤09 添加调节层。执行菜单栏中的Layer（图层）| New（新建）| Adjustment Layer（调整图层）命令，新建调节图层并将其拖至"彩色条纹"图层底下，效果如图4.64所示。

图4.64 添加Adjustment Layer（调节图层）

步骤10 制作灰度图。选择调节层，执行菜单栏中的Effect（特效）| Channel（通道）| Set Channels（通道设置）命令，修改参数，制作成灰度图效果，如图4.65所示,合成窗口效果如图4.66所示。

图4.65 Set Channels（通道设置）参数调整

图4.66 参数调整后效果

步骤11 制作颜色遮罩。将时间线调整到0:00:00:00，选择"彩色条纹"图层，展开属性，选中Mask 1（蒙版 1）属性，执行Edit（编辑）| Copy（复制）命令，复制完成后，选择"Adjustment Layer 1"图层，执行Edit（编辑）| Paste（粘贴）命令，再将叠加方式改成Subtract（相减），操作结果如图4.67所示。

图4.67 复制粘贴蒙版

步骤12 调整动画。将时间线调整到0:00:03:00帧，选择"Adjustment Layer 1"图层，展开属性，单击Mask Path（蒙版路径）右侧的Shape（形状）进行数值的调整，参数设置如图4.68所示。

图4.68 调整蒙版形状

步骤13 调整模式。选择"彩色条纹"图层，将模式改为Color（颜色），如图4.69所示。

图4.69 模式修改

步骤14 这样，就完成了"扫光着色"的制作，按小键盘上的0键，可以预览动画效果。然后将文件保存并输出成动画效果，其中的几帧动画画面如图4.70所示。

图4.70 扫光着色效果的几帧画面

4.7 放大镜动画

难易程度： ★★☆☆☆

实例说明： 下面通过实例来讲解蒙版层的创建和蒙版动画的制作，并学习蒙版跟踪模式的应用方法。本例最终的动画流程效果如图4.71所示。

工程文件：第4章\蒙版放大镜动画

图4.71 动画流程画面

- Ellipse Tool（椭圆工具）
- Parent（父级）属性

操作步骤

步骤01 执行菜单栏中的File（文件）| Import（导入）| File（文件）命令，或在Project（项目）面板中双击，打开Import File（导入文件）对话框，选择配套资源中的"工程文件\第4章\蒙版放大镜动画\放大镜.psd"素材，效果如图4.72所示。

图4.72 导入文件对话框

步骤02 单击【打开】按钮，此时将弹出一个文件名称的对话框，在Import Kind（导入类型）下拉列表框中选择Composition（合成）选项，如图4.73所示。

图4.73 选择导入类型

步骤03 单击OK（确定）按钮，此时会在Project（项目）面板中看到导入的素材，如图4.74所示。

图4.74 导入后效果

步骤04 在Project（项目）面板中，选择"放大镜"合成，按Ctrl+K组合键打开Composition Settings（合成设置）对话框，修改其Duration（持续时间）为

0:00:04:00帧，然后双击Project（项目）面板中的"放大镜"合成，打开其时间轴面板，如图4.75所示。

图4.75 "放大镜"时间轴面板

步骤05 创建纯色层。选择Layer（图层）| New（新建）| Solid（纯色）命令，打开Solid Settings（纯色设置）对话框，设置Name（名称）为"放大蒙版"、Color（颜色）为白色，其他参数设置如图4.76所示。

图4.76 Solid Settings（纯色设置）对话框

步骤06 单击OK（确定）按钮，纯色层建立完毕。调整素材层顺序。拖动"放大镜"素材层于"放大蒙版"层的上一层，调整后的素材层排列顺序如图4.77所示。

图4.77 调整后的素材层排列顺序

步骤07 绘制椭圆蒙版。选择"放大蒙版"纯色层，单击工具栏中的Ellipse Tool（椭圆工具），选择椭圆工具，在Composition（合成）面板中绘制一个与放大镜内环大小相近的正圆，如图4.78所示。

图4.78 绘制正圆

步骤08 设置跟踪模式。单击"放大图"层右侧的Track Matte（跟踪蒙版），从弹出的菜单中选择"Alpha Matte，'[放大蒙版]'"命令，如图4.79所示。

图4.79 选择"Alpha Matte，'[放大蒙版]'"命令

步骤09 跟踪模式设置完成，此时Composition（合成）面板中放大镜已经出现了放大效果，如图4.80所示。

图4.80 放大镜放大效果

步骤10 设置父子关系。在时间轴面板的属性名称上单击右键，打开快捷菜单，选择Columns（列）| Parent（父级）菜单项，如图4.81所示。

图4.81 选择Columns（列）|Parent（父级）菜单项

步骤11 在"放大镜"素材层右侧的Parent（父级）属性栏中选择"放大蒙版"层，将"放大蒙版"层作为"放大镜"素材层的父级层，如图4.82所示。

图4.82 建立父子关系

步骤12 制作蒙版位置移动动画。调整时间到0:00:00:00的位置，单击"放大蒙版"层，按P键，打开Position（位置）属性，单击Position（位置）属性左侧的码表按钮，在当前时间设置一个关键帧，如图4.83所示。

图4.83 设置关键帧

步骤13 调整时间到0:00:01:00的位置，修改Position（位置）的值为（290，180）。调整时间到0:00:02:00的位置，修改Position（位置）的值为（425，180）。调整时间到0:00:03:00的位置，修改Position（位置）的值为（265，270）。调整时间到0:00:03:15的位置，修改Position（位置）的值为（420，270）。设置关键帧后效果如图4.84所示。

图4.84 设置全部关键帧

步骤14 这样就完成了放大镜动画的制作。按空格键或小键盘上的0键预览动画，其中的几帧动画效果如图4.85所示。

图4.85 其中的几帧动画效果

4.8 擦除动画

难易程度： ★ ☆ ☆ ☆ ☆

实例说明： 下面讲解利用Mask Path（蒙版路径）制作数字7的擦除动画效果。本例最终的动画流程效果如图4.86所示。

工程文件： 第4章\擦除动画

图4.86 动画流程画面

图4.86 动画流程画面（续）

知识点

● Rectangle Tool（矩形工具）

● 蒙版的编辑

操作步骤

步骤01 执行菜单栏中的File（文件）| Import（导入）| File（文件）命令，或在Project（项目）面板中双击，打开Import File（导入文件）对话框，选择配套资源中的"工程文件\第4章\擦除动画\7.psd、背景.jpg"素材，效果如图4.87所示。

图4.87 导入文件对话框

步骤02 单击OK（确定）按钮，此时会在Project（项目）面板中看到导入的素材，如图4.88所示。

图4.88 导入后效果

步骤03 将"7.psd"和"背景.jpg"直接拖入到时间线面板上，如图4.89所示。

图4.89 将素材拖入时间轴面板

步骤04 选中"7.psd"素材层，单击工具栏中的Rectangle Tool（矩形工具），选择矩形工具，在Composition（合成）面板中绘制一个与"7.psd"相同宽度的矩形，如图4.90所示。

图4.90 绘制矩形路径

步骤05 调整时间到0:00:00:00的位置，修改羽化值。在时间轴面板中展开Masks（蒙版）选项组，修改Mask Feather（蒙版羽化）值为（30，30），并单击Mask Path（蒙版路径）左侧的码表按钮，在当前时间位置建立关键帧，如图4.91所示。

图4.91 修改羽化值并设置关键帧

步骤06 调整时间到0:00:02:00的位置，选择上方的两个锚点将其向上拖动，直到将数字7完全显示出来，此时系统会自动建立关键帧，如图4.92所示。

图4.92 拖动锚点

步骤07 这样就完成了动画的制作。按空格键或小键盘上的0键预览动画，其中的几帧动画效果如图4.93所示。

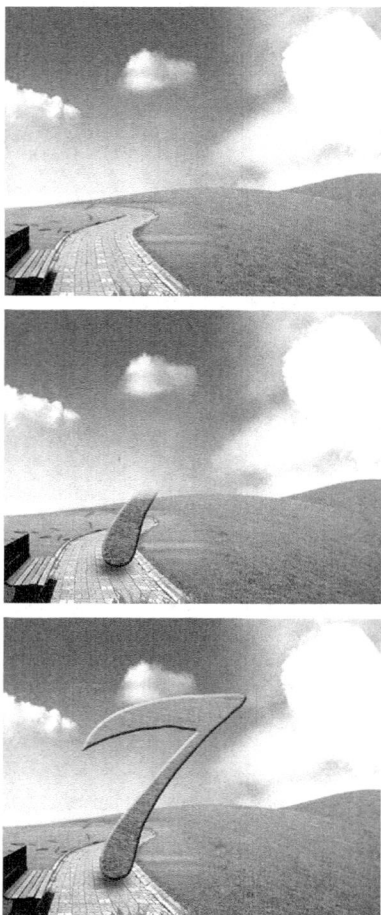

图4.93 其中的几帧动画效果

4.9 打开的折扇

难易程度： ★ ★ ★ ☆ ☆

实例说明： 本例主要讲解打开的折扇动画的制作。制作中主要用到了蒙版属性的多种修改方法，以及路径节点的添加及调整方法。本例最终的动画流程效果如图4.94所示。

工程文件： 第4章\打开的折扇

图4.94 动画流程画面效果

知识点

- Pen Tool（钢笔工具）
- 路径锚点的修改
- 定位点的调整

4.9.1 导入素材

步骤01 执行菜单栏中的File（文件）| Import（导入）| File（文件）命令，打开Import File（导入文件）对话框，选择配套资源中的"工程文件\第4章\打开的折扇\折扇.psd"文件，如图4.95所示。

图4.95 导入文件对话框

步骤02 在Import File（导入文件）对话框中，单击"打开"按钮，将打开"折扇.psd"对话框，在Import Kind（导入类型）下拉列表中选择Composition（合成）选项，如图4.96所示。

图4.96 选择导入类型

步骤03 单击OK（确定）按钮，将素材导入到Project（项目）面板中，导入后的合成素材效果，如图4.97所示。从图中可以看到导入的"折扇"合成文件和一个文件夹。

图4.97 导入的素材

步骤04 在Project（项目）面板中，选择"折扇"合成文件，按Ctrl+K组合键打开Composition Settings（合成设置）对话框，设置Duration（持续时间）为3秒。

步骤05 双击打开"折扇"合成，从Composition（合成）窗口可以看到层素材的显示效果，如图4.98所示。

图4.98 素材显示效果

步骤06 此时，从时间轴面板中，可以看到导入合成文件中所带的3个层，分别是"扇柄""扇面"和"背景"，如图4.99所示。

图4.99 层分布效果

4.9.2 制作扇面动画

步骤01 选择"扇柄"层，然后单击工具栏中的Pan Behind Tool（定位点工具），在Composition（合成）窗口中，选择中心点并将其移动到扇柄的旋转位置，如图4.100所示。也可以通过时间轴面板中的"扇柄"层参数来修改定位点的位置，如图4.101所示。

图4.100 操作过程

图4.101 定位点参数设置

步骤02 将时间线调整到0:00:00:00的位置，添加关键帧。在时间轴面板中，单击Rotation（旋转）左侧的码表按钮，在当前时间为Rotation（旋转）设置一个关键帧，并修改Rotation（旋转）的角度值为0×－129°，如图4.102所示。这样就将扇柄旋转到合适的位置，此时的扇柄位置如图4.103所示。

图4.102 关键帧设置

图4.103 旋转扇柄位置

步骤03 将时间线调整到0:00:02:00的位置，在时间轴面板中，修改Rotation（旋转）的角度值为0，系统将自动在该处创建关键帧，如图4.104所示。此时，扇柄旋转后的效果，如图4.105所示。

图4.104 参数设置

图4.105 扇柄旋转效果

步骤04 此时，拖动时间滑块或播放动画，可以看到扇柄的旋转动画效果，其中的几帧画面，如图4.106所示。

图4.106 旋转动画中的几帧画面效果

步骤05 选择"扇面"层，单击工具栏中的Pen Tool（钢笔工具），绘制一个蒙版轮廓，如图4.107所示。

图4.107 绘制蒙版轮廓

步骤06 将时间线调整到0:00:00:00的位置，在时间轴面板的Mask 1（蒙版1）选项中，单击Mask Path（蒙版路径）左侧的码表按钮◯，在当前时间添加一个关键帧，如图4.108所示。

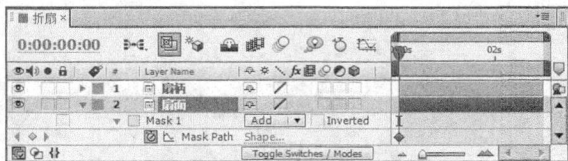

图4.108 在0:00:00:00位置添加关键帧

步骤07 将时间线调整到0:00:00:12位置，在Composition（合成）窗口中，利用Selection Tool（选择工具）选择节点并进行调整，然后在路径适当的位置利用Add Vertex Tool（添加节点工具）添加节点，添加效果如图4.109所示。

图4.109 添加节点

步骤08 利用Selection Tool（选择工具），将添加的节点向上移动，以完整显示扇面，如图4.110所示。

图4.110 移动节点位置

步骤09 将时间线调整到0:00:01:00位置，在Composition（合成）窗口中，利用前面的方法，使用Selection Tool（选择工具）选择节点并进行调整，并在路径适当的位置利用Add Vertex Tool（添加节点工具）添加节点，以更好地调整蒙版轮廓，系统将在当前时间位置自动添加关键帧，调整后的效果，如图4.111所示。

图4.111 0:00:01:00位置的调整效果

步骤10 分别将时间线调整到0:00:01:12和0:00:02:00位置，利用前面的方法调整并添加节点，制作扇面展开动画，两帧的调整效果分别如图4.112和图4.113所示。

图4.112 调整效果1

图4.113 调整效果2

步骤11 经过上面的操作，就制作出了扇面的展开动画效果，此时，拖动时间滑块或播放动画可以看到扇面的展开动画效果，其中的几帧画面如图4.114所示。

图4.114 扇面展开动画其中的几帧画面效果

图4.114 扇面展开动画其中的几帧画面效果（续）

4.9.3 制作扇柄动画

步骤01 从播放的动画中可以看到，虽然扇面出现了动画展开效果，但扇柄（手握位置）并没有出现，不符合现实，下面来制作扇柄的动画效果。选择"扇面"层，然后单击工具栏中的Pen Tool（钢笔工具）按钮，使用钢笔工具在图像上绘制一个蒙版轮廓，如图4.115所示。

图4.115 绘制蒙版轮廓

步骤02 将时间线调整到0:00:00:00的位置，在时间轴面板中，展开"扇面"层选项列表，在Mask 2（蒙版2）选项组中，单击Mask Path（蒙版路径）左侧的码表按钮，在当前时间添加一个关键帧，如图4.116所示。

图4.116 添加关键帧

步骤03 将时间线调整到0:00:01:00位置，参考扇柄旋转的轨迹，调整蒙版路径的形状，如图4.117所示。

图4.117 调整效果

步骤04 将时间线调整到0:00:02:00位置，参考扇柄旋转的轨迹，使用Selection Tool（选择工具）选择节点并进行调整，并在路径适当的位置利用Add Vertex Tool（添加节点工具）添加节点，调整后的效果如图4.118所示。

图4.118 调整效果

步骤05 此时，从时间轴面板可以看到所有关键帧的位置及效果，如图4.119所示。

图4.119 关键帧效果

步骤06 至此，就完成了打开的折扇动画的制作，按键盘上的0键，可以预览动画效果。其中的几帧画面效果如图4.120所示。

图4.120 折扇打开动画的几帧画面效果

第 **5** 章
调色及键控抠像

内容摘要

　　在影视制作中，图像的处理经常需要对图像颜色进行调整，色彩的调整主要是通过对图像的明暗、对比度、饱和度及色相的调整，来达到改善图像质量的目的，以更好地控制影片的色彩信息，制作出理想的视频画面效果。在特效及栏目包装制作中，抠像会经常用到，本章详细讲解了常见的键控抠像功能。

教学目标

- 掌握使用Change to Color（转换颜色）特效改变颜色的方法
- 掌握如何用Change to Color（转换颜色）特效给图片替换颜色
- 学习如何用（Color Balance（HLS）[色彩平衡（HLS）]）特效调整动画色彩
- 学习Color Key（色彩键）特效的抠图应用

5.1 改变影片颜色

难易程度：★☆☆☆☆

实例说明： 本例主要讲解利用Change to Color（转换颜色）特效实现改变影片颜色的方法。本例最终的动画流程效果如图5.1所示。

工程文件： 第5章\改变影片颜色

图5.1 动画流程画面

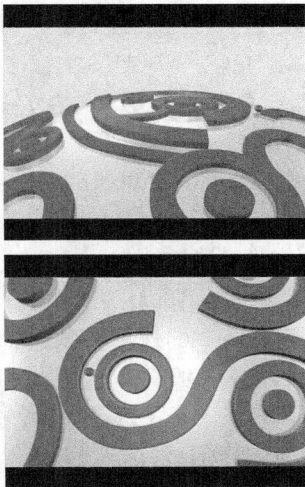

知识点

- Change to Color（转换颜色）特效

操作步骤

步骤01 执行菜单栏中的File（文件）|Open Project（打开项目）命令，选择配套资源中的"工程文件\第5章\改变影片颜色\改变影片颜色练习.aep"文件，将文件打开。

步骤02 为"动画学院大讲堂.mov"层添加Change to Color（转换颜色）特效。在Effects & Presets（效果和预设）面板中展开Color Correction（颜色校正）特效组，然后双击Change to Color（转换颜色）特效。

步骤03 在Effect Controls（效果控件）面板中，修改Change to Color（转换颜色）特效的参数，设置From（从）为蓝色（R:0，G:5，B:235），如图5.2所示。合成窗口效果如图5.3所示。

图5.2 设置参数

图5.3 设置参数后效果

步骤04 这样就完成了改变影片颜色的整体制作，按小键盘上的0键，即可在合成窗口中预览动画。

5.2 色彩调整动画

难易程度：★☆☆☆☆

实例说明： 本例主要讲解利用Color Balance（HLS）[色彩平衡（HLS）]特效制作色彩调整动画的方法。本例最终的动画流程效果如图5.4所示。

工程文件： 第5章\色彩调整动画

图5.4 动画流程画面

知识点

● Color Balance（HLS）[色彩平衡（HLS）]特效

操作步骤

步骤01 执行菜单栏中的File（文件）|Open Project（打开项目）命令，选择配套资源中的"工程文件\第5章\色彩调整动画\色彩调整动画练习.aep"文件，将文件打开。

步骤02 在时间轴面板中，选择"视频"层，然后在Effects & Presets（效果和预设）面板中展开Color Correction（色彩校正）选项，最后双击Color Balance（HLS）[色彩平衡（HLS）]特效。

步骤03 在Effect Controls（效果控件）面板中，修改Color Balance（HLS）[色彩平衡（HLS）]特效的参数，将时间线调整到0:00:00:15的位置，设置Hue（色调）的值为95，单击Hue（色调）左侧的码表按钮，在当前位置设置关键帧。

步骤04 将时间线调整到0:00:01:15的位置，设置Hue（色调）的值为148；将时间线调整到0:00:02:11的位置，设置Hue（色调）的值为0×220；将时间线调整到0:00:01:15的位置，设置Hue（色调）的值为0×+252°，系统会自动设置关键帧，如图5.5所示。合成窗口效果如图5.6所示。

图5.5 设置关键帧

图5.6 设置关键帧后效果

步骤05 这样就完成了色彩调整动画的整体制作，按小键盘上的0键，即可在合成窗口中预览动画。

5.3 色彩键抠像

难易程度： ★★☆☆☆

实例说明： 本例主要讲解使用Color Key（色彩键）特效进行抠像的方法及操作技巧。本例最终的动画流程效果如图5.7所示。

工程文件： 第5章\色彩键抠像

图5.7 动画流程画面

知识点

- Color Key（色彩键）特效

操作步骤

步骤01 导入素材。执行菜单栏中的File（文件）| Import（导入）| File（文件）命令，或按Ctrl + I组合键，打开Import File（导入文件）对话框，选择配套资源中的"工程文件\ 第5章 \ 色彩键抠像 \水背景. avi、龙.mov"文件，以"水背景.avi"为合成，然后将其添加到时间轴面板中，选择"龙.mov"按S键，设置Scale（缩放）值为（110，110），如图5.8所示。

图5.8 添加素材

步骤02 在时间轴面板中，确认选择"龙.mov"层，然后在Effects & Presets（效果和预设）面板中展开Keying（键控）选项，再双击Color Key（色彩键）特效，如图5.9所示。

图5.9 双击特效

步骤03 此时，"龙.mov"层就应用了Color Key（色彩键）特效，打开Effect Controls（效果控件）面板，可以看到该特效的参数设置，如图5.10所示。

图5.10 效果控件面板

步骤04 单击Key Color（颜色键）右侧的吸管工具，然后在合成窗口中单击素材上的白色部分，吸取白色，如图5.11所示。

图5.11 吸取颜色

步骤05 使用吸管吸取颜色后，可以看到有些白色部分已经透明，可以看到背景了，在Effect Controls（效果控件）面板中，修改Color Tolerance（颜色容差）的值为50、Edge Thin（边缘薄厚）的值为1、Edge Feather（边缘羽化）的值为1，以制作柔和的边缘效果，如图5.12所示。

图5.12 修改参数

步骤06 这样，利用键控中的Color Key（色彩键）特效抠像完成，因为素材本身是动画，可以预览动画效果，其中几帧的画面、如图5.13所示。

图5.13 键控应用中的几帧画面效果

5.4 为图片替换颜色

难易程度： ★★☆☆☆

实例说明： 本例主要讲解利用Change to Color（转换颜色）特效给图片替换颜色的方法。本例最终的动画流程效果如图5.14所示。

工程文件： 第5章\为图片替换颜色

图5.14 动画流程画面

知识点

- 了解Color Key（色彩键）特效的使用
- 掌握利用Color Key（色彩键）特效进行抠像的方法

操作步骤

步骤01 执行菜单栏中的File（文件）|Open Project（打开项目）命令，选择配套资源中的"工程文件\第5章\为图片替换颜色\为图片替换颜色练习.aep"文件，将"为图片替换颜色练习.aep"文件打开。

步骤02 为"图2"层添加Change to Color（转换颜色）特效。在Effects & Presets（效果和预设）面板中展开Color Correction（颜色校正）特效组，然后双击Change to Color（转换颜色）特效。

步骤03 在Effect Controls（效果控件）面板中，修改Change to Color（转换颜色）特效的参数，设置From（从）为蓝色（R:2，G:90，B:101），如图5.15所示。合成窗口效果如图5.16所示。

图5.15 设置参数

图5.16 设置参数后效果

步骤04 在时间轴面板中，选中"图.jpg"层，在工具栏中选择Rectangle Tool（矩形工具）▢，绘制一个矩形路径，如图5.17所示。按M键打开Mask Path（蒙版路径）属性，将时间线调整到0:00:00:00的位置，单击Mask Path（蒙版路径）左侧的码表按钮⏱，在当前位置设置关键帧。

图5.17 绘制矩形路径

步骤05 将时间线调整到0:00:02:00的位置，选择左侧的两个锚点并向右拖动，系统会自动设置关键帧，如图5.18所示。

图5.18 拖动锚点后效果

步骤06 这样就完成了为图片替换颜色的整体制作，按小键盘上的0键，即可在合成窗口中预览动画。

5.5 彩色光环

难易程度：★★☆☆☆

实例说明：本例主要讲解利用Hue/Saturation（色相/饱和度）特效制作彩色光环效果的方法。本例最终的动画流程效果如图5.19所示。

工程文件：第5章\彩色光环

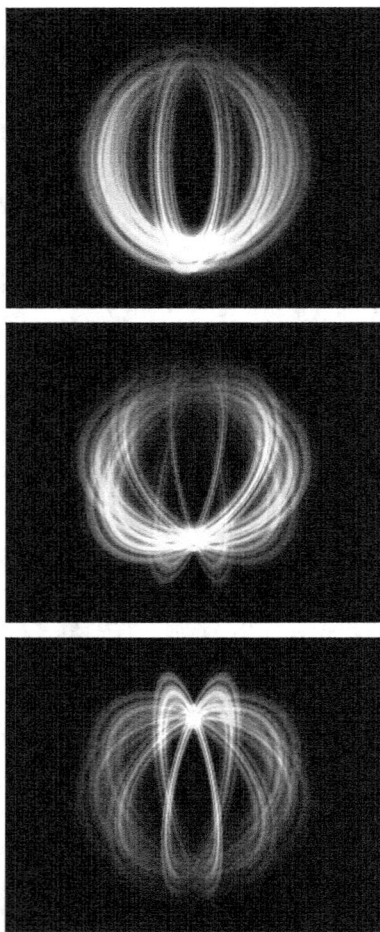

图5.19 动画流程画面

- 学习利用Hue/Saturation（色相/饱和度）特效进行调色的方法

5.5.1 制作"圆环"

步骤01 执行菜单栏中的Composition（合成）| New Composition（新建合成）命令，打开Composition Settings（合成设置）对话框，设置Composition Name（合成名称）为"圆环"、Width（宽）为"352"、Height（高）为"288"、Frame Rate（帧速率）为"25"，并设置Duration（持续时间）为0:00:05:00秒，如图5.20所示。

图5.20 合成设置

步骤02 单击OK（确定）按钮，在Project（项目）面板中将会创建一个名为"圆环"的合成，如图5.21所示。

图5.21 创建的合成

步骤03 打开"圆环"合成的时间轴面板，按Ctrl+Y组合键，打开Solid Settings（纯色设置）对话框，设置Name（名称）为"圆环"、Color（颜色）为黑色，如图5.22所示。

图5.22 新建"圆环"纯色层

步骤04 单击OK（确定）按钮，在时间轴面板中将会创建一个名为"圆环"的纯色层。选择"圆环"纯色层，在Effects & Presets（效果和预设）面板中展开Noise & Grain（噪波与杂点）特效组，然后双击Fractal Noise（分形杂色）特效，如图5.23所示。

图5.23 添加分形杂色特效

步骤05 在Effect Controls（效果控件）面板中，修改Fractal Noise（分形杂色）特效的参数，展开Transform（转换）选项组，取消勾选Uniform Scaling（等比缩放）复选框，设置Scale Width（缩放宽度）的值为5000、Scale Height（缩放高度）的值为20，如图5.24所示。合成窗口效果如图5.25所示。

图5.24 设置Transform（转换）选项组的参数

图5.25 设置参数后的画面效果

步骤06 为"圆环"层绘制蒙版。单击工具箱中的Rectangle Tool（矩形工具），在"圆环"合成窗口中绘制矩形蒙版，如图5.26所示。

图5.26 绘制矩形蒙版

步骤07 在时间轴面板中，按F键，打开"圆环"层的Mask Feather（蒙版羽化）选项，单击Mask Feather（蒙版羽化）左侧的约束比例按钮，取消约束，然后设置Mask Feather（蒙版羽化）的值为（100，15），如图5.27所示。

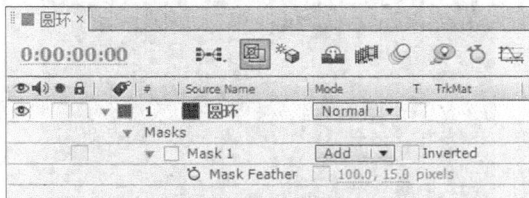

图5.27 设置蒙版羽化的值

步骤08 设置Mask Feather（蒙版羽化）后的画面效果，如图5.28所示。为"圆环"层添加Polar Coordinates（极坐标）特效。在Effects & Presets（效果和预设）面板中展开Distort（扭曲）特效组，双击Polar Coordinates（极坐标）特效，如图5.29所示。

图5.28 设置羽化后的效果

图5.29 添加极坐标特效

步骤09 在Effect Controls（效果控件）面板中，选择Type of Conversion（转换类型）右侧下拉菜单中的Rect to Polar（将直角坐标系转换成极坐标系）选项，然后设置Interpolation（插值）的值为100%，参数设置如图5.30所示。合成窗口效果如图5.31所示。

图5.30 极坐标特效的参数设置

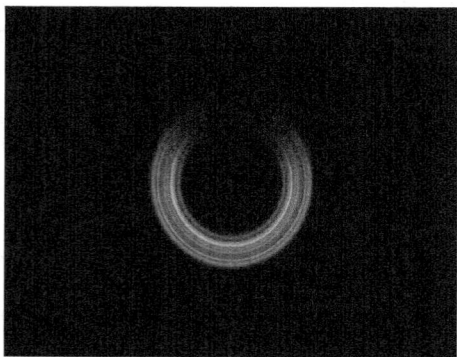

图5.31 设置参数后的画面效果

5.5.2 制作"绿色"合成

步骤01 执行菜单栏中的Composition（合成）| New Composition（新建合成）命令，打开Composition Settings（合成设置）对话框，新建一个Composition Name（合成名称）为"绿色"、Width（宽）为"720"、Height（高）为"576"、Frame Rate（帧速率）为"25"、Duration（持续时间）为0:00:05:00的合成。

步骤02 打开"绿色"合成，在Project（项目）面板中，选择"圆环"合成，将其拖动到"绿色"合成的时间轴面板中。

步骤03 为"圆环"合成层添加Hue/Saturation（色相/

饱和度）特效。在Effects & Presets（效果和预设）面板中展开Color Correction（颜色校正）特效组，然后双击Hue/Saturation（色相/饱和度）特效，如图5.32所示。

图5.32 添加特效

步骤04 在Effect Controls（效果控件）面板中，修改Hue/Saturation（色相/饱和度）特效的参数，勾选Colorize（着色）复选框，设置Colorize Hue（着色色相）的值为0×+114°、Colorize Saturation（着色饱和度）的值为100，参数设置如图5.33所示。

图5.33 设置特效参数

步骤05 在"绿色"合成中，设置完成Hue/Saturation（色相/饱和度）特效参数后的画面效果，如图5.34所示。

图5.34 "绿色"合成的画面效果

步骤06 在Project（项目）面板中，选择"绿色"合成，按Ctrl+D组合键3次，复制出"绿色2""绿色3"和"绿色4"3个合成，然后将复制出的合成分别重命名为"蓝色""黄色"和"红色"，如图5.35所示。

图5.35 复制合成并重命名

步骤07 打开"蓝色"合成的时间轴面板，选择"圆环"合成，在Effect Controls（效果控件）面板中，设置Colorize Hue（着色色相）的值为0×+224°，如图5.36所示。此时的画面效果如图5.37所示。

图5.36 设置"蓝色"合成参数

图5.37 设置参数后效果

步骤08 打开"黄色"合成的时间轴面板，选择"圆环"合成，在Effect Controls（效果控件）面板中，设置Colorize Hue（着色色相）的值为0×+59°，如图5.38所示。此时的画面效果如图5.39所示。

图5.38 设置"黄色"合成参数

图5.39 设置参数后效果

步骤09 打开"红色"合成的时间轴面板，选择"圆环"合成，在Effect Controls（效果控件）面板中，设置Colorize Hue（着色色相）的值为0，如图5.40所示。此时的画面效果如图5.41所示。

图5.40 设置"红色"合成参数

图5.41 设置参数后效果

5.5.3 制作"光环合成"

步骤01 执行菜单栏中的Composition（合成）| New Composition（新建合成）命令，打开Composition Settings（合成设置）对话框，新建一个Composition Name（合成名称）为"光环合成"、Width（宽）为"352"、Height（高）为"288"、Frame Rate（帧速率）为"25"、Duration（持续时间）为0:00:05:00的合成。

步骤02 打开"光环合成"的时间轴面板，在Project（项目）面板中选择"蓝色""红色""黄色""绿色"和"圆环"5个合成，将其拖动到"光环合成"的时间轴面板中，如图5.42所示。

图5.42 添加合成层

步骤03 确认选择所有合成层，打开所有图层右侧的三维属性开关，同时修改Mode（模式）为Add（相加），如图5.43所示。

图5.43 打开三维属性开关并修改模式

步骤04 选择除"圆环"层外的其他4个图层，按R键，打开所选图层的Rotation（旋转）选项，设置"蓝色"合成层的Y Rotation（y轴旋转）的值为$0 \times +36°$、"红色"合成层的Y Rotation（y轴旋转）的值为$0 \times +72°$、"黄色"合成层的Y Rotation（y轴旋转）的值为$0 \times +108°$、"绿色"合成层的Y Rotation（y轴旋转）的值为$0 \times +144°$，如图5.44所示。

步骤05 设置完成后的画面效果，如图5.45所示。

图5.44 设置旋转参数

图5.45 设置旋转值完成后的效果

步骤06 添加摄像机。执行菜单栏中的Layer（图层）| New（新建）| Camera（摄像机）命令，打开Camera Settings（摄像机设置）对话框，在Preset（预设）右侧的下拉列表中选择Custom（自定义），如图5.46所示。单击OK（确定）按钮，在"光环合成"的时间轴面板中，将会创建一个摄像机。

图5.46 Camera Settings（摄像机设置）对话框

提示 在时间轴面板中按Ctrl + Alt + Shift + C组合键，可以快速打开Camera Settings（摄像机设置）对话框。

步骤07 选择"Camera 1"层，按P键，打开该层的Position（位置）选项，设置Position（位置）的值为176,144,−377，如图5.47所示。此时的画面效果如图5.48所示。

图5.47 设置摄像机位置

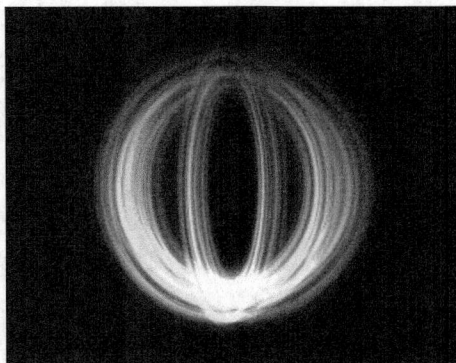

图5.48 设置摄像机位置后的画面效果

步骤08 执行菜单栏中的Layer（图层）| New（新建）| Null Object（空对象）命令，在"光环合成"的时间轴面板中，将会创建一个名为"Null 1"的空对象层，然后打开"Null 1"空对象层的三维属性开关，如图5.49所示。

图5.49 新建虚拟物体

步骤09 同时选择"蓝色""红色""黄色""绿色""圆环"5个合成层，在其中一个合成层右侧的

Parent（父级）属性栏中选择"Null 1"层，将"Null 1"作为"蓝色""红色""黄色""绿色""圆环"5个合成层的父级层，如图5.50所示。

图5.50 建立父子关系

步骤10 将时间线调整到0:00:00:00的位置，选择"Null 1"虚拟物体层。按R键，打开该层的Rotation（旋转）选项，然后分别单击X Rotation（x轴旋转）和Y Rotation（y轴旋转）左侧的码表按钮，在当前位置设置关键帧，如图5.51所示。

图5.51 在00：00：00：00的位置设置关键帧

步骤11 将时间线调整到0:00:04:24的位置，设置X Rotation（x轴旋转）的值为1×+0°、Y Rotation（y轴旋转）的值为1×+0°，系统将在当前位置自动设置关键帧，如图5.52所示。

图5.52 设置旋转值

步骤12 这样就完成了"彩色光环"的整体制作，按小键盘上的0键，即可在合成窗口中预览动画。

第 6 章
音频特效的应用

内容摘要

　　本章主要讲解了Audio Spectrum（音频频谱）、Audio Waveform（音频波形）和Radio Waves（无线电波）三个音频特效的应用，并介绍了纯色层的创建、音频参数的修改及设置。

教学目标

- 掌握Audio Spectrum（音频频谱）特效的使用
- 掌握Audio Waveform（音频波形）特效的使用
- 掌握Radio Waves（无线电波）特效的使用
- 音频参数的修改
- 音频动画的制作

6.1 无线电波效果

难易程度：★★☆☆☆

实例说明：本例主要讲解利用Radio Waves（无线电波）特效制作无线电波效果的方法。本例最终的动画流程效果如图6.1所示。

工程文件：第6章\无线电波

图6.1 动画流程画面

知识点

- 掌握Radio Waves（无线电波）特效的使用

操作步骤

步骤01 执行菜单栏中的File（文件）|Open Project（打开项目）命令，选择配套资源中的"工程文件\第6章\无线电波\无线电波练习.aep"文件，将文件打开。

步骤02 执行菜单栏中的Layer（图层）|New（新建）|Solid（纯色）命令，打开Solid Settings（纯色设置）对话框，设置Name（名称）为"电波"、Color（颜色）为白色。

步骤03 为"电波"层添加Radio Waves（无线电波）特效。在Effects & Presets（效果和预设）面板中展开Generate（生成）特效组，然后双击Radio Waves（无线电波）特效。

步骤04 在Effect Controls（效果控件）面板中，修改Radio Waves（无线电波）特效的参数。设置Producer Point（产生点）的值为（356，294）、Render Quality（渲染品质）的值为1，展开Wave Motion（波动）选项组，设置Frequency（频率）的值为8.8、Expansion（扩展）的值为10.5、Lifespan（寿命）的值为1，如图6.2所示。此时合成窗口中的效果如图6.3所示。

图6.2 设置参数

图6.3 设置参数后效果

步骤05 展开Stroke（描边）选项组，设置Fade-in Time（淡入时间）的值为3.6、End Width（末端宽度）的值为1，如图6.4所示，合成窗口效果如图6.5所示。

图6.4 设置描边参数

图6.5 设置无线电波特效后效果

步骤06 这样就完成了无线电波效果的整体制作，按小键盘上的0键，即可在合成窗口中预览动画。

6.2 跳动的声波

难易程度： ★ ★ ☆ ☆ ☆

实例说明： 本例主要讲解利用Audio Spectrum（音频频谱）特效制作跳动的声波效果的方法。本例最终的动画流程效果如图6.6所示。

工程文件： 第6章\跳动的声波

图6.6 动画流程画面

知识点

- 学习Audio Spectrum（声谱）特效的使用
- 掌握利用Audio Spectrum（声谱）制作声波的方法

操作步骤

步骤01 执行菜单栏中的File（文件）|Open Project（打开项目）命令，选择配套资源中的"工程文件\第6章\跳动的声波\跳动的声波练习.aep"文件，将"跳动的声波练习.aep"文件打开。

步骤02 执行菜单栏中的Layer（图层）|New（新建）|Solid（纯色）命令，打开Solid Settings（纯色设置）对话框，设置Name（名称）为"声谱"、Color（颜色）为黑色。

步骤03 为"声谱"层添加Audio Spectrum（音频频谱）特效。在Effects & Presets（效果和预设）面板中展开Generate（生成）特效组，然后双击Audio Spectrum（音频频谱）特效。

步骤04 在Effect Controls（效果控件）面板中，修改Audio Spectrum（音频频谱）特效的参数、从Audio Layer（音频层）下拉列表中选择"2.音频"，设置Start Point（起始点）的值为（72，592）、End Point（结束点）的值为（648，596）、Start Frequency（起始频率）的值为10、End Frequency（结束频率）的值为100、Frequency bands（频段）的值为8、Maximum Height（最大高度）的值为4500、Thickness（厚度）的值为50，如图6.7所示。此时合成窗口中效果如图6.8所示。

图6.7 设置音频频谱特效的参数

图6.8 设置音频频谱特效后效果

步骤05 切换到时间轴面板，在"声谱"层右侧的属性栏中，单击两次Quality（质量和采样）按钮，此时按钮将会变为状态，如图6.9所示。合成窗口中的效果如图6.10所示。

图6.9 单击品质按钮

图6.10 单击质量按钮后效果

步骤06 执行菜单栏中的Layer（图层）|New（新建）|Solid（纯色）命令，打开Solid Settings（纯色设置）对话框，设置Name（名称）为"渐变"、Color（颜色）为黑色、将"渐变"层拖动到"声谱"层下边。

步骤07 为"渐变"层添加Ramp（梯度渐变）特效。在Effects & Presets（效果和预设）面板中展开Generate（生成）特效组，然后双击Ramp（梯度渐变）特效。

步骤08 在Effect Controls（效果控件）面板中，修改Ramp（梯度渐变）特效的参数、设置Start of Ramp（渐变起点）的值为（360，288）、Start Color（起始色）为浅蓝色（R:9，G:108，B:242）、End Color（结束颜色）为淡绿色（R:13，G:202，B:195），如图6.11所示。合成窗口如图6.12所示。

图6.11 设置梯度渐变特效的参数

图6.12 设置梯度渐变特效后效果

步骤09 为"渐变"层添加Grid（网格）特效。在Effects & Presets（效果和预设）面板中展开Generate（生成）特效组，然后双击Grid（网格）特效。

步骤10 在Effect Controls（效果控件）面板中，修改

Grid（网格）特效的参数、设置Anchor（锚点）的值为（-10，0）、Corner（边角）的值为（720，20）、Border（边界）的值为18，勾选Invert Grid（反转网格）复选框，设置Color（颜色）为黑色，再从Blending Mode（混合模式）下拉列表中选择Normal（正常）选项，如图6.13所示。合成效果如图6.14所示。

图6.13 设置网格特效参数

图6.14 设置网格特效后效果

步骤11 在时间轴面板中，设置"渐变"层的Track Matte（轨道遮罩）为"Alpha Matte'声谱'"，如图6.15所示。合成窗口效果如图6.16所示。

图6.15 设置轨道遮罩

图6.16 设置轨道遮罩后效果

步骤12 这样就完成了跳动的声波效果的整体制作，按小键盘上的0键，即可在合成窗口中预览动画。

6.3 电光线效果

难易程度： ★★☆☆☆

实例说明： 本例主要讲解利用Audio Waveform（音频波形）特效制作电光线效果的方法。本例最终的动画流程效果如图6.17所示。

工程文件： 第6章\电光线效果

图6.17 动画流程画面

知识点

- 学习Audio Waveform（音频）特效的使用
- 掌握利用Audio Waveform（音频）制作电光线的方法

操作步骤

步骤01 执行菜单栏中的File（文件）|Open Project（打开项目）命令，选择配套资源中的"工程文件\第6章\电光线效果\电光线效果练习.aep"文件，将"电光线效果练习.aep"文件打开。

步骤02 执行菜单栏中的Layer（图层）|New（新建）|Solid（纯色）命令，打开Solid Settings（纯色设置）对话框，设置Name（名称）为"电光线"、Color（颜色）为黑色。

步骤03 为"电光线"层添加Audio Waveform（音频波形）特效。在Effects & Presets（效果和预设）面板中展开Generate（生成）特效组，然后双击Audio Waveform（音频波形）特效。

步骤04 在Effect Controls（效果控件）面板中，修改Audio Waveform（音频波形）特效的参数、在Audio Layer（音频层）下拉列表中选择"1.音频.mp3"，设置Start Point（起始点）的值为（64，366）、End Point（结束点）的值为（676，370）、Displayed Samples（显示的范例）的值为80、Maximum Height（最大高度）的值为300、Audio Duration（音频持续时间）的值为900、Thickness（厚度）的值为6、Inside Color（内部颜色）为白色、Outside Color（外部颜色）为青色（R:0，G:174，B:255），如图6.18所示。合成窗口效果如图6.19所示。

图6.18 设置音频波形特效参数

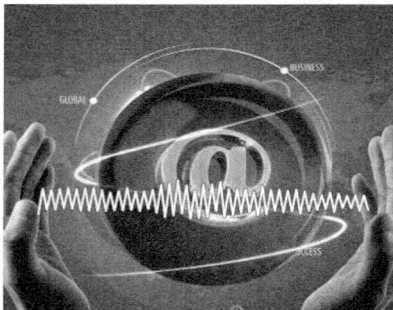

图6.19 设置音频波形特效后效果

步骤05 这样就完成了电光线效果的整体制作，按小键盘上的0键，即可在合成窗口中预览动画。

6.4 制作水波浪

难易程度：★★☆☆☆

实例说明：本例主要讲解利用Radio Waves（无线电波）等特效制作水波浪效果的方法。本例最终的动画流程效果如图6.20所示。

工程文件：第6章\水波浪

图6.20 动画流程画面

知识点

- 学习Radio Waves（无线电波）特效的使用
- 掌握利用Radio Waves（无线电波）制作水波浪的方法

操作步骤

步骤01 执行菜单栏中的Composition（合成）| New Composition（新建合成）命令，打开Composition Settings（合成设置）对话框，设置Composition Name（合成名称）为"波浪纹理"、Width（宽

度）为 "720"、Height（高度）为 "576"，Frame Rate（帧速率）为 "25"，并设置Duration（持续时间）为0:00:10:00

步骤02 执行菜单栏中的Layer（图层）|New（新建）|Solid（纯色）命令，打开Solid Settings（纯色设置）对话框，设置Name（名称）为 "噪波"、Color（颜色）为黑色。

步骤03 为 "噪波" 层添加Fractal Noise（分形杂色）特效。在Effects & Presets（效果和预设）面板中展开Noise & Grain（杂色和颗粒）特效组，然后双击Fractal Noise（分形杂色）特效。

步骤04 在Effect Controls（效果控件）面板中，修改Fractal Noise（分形杂色）特效的参数。从Fractal Type（分形类型）下拉列表中选择Swirly（涡旋），设置Contrast（对比度）的值为110、Brightness（亮度）的值为−50；将时间线调整到0:00:00:00的位置，设置Evolution（演化）的值为0，单击Evolution（演化）左侧的码表按钮 ，在当前位置设置关键帧。

步骤05 将时间线调整到0:00:09:24的位置，设置Evolution（演化）的值为3×+0.0°，系统会自动设置关键帧，如图6.21所示。合成窗口效果如图6.22所示。

图6.21 设置分形杂色特效参数

图6.22 设置分形杂色特效后效果

步骤06 执行菜单栏中的Layer（图层）|New（新建）|Solid（纯色）命令，打开Solid Settings（纯色设置）对话框，设置Name（名称）为 "波纹"、Color（颜色）为黑色。

步骤07 为 "波纹" 层添加Radio Waves（无线电波）特效。在Effects & Presets（效果和预设）面板中展开Generate（生成）特效组，然后双击Radio Waves（无线电波）特效。

步骤08 在Effect Controls（效果控件）面板中，修改Radio Waves（无线电波）特效的参数。将时间线调整到0:00:00:00的位置，展开Wave Motion（波动）选项组，设置Frequency（频率）的值为2、Expansion（扩展）的值为5、Lifespan（寿命）的值为10，单击Frequency（频率）、Expansion（扩展）和Lifespan（寿命）左侧的码表按钮 ，在当前位置设置关键帧。合成窗口效果如图6.23所示。

图6.23 设置第0秒关键帧后效果

步骤09 将时间线调整到0:00:09:24的位置，分别设置Frequency（频率）、Expansion（扩展）和Lifespan（寿命）的值为0，如图6.24所示。

图6.24 设置波动参数

步骤10 展开Stroke（描边）选项组，从Profile（配置文件）下拉列表中选择Gaussian（高斯分布），设置Color（颜色）为白色、Start Width（开始宽度）的值为30、End Width（末端宽度）的值为50，如图6.25所示。合成窗口效果如图6.26所示。

图6.25 设置描边参数

图6.26 设置描边后效果

步骤11 执行菜单栏中的Layer（图层）|New（新建）|Adjustment Layer（调整图层）命令，添加一个调整图层，为调整图层添加Fast Blur（快速模糊）特效。在Effects & Presets（效果和预设）面板中展开Blur & Sharpen（模糊和锐化）特效组，然后双击Fast Blur（快速模糊）特效。

步骤12 在Effect Controls（效果控件）面板中，修改Fast Blur（快速模糊）特效的参数。勾选Repeat Edge Pixels（重复边缘像素）复选框；将时间线调整到0:00:00:00的位置，设置Blurriness（模糊量）的值为10，单击Blurriness（模糊量）左侧的码表按钮 ，在当前位置设置关键帧。

步骤13 将时间线调整到0:00:09:24的位置，设置Blurriness（模糊量）的值为50，系统会自动创建关键帧，如图6.27所示。合成窗口效果如图6.28所示。

图6.27 设置模糊量

图6.28 设置快速模糊特效后效果

步骤14 在时间轴面板中，选择"波纹"层，按Ctrl+D组合键复制出另一个新的图层，将该图层更名为"波纹2"。在Effect Controls（效果控件）面板中，修改Radio Waves（无线电波）特效的参数，展开Stroke（描边）选项组，从Profile（配置文件）下拉列表中选择Sawtooth In（入点锯齿）选项。合成窗口效果如图6.29所示。

图6.29 设置无线电波特效后效果

步骤15 为"波纹2"层添加Fast Blur（快速模糊）特效。在Effects & Presets（效果和预设）面板中展开Blur & Sharpen（模糊和锐化）特效组，然后双击Fast Blur（快速模糊）特效。

步骤16 在Effect Controls（效果控件）面板中，修改Fast Blur（快速模糊）特效的参数。设置Blurriness（模糊量）的值为3。合成窗口效果如图6.30所示。

图6.30 更改模糊量后效果

步骤17 执行菜单栏中的Composition（合成）| New Composition（新建合成）命令，打开Composition Settings（合成设置）对话框，设置Composition Name（合成名称）为"水波浪"、Width（宽度）为"720"、Height（高度）为"576"、Frame Rate（帧速率）为"25"，并设置Duration（持续时间）为0:00:10:00。

步骤18 执行菜单栏中的Layer（图层）|New（新建）| Solid（纯色）命令，打开Solid Settings（纯色设置）对话框，设置Name（名称）为"背景"、Color（颜色）为黑色。

步骤19 为"背景"层添加Ramp（渐变）特效。在Effects & Presets（效果和预设）面板中展开Generate（生成）特效组，然后双击Ramp（梯度渐变）特效。

步骤20 在Effect Controls（效果控件）面板中，修改Ramp（梯度渐变）特效的参数。设置Start Color（起始颜色）为蓝色（R:0，G:144，B:255）；将时间线调整到0:00:00:00的位置，设置End Color（结束颜色）为深蓝色（R:1，G:67，B:101），单击End Color（结束颜色）左侧的码表按钮 🕐，在当前位置设置关键帧。

步骤21 将时间线调整到0:00:01:20的位置，设置End Color（结束颜色）为蓝色（R:0，G:168，B:255），系统会自动设置关键帧。

步骤22 将时间线调整到0:00:09:24的位置，设置End Color（结束颜色）为淡蓝色（R:0，G:140，B:212），如图6.31所示。

图6.31 设置梯度渐变关键帧

步骤23 在Project（项目）面板中，选择"波浪纹理"合成，将其拖动到"水波浪"合成的时间轴面板中。

步骤24 执行菜单栏中的Layer（图层）|New（新建）|Adjustment Layer（调整图层）命令，创建一个调整图层，接着为调整图层添加Displacement Map（置换贴图）特效。在Effects & Presets（效果和预设）面板中展开Distort（扭曲）特效组，然后双击Displacement Map（置换图）特效。

步骤25 在Effect Controls（效果控件）面板中，修改Displacement Map（置换图）特效的参数。从Displacement Map Layer（置换图层）下拉列表中选择"2.波浪纹理"，设置Max Horizontal Displacement（最大水平置换）的值为60、Max Vertical Displacement（最大垂直置换）的值为10，勾选Wrap Pixels Around（像素回绕）复选框，如图6.32所示。

图6.32 设置置换图特效参数

步骤26 为调整图层添加CC Glass（CC 玻璃）特效。在Effects & Presets（效果和预设）面板中展开Stylize（风格化）特效组，然后双击CC Glass特效。

步骤27 在Effect Controls（效果控件）面板中，修改CC Glass特效的参数。展开Surface（表面）选项组，从Bump Map（凹凸贴图）下拉列表中选择"2.波浪纹理"选项。合成窗口效果如图6.33所示。

图6.33 设置CC Glass特效后效果

步骤28 这样就完成了水波浪效果的整体制作，按小键盘上的0键，即可在合成窗口中预览动画。

第 7 章

运动跟踪及画面稳定

内容摘要

　　在影视特技的制作过程中，以及在背景抠像的后期制作中，要经常用到跟踪与稳定技术。本章主要讲解摇摆器和动态草图的使用以及跟踪运动与稳定的使用，合理地运用动画辅助工具可以有效地提高动画的制作效率并达到预期的动画效果。

教学目标

- 学习Wiggler（摇摆器）动画功能
- 学习Motion Sketch（动态草图）功能
- 学习Tracker Motion（运动跟踪）功能

7.1 随机动画

难易程度： ★★☆☆☆

实例说明： 本例主要讲解利用Wiggler（摇摆器）制作随机动画效果的方法。本例最终的动画流程效果如图7.1所示。

工程文件： 第7章\随机动画

图7.1 动画流程画面

知识点

- 学习Wiggler（摇摆器）的使用

操作步骤

步骤01 执行菜单栏中的Composition（合成）| New Composition（新建合成）命令，打开 Composition Settings（合成设置）对话框，参数设置如图7.2所示。

步骤02 执行菜单栏中的File（文件）| Import（导入）| File（文件）命令，打开Import File（导入文件）对话框，选择配套资源中的"工程文件\第7章\摇摆器.jpg"文件，然后将其添加到时间轴面板中。

步骤03 在时间轴面板中，单击选择"摇摆器.jpg"层，然后按Ctrl+D组合键，为其复制一个副本，再将副本层的属性项展开，如图7.3所示。

图7.2 参数设置

图7.3 展开属性项

步骤04 单击工具栏中的Rectangle Tool（矩形工具）按钮■，然后在Composition（合成）窗口的中间位置，拖动绘制一个矩形蒙版，为了更好地看到绘制效果，将最下面的层隐藏，如图7.4所示。

图7.4 绘制矩形蒙版区域

步骤05 将时间线调整到0:00:00:00的位置，在时间轴面板中，分别单击Position（位置）和Scale（缩放）左侧的码表按钮，在当前时间位置添加关键帧，如图7.5所示。

图7.5 在0:00:00:00处添加关键帧

步骤06 将时间线调整到0:00:05:24的位置，单击

Position（位置）和Scale（缩放）属性左侧的Add or remove keyframe at current time（在当前时间添加或移除关键帧）按钮，在当前时间处添加一个关键帧，如图7.6所示。

图7.6 在0:00:05:24处添加关键帧

步骤07 在Position（位置）名称处单击，或借助Shift键，选择Position（位置）属性中的两个关键帧，如图7.7所示。

图7.7 选择关键帧

步骤08 执行菜单栏中的Window（窗口）| Wiggler（摇摆器）命令，打开Wiggler（摇摆器）面板。在Apply To（应用到）下拉列表中选择Spatial Path（时间图表）选项；在Noise Type（杂色类型）下拉列表中选择Smooth（平滑）选项；在Dimensions（维数）下拉列表中选择X选项表示动画产生在水平位置；最后设置Frequency（频率）的值为5，Magnitude（数量级）的值为300，如图7.8所示。

图7.8 摇摆器参数设置

步骤09 单击Apply（应用）按钮，在选择的两个关键帧之间，将自动建立关键帧，以产生摇摆动画的效果，如图7.9所示。

图7.9 使用摇摆器后的效果

步骤10 从Composition（合成）窗口中，可以看到蒙版矩形的直线运动轨迹，并可以看到很多的关键帧控制点，可以将矩形移动一点，以适合窗口，如图7.10所示。

图7.10 关键帧控制点效果

步骤11 利用上面的方法，选择Scale（缩放）右侧的两个关键帧，设置摇摆器的参数，将Magnitude（数量级）设置为120，以减小变化的幅度，如图7.11所示。

图7.11 摇摆器参数设置

步骤12 设置完成后，单击Apply（应用）按钮，在选择的两个关键帧之间，将自动建立关键帧，以产生摇摆动画的效果，如图7.12所示。

图7.12 缩放关键帧效果

步骤13 将隐藏的层显示，然后设置上层的混合模式为Screen（屏幕）模式，以产生较亮的效果，如图7.13所示。

图7.13 修改图层混合模式

步骤14 这样就完成了随机动画的整体制作，按小键盘上的0键，即可在合成窗口中预览动画。

7.2 飘零树叶

难易程度： ★★☆☆☆

实例说明： 本例主要讲解利用Motion Sketch（动态草图）命令制作飘零树叶效果的方法。本例最终的动画流程效果如图7.14所示。

工程文件： 第7章\飘零树叶

图7.14 动画流程画面

知识点

● 学习Motion Sketch（动态草图）的使用

操作步骤

步骤01 执行菜单栏中的File（文件）| Open Project（打开项目）命令，选择配套资源中的"工程文件\第7章\飘零树叶\动态草图.aep"文件，将文件打开。

步骤02 选择"树叶"层，执行菜单栏中的Window（窗口）| Motion Sketch（动态草图）命令，打开Motion Sketch（动态草图）面板，设置Capture speed at（捕捉速度为为）为100%、Show（显示）为Wireframe（线框），如图7.15所示。

图7.15 参数设置

步骤03 将时间线调整到0:00:00:00的位置，选择"树叶"层，然后单击Motion Sketch（动态草图）面板中的Start Capture（开始捕捉）按钮，从Composition（合成）窗口右下角单击并拖动鼠标，绘制一个曲线路径，如图7.16所示。

图7.16 绘制路径

提示 在拖动鼠标绘制时，从时间轴面板中，可以看到时间线滑块随拖动在向前移动，并可以在合成窗口预览绘制的路径效果。拖动鼠标的速度，直接影响动画的速度，拖动得越快，产生的动画速度也越快；拖动得越慢，产生的动画速度也越慢。如果想使动画与合成的持续时间相同，就要注意拖动的速度与时间滑块的运动过程。

步骤04 拖动完成后，按空格键或小键盘上的0键，可以预览动画的效果，其中的几帧画面如图7.17所示。

图7.17 设置动态草图后的效果

步骤05 为了减少动画的复杂程度，下面来修改动画的关键帧数量。在时间轴面板中，选择"树叶"层的Position（位置）属性上的所有关键帧，执行菜单栏中的Window（窗口）| Smoother（平滑器）命令，打开Smoother（平滑器）面板，设置Tolerance（容差）的值为6，如图7.18所示。

图7.18 平滑器面板

步骤06 设置好容差后，单击Apply（应用）按钮，可以从展开的"树叶"层属性选项中看到关键帧的变化效果，如图7.19所示，从合成窗口中，也可以看出曲线的变化效果。

图7.19 设置平滑后的效果

步骤07 这样就完成了飘零树叶效果的整体制作，按小键盘上的0键，即可在合成窗口中预览动画。

7.3 位置跟踪动画

难易程度： ★★★☆☆

实例说明： 本例主要讲解利用Track Motion（运动跟踪）制作位置跟踪动画的方法。本例最终的动画流程效果如图7.20所示。

工程文件： 第7章\跟踪动画

图7.20 动画流程画面

知识点

- Track Motion（运动跟踪）命令的使用
- Curves（曲线）特效的应用
- Lens Flare（镜头光晕）特效的应用

操作步骤

步骤01 执行菜单栏中的File（文件）|Open Project（打开项目）命令，选择配套资源中的"工程文件\第7章\跟踪动画\跟踪动画练习.aep"文件，将"跟踪动画练习.aep"文件打开。

步骤02 执行菜单栏中的Layer（图层）|New（新建）|Solid（纯色）命令，打开Solid Settings（纯色设置）对话框，设置Name（名称）为"镜头光晕"、Color（颜色）为黑色。

步骤03 设置"镜头光晕"层的混合模式为Add（相加），并暂时隐藏该层。

步骤04 选中"视频素材.mov"层，执行菜单栏中的Animation（动画）|Track Motion（运动跟踪）命令，为"视频素材.mov"层添加跟踪运动，设置Motion Source（运动源）为"视频素材.mov"，勾选Position（位置）复选框，如图7.21所示。

图7.21 设置跟踪运动参数

步骤05 在合成窗口中移动跟踪范围框，并调整搜索区和特征区域的位置，合成窗口效果如图7.22所示。在Tracker（跟踪器）面板中，单击▶（向前分析）按钮，对跟踪进行分析。

图7.22 镜头框显示

步骤06 在Tracker（跟踪器）面板中，单击Apply（应用）按钮。然后在打开的Motion Tracker Apply Options（动态跟踪器应用选项）对话框中设置应用维度，如图7.23所示。单击OK（确定）按钮，完成运动跟踪动画，如图7.24所示。

图7.23 设置应用维度

图7.24 运动跟踪动画效果

步骤07 为"视频素材.mov"文字层添加Curves（曲线）特效。在Effects & Presets（效果和预设）面板中展开Color Correction（颜色校正）特效组，然后双击Curves（曲线）特效。

步骤08 在Effect Controls（效果控件）面板中，修改Curves（曲线）特效的参数，如图7.25所示。合成窗口效果如图7.26所示。

图7.25 设置曲线形状

图7.26 设置曲线后效果

步骤09 显示"镜头光晕"层。为"镜头光晕"层添加Lens Flare（镜头光晕）特效。在Effects & Presets（效果和预设）面板中展开Generate（生成）特效组，然后双击Lens Flare（镜头光晕）特效。

步骤10 在Effect Controls（效果控件）面板中，修改Lens Flare（镜头光晕）特效的参数。从Lens Type（镜头类型）下拉列表中选择105mm Prime（105毫米定焦）选项；将时间线调整到0:00:00:00的位置，设置Flare Brightness（光晕亮度）的值为41%，单击Flare Brightness（光晕亮度）左侧的码表按钮 🕙，在当前位置设置关键帧。

步骤11 将时间线调整到0:00:02:03的位置，设置Flare Brightness（光晕亮度）的值为80%，系统会自动设置关键帧，如图7.27所示。合成窗口效果如图7.28所示。

图7.27 调整光晕亮度

图7.28 设置镜头光晕后效果

步骤12 按照以上方法制作另一个车灯的跟踪动画，这样就完成了位置跟踪动画的整体制作，按小键盘上的0键，即可在合成窗口中预览动画。

7.4 旋转跟踪动画

难易程度： ★★★☆☆

实例说明： 本例要制作的是一个标志跟踪动画，对一个镜头作旋转跟踪。通过本实例的制作，学习旋转跟踪的设置方法。本例最终的动画流程效果如图7.29所示。

工程文件：第7章\旋转跟踪动画

图7.29 动画流程画面

知识点

● Track Motion（运动跟踪）命令的使用

操作步骤

步骤01 打开工程文件。执行菜单栏中的File（文件）| Open Project（打开项目）命令，弹出"打开"对话框，选择配套资源中的"工程文件 \ 第7章 \ 旋转跟踪动画 \ 旋转跟踪动画练习.aep"文件。

步骤02 为"旋转跟踪"层添加运动跟踪。在时间轴面板中，单击选择"旋转跟踪"层，然后单击Tracker（跟踪器）面板中的Track Motion（运动跟踪）按钮，为"旋转跟踪"层添加运动跟踪，接着勾选Rotation（旋转）复选框，如图7.30所示。

图7.30 参数设置

步骤03 按Home键，将时间线调整到0:00:00:00位置，然后在Composition（合成）窗口中，调整Track Point 1（跟踪点1）和Track Point 2（跟踪点2）的位置，并调整搜索区域和特征区域的位置，如图7.31所示。

图7.31 调整跟踪点位置

步骤04 在Tracker（跟踪器）面板中，单击Analyze（分析）右侧的 ▶（向前分析）按钮，对跟踪进行分析，分析完成后，可以通过拖动时间线来查看跟踪的效果。如果在某些位置跟踪出现错误，可以将时间线拖动到错误的位置，再次调整跟踪范围框的位置及大小，然后单击Analyze（分析）右侧的 ▶（向前分析）按钮，对跟踪进行再次分析，直到合适为止。分析后，在Composition（合成）窗口中可以看到产生了很多的关键帧，如图7.32所示。

图7.32 关键帧效果

步骤05 拖动时间线，可以看到跟踪已经达到满意效果，这时可以单击Tracker（跟踪器）面板中的Edit Target（编辑目标）按钮，打开Motion Target（运动目标）对话框，设置跟踪目标层为"标志.psd"，如图7.33所示。

图7.33 Motion Target对话框

步骤06 设置完成后，单击OK（确定）按钮，完成跟踪目标的指定，然后单击Tracker（跟踪器）面板中的Apply（应用）按钮，应用跟踪结果，这时将打开Motion Tracker Apply Options（动态跟踪器应用选项）对话框，如图7.34所示。直接单击OK（确定）按钮即可，合成窗口效果如图7.35所示。

图7.34 设置应用维度　　　　图7.35 画面效果

步骤07 修改文字的角度。从Composition（合成）窗口中可以看到，文字的角度不太理想，在时间轴面板中，首先展开"标志.psd"层的Transform（变换）属性，在空白位置单击，取消对所有关键帧的选择；将时间线调整到0:00:00:00位置，先修改Rotation（旋转），将标志摆正，再修改Anchor Point（锚点），将锚点的值改为（-140，40），如图7.36所示。

图7.36 参数设置

提示 应用完跟踪命令后，在时间轴面板中展开属性参数时，跟踪关键帧处于选中状态，此时不能直接修改参数，因为这样会造成所有选择关键帧的连动作用，使动画产生错乱。这时，可以先在空白位置单击，取消对所有关键帧的选择，再单独修改某个参数即可。

步骤08 这样，就完成了旋转跟踪动画的制作，按空格键或小键盘上的0键，可以预览动画的效果，其中的几帧画面如图7.37所示。

图7.37 旋转跟踪动画效果

7.5 透视跟踪动画

难易程度： ★ ★ ★ ☆ ☆

实例说明： 下面制作一个照片透视跟踪动画，让一幅图片透视跟踪一部手机屏幕，通过本实例的制作，学习透视跟踪的设置方法。本例最终的动画流程效果如图7.38所示。

工程文件： 第7章\透视跟踪

图7.38 动画流程画面

知识点

● Track Motion（运动跟踪）命令的使用

操作步骤

步骤01 打开工程文件。执行菜单栏中的File（文件）| Open Project（打开项目）命令，弹出"打开"对话框，选择配套资源中的"工程文件 \ 第7章 \ 透视跟踪动画 \ 透视跟踪动画练习.aep"文件。

步骤02 为"透视跟踪.mp4"层添加运动跟踪。在时间轴面板中，单击选择"透视跟踪.mp4"层，然后单击Tracker（跟踪器）面板中的Track Motion（运动跟踪）按钮，为"透视跟踪.mp4"层添加运动跟踪。在Track Type（跟踪类型）下拉列表中，选择Perspective corner pin（透视边角定位）选项，对图像进行透视跟踪，如图7.39所示。

图7.39 参数设置

步骤03 按Home键，将时间线调整到0:00:03:24位置，然后在Composition（合成）窗口中，分别移动Track Point 1（跟踪点1）、Track Point 2（跟踪点2）、Track Point 3（跟踪点3）和Track Point 4（跟踪点4）的跟踪范围框到手机屏幕4个角的位置，并调整搜索区域和特征区域的位置，如图7.40所示。

图7.40 移动跟踪范围框

步骤04 在Tracker（跟踪器）面板中，单击Analyze（分析）右侧的◀（向后分析）按钮，对跟踪进行分析，分析完成后，可以通过拖动时间线来查看跟踪的效果。如果在某些位置跟踪出现错误，可以将时间线拖动到错误的位置，再次调整跟踪范围框的位置及大小，然后单击Analyze（分析）右侧的◀（向后分

析）按钮，对跟踪进行再次分析，直到合适为止。分析后，在Composition（合成）窗口中可以看到产生了很多的关键帧，如图7.41所示。

图7.41 关键帧效果

步骤05 拖动时间线，可以看到跟踪已经达到满意效果，这时可以单击Tracker（跟踪器）面板中的Edit Target（编辑目标）按钮，打开Motion Target（运动目标）对话框，设置跟踪目标层为"画面.psd"，如图7.42所示。

图7.42 Motion Target对话框

步骤06 设置完成后，单击OK（确定）按钮，完成跟踪目标的指定，然后单击Tracker（跟踪器）面板中的Apply（应用）按钮，在弹出的如图7.43所示的对话框中，单击OK（确定）按钮。

图7.43 设置应用维度

步骤07 这时，从时间轴面板中，可以看到由于跟踪而自动创建的关键帧效果，如图7.44所示。

图7.44 自动创建的关键帧

步骤08 这样，就完成了透视跟踪动画的制作，按空格键或小键盘上的0键，可以预览动画的效果，其中的几帧画面，如图7.45所示。

图7.45 透视跟踪动画中的几帧画面效果

7.6 稳定动画效果

难易程度：★★☆☆☆

实例说明： 本例主要讲解利用Warp Stabilizer（变形稳定器）特效稳定动画画面的方法。本例最终的动画流程效果如图7.46所示。

工程文件： 第7章\稳定动画

图7.46 动画流程画面

知识点

* Warp Stabilizer（变形稳定器）特效的应用

操作步骤

步骤01 执行菜单栏中的File（文件）|Open Project（打开项目）命令，选择配套资源中的"工程文件\

第7章\稳定动画\稳定动画练习.aep"文件，将"稳定动画练习.aep"文件打开。

步骤02 为"视频素材.avi"层添加Warp Stabilizer（变形稳定器）特效。在Effects & Presets（效果和预设）面板中展开Distort（扭曲）特效组，然后双击Warp Stabilizer（变形稳定器）特效。合成窗口效果如图7.47所示。

图7.48 自动计算中

图7.47 添加特效后的效果

步骤03 在Effect Controls（效果控件）面板中，可以看到Warp Stabilizer（变形稳定器）特效的参数，系统会自动进行稳定计算，如图7.48所示。计算完成后的合成窗口效果，如图7.49所示。

图7.49 计算后的稳定处理

步骤04 这样就完成了稳定动画效果的整体制作，按小键盘上的0键，即可在合成窗口中预览动画。

第 8 章
绚丽的文字特效

内容摘要

　　文字是一个动画的灵魂，一段动画中有了文字的出现才能使动画的主题更为突出。所以对文字进行编辑，为文字添加特效能够给整体的动画添加点睛之笔。本章主要讲解与文字相关的内容，包括文字工具的使用、字符面板的使用、创建基础文字和路径文字的方法、文字的编辑与修改，以及机打字、路径字和清新文字等各种特效文字的制作方法和技巧。

教学目标

- 了解文字工具
- 掌握文字属性设置

- 掌握各种文字特效动画的制作

8.1 打字效果

难易难度： ★★☆☆☆

实例说明： 本例首先利用路径文字输入一首诗，然后应用特效为其添加下落阴影，最后利用路径文字自身所带的可见字符选项，制作出打字的效果。本例最终的动画流程效果，如图8.1所示。

工程文件： 第8章\打字效果

图8.1 打字效果动画流程效果

知识点

- Path Text（路径文字）特效
- Solid（纯色层）的创建及使用

操作步骤

步骤01 执行菜单栏中的Composition（合成）| New Composition（新建合成）命令，打开Composition Settings（合成设置）对话框，设置Composition Name（合成名称）为"打字效果"、Width（宽度）为"720"、Height（高度）为"576"、Frame Rate（帧速率）为"25"，并设置Duration（持续时间）为8秒，如图8.2所示。

图8.2 合成设置

步骤02 执行菜单栏中的File（文件）| Import（导入）| File（文件）命令，或在Project（项目）面板中双击，打开Import File（导入文件）对话框，选择配套光盘中的"工程文件\第8章\打字效果\背景.jpg"素材，单击"导入"按钮，将图片导入。

步骤03 从Project（项目）面板中，将"背景.jpg"图片拖入时间轴面板中，以作为打字的背景，此时的Composition（合成）窗口图像效果，如图8.3所示。

步骤04 执行菜单栏中的Layer（图层）| New（新建）| Solid（纯色）命令，打开Solid Settings（纯色设置）对话框，设置参数如图8.4所示。

图8.3 合成窗口图像效果

图8.4 纯色设置

步骤05 设置好参数后，单击OK（确定）按钮，完成纯色层的新建，新建后的时间轴面板，如图8.5所示。

图8.5 创建纯色层

步骤06 在时间轴面板中单击选择"文字"层，在Effects & Presets（效果和预设）面板中展开Obsolete（过时）特效组，然后双击Path Text（路径文本）特效，如图8.6所示。

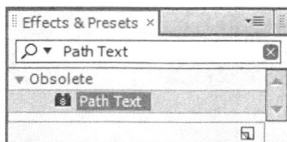

图8.6 双击Path Text（路径文本）特效

步骤07 此时将打开Path Text（路径文字）对话框，在文本框中输入一首诗，然后设置字体为"汉仪雪君体简"，如图8.7所示。

步骤08 设置好文字的字体后，单击OK（确定）按钮，完成文字的输入，此时在合成窗口中，将看到默认输入的文字效果，如图8.8所示。

图8.7 输入文字内容

图8.8 输入文字效果

提示 在Path Text（路径文字）对话框中，如果勾选Show Font（显示字体）复选框，在设置字体时，可以直接预览到字体的变化；如果不勾选，则变换字体时，不会看到变化，只能确定以后在合成窗口中看到结果。

步骤09 下面对文字进行设置。在Effect Controls（效果控件）面板中，为其设置参数。设置Shape Type（形状类型）为Bezier（贝塞尔曲线）。Fill Color（填充颜色）为黑色、Size（大小）为40、Tracking（字符间距）数值为1、Line Spacing（行距）数值为120，如图8.9所示。接着按P键，打开"文字"层的

Position（位置）属性，修改Position（位置）的值为（268，94），效果如图8.10所示。

图8.9 路径文字特效参数设置

图8.10 修改文字位置后效果

步骤10 将时间线调整到0:00:01:00位置。在时间轴面板中，将"文字"层展开，设置Visible Characters（可见字符）的值为0，并为其设置关键帧，如图8.11所示，此时从合成窗口中可以看到，文字已经全部隐藏。

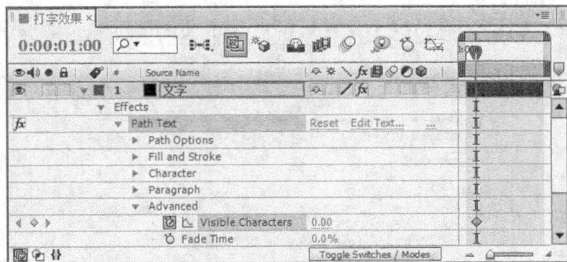

图8.11 添加关键帧

步骤11 将时间线调整到0:00:06:00的位置，在时间轴面板中，设置Visible Characters（可视字符）的值为50，系统将自动添加关键帧，如图8.12所示，此时合成窗口中将显示所有的文字。

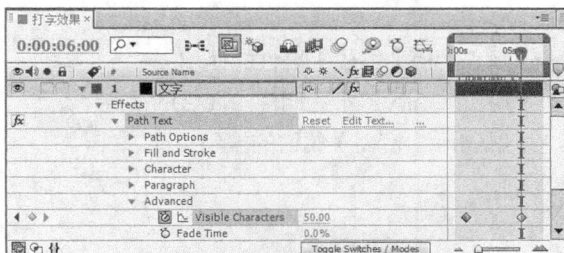

图8.12 设置可视字符的值为50

步骤12 这样，就完成了"打字效果"的制作，按小键盘上的"0"键，可以预览动画效果。然后将文件保存并输出成动画效果，完成最后效果。

8.2 清新文字

难易程度： ★★★☆☆

实例说明： 本例主要讲解利用Scale（缩放）属性制作清新文字效果的方法。本例最终的动画流程效果如图8.13所示。

工程文件： 第8章\清新文字

图8.13 动画流程画面

知识点

- 了解Scale（缩放）属性的使用
- 了解Opacity（不透明度）属性的使用
- 了解Blur（模糊）属性的应用

操作步骤

步骤01 执行菜单栏中的File（文件）|Open Project（打开项目）命令，选择配套资源中的"工程文件\第8章\清新文字\清新文字练习.aep"文件，将文件打开。

步骤02 执行菜单栏中的Layer（图层）|New（新建）|Text（文本）命令，新建文字层，此时，Composition（合成）窗口中将出现一个闪动的光标效果，在时间轴面板中将出现一个文字层，输入"FantasticEternity"。在Character（字符）面板中，设置文字字体为ChopinScript、字号为94px、字体颜色为白色，参数设置如图8.14所示；合成窗口效果如图8.15所示。

图8.14 设置文字参数

图8.15 设置参数后效果

步骤03 选择文字层，在Effects & Presets（效果和预设）面板中展开Generate（生成）特效组，双击Ramp（梯度渐变）特效。

步骤04 在Effect Controls（效果控件）面板中修改Ramp（梯度渐变）特效参数。设置Start of Ramp（渐变起点）的值为（88，82）、Start Color（起始颜色）为绿色（H:156，S:255，B:86）、End of Ramp（渐变终点）的值为（596，267），End Color（结束颜色）为白色，如图8.16所示。合成窗口效果如图8.17所示。

图8.16 设置梯度渐变特效参数

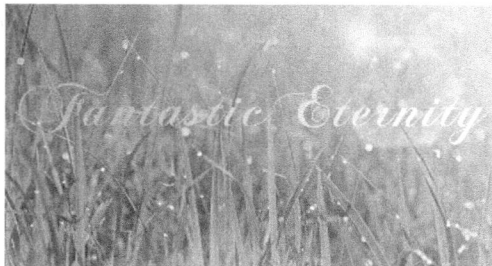

图8.17 设置梯度渐变特效后效果

步骤05 选择文字层，在Effects & Presets（效果和预设）面板中展开Perspective（透视）特效组，双击Drop Shadow（投影）特效。

步骤06 在Effect Controls（效果控件）面板中修改Drop Shadow（投影）特效参数。设置Shadow Color（阴影颜色）为暗绿色（H:89，S:140，B:30）、Softness（柔和度）的值为18，如图8.18所示。合成窗口效果如图8.19所示。

图8.18 设置投影特效参数

图8.19 设置投影特效后效果

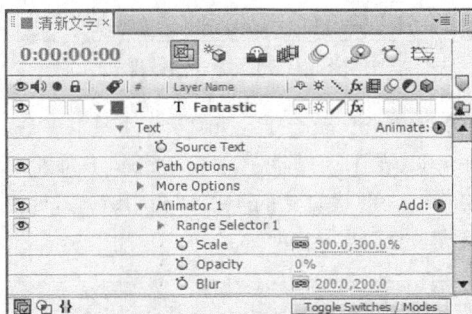

图8.22 设置Advanced（高级）参数

步骤07 在时间轴面板中展开文字层，单击Text（文本）右侧的Animate（动画）按钮，在弹出的菜单中选择Scale（缩放）命令，设置Scale（缩放）的值为300%；单击Animator 1（动画制作工具 1）右侧的 ◉ 按钮，从弹出菜单中选择Opacity（不透明度）和Blur（模糊）选项，设置Opacity（不透明度）的值为0%，Blur（模糊）的值为200，如图8.20所示。合成窗口效果如图8.21所示。

图8.23 设置参数后效果

步骤09 调整时间线到0:00:00:00的位置，展开Range Selector 1（范围选择器 1）选项，设置End（结束）的值为10、Offset（偏移）的值为−10，单击Offset（偏移）左侧的码表按钮 ◐，在此位置设置关键帧。

步骤10 调整时间线到0:00:02:00的位置，设置Offset（偏移）的值为23，系统自动添加关键帧，如图8.24所示。合成窗口效果如图8.25所示。

图8.20 设置属性参数

图8.24 添加关键帧

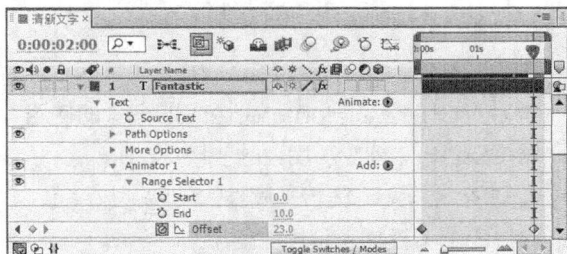

图8.21 设置参数后效果

步骤08 展开Animator 1（动画制作工具 1）|Range Selector1（范围选择器1）|Advanced（高级）选项组，在Units（单位）右侧的下拉列表中选择Index（索引），在Shape（形状）右侧的下拉列表中选择Ramp Up（上斜坡），设置Ease Low（缓和低）的值为100、Randomize Order（随机排序）为On（开），如图8.22所示。合成窗口效果如图8.23所示。

图8.25 设置关键帧后效果

步骤11 这样就完成了清新文字的整体制作，按小键盘上的0键，即可在合成窗口中预览动画。

8.3 卡片翻转文字

难易程度： ★ ★ ☆ ☆ ☆

实例说明： 本例主要讲解利用Scale（缩放）文本属性制作卡片翻转文字效果的方法。本例最终的动画流程效果如图8.26所示。

工程文件： 第8章\卡片翻转文字

图8.26 动画流程画面

知识点

- 学习Enable Per-character 3D命令的使用
- 掌握Scale（缩放）属性的使用
- 掌握Rotation（旋转）属性的使用
- 掌握Blur（模糊）属性的使用

操作步骤

步骤01 执行菜单栏中的File（文件）|Open Project（打开项目）命令，选择配套资源中的"工程文件\第8章\卡片翻转文字\卡片翻转文字练习.aep"文件，将文件打开。

步骤02 在时间轴面板中展开文字层，单击Text（文本）右侧的Animate（动画）按钮●，在弹出的菜单中依次选择Enable Per-character 3D（启用逐字3D化）和Scale（缩放）命令，如图8.27所示。

图8.27 执行命令

步骤03 此时在Text选项中出现一个Animator 1（动画制作工具 1）的选项组，单击Animator 1（动画制作工具 1）右侧的Add（添加）按钮●，在弹出的菜单中依次选择Rotation（旋转）、Opacity（不透明度）和Blur（模糊）命令，效果如图8.28所示。

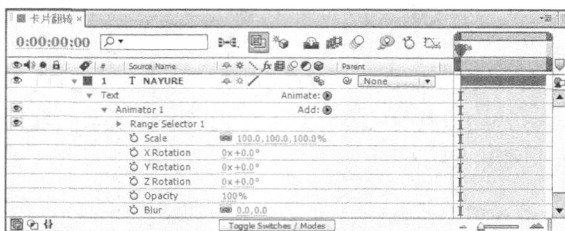

图8.28 执行命令后效果

步骤04 展开Animator 1（动画制作工具 1）|Range Selector 1（范围选择器 1）|Advanced（高级）选项组，在Shape形状右侧的下拉列表中选择Ramp Up（上斜坡），如图8.29所示。

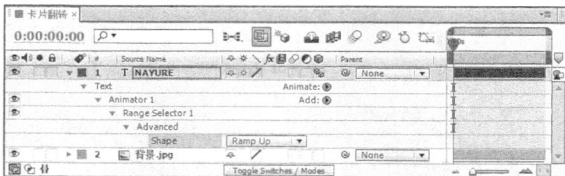

图8.29 设置Advanced（高级）选项组中的参数

步骤05 在Animator 1（动画制作工具 1）选项下，设置Scale（缩放）的值为400%、Opacity（不透明度）的值为0%、Y Rotation（y轴旋转）的值为$-1 \times +0°$、Blur（模糊）的值为5，如图8.30所示。

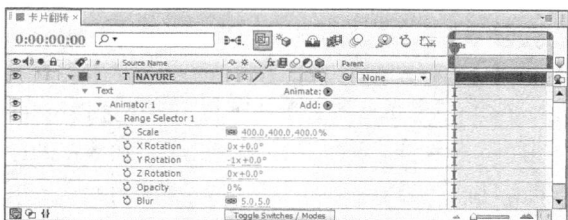

图8.30 设置参数

步骤06 调整时间线到0:00:00:00的位置，展开Range Selector 1（范围选择器 1）选项，设置Offset（偏移）的值为−100%，单击Offset（偏移）左侧的码表按钮ᵔ，在此位置设置关键帧，如图8.31所示。

图8.31 设置参数并添加关键帧

步骤07 调整时间线到0:00:05:00的位置，设置Offset（偏移）的值为100%，系统自动添加关键帧，如图8.32所示。

图8.32 添加关键帧

步骤08 选择文字层，在Effects & Presets（效果和预设）面板中展开Generate（生成）特效组，双击Ramp（梯度渐变）特效，如图8.33所示。

图8.33 添加特效

步骤09 在Effect Controls（效果控件）面板中修改Ramp（梯度渐变）特效参数。设置Start of Ramp（渐变起点）的值为（112，156）、Start Color（起始颜色）为淡蓝色（H:154，S:100，B:86）、End of Ramp（渐变终点）的值为（606，272）、End Color（结束颜色）为黄色（H:51，S:76，B:100），如图8.34所示。

步骤10 这样就完成了卡片翻转文字效果的整体制作，按小键盘上的0键，即可在合成窗口中预览动画。

图8.34 设置梯度渐变参数

8.4 飘洒纷飞文字

难易程度： ★★★☆☆

实例说明： 本例主要讲解利用CC Particle World特效制作飘洒纷飞文字效果的方法。本例最终的动画流程效果如图8.35所示。

工程文件： 第8章\飘洒纷飞文字

图8.35 动画流程画面

知识点

● 学习CC Particle World特效的使用

● 掌握Glow（发光）特效的使用

操作步骤

步骤01 执行菜单栏中的Composition（合成）| New Composition（新建合成）命令，打开Composition Settings（合成设置）对话框，设置Composition Name（合成名称）为"飘洒纷飞文字"、Width（宽度）为"720"、Height（高度）为"405"、Frame Rate（帧速率）为"25"，并设置Duration（持续时间）为0:00:06:00。

步骤02 执行菜单栏中的Layer（图层）|New（新建）|Text（文本）命令，新建文字层，此时，Composition（合成）窗口中将出现一个闪动的光标效果，在时间轴面板中将出现一个文字层，输入"Butterfly"。在Character（字符）面板中，设置文字字体为ImperatorSmallCaps、字号为57px、字体颜色为紫色（H:254，S:83，B:255），如图8.36所示，再打开文字层的三维开关；合成窗口效果如图8.37所示。

图8.36 设置字体参数

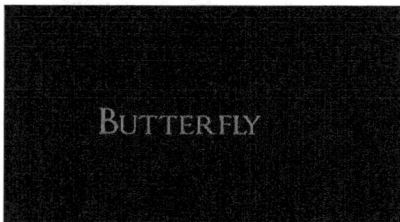

图8.37 设置文字样式后效果

步骤03 按Ctrl+Y组合键，打开Solid Settings（纯色设置）对话框，设置Name（名称）为"粒子"、Color（颜色）为黑色。

步骤04 为"粒子"层添加CC Particle World（CC粒子仿真世界）特效。在Effects & Presets（效果和预设）面板中展开Simulation（模拟）特效组，然后双击CC Particle World特效。

步骤05 在Effect Controls（效果控件）面板中，修改CC Particle World特效的参数。设置Longevity（寿命）的值为1.29；将时间线调整到0:00:00:00的位置，设置Birth Rate（生长速率）的值为3.9，单击Birth Rate（生长速率）左侧的码表按钮，在当前位置设置关键帧。

步骤06 将时间线调整到0:00:05:00的位置，设置Birth Rate（生长速率）的值为0，系统会自动设置关键帧，如图8.38所示。

图8.38 自动设置关键帧

步骤07 展开Producer（产生点）选项组，设置Radius X（x轴半径）的值为0.625、Radius Y（y轴半径）的值为0.485、Radius Z（z轴半径）的值为7.215；展开Physics（物理性）选项组，设置Gravity（重力）的值为0，如图8.39所示。

图8.39 设置参数

步骤08 展开Particle（粒子）选项组，从Particle Type（粒子类型）下拉列表中选择Textured QuadPolygon（纹理方形）选项；展开Texture（材质）选项组，从Texture Layer（材质图层）下拉列表中选择"3. Butterfly"，设置Birth Size（生长大小）的值为11.36、Death Size（消逝大小）的值为9.76，如图8.40所示。合成窗口效果如图8.41所示。

图8.40 设置粒子参数

图8.43 设置摄像机后效果

步骤11 这样就完成了飘洒纷飞文字效果的整体制作，按小键盘上的0键，即可在合成窗口中预览动画。

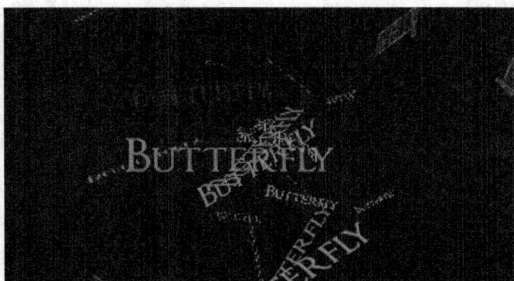

8.5 路径文字

难易程度： ★ ★ ☆ ☆ ☆

实例说明： 本例主要讲解利用Path Options（路径选项）中的各种属性来制作路径文字效果的方法。本例最终的动画流程效果如图8.44所示。

工程文件： 第8章\路径文字

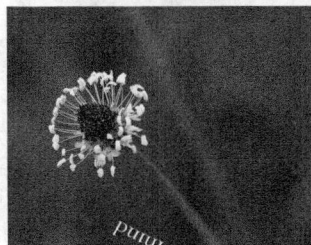

图8.41 设置粒子仿真世界特效后效果

步骤09 为"粒子"层添加Glow（发光）特效。在Effects & Presets（效果和预设）面板中展开Stylize（风格化）特效组，然后双击Glow（发光）特效。

步骤10 执行菜单栏中的Layer（图层）|New（新建）|Camera（摄像机）命令，新建一台摄像机，在打开的Camera Settings（摄像机设置）对话框中设置Name（名称）为"Camera 1"，并调整摄像机参数如图8.42所示。合成窗口效果如图8.43所示。

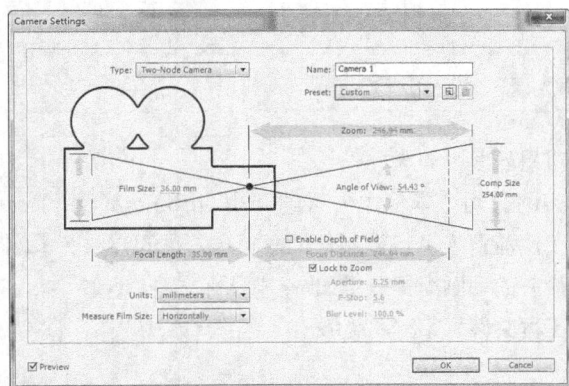

图8.42 设置摄像机

图8.44 动画流程画面

知识点

- 了解Path Options（路径选项）中的属性
- 学习路径文字的动画制作

操作步骤

步骤01 执行菜单栏中的File（文件）|Open Project（打开项目）命令，选择配套资源中的"工程文件\第8章\路径文字\路径文字练习.aep"文件，将文件打开。

步骤02 选择文字层，单击工具栏的Pen Tool（钢笔工具）按钮，在合成窗口中沿图像外形绘制一条曲线路径，如图8.45所示。

图8.45 绘制路径

步骤03 选择文字层，在Effects & Presets（效果和预设）面板中展开Stylize（风格化）特效组，双击Color Emboss（彩色浮雕）特效。

步骤04 展开Text（文本）选项组中的Path Options（路径选项），单击Path（路径）右侧的 None 按钮，在弹出的列表中选择"Mask 1（蒙版 1）"选项，如图8.46所示。

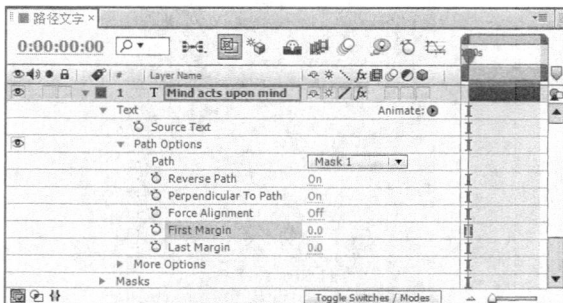

图8.46 选择"Mask 1（蒙版1）命令"

步骤05 调整时间线到0:00:00:00的位置，在时间轴面板中展开Path Options（路径选项）选项组；单击First Margin（首字边距）左侧的码表按钮，在当前位置建立关键帧，并设置First Margin（首字边距）的值为1500，如图8.47所示。

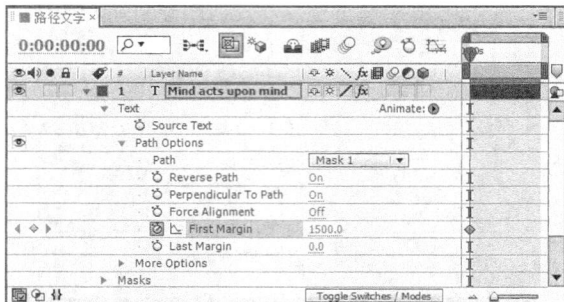

图8.47 修改First Margin（首字边距）的值1

步骤06 调整时间线到0:00:02:24的位置，设置First Margin（首字边距）的值为-400，系统自动建立关键帧，如图8.48所示。

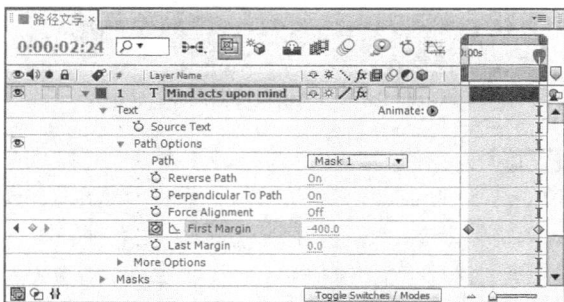

图8.48 修改First Margin（首字边距）的值2

步骤07 这样就完成了路径文字的整体制作，按小键盘上的0键，即可在合成窗口中预览动画。

8.6 缥缈出字

难易程度：★★☆☆☆

实例说明： 本例主要讲解利用Turbulent Displace（湍流置换）特效制作缥缈出字效果的方法。本例最终的动画流程效果如图8.49所示。

工程文件： 第8章\缥缈出字

图8.49 动画流程画面

知识点

- Turbulent Displace（湍流置换）特效的应用
- Fractal Noise（分形杂色）特效的应用
- Linear Wipe（线性擦除）特效的应用
- Compound Blur（复合模糊）特效的应用

操作步骤

步骤01 执行菜单栏中的File（文件）|Open Project（打开项目）命令，选择配套资源中的"工程文件\第8章\缥缈出字\缥缈出字练习.aep"文件，将"缥缈出字练习.aep"文件打开。

步骤02 执行菜单栏中的Composition（合成）| New Composition（新建合成）命令，打开Composition Settings（合成设置）对话框，设置Composition Name（合成名称）为"噪波"、Width（宽度）为"720"、Height（高度）为"576"、Frame Rate（帧速率）为"25"，并设置Duration（持续时间）为0:00:05:00。

步骤03 执行菜单栏中的Layer（图层）|New（新建）|Solid（纯色）命令，打开Solid Settings（纯色

设置）对话框，设置Name（名称）为"载体"、Color（颜色）为黑色。

步骤04 为"载体"层添加Fractal Noise（分形杂色）特效。在Effects & Presets（效果和预设）面板中展开Noise & Grain（杂色和颗粒）特效组，然后双击Fractal Noise（分形杂色）特效。

步骤05 在Effect Controls（效果控件）面板中，修改Fractal Noise（分形杂色）特效的参数。设置Contrast（对比度）的值为200，从Overflow（溢出）下拉列表中选择Clip（剪切）选项；展开Transform（变换）选项组，取消勾选Uniform Scaling（统一缩放）复选框，设置Scale Width（缩放宽度）的值为200、Scale Height（缩放高度）的值为150；将时间线调整到0:00:00:00的位置，设置Offset Turbulence[偏移（湍流）]的值为（360，288），并单击其左侧的码表按钮 ，在当前位置设置关键帧，如图8.50所示。

图8.50 设置分形杂色特效参数

步骤06 将时间线调整到0:00:04:24的位置，设置Offset Turbulence[偏移（湍流）]的值为（0，288），系统会自动设置关键帧，如图8.51所示。

图8.51 设置4秒24帧关键帧

步骤07 设置Complexity（复杂度）的值为5，展开Sub Settings（子设置）选项组，设置Sub Influence（子影响）的值为50、Sub Rotation（子旋转）的值为70；将时间线调整到0:00:00:00的位置，设置Evolution（演化）的值为0，并单击其左侧的码表按钮，在当前位置设置关键帧。

步骤08 将时间线调整到0:00:04:24的位置，设置Evolution（演化）的值为2×+0°，系统会自动设置关键帧，如图8.52所示。合成窗口效果如图8.53所示。

图8.52 设置演化关键帧

图8.53 设置分形杂色特效后效果

步骤09 为"载体"层添加Linear Wipe（线性擦除）特效。在Effects & Presets（效果和预设）面板中展开Transition（过渡）特效组，然后双击Linear Wipe（线性擦除）特效。

步骤10 在Effect Controls（效果控件）面板中，修改Linear Wipe（线性擦除）特效的参数。设置Wipe Angle（擦除角度）的值为0×−90°、Feather（羽化）的值为850；将时间线调整到0:00:00:00的位置，设置Transition Completion（过渡完成）的值为0，单击Transition Completion（过渡完成）左侧的码表按钮，在当前位置设置关键帧。

步骤11 将时间线调整到0:00:02:01的位置，设置

Transition Completion（过渡完成）的值为100%，系统会自动设置关键帧。

步骤12 将时间线调整到0:00:04:24的位置，设置Transition Completion（过渡完成）的值为0，如图8.54所示。合成窗口效果如图8.55所示。

图8.54 设置线性擦除特效参数

图8.55 设置线性擦除特效后效果

步骤13 打开"缥缈出字"合成，在Project（项目）面板中选择"噪波"合成，将其拖动到"缥缈出字"合成的时间轴面板中。

步骤14 执行菜单栏中的Layer（图层）|New（新建）|Text（文本）命令，输入"EXTINCTION"，在Character（字符）面板中，设置文字字体为LilyUPC，字号为121px、字体颜色为土黄色（R:195，G:150，B:41），如图8.56所示。合成窗口效果如图8.57所示。

图8.56 设置文字体样式

图8.57 设置文字后效果

步骤15 为"EXTINCTION"层添加Compound Blur（复合模糊）特效。在Effects & Presets（效果和预设）面板中展开Blur & Sharpen（模糊和锐化）特效组，然后双击Compound Blur（复合模糊）特效。

步骤16 在Effect Controls（效果控件）面板中，修改Compound Blur（复合模糊）特效的参数。从Blur Layer（模糊图层）下拉列表中选择"2.噪波"选项，设置Maximum Blur（最大模糊）的值为100，取消勾选Stretch Map to Fit（伸缩对应图以适合）复选框，如图8.58所示；合成窗口效果如图8.59所示。

图8.58 设置复合模糊特效参数

图8.59 设置复合模糊特效后效果

步骤17 为"EXTINCTION"层添加Turbulent Displace（动荡置换）特效。在Effects & Presets（效

果和预设）面板中展开Distort（扭曲）特效组，然后双击Turbulent Displace（湍流置换）特效。

步骤18 在Effect Controls（效果控件）面板中，修改Turbulent Displace（湍流置换）特效的参数。设置Complexity（复杂度）的值为5；将时间线调整到0:00:00:00的位置，设置Amount（数量）的值为188、Size（大小）的值为125、Offset（偏移）的值为（360，288），单击Amount（数量）、Size（大小）和Offset（偏移）左侧的码表按钮 ，在当前位置设置关键帧，如图8.60所示。

图8.60 设置湍流置换特效参数

步骤19 将时间线调整到0:00:01:22的位置，设置Amount（数量）的值为0、Size（大小）的值为194、Offset（偏移）的值为（1014，288），系统会自动设置关键帧，合成窗口效果如图8.61所示。

图8.61 设置湍流置换特效后效果

步骤20 执行菜单栏中的Layer（图层）|New（新建）|Adjustment Layer（调整图层）命令，创建一个调整图层，将该层更改为"调节层"。

步骤21 为"调节层"添加Glow（发光）特效。在

Effects & Presets（效果和预设）面板中展开Stylize（风格化）特效组，然后双击Glow（发光）特效。

步骤22 在Effect Controls（效果控件）面板中，修改Glow（发光）特效的参数。设置Glow Threshold（发光阈值）的值为0、Glow Radius（发光半径）的值为30、Glow Intensity（发光强度）的值为0.9，从Glow Colors（发光颜色）下拉列表中选择A & B Colors（A和B 颜色）选项，从Color Looping（颜色循环）下拉列表中选择Triangle B>A>B（三角形B>A>B）选项，设置Color A（颜色A）为黄色（R:255，G:274，B:74）、Color B（颜色B）为橘色（R:253，G:101，B:10），如图8.62所示。合成窗口效果如图8.63所示。

图8.62 设置发光特效参数

图8.63 设置发光特效后效果

步骤23 这样就完成了缥缈出字效果的整体制作，按小键盘上的0键，即可在合成窗口中预览动画。

8.7 炫金字母世界

难易程度： ★★★☆☆

实例说明： 本例主要讲解利用Particular（粒子）特效制作炫金字母世界效果的方法。本例最终的动画流程效果如图8.64所示。

工程文件： 第8章\炫金字母世界

图8.64 动画流程画面

知识点

- 掌握Particular（粒子）特效的使用
- 掌握Glow（发光）特效的使用

操作步骤

步骤01 执行菜单栏中的Composition（合成）| New Composition（新建合成）命令，打开Composition Settings（合成设置）对话框，设置Composition Name（合成名称）为"字母"、Width（宽度）为"20"、Height（高度）为"40"、Frame Rate（帧速率）为"25"，并设置Duration（持续时间）为0:00:06:00。

步骤02 执行菜单栏中的Layer（图层）| New（新建）| Text（文本）命令，新建文字层，此时，

Composition（合成）窗口中将出现一个闪动的光标效果，在时间轴面板中将出现一个文字层，输入"g"。在Character（字符）面板中，设置文字字体为GBInnMing-Bold、字号为48px、字体颜色为白色，如图8.65所示。合成窗口效果如图8.66所示。

图8.65 设置文字样式　　图8.66 文字效果

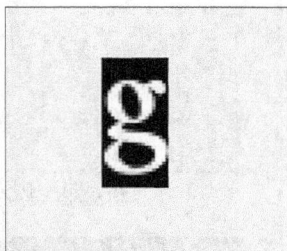

步骤03 执行菜单栏中的Composition（合成）| New Composition（新建合成）命令，打开Composition Settings（合成设置）对话框，设置Composition Name（合成名称）为"炫金字母世界"、Width（宽度）为"20"、Height（高度）为"40"、Frame Rate（帧速率）为"25"，并设置Duration（持续时间）为0:00:06:00。

步骤04 打开"炫金字母世界"合成，在Project（项目）面板中选择"字母"合成，将其拖动到"炫金字母世界"合成的时间轴面板中，单击"字母"层前的 👁 按钮将该层隐藏，如图8.67所示。

图8.67 隐藏图层

步骤05 执行菜单栏中的Layer（图层）|New（新建）|Solid（纯色）命令，打开Solid Settings（纯色设置）对话框，设置Name（名称）为"数字流"、Color（颜色）为黑色。

步骤06 为"数字流"层添加Particular（粒子）特效。在Effects & Presets（效果和预设）面板中展开Trapcode特效组，然后双击Particular（粒子）特效，如图8.68所示。

图8.68 添加特效

步骤07 在Effect Controls（效果控件）面板中，修改Particular（粒子）特效的参数。展开Emitter（发射器）选项组，设置Particles/sec（每秒发射粒子数）的值为500、Velocity Random（随机速度）的值为82、Velocity from Motion（从运动速度）的值为10；将时间线调整到0:00:00:00的位置，设置Position XY（xy轴位置）的值为（−136，288），单击Position XY（xy轴位置）左侧的码表按钮 🕐，在当前位置设置关键帧。

步骤08 将时间线调整到0:00:01:00的位置，设置Position XY（xy轴位置）的值为（599.4，288），系统会自动设置关键帧，如图8.69所示，合成窗口效果如图8.70所示。

图8.69 设置Particular特效参数

图8.70 设置Particular特效后效果

步骤09 展开Particle（粒子）选项组，设置Life（生命）的值为1、Life Random（随机生命）的值为50，从Particle Type（粒子类型）右侧下拉列表中选择"Sprite（幽灵）选项；展开Texture（纹理）选项组，从Layer（图层）右侧下拉列表中选择"2.字母"选项，设置Size（大小）的值为10、Size Random（随机大小）的值为100，如图8.71所示。合成窗口效果如图8.72所示。

图8.71 设置Particle（粒子）参数

图8.72 设置Particle（粒子）参数后效果

步骤10 为"数字流"层添加Glow（发光）特效。在Effects & Presets（效果和预设）面板中展开Stylize（风格化）特效组，然后双击Glow（发光）特效。

步骤11 在Effect Controls（效果控件）面板中，修改Glow（发光）特效的参数。设置Glow Threshold（发光阈值）的值为40%、Glow Radius（发光半径）的值为15、Glow Intensity（发光强度）的值为2，从Glow Colors（发光颜色）右侧下拉列表中选择"A & B Colors（A和B颜色）"选项，设置Color A（颜色A）为橘色（R:255，G:138，B:0）、Color B（颜色B）为棕色（R:119，G:104，B:7），如图8.73所示。合成窗口效果如图8.74所示。

图8.73 设置发光特效参数

图8.74 设置发光特效后效果

步骤12 这样就完成了炫金字母世界效果的整体制作，按小键盘上的0键，即可在合成窗口中预览动画。

8.8 缭绕文字

难易程度： ★★☆☆☆

实例说明： 本例主要讲解利用Fractal Noise（分形杂色）特效制作缭绕文字效果。本例最终的动画流程效果如图8.75所示。

工程文件： 第8章\缭绕文字

图8.75 动画流程画面

图8.75 动画流程画面（续）

知识点

● 掌握Fractal Noise（分形杂色）特效的使用
● 掌握Levels（色阶）特效的使用
● 掌握Basic Text（基本文字）特效的使用
● 掌握Displacement Map（置换映射）特效的使用

操作步骤

步骤01 执行菜单栏中的Composition（合成）| New Composition（新建合成）命令，打开Composition Settings（合成设置）对话框，设置Composition Name（合成名称）为"文字"、Width（宽度）为"720"、Height（高度）为"405"、Frame Rate（帧速率）为"25"，并设置Duration（持续时间）为0:00:05:00。

步骤02 按Ctrl+Y组合键，打开Solid Settings（纯色设置）对话框，设置Name（名称）为文字、Color（颜色）为黑色。

步骤03 为"文字"层添加Basic Text（基本文字）特效。在Effects & Presets（效果和预设）面板中展开Obsolete（过时）特效组，然后双击Basic Text（基本文字）特效。

步骤04 此时会打开Basic Text（基本文字）对话框，在文本框中输入"我家洗砚池头树，朵朵花开淡墨痕。"，设置字体为SingKaiEG-Bold-GB，如图8.76所示。接着在Effect Controls（效果控件）面板中设置Fill Color（填充颜色）为蓝色（R:0，G:161，B:255），如图8.77所示。

图8.76 设置文字

图8.77 设置参数

步骤05 在时间轴面板中，将时间线调整到0:00:00:00的位置，选择"文字"层，按R键打开Rotation（旋转）属性，设置Rotation（旋转）的值为0×+55°；按P键打开Position（位置）属性，设置Position（位置）的值为（−47，19），单击Position（位置）左侧的码表按钮 ○ ，在当前位置设置关键帧。

步骤06 将时间线调整到0:00:03:00的位置，设置Rotation（旋转）的值为0×+43°、Position（位置）的值为（237，611），系统会自动设置关键帧。

步骤07 将时间线调整到0:00:04:00的位置，设置Rotation（旋转）的值为0×−28°。

步骤08 将时间线调整到0:00:04:24的位置，设置Position（位置）的值为（472，58）、Rotation（旋转）的值为0×−41°，如图8.78所示，合成窗口效果如图8.79所示。

图8.78 设置关键帧

图8.79 设置位置和旋转参数后效果

图8.81 设置分形杂色特效后效果

步骤09 执行菜单栏中的Composition（合成）| New Composition（新建合成）命令，打开Composition Settings（合成设置）对话框，设置Composition Name（合成名称）为"噪波"、Width（宽度）为"720"、Height（高度）为"405"、Frame Rate（帧速率）为"25"，并设置Duration（持续时间）为0:00:05:00。

步骤10 按Ctrl+Y组合键，打开Solid Settings（纯色设置）对话框，设置Name（名称）为噪波、Color（颜色）为黑色。

步骤11 为"噪波"层添加Fractal Noise（分形杂色）特效。在Effects & Presets（效果和预设）面板中展开Noise & Grain（杂色和颗粒）特效组，然后双击Fractal Noise（分形杂色）特效。

步骤12 在Effect Controls（效果控件）面板中，修改Fractal Noise（分形杂色）特效的参数。将时间线调整到0:00:00:00的位置，设置Evolution（演变）的值为0，单击Evolution（演化）左侧的码表按钮 ，在当前位置设置关键帧。

步骤13 将时间线调整到0:00:04:24的位置，设置Evolution（演化）的值为3×+0°，系统会自动设置关键帧，如图8.80所示。合成窗口效果如图8.81所示。

步骤14 为"噪波"层添加Levels（色阶）特效。在Effects & Presets（效果和预设）面板中展开Color Correction（颜色校正）特效组，然后双击Levels（色阶）特效。

步骤15 在Effect Controls（效果控件）面板中，修改Levels（色阶）特效的参数。从Channel（通道）右侧下拉列表中选择"Blue（蓝色）"选项，设置Blue Output Black（蓝色输出黑色）的值为125，如图8.82所示。合成窗口效果如图8.83所示。

图8.82 设置色阶特效参数

图8.83 设置色阶后效果

步骤16 选中"噪波"层，在工具栏中选择Rectangle Tool（矩形蒙版工具） ，在图层上绘制一个矩形路径，按F键打开Mask Feather（蒙版羽化）属性，设置Mask Feather（蒙版羽化）的值为100，如图8.84所示。合成窗口效果如图8.85所示。

图8.80 设置分形杂色特效参数

图8.84 设置蒙版羽化参数

图8.85 矩形蒙版效果

步骤17 在Project（项目）面板中，选择"噪波"层，按Ctrl+D组合键，复制出另一个新的图层，将该图层重命名为"底层"，如图8.86所示。

步骤18 打开"底层"合成，为"噪波"层添加Curves（曲线）特效。在Effects & Presets（效果和预设）面板中展开Color Correction（颜色校正）特效组，然后双击Curves（曲线）特效，如图8.87所示。

图8.86 复制合成   图8.87 添加特效

步骤19 在Effect Controls（效果控件）面板中，修改Curves（曲线）特效的参数，如图8.88所示。合成窗口效果如图8.89所示。

步骤20 执行菜单栏中的Composition（合成）| New Composition（新建合成）命令，打开Composition Settings（合成设置）对话框，设置Composition Name（合成名称）为"缭绕文字"、Width（宽

度）为"720"、Height（高度）为"405"、Frame Rate（帧速率）为"25"，并设置Duration（持续时间）为0:00:05:00秒。

图8.88 调整曲线

图8.89 调整曲线后效果

步骤21 打开"缭绕文字"合成，在Project（项目）面板中同时选中"文字""噪波"和"底层"合成，将其拖动到"缭绕文字"合成的时间轴面板中，单击"噪波"和"底层"图层前的👁按钮，将图层隐藏如图8.90所示。

图8.90 添加素材

步骤22 按Ctrl+Y组合键，打开Solid Settings（纯色设置）对话框，设置Name（名称）为"背景"、Color（颜色）为黑色。

步骤23 为"文字"层添加Ramp（梯度渐变）特效。在Effects & Presets（效果和预设）面板中展开Generate（生成）特效组，然后双击Ramp（梯度渐变）特效。

步骤24 在Effect Controls（效果控件）面板中，修改

Ramp（梯度渐变）特效的参数。设置Start of Ramp（渐变起点）的值为（360，292）、Start Color（起始颜色）为白色、End of Ramp（渐变终点）的值为（360，1074）、End Color（结束颜色）为灰色（R:107，G:105，B:107），如图8.91所示，合成窗口效果如图8.92所示。

图8.91 设置梯度渐变特效参数

图8.92 设置梯度渐变特效后效果

步骤25 为"文字"层添加Compound Blur（复合模糊）特效。在Effects & Presets（效果和预设）面板中展开Blur & Sharpen（模糊和锐化）特效组，然后双击Compound Blur（复合模糊）特效。

步骤26 在Effect Controls（效果控件）面板中，修改Compound Blur（复合模糊）特效的参数。从Blur Layer（模糊图层）右侧下拉列表中选择"3.底层"选项，设置Maximum Blur（最大模糊）的值为200，如图8.93所示。合成窗口效果如图8.94所示。

图8.93 设置复合模糊特效参数

图8.94 设置复合模糊特效后效果

步骤27 为"文字"层添加Displacement Map（置换映射）特效。在Effects & Presets（效果和预设）面板中展开Distort（扭曲）特效组，然后双击Displacement Map（置换图）特效。

步骤28 在Effect Controls（效果控件）面板中，修改Displacement Map（置换图）特效的参数。从Displacement Map Layer（置换图层）右侧下拉列表中选择"2.噪波"选项，从Use For Horizontal Displacent（用于水平置换）右侧下拉列表中选择"Blue（蓝色）"选项，设置Max Horizontal Displacement（最大水平置换）的值为200、Max Vertical Displacement（最大垂直置换）的值为200，从Displacement Map Behavior（置换图特效）右侧下拉列表中选择"Tile Map（拼贴图）"选项，勾选Wrap Pixels Around（像素回绕）复选框，如图8.95所示。合成窗口效果如图8.96所示。

图8.95 设置置换图特效参数

图8.96 设置置换图特效后效果

步骤29 这样就完成了缠绕文字效果的整体制作，按小键盘上的0键，即可在合成窗口中预览动画。

8.9 飞舞文字

难易程度：★★★☆☆

实例说明： 本例主要讲解飞舞文字动画的制作。制作时利用文字自带的动画功能制作飞舞的文字，并配合Bevel Alpha（斜面Alpha）及Drop Shadow（投影）特效使文字产生立体效果。本例最终的动画流程效果如图8.97所示。

工程文件： 第8章\飞舞文字

图8.97 飞舞文字最终动画流程效果

知识点

- 学习利用Ramp（梯度渐变）特效制作渐变背景的方法
- 学习立体文字的制作
- 掌握文字特效动画的制作技巧

8.9.1 建立文字层

步骤01 执行菜单栏中的Composition（合成）| New Composition（新建合成）命令，打开Composition Settings（合成设置）对话框，设置Composition Name（合成名称）为"文字"、Width（宽度）为"720"、Height（高度）为"576"、Frame Rate（帧速率）为"25"，并设置Duration（持续时间）为0：00：07：00，如图8.98所示。

图8.98 建立合成

步骤02 按Ctrl+Y组合键，此时将打开Solid Settings（纯色设置）对话框，修改Name（名称）为"背景"，设置Color（颜色）为白色，如图8.99所示。

图8.99 建立纯色层

步骤03 在Effects & Presets（效果和预设）面板中展开Generate（生成）特效组，然后双击Ramp（梯度渐变）特效，如图8.100所示。

图8.100 添加特效

步骤04 在Effect Controls（效果控件）面板中，展开Ramp（梯度渐变）特效组，修改Start of Ramp（渐变起点）为（360，288）、Start Color（起始颜色）为白色、End of Ramp（渐变终点）为（360，1400）、End Color（结束颜色）为黑色、Ramp Shape（渐变形状）为Radial Ramp（径向渐变），如图8.101所示。

图8.101 设置属性

步骤05 单击工具栏中的Horizontal Type Tool（横排文字工具），设置文字的颜色为蓝色（R：44，G：154，B：217）、字体大小为75px、行间距为94px，如图8.102所示。在合成窗口中输入文字"Sincere for Gold Stone"，注意文字的换行，如图8.103所示。

图8.102 设置文字样式　　图8.103 输入文字

步骤06 展开文字选项组，单击Text（文本）右侧的Animate（动画）三角形按钮●，从弹出的菜单中选择Anchor Point（锚点）命令，设置Anchor Point（锚点）为（0，-30），如图8.104所示。

图8.104 设置动画制作工具1

步骤07 单击Text（文本）右侧的Animate（动画）三角形按钮●，从弹出的菜单中分别选择Anchor Point（锚点）、Position（位置）、Scale（缩放）、Rotation（旋转）和Fill Hue（填充色相）命令，建立Animator 2（动画制作工具2），如图8.105所示。

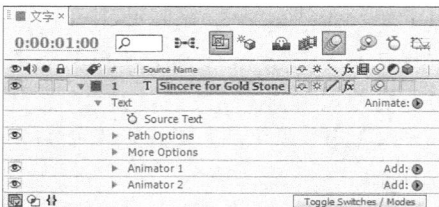

图8.105 建立动画制作工具2

步骤08 调整时间线到0:00:01:00的位置，单击Animator 2（动画制作工具2）右侧的Add（添加）三角形按钮●，从弹出的菜单中选择Selector（选择器）|Wiggly（摆动）命令；然后展开Wiggly Selector 1（摆动选择器1）选项组，单击Temporal Phase（时间相位）和Spatial Phase（空间相位）左侧的码表按钮●，修改Temporal Phase（时间相位）的值为2×+0°、Spatial Phase（空间相位）的值为2×+0°、

Position（位置）的值为（400，400）、Scale（缩放）的值为（600，600），Rotation（旋转）的值为1×+115°、Fill Hue（填充色相）的值为0×+60°，如图8.106所示。此时的画面效果如图8.107所示。

图8.106 设置第1秒处关键帧

图8.107 第1秒处画面效果

步骤09 调整时间线到0:00:02:00的位置，修改Temporal Phase（时间相位）的值为2×+200°、Spatial Phase（空间相位）的值为2×+150°，如图8.108所示。此时的画面效果如图8.109所示。

图8.108 设置第2秒处关键帧

图8.109 第2秒处画面效果

步骤10 调整时间线到0:00:03:00的位置，修改Temporal Phase（时间相位）的值为4×+160°、Spatial Phase（空间相位）的值为4×+125°，如图8.110所示。此时的画面效果如图8.111所示。

图8.110 设置第3秒处关键帧

图8.111 第3秒处画面效果

步骤11 调整时间线到0:00:04:00的位置，单击Position（位置）、Scale（缩放）、Rotation（旋转）和Fill Hue（填充色相）左侧的码表按钮ᐩ，在当前位置建立关键帧，如图8.112所示。此时的画面效果如图8.113所示。

图8.112 设置第4秒处关键帧

图8.113 第4秒处画面效果

步骤12 调整时间线到0:00:06:00的位置，修改Temporal Phase（时间相位）的值为8×+160°、Spatial Phase（空间相位）的值为8×+125°、Position（位置）的值为（1，1）、Scale（缩放）的值为（100，100）、Rotation（旋转）的值为0、Fill Hue（填充色相）的值为0，如图8.114所示。此时的画面效果如图8.115所示。

图8.114 设置第6秒处关键帧

图8.115 第6秒处画面效果

8.9.2 添加特效

步骤01 在Effects & Presets（效果和预设）面板中展开Perspective（透视）特效组，然后双击Bevel Alpha（斜面Alpha）特效，如图8.116所示。添加特效后的效果如图8.117所示。

图8.116 添加特效1　　图8.117 添加特效后的效果1

步骤02 展开Perspective（透视）特效组，双击Drop Shadow（投影）特效，如图8.118所示，添加特效后的效果如图8.119所示。

图8.118 添加特效2　　图8.119 添加特效后的效果2

步骤03 单击时间轴面板文字层名称右侧的运动模糊开关🔲，开启运动模糊，如图8.120所示。

图8.120 开启运动模糊属性

步骤04 这样就完成了飞舞文字动画的制作，按键盘上的空格键或小键盘上的0键，可以在合成窗口中预览动画效果，如图8.121所示。

图8.121 飞舞文字动画效果

8.10 螺旋飞入文字

难易程度： ★★★☆☆

实例说明： 本例主要讲解螺旋飞入文字动画的制作。首先利用蒙版制作亮光背景，通过为文字层添加文本属性制作出文字的螺旋飞入效果，通过添加Shine（光）特效制作出文字的扫光，完成最终动画制作。本例最终的动画流程效果如图8.122所示。

工程文件： 第8章\螺旋飞入文字

图8.122 螺旋飞入文字最终动画流程效果

知识点

- 学习通过蒙版制作亮光背景的方法
- 学习利用 Animate Text（动画文本）制作螺旋飞入文字动画的方法
- 掌握利用Shine（光）特效添加文字特效光的技巧

8.10.1 新建合成

步骤01 执行菜单栏中的Composition（合成）| New Composition（新建合成）命令，打开Composition Settings（合成设置）对话框，设置Composition Name（合成名称）为"螺旋飞入的文字"，设置Width（宽度）为"720"、Height（高度）为"576"、Frame Rate（帧速率）为"25"，并设置Duration（持续时间）为0:00:04:00，如图8.123所示。

图8.123 建立合成

步骤02 按Ctrl+Y组合键，打开Solid Settings（纯色设置）对话框，设置Name（名称）为"背景层"、Color（颜色）为蓝色（R:0，G:192，B:255），如图8.124所示。

图8.124 建立纯色层

步骤03 单击工具栏中的Ellipse Tool（椭圆工具）按钮 ⬭，在合成窗口中绘制椭圆蒙版，效果如图8.125所示。

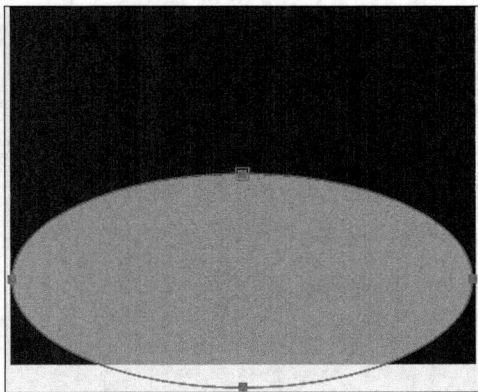

图8.125 绘制椭圆形蒙版

步骤04 在时间轴面板中，按F键，打开Mask Feather（蒙版羽化）选项，设置Mask Feather（蒙版羽化）的值为（200，200），如图8.126所示。

图8.126 设置属性

8.10.2 添加文字层及特效

步骤01 单击工具栏中的Horizontal Type Tool（横排文字工具）按钮 T，输入文字"After Effects经典视频特效"，设置字体为"黑体"、文字颜色为黄色（R:255，G:210，B:0）、大小为65px，并单击Faux Bold（仿粗体）按钮 T，如图8.127所示。此时合成窗口中的文字效果如图8.128所示。

图8.127 设置属性　　　　图8.128 合成窗口中效果

步骤02 选择"After Effects经典视频特效"文字层，在Effects & Presets（效果和预设）面板中展开Perspective（透视）特效组，双击Drop Shadow（投影）特效，如图8.129所示。

图8.129 添加投影特效

步骤03 在Effect Controls（效果控件）面板中，修改Drop Shadow（投影）特效的参数，设置Softness（柔和度）的值为4，如图8.130所示。

图8.130 设置投影特效参数

步骤04 在Effects & Presets（效果和预设）面板中展开Trapcode特效组，双击Shine（光）特效，如图8.131所示。

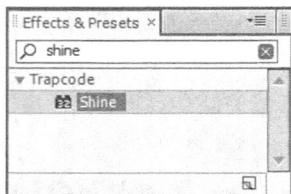

图8.131 添加光特效

步骤05 将时间线调整到0:00:00:00的位置，在Effect Controls（效果控件）面板中，修改Shine（光）特效的参数。单击Source Point（源点）左侧的码表按钮🕘，在当前位置设置关键帧，并修改Source Point（源点）的值为（60，288）；展开Colorize（着色）选项组，在Colorize（着色）下拉列表中选择None（无）选项；然后在Transfer Mode（转换模式）下拉列表中选择Add（相加）选项，如图8.132所示。

图8.132 设置光特效参数

步骤06 将时间线调整到0:00:03:24的位置，修改Source Point（源点）的值为（360，288），系统自动创建关键帧如图8.133所示。

图8.133 修改源点值

8.10.3 建立文字动画

步骤01 分别执行菜单栏中的Animation（动画）| Animate Text（动画文本）| Rotation（旋转）和Opacity（不透明度）命令，为文字添加旋转和不透明度参数，如图8.134所示。

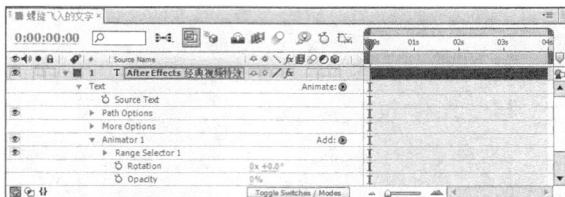

图8.134 添加文字动画

步骤02 将时间线调整到0:00:00:00的位置，展开"After Effects经典视频特效"层的More Options（更多选项）选项组，从Anchor Point Grouping（锚点分组）下拉列表中选择Line（行）选项，设置Grouping Alignment（分组对齐）的值为（-46，0）；展开Animator 1（动画制作工具1）|Range Selector1（范围选择器1）选项组，设置End（结束）的值为68%、Offset（偏移）的值为-55%、Rotation（旋转）的值为4×+0°，单击Offset（偏移）左侧的码表按钮🕘，在当前位置设置关键帧，如图8.135所示。

图8.135 设置文字动画的关键帧

步骤03 将时间线调整到0:00:03:10的位置，修改Offset（偏移）的值为100%；展开Advanced（高级）选项组，从Shape（形状）下拉列表中选择Ramp Up（上斜坡），如图8.136所示。此时拖动时间线可看到文字动画，效果如图8.137所示。

图8.136 设置文字属性

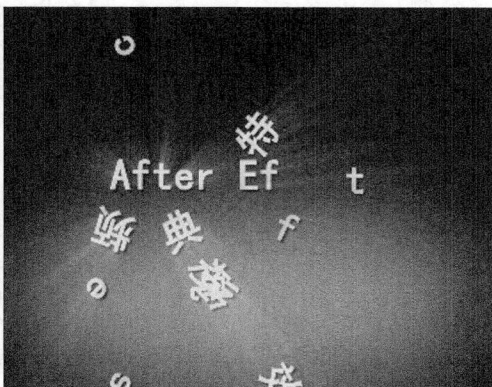

图8.137 螺旋飞入效果

步骤04 在时间轴面板中，首先单击"After Effects经典视频特效"右侧属性区的运动模糊图标◎，打开运动模糊选项，然后打开时间轴面板中间部分的运动模糊开关按钮◎，如图8.138所示。设置运动模糊后的效果如图8.139所示。

图8.138 开启运动模糊

图8.139 画面效果

步骤05 这样就完成了螺旋飞入文字动画的整体制作，按小键盘上的0键，在合成窗口中预览动画，如图8.140所示。

图8.140 螺旋飞入文字动画效果

第 **9** 章
常见插件炫彩动画

内容摘要

　　After Effects除了内置的特效外，还支持很多特效插件。通过对插件特效的应用，可以使动画的制作更为简便，动画的效果也更为绚丽。本章通过多个实例，详细讲解了几个常用插件的动画制作方法，通过本章的学习，可以掌握常见插件动画的制作技巧。

教学目标

- 掌握3D Stroke（3D笔触）特效的使用
- 掌握Particular（粒子）特效的使用
- 掌握Shine（光）特效的使用
- 掌握Starglow（星光）特效的使用

9.1 Shine（光）——炫丽扫光文字

难易程度： ★☆☆☆☆

实例说明： 本例主要讲解利用Shine（光）特效制作炫丽扫光文字动画效果。本例最终的动画流程效果如图9.1所示。

工程文件： 第9章\扫光文字动画

图9.1 动画流程画面

知识点

- 学习Shine（光）特效的使用
- Ramp（梯度渐变）特效的应用

操作步骤

步骤01 执行菜单栏中的File（文件）|Open Project（打开项目）命令，选择配套资源中的"工程文件\第9章\扫光文字动画\扫光文字动画练习.aep"文件，将文件打开。

步骤02 执行菜单栏中的Layer（图层）|New（新建）|Text（文本）命令，新建文字层，此时，Composition（合成）窗口中将出现一个闪动的光标效果，在时间轴面板中将出现一个文字层，输入"The visual arts"。在Character（字符）面板中，设置文字字体为CTBiaoSongSJ、字号为60px、字体颜色为白色。

步骤03 为"The visual arts"层添加Shine（光）特效。在Effects & Presets（效果和预设）面板中展开Trapcode特效组，然后双击Shine（光）特效。

步骤04 在Effect Controls（效果控件）面板中，修改Shine（光）特效的参数。设置Ray Length（光线长度）的值为12，从Colorize（着色）下拉列表中选择One Color（单色）选项，并设置Color（颜色）为白色；将时间线调整到0:00:00:00的位置，设置Source Point（源点）的值为（-784，496），单击Source Point（源点）左侧的码表按钮✲，在当前位置设置关键帧。

步骤05 将时间线调整到0:00:02:24的位置，设置Source Point（源点）的值为（666.6，496），系统会自动设置关键帧，如图9.2所示，合成窗口效果如图9.3所示。

图9.2 设置光特效参数

图9.3 设置光特效后效果

步骤06 选中文字层，按Ctrl+D组合键，复制出另一个新的文字层，在Effect Controls（效果控件）面板中，将Shine（光）特效删除。

步骤07 为复制出的文字层添加Ramp（梯度渐变）特效。在Effects & Presets（效果和预设）面板中展开Generate（生成）特效组，然后双击Ramp（梯度渐变）特效。

步骤08 在Effect Controls（效果控件）面板中，修改Ramp（梯度渐变）特效的参数。设置Start of Ramp（渐变起点）的值为（355，500）、Start Color（起始颜色）为白色、End of Ramp（渐变终点）的值为（91，551）、End Color（结束颜色）为黑色，从Ramp Shape（渐变形状）右侧的下拉列表中选择Radial Ramp（径向渐变）选项，如图9.4所示，合成窗口效果如图9.5所示。

图9.4 设置梯度渐变特效参数

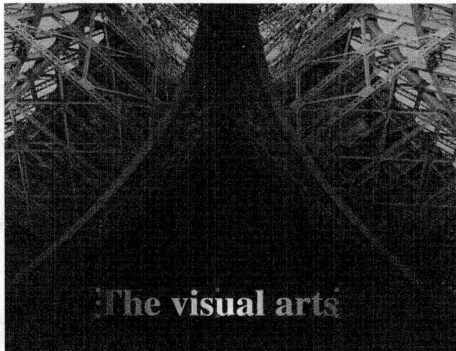

图9.5 设置梯度渐变特效后效果

步骤09 这样就完成了炫丽扫光文字动画的整体制作，按小键盘上的0键，即可在合成窗口中预览动画。

9.2 Particular（粒子）——飞舞的彩色粒子

难易程度： ★★☆☆☆

实例说明： 本例主要讲解利用第三方特效Particular（粒子）制作出彩色粒子效果，然后通过绘制路径，制作出彩色粒子的跟随动画。本例最终的动画流程效果如图9.6所示。

工程文件： 第9章\飞舞的彩色粒子

图9.6 飞舞的彩色粒子动画流程效果

知识点

● Particular（粒子）特效的使用

● 粒子沿路径运动的控制

9.2.1 新建合成

步骤01 执行菜单栏中的Composition（合成）| New Composition（新建合成）命令，打开Composition Settings（合成设置）对话框，设置Composition Name（合成名称）为"飞舞的彩色粒子"、Width（宽度）为"720"、Height（高度）为"576"、Frame Rate（帧速率）为"25"，并设置Duration（持续时间）为0:00:04:00，如图9.7所示。

图9.7 合成设置

步骤02 单击OK（确定）按钮，在Project（项目）面板中将会创建一个名为"飞舞的彩色粒子"的合成。在Project（项目）面板的空白处双击，打开Import File（导入文件）对话框，选择配套资源中的"工程文件\第9章\飞舞的彩色粒子\光背景.jpg"素材，单击"打开"按钮，将素材导入到项目面板中，如图9.8所示，然后将导入素材拖动到时间轴面板中。

图9.8 导入文件

9.2.2 制作飞舞的彩色粒子

步骤01 在"飞舞的彩色粒子"合成的时间轴面板中按Ctrl+Y组合键，打开Solid Settings（纯色设置）对话框，设置Name（名称）为"彩色粒子"、Color（颜色）为黑色，如图9.9所示。

图9.9 新建纯色层

步骤02 单击OK（确定）按钮，在时间轴面板中将会创建一个名为"彩色粒子"的纯色层。选择"彩色粒子"纯色层，在Effects & Presets（效果和预设）面板中展开Trapcode特效组，然后双击Particular（粒子）特效，如图9.10所示。

图9.10 添加粒子特效

步骤03 在Effect Controls（效果控件）面板中，修改Particular（粒子）特效的参数。展开Emitter（发射器）选项组，首先在Emitter Type（发射器类型）右侧的下拉列表中选择Sphere（球形），然后设置Particles/sec（每秒发射粒子数）的值为500、Velocity（速度）的值为200、Velocity Random（速度随机）的值为80、Velocity from Motion（运动速度）的值为10、Emitter Size Y（发射器y轴尺寸）的值为100，如图9.11所示。设置完成后，其中一帧的画面效果如图9.12所示。

图9.11 发射器参数设置

图9.12 设置后的效果

步骤04 展开Particle（粒子）选项组，在Particle Type（粒子类型）右侧的下拉列表中选择Glow Sphere

（发光球），然后设置Life（生命）的值为1、Life Random（生命随机）的值为50、Sphere Feather（球羽化）的值为0、Size（尺寸）的值为13、Size Random（大小的随机性）的值为100，然后展开Size over Life（生命期内的大小变化）选项，使用鼠标绘制图9.13所示的形状；在Set Color（颜色设置）右侧的下拉列表中选择Over Life（生命期内的变化），在Transfer Mode（转换模式）右侧的下拉列表中选择Add（相加），如图9.13所示。此时其中一帧的画面效果，如图9.14所示。

图9.13 粒子参数设置

图9.14 大小颜色变化

步骤05 在时间轴面板中按Ctrl+Y组合键，打开Solid Settings（纯色设置）对话框，新建一个Name（名称）为"路径"、Color（颜色）为黑色的纯色层。

步骤06 选择"路径"纯色层，单击工具栏中的Pen Tool（钢笔工具）按钮，在合成窗口中绘制一条路径，如图9.15所示。然后在时间轴面板中，单击"路径"纯色层左侧的眼睛图标 👁 ，将"路径"纯色层隐藏，如图9.16所示。

图9.15 绘制路径

图9.16 隐藏"路径"层

步骤07 制作路径跟随动画。在时间轴面板中按M键，打开"路径"纯色层的Mask Path（蒙版路径）选项，然后单击Mask Path（蒙版路径）选项，按Ctrl+C组合键，将其复制，如图9.17所示。

图9.17 复制Mask Path（蒙版路径）选项

步骤08 将时间线调整到0:00:00:00的位置，选择"彩色粒子"纯色层，接着选择Position XY（xy轴位置）选项，按Ctrl + V组合键，将Mask Path（蒙版路径）粘贴到Position XY（xy轴位置）选项上，完成后的效果如图9.18所示。

图9.18 制作路径跟随动画

步骤09 将时间线调整到0:00:03:24的位置，选择"彩色粒子"纯色层的最后一个关键帧，将其拖动到0:00:03:24的位置，如图9.19所示。

图9.19 调整关键帧位置

步骤10 这样就完成了飞舞的彩色粒子效果的整体制作，按小键盘上的0键，即可在合成窗口中预览动画，如图9.20所示。

图9.20 飞舞的彩色粒子效果

9.3 Particular（粒子）——旋转空间

难易程度： ★★★☆☆

实例说明： 本例主要讲解利用Particular（粒子）特效制作旋转空间效果。本例最终的动画流程效果如图9.21所示。

工程文件： 第9章\旋转空间

图9.21 动画流程画面

知识点

- 掌握Particular（粒子）特效的使用
- 掌握Curves（曲线）特效的使用

9.3.1 新建合成

步骤01 执行菜单栏中的Composition（合成）| New Composition（新建合成）命令，打开Composition Settings（合成设置）对话框，设置Composition Name（合成名称）为"旋转空间"、Width（宽度）为"720"、Height（高度）为"576"、Frame Rate（帧速率）为"25"，并设置Duration（持续时间）为0:00:05:00，如图9.22所示。

图9.22 合成设置

步骤02 执行菜单栏中的File（文件）| Import（导入）| File（文件）命令，打开Import File（导入文件）对话框，选择配套资源中的"工程文件\第9章\旋转空间\手背景.jpg"素材，如图9.23所示。单击"打开"按钮，"手背景.jpg"素材将导入到Project（项目）面板中。

图9.23 Import File（导入文件）对话框

9.3.2 制作粒子生长动画

步骤01 打开"旋转空间"合成，在Project（项目）面板中选择"手背景.jpg"素材，将其拖动到"旋转空间"合成的时间轴面板中，如图9.24所示。

图9.24 添加素材

步骤02 在时间轴面板中按Ctrl+Y组合键，打开Solid Settings（纯色设置）对话框，设置Name（名称）为"粒子"、Color（颜色）为白色，如图9.25所示。

图9.25 新建"粒子"纯色层

步骤03 单击OK（确定）按钮，在时间轴面板中将会创建一个名为"粒子"的纯色层。选择"粒子"纯色层，在Effects & Presets（效果和预设）面板中展开Trapcode特效组，然后双击Particular（粒子）特效，如图9.26所示。

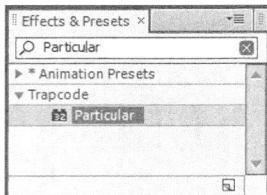

图9.26 添加Particular（粒子）特效

步骤04 在Effect Controls（效果控件）面板中，修改Particular（粒子）特效的参数。展开Aux System（辅助系统）选项组，在Emit（发射器）右侧的下拉列表中选择From Main Particles（从主粒子），设置Particles/sec（每秒发射粒子数）的值为235、Life（生命）的值为1.3、Size（尺寸）的值为1.5、Opacity（不透明度）的值为30，如图9.27所示。其中一帧的画面效果，如图9.28所示。

图9.27 Aux System（辅助系统）选项组的参数设置

图9.28 其中一帧的画面效果

步骤05 将时间线调整到0:00:01:00的位置，展开Physics（物理）选项组，接着单击Physics Time Factor（物理时间因素）左侧的码表按钮，在当前位置设置关键帧；然后展开Air（空气）选项组中的Turbulence Field（混乱场）选项，设置Affect Position（影响位置）的值为155，如图9.29所示。此时的画面效果如图9.30所示。

图9.29 在0:00:01:00的位置设置关键帧

图9.30 0:00:01:00位置处画面

> **提示** Affect Position的设置可以在一个指定范围内产生控制，在实现随机扭曲效果时尤为重要。

步骤06 将时间线调整到0:00:01:10的位置，修改Physics Time Factor（物理时间因素）的值为0，如图9.31所示。此时的画面效果如图9.32所示。

图9.31 修改Physics Time Factor的值为0

图9.32 0:00:01:10位置处画面

步骤07 展开Particle（粒子）选项组，设置Size（尺寸）的值为0，参数设置如图9.33所示。此时白色粒子球消失，画面效果如图9.34所示。

图9.33 设置Size（尺寸）的值为0

图9.34 白色粒子球消失

提示 在效果控件面板中使用Ctrl+Shift+E组合键可以移除所有添加的特效。

步骤08 将时间线调整到0:00:00:00的位置，展开Emitter（发射器）选项组，设置Particles/sec（每秒发射粒子数）的值为1800，然后单击Particles/sec（每秒发射粒子数）左侧的码表按钮，在当前位置设置关键帧；设置Velocity（速度）的值为160、Velocity Random（速度随机）的值为40，参数设置如图9.35所示。此时的画面效果如图9.36所示。

图9.35 设置Emitter（发射器）选项组的参数

图9.36 00:00:00:00位置处画面

步骤09 将时间线调整到0:00:00:01的位置，修改Particles/sec（每秒发射粒子数）的值为0，系统将在当前位置自动设置关键帧。这样就完成了粒子生长动画的制作，拖动时间线，预览动画，其中几帧的画面效果如图9.37所示。

图9.37 其中几帧的画面效果

图9.37 其中几帧的画面效果（续）

9.3.3 制作摄像机动画

步骤01 添加摄像机。执行菜单栏中的Layer（图层）| New（新建）| Camera（摄像机）命令，打开Camera Settings（摄像机设置）对话框，设置Preset（预设）为24mm，参数设置如图9.38所示。单击OK（确定）按钮，在时间轴面板中将会创建一架摄像机。

图9.38 Camera Settings（摄像机设置）对话框

步骤02 在时间轴面板中，打开"手背景.jpg"层的三维属性开关。将时间线调整到0:00:00:00的位置，选择"Camera 1"层，单击其左侧的灰色三角形按钮，再展开Transform（变换）选项组，然后分别单击Point of Interest（目标点）和Position（位置）左侧的按钮，在当前位置设置关键帧，参数设置如图9.39所示。

图9.39 为摄像机设置关键帧

步骤03 将时间线调整到0:00:01:00的位置，修改Point of Interest（目标点）的值为（320，288，0）、Position（位置）的值为（-165，360，530），如图9.40所示。此时的画面效果如图9.41所示。

图9.40 修改中心点和位置的值

图9.41 0:00:01:00位置处画面效果

步骤04 将时间线调整到0:00:02:00的位置，修改Point of Interest（目标点）的值为（295，288，180）、Position（位置）的值为（560，288，-480），如图9.42所示。此时的画面效果如图9.43所示。

图9.42 在0:00:02:00位置处修改参数

图9.43 0:00:02:00位置处画面效果

步骤05 将时间线调整到0:00:03:04的位置，修改Point of Interest（目标点）的值为（360，288，0）、Position（位置）的值为（360，288，-480）、如图9.44所示。此时的画面效果如图9.45所示。

图9.44 在0:00:03:04位置处修改参数

图9.45 0:00:03:04位置处画面效果

步骤06 调整画面颜色。执行菜单栏中的Layer（图层）| New（新建）| Adjustment Layer（调整图层）命令，在时间轴面板中将会创建一个名为"Adjustment Layer 1"的调整图层，如图9.46所示。

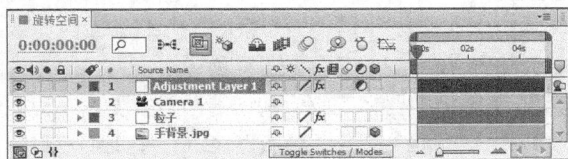

图9.46 添加调整图层

步骤07 为调整图层添加Curves（曲线）特效。选择"Adjustment Layer 1"层，在Effects & Presets（效果和预设）面板中展开Color Correction（颜色校正）特效组，然后双击Curves（曲线）特效，如图9.47所示。在Effect Controls（效果控件）面板中，调整曲线的形状，如图9.48所示。

图9.47 添加Curves（曲线）特效

图9.48 调整曲线形状

步骤08 调整曲线的形状后，在合成窗口中观察画面色彩变化，调整前、后的画面效果分别如图9.49和图9.50所示。

图9.49 调整前效果

图9.50 调整后效果

步骤09 这样就完成了旋转空间效果的整体制作，按小键盘上的0键，在合成窗口中预览动画。

9.4 Particular（粒子）——炫丽光带

难易程度： ★★★☆☆

实例说明： 本例主要讲解利用Particular（粒子）特效制作炫丽光带的效果。本例最终的动画流程效果如图9.51所示。

工程文件： 第9章\炫丽光带

图9.51 动画流程画面

知识点

- 掌握Particular（粒子）特效的使用
- 掌握Glow（发光）特效的使用

9.4.1 绘制光带运动路径

步骤01 执行菜单栏中的Composition（合成）| New Composition（新建合成）命令，打开Composition Settings（合成设置）对话框，设置Composition Name（合成名称）为"炫丽光带"、Width（宽

度）为"720"、Height（高度）为"405"、Frame Rate（帧速率）为"25"，并设置Duration（持续时间）为0:00:10:00。

步骤02 按Ctrl+Y组合键，打开Solid Settings（纯色设置）对话框，设置Name（名称）为"路径"、Color（颜色）为黑色，如图9.52所示。

图9.52 设置纯色层

步骤03 选中"路径"层，单击工具栏中的Pen Tool（钢笔工具）按钮，在Composition（合成）窗口中绘制一条路径，如图9.53所示。

图9.53 绘制路径

9.4.2 制作光带特效

步骤01 按Ctrl+Y组合键，打开Solid Settings（纯色设置）对话框，设置Name（名称）为"光带"、Color（颜色）为黑色。

步骤02 在时间轴面板中，选择"光带"层，在Effects & Presets（效果和预设）面板中展开Trapcode特效组，然后双击Particular（粒子）特效。

步骤03 选择"路径"层，按M键，将蒙版属性选项展开，选中Mask Path（蒙版路径），按Ctrl+C组合键，复制Mask Path（蒙版路径）。

步骤04 选择"光带"层,在时间轴面板中,展开 Effects(效果)|Particular(粒子)|Emitter(发射器)选项,选中Position XY(*xy*轴位置)选项,按 Ctrl+V组合键,把"路径"层的路径复制给Particular(粒子)特效中的Position XY(*xy*轴位置),如图9.54所示。

图9.54 复制蒙版路径

步骤05 选择最后一个关键帧向右拖动,将其时间延长,如图9.55所示。

图9.55 选择最后一个关键帧向右拖动

步骤06 在Effect Controls(效果控件)面板中修改 Particular(粒子)特效参数。展开Emitter(发射器)选项组,设置Particles/sec(每秒发射粒子数)的值为 1000;从Position Subframe(子位置)右侧的下拉列表中选择10× Linear(10倍线性)选项,设置 Velocity(速度)的值为0、Velocity Random(速度随机)的值为0、Velocity Distribution(速度分布)的值为0、Velocity from Motion(运动速度)的值为 0,如图9.56所示。

图9.56 设置Emitter(发射器)选项组中参数

步骤07 展开Particle(粒子)选项组,从Particle Type(粒子类型)右侧的下拉列表中选择Streaklet(条纹)选项,设置Streaklet Feather(条纹羽化)的值为 100、Size(尺寸)的值为49,如图9.57所示。

图9.57 设置Particle Type(粒子类型)参数

步骤08 展开Size over Life(生命期内的大小变化)选项,单击▬▬按钮;展开Opacity over Life(生命期内的不透明度变化)选项,单击▬▬按钮,并将 Color(颜色)改成橙色(R:114,G:71,B:22);从 Transfer Mode(模式转换)右侧的下拉列表中选择 Add(相加),如图9.58所示。

图9.58 设置粒子生命期内的大小和透明度变化

步骤09 展开Streaklet(条纹)选项组,设置Random Seed(随机种子)的值为0、No Streaks(无条纹)的值为15、Streak Size(条纹大小)的值为11,具体设置如图9.59所示。

图9.59 设置Streaklet(条纹)选项组中参数值

9.4.3 制作发光特效

步骤01 在时间轴面板中选择"光带"层，按Ctrl+D组合键复制出另一个新的图层，重命名为"粒子"。

步骤02 在Effect Controls（效果控件）面板中修改Particular（粒子）特效参数。展开Emitter（发射器）选项组，设置Particles/sec（每秒发射粒子数）的值为200、Velocity（速度）的值为20，如图9.60所示，合成窗口效果如图9.61所示。

图9.60 设置粒子特效参数

图9.61 设置参数后效果

步骤03 展开Particle（粒子）选项组，设置Life（生命）的值为4，从Particle Type（粒子类型）右侧的下拉列表中选择Sphere（球）选项，设置Sphere Feather（球羽化）的值为50、Size（尺寸）的值为2，展开Opacity over Life（生命期内的不透明度变化）选项，单击▬▬按钮。

步骤04 在时间轴面板中，选择"粒子"层的Mode（模式）为Add（相加）模式，如图9.62所示，合成窗口效果如图9.63所示。

图9.62 设置图层模式

图9.63 设置"粒子"层模式后效果

步骤05 为"光带"层添加Glow（发光）特效。在Effects & Presets（效果和预设）面板中展开Stylize（风格化）特效组，然后双击Glow（发光）特效。

步骤06 在Effect Controls（效果控件）面板中修改Glow（发光）特效参数。设置Glow Threshold（发光阈值）的值为60%，Glow Radius（发光半径）的值为30、Glow Intensity（发光强度）的值为1.5，如图9.64所示，合成窗口效果如图9.65所示。

图9.64 设置发光特效参数

图9.65 设置发光特效后效果

步骤07 这样就完成了炫丽光带效果的整体制作，按小键盘上的0键，即可在合成窗口中预览动画。

9.5 3D Stroke（3D笔触）——流动的光边

难易程度： ★★★☆☆

实例说明： 本例学习通过利用3D Stroke（3D笔触）特效制作光边效果，配合蒙版及透明度动画的运用完成最终的动画效果。本例最终的动画流程效果如图9.66所示。

工程文件： 第9章\流动的光边

图9.66 流动的光边动画流程效果

知识点

- Pen Tool（钢笔工具）的使用
- 3D Stroke（3D笔触）特效的使用
- Glow（发光）特效的使用

9.5.1 导入素材

步骤01 执行菜单栏中的File（文件）| Import（导入）| File（文件）命令，打开Import File（导入文件）对话框，选择配套资源中的"工程文件\第9章\流动的光线\车.psd、背景.psd"素材，单击"打开"按钮，如图9.67所示。导入后的效果如图9.68所示。

图9.67 选择素材

图9.68 导入效果

步骤02 执行菜单栏中的Composition（合成）| New Composition（新建合成）命令，打开 Composition Settings（合成设置）对话框，设置Composition Name（合成名称）为"车"、Width（宽度）为"720"、Hight（高度）为"576"、Frame Rate（帧速率）为"25"，并设置Duration（持续时间）为3秒。将"车.psd""背景.psd"拖入时间轴面板。

9.5.2 添加3D笔触特效

步骤01 按Ctrl+Y组合键，打开Solid Settings（纯色设置）对话框，设置Name（名称）为"光线"、Color（颜色）为黑色，如图9.69所示。

图9.69 建立"光线"纯色层

步骤02 在Effects & Presets（效果和预设）面板中展开Trapcode特效组，然后双击3D Stroke（3D笔触）特效，如图9.70所示。

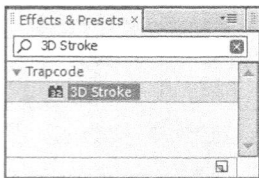

图9.70 添加特效

步骤03 选择工具栏中的Pen Tool（钢笔工具） ，在合成窗口中从画面的左端向右端沿车的外轮廓绘制路径，如图9.71所示。注意通过对控制手柄的调节绘制出车的弧度，如图9.72所示。

图9.71 绘制曲线路径

图9.72 调节路径

步骤04 在Effect Controls（效果控件）面板中，展开3D Stroke（3D笔触）选项组，设置Color为白色、Thickness（厚度）的值为3，展开Taper（锥形）选项组，勾选Enable（启用）复选框，如图9.73所示。可在合成窗口中看到设置描边属性后的效果，如图9.74所示。

图9.73 设置属性

图9.74 设置后的效果

步骤05 将时间线调整到0:00:00:00的位置，修改End（结束）的值为0，并单击左侧的码表按钮 为其设置关键帧；将时间线调整到0:00:01:00的位置，单击Start（开始）左侧的码表按钮 ，并修改End（结束）的值为100；将时间线调整到0:00:02:00的位置，修改Start（开始）的值为100。

步骤06 在Effects & Presets（效果和预设）面板中展开Stylize（风格化）特效组，然后双击Glow（发光）特效，如图9.75所示。

图9.75 添加发光特效

步骤07 调整时间线到0:00:00:00的位置，选择"车.psd"素材层，按T键打开Opacity（不透明度）属性，单击Opacity（不透明度）属性左侧的码表按钮，在当前位置建立关键帧，设置Opacity（不透明度）的值为0；调整时间线到0:00:01:00的位置，设置Opacity（不透明度）的值为100%，如图9.76所示。

图9.76 修改透明度

9.5.3 设置动画

步骤01 调整时间线到0:00:01:00的位置，选择"背景.psd"素材层，按T键打开Opacity（不透明度）属性，单击Opacity（不透明度）属性左侧的码表按钮，在当前位置建立关键帧，设置Opacity（不透明度）的值为0；调整时间线到0:00:02:00的位置，设置Opacity（不透明度）的值为100，如图9.77所示。

图9.77 设置"背景.psd"的关键帧动画

步骤02 这样就完成了流动的光边效果的整体制作，按小键盘上的0键，在合成窗口中预览动画，效果如图9.78所示。

图9.78 流动的光边动画效果

9.6 3D Stroke（3D笔触）——彩色光环

难易程度： ★ ★ ☆ ☆ ☆

实例说明： 本例主要讲解彩色光环动画的制作。先导入背景素材，再通过纯色层绘制路径，并通过3D Stroke（3D笔触）特效为路径描边并制作描边动画，然后添加粒子动画，通过路径的粘贴完成彩色光环动画的制作。本例最终的动画流程效果如图9.79所示。

工程文件： 第9章\彩色光环

图9.79 彩色光环最终动画流程效果

知识点
- 学习3D Stroke（3D笔触）、Particular（粒子）特效的使用
- 层模式的设置及椭圆工具的使用

9.6.1 导入素材

步骤01 执行菜单栏中的Composition（合成）| New Composition（新建合成）命令，打开 Composition Settings（合成设置）对话框，设置Composition Name（合成名称）为"彩色光环"、Width（宽度）为"352"、Height（高度）为"288"、Frame Rate（帧速率）为"25"，并设置Duration（持续时间）为8秒，如图9.80所示。

图9.80 合成设置

步骤02 执行菜单栏中的File（文件）| Import（导入）| File（文件）命令，或按Ctrl+I组合键，打开 Import File（导入文件）对话框，选择配套资源中的"工程文件\ 第9章\ 彩色光环\ 背景.jpg"素材，如图9.81所示，单击"打开"按钮。

图9.81 导入素材

步骤03 在Project（项目）面板中，选择"背景.jpg"并将其拖动到时间轴面板中，如图9.82所示。

图9.82 添加素材

9.6.2 制作心形路径动画

步骤01 执行菜单栏中的Layer（图层）| New（新建）| Solid（纯色）命令，打开Solid Settings（纯色设置）对话框，设置Name（名称）为"路径"，其余参数设置如图9.83所示。

图9.83 Solid Settings（纯色设置）对话框

步骤02 单击工具栏中的Ellipse Tool（椭圆工具）按钮，绘制一个圆形路径，如图9.84所示。

图9.84 绘制路径

步骤03 为路径描边。在时间轴面板中单击选择"路径"层，在Effects & Presets（效果和预设）面板中展开Trapcode特效组，然后双击3D Stroke（3D笔触）特效，如图9.85所示。此时，从Composition（合成）窗口中，可以看到给路径添加特效后的效果，如图9.86所示。

图9.85 添加特效　图9.86 应用特效后的效果

步骤04 在Effect Controls（效果控件）面板中，设置Color（颜色）为白色、Thickness（粗细）的值为4、Feather（羽化）的值为100，如图9.87所示。此时，从Composition（合成）窗口中，可以看到路径修改后的效果，如图9.88所示。

图9.87 参数修改

图9.88 参数修改后的效果

步骤05 调整时间线到0:00:01:00的位置。在Effect Controls（效果控件）面板中，单击Offset（偏移）左侧的码表按钮，在当前时间添加关键帧，并修改Offset（偏移）的值为-100，如图9.89所示。在Composition（合成）窗口中可以看到路径白色的描边线消失了。

图9.89 0:00:01:00位置处参数设置

步骤06 调整时间线到0:00:07:00的位置。修改Offset（偏移）的值为0，如图9.90所示。这时，从Composition（合成）窗口中可以看到路径白色的描边线完全显示了出来。

图9.90 0:00:07:00位置处参数修改

步骤07 此时拖动时间线播放动画，可以看到路径出现的描边动画效果，其中的动画过程如图9.91所示。

图9.91 路径的描边动画效果

9.6.3 添加粒子绘图

步骤01 执行菜单栏中的Layer（图层）| New（新建）| Solid（纯色）命令，打开Solid Settings（纯色设置）对话框，参数设置如图9.92所示。

图9.92 Solid Settings（纯色设置）对话框

步骤02 选择"粒子"层，在Effects & Presets（效果和预设）面板中展开Trapcode特效组，然后双击Particular（粒子）特效，如图9.93所示。此时，拖动时间线，可以从Composition（合成）窗口中看到粒子的动画效果，其中的一帧如图9.94所示。

图9.93 双击特效　　图9.94 粒子效果

步骤03 在Effect Controls（效果控件）面板中，展开Emitter（发射器）选项组，设置Particles/sec（每秒发射粒子数）的值为110、Velocity（速度）的值为30、Velocity Random（随机速度）的值为2、Velocity from Motion（运动速度）的值为10，如图9.95所示。

图9.95 发射器参数设置

步骤04 展开Particle（粒子）选项组，设置Life（生命）的值为2、Life Random（随机生命）的值为5，从Particle Type（粒子类型）下拉列表中选择Glow Sphere（发光球体），设置Sphere Feather（球形羽化）的值为50，其他参数设置如图9.96所示。

图9.96 粒子参数设置

步骤05 从Set Color（颜色设置）下拉列表中选择Over Life（生命期内的变化），并在Color over Life（生命期内的颜色变化）选项中单击右侧的渐变区域，设置颜色为七彩渐变效果，如图9.97所示。

图9.97 设置粒子颜色

步骤06 为了更加突出粒子的效果，在时间轴面板中，设置"粒子"层的Mode（模式）为Add（相加），如图9.98所示。

图9.98 设置层模式

步骤07 将时间线调整到0:00:01:00的位置，在时间轴面板中选择"路径"层，按M键打开蒙版选项，选择Mask Path（蒙版路径）名称，按Ctrl+C组合键复制路径；然后选择"粒子"层，展开粒子选项组，选择Position XY（xy轴位置）参数，按Ctrl+V组合键将复制的路径粘贴到此处，如图9.99所示。

图9.99 复制粘贴路径

步骤08 选择后面的关键帧，将其拖动到0:00:07:00位置处，如图9.100所示。

图9.100 移动关键帧

步骤09 这样，就完成了彩色光环动画的制作，按小键盘上的0键，可以预览动画效果。

9.7 3D Stroke（3D笔触）——动画背景

难易程度： ★★☆☆☆

实例说明： 本例主要讲解动画背景的制作。首先输入文字，并应用Vegas（勾画）特效制作出光线运动效果，接着通过运用Glow（发光）特效，调节出光线的荧光效果，完成动画背景的整体制作。本例最终的动画流程效果如图9.101所示。

工程文件： 第9章\动画背景

图9.101 动画背景最终动画流程效果

知识点
- 学习Vegas（勾画）特效的应用
- 制作文字合成
- 掌握动画背景的制作

9.7.1 制作文字合成

步骤01 执行菜单栏中的Composition（合成）| New Composition（新建合成）命令，打开Composition Settings（合成设置）对话框，设置Composition Name（合成名称）为"文字1"、Width（宽度）为"352"、Height（高度）为"288、Frame Rate（帧速率）为"25"，并设置Duration（持续时间）为0:00:05:00，如图9.102所示。

图9.102 合成设置

步骤02 执行菜单栏中的File（文件）| Import（导入）| File（文件）命令，打开Import File（导入文件）对话框，导入配套资源中的"工程文件\第9章\动画背景\背景1.jpg"素材，如图9.103所示。

图9.103 Import File对话框

步骤03 单击工具栏中的Horizontal Type Tool（横排文字工具）按钮**T**，在"文字1"合成窗口中输入英文"SV"，设置字体为Arial、字体填充颜色为白色、字符大小为300px，并单击Faux Bold（加粗）按钮**T**，如图9.104所示。设置后的画面效果，如图9.105所示。

图9.104 设置文字参数1　　图9.105 输入英文"SV"

步骤04 选择"SV"文字层，按P键，打开Position（位置）选项，设置Position（位置）的值为（-12，366），如图9.106所示。

图9.106 设置Position（位置）的值

步骤05 将Position（位置）的值设置为（-12，366）后，"文字1"合成窗口中的画面效果如图9.107所示。

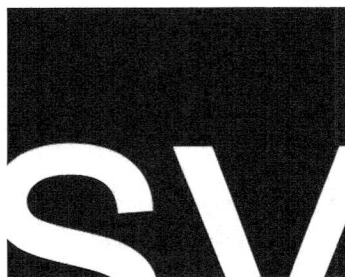

图9.107 设置后的画面效果

步骤06 新建一个Composition Name（合成名称）为"文字2"、Width（宽度）为"352、Height（高度）为"288"、Frame Rate（帧速率）为"25"、Duration（持续时间）为0:00:05:00的合成。

步骤07 在"文字2"的合成窗口中，输入英文"BSR"，设置字体为Arial、字体填充颜色为白色、字符大小为200px，并单击Faux Bold（加粗）按钮**T**，如图9.108所示。

步骤08 选择"BSR"文字层，按P键，打开Position（位置）选项，设置Position（位置）的值为（157，106），设置后的画面效果如图9.109所示。

图9.108 设置文字参数2　　图9.109 画面效果

9.7.2 制作描边光线

步骤01 新建一个Composition Name（合成名称）为"动画背景"、Width（宽度）为"352"、Height（高度）为"288"、Frame Rate（帧速率）为"25"、Duration（持续时间）为0:00:05:00的合成。

步骤02 在项目面板中选择"文字1.jpg""文字2.jpg"和"背景.jpg"3个素材，将其拖动到时间轴面板中，如图9.110所示。

图9.110 导入素材

步骤03 按Ctrl+Y组合键，此时将打开Solid Settings（纯色设置）对话框，修改Name（名称）为"紫光"，设置Color（颜色）为黑色，如图9.111所示。

图9.111 新建纯色层

步骤04 选择"紫光"纯色层，在Effects & Presets（效果和预设）面板中展开Generate（生成）特效组，双击Vegas（勾画）特效，如图9.112所示。

图9.112 添加勾画特效

步骤05 将时间线调整到0:00:00:00的位置，在Effect Controls（效果控件）面板中为Vegas（勾画）特效设置参数。展开Segments（片段）选项组，设置Segments（片段）的值为1、Length（长度）的值为0.25，单击Rotation（旋转）左侧的码表按钮🕐，在当前位置设置关键帧；勾选Random Phase（随机相位）复选框，设置Random Seed（随机植入）的值为6；展开Rendering（正在渲染）选项组，设置Color（颜色）为白色，如图9.113所示。

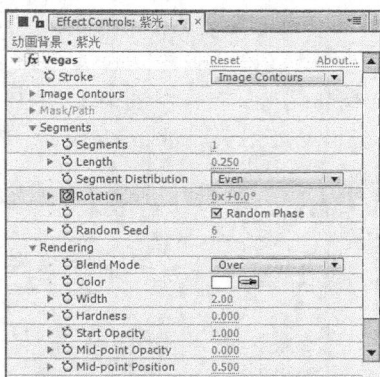

图9.113 设置勾画特效的参数

提示 Image Contour（图像等高线）：控制图像描绘的相关设置。Input Layer（输入图层）：指定一个用来描绘的层。Invert Input（反转输入）：勾选该复选框，将反转输入描边区域。Threshold（阈值）：设置描绘的通道极限。Pre-Blur（预模糊）：对描绘的线条进行柔化处理。Segments（片段）：设置描绘的线段数量。值越大，分段的数量越多。Length（长度）：设置描绘的线段长度。值越大，线段越长。Rotation（旋转）：设置线段的旋转角度，可以通过修改角度值来控制线段的位置。Random Phase（随机相位）：勾选该复选框，可以将线段位置随机分布。Random Seed（随机植入）：设置线段相位随机的种子数。

步骤06 将时间线调整到0:00:04:24的位置，修改Rotation（旋转）的值为−1×−240°，系统将在当前位置设置关键帧。

步骤07 选择"紫光"纯色层，在Effects & Presets（效果和预设）面板中展开Stylize（风格化）特效组，双击Glow（发光）特效，如图9.114所示。

图9.114 添加发光特效

步骤08 在Effect Controls（效果控件）面板中，为Glow（发光）特效设置参数。设置Glow Threshold（发光阈值）的值为20%、Glow Radius（发光半径）的值为20、Glow Intensity（发光强度）的值为

2；从Glow Colors（发光颜色）下拉列表中选择A &
B Colors（A和B颜色）；设置Color A（颜色A）为蓝
色（R:0，G:48，B:255）、Color B（颜色B）为紫色
（R:192，G:0，B:255），如图9.115所示。

图9.115 设置发光特效的参数

步骤09 选择"紫光"纯色层，按Ctrl+D组合键进行
复制，将复制出的"紫光"纯色层重命名为"绿
光"，如图9.116所示。

图9.116 重命名图层为"绿光"

步骤10 选择"绿光"纯色层，在Effect Controls（效
果控件）面板中，修改Color A（颜色A）为青色
（R:0，G:228，B:255）、Color B（颜色B）为绿色
（R:0，G:255，B:30），如图9.117所示。

图9.117 修改发光特效的参数

步骤11 选择"紫光"层，在Effect Controls（效果控
件）面板中，展开Image Contours（图像等高线）选

项组，从Input Layer（输入图层）下拉列表中选择
"6.文字2"选项，如图9.118所示，此时的画面效果
如图9.119所示。

图9.118 选择输入图层1

图9.119 画面效果1

步骤12 选择"绿光"层，展开Image Contours（图像
等高线）选项组，从Input Layer（输入图层）下拉列
表中选择"7.文字1"选项，如图9.120所示。设置后
的画面效果如图9.121所示。

图9.120 选择输入图层2

图9.121 画面效果2

步骤13 选中"紫光"和"绿光"两个纯色层,将它们的Mode(模式)修改为Add(相加);按Ctrl+D组合键,系统将自动复制"紫光"和"绿光"层,将复制出的"紫光"和"绿光"纯色层,分别重命名为"紫光2"和"绿光2",如图9.122所示。

图9.122 复制并重命名纯色层

步骤14 选中"文字1"和"文字2"层,单击其左侧的眼睛图标 👁,将它们隐藏,如图9.123所示。

图9.123 隐藏"文字1"和"文字2"层

步骤15 这样就完成了动画背景的整体制作,按小键盘上的0键播放预览。

9.8 Starglow(星光)—— 文字拖尾

难易程度: ★★★☆☆

实例说明: 本例主要讲解利用Starglow(星光)特效制作文字拖尾效果的方法。本例最终的动画流程效果如图9.124所示。

工程文件: 第9章\文字拖尾

图9.124 文字拖尾动画流程效果

知识点

- Starglow(星光)特效的使用
- Horizontal Type Tool(横排文字工具)**T**的使用
- Ellipse Tool(椭圆工具)◯的使用

9.8.1 新建合成

步骤01 执行菜单栏中的Composition(合成)| New Composition(新建合成)命令,打开Composition Settings(合成设置)对话框,设置Composition Name(合成名称)为"文字拖尾"、Width(宽度)为"720"、Height(高度)为"576"、Frame Rate(帧速率)为"25",并设置Duration(持续时间)为0:00:02:00,如图9.125所示。

图9.125 合成设置

步骤02 单击OK（确定）按钮，在Project（项目）面板中将会创建一个名为"文字拖尾"的合成。在Project（项目）面板的空白处双击打开Import File（导入文件）对话框，选择配套资源中的"工程文件\第9章\文字拖尾\背景.jpg"素材，单击"打开"按钮，将素材导入到项目面板中效果如图9.126所示，导入后，将"背景.jpg"拖动到时间轴面板中。

图9.126 导入素材

9.8.2 制作文字拖尾动画

步骤01 为"背景"图层绘制蒙版。单击工具栏中的Ellipse Tool（椭圆工具）按钮○，在"文字拖尾"合成窗口中，绘制椭圆蒙版，如图9.127所示。

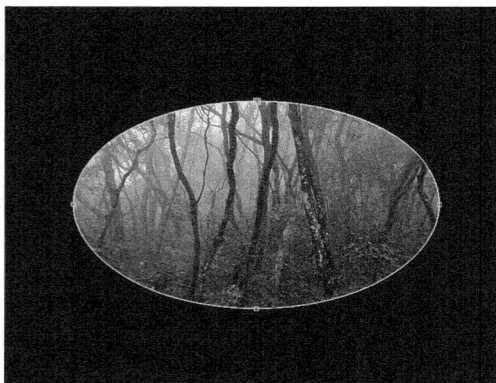

图9.127 绘制椭圆蒙版

> **提示** 使用椭圆工具绘制椭圆蒙版后可以双击蒙版选区，按住Shift键进行等比例缩放。

步骤02 在时间轴面板中，按两次M键，打开"背景"图层的蒙版参数，设置Mask Feather（蒙版羽化）的值为（300，300），设置Mask Expansion（蒙版扩展）的值为120，如图9.128所示。此时的画面效果，如图9.129所示。

图9.128 设置蒙版相关参数

图9.129 设置蒙版相关参数后的画面效果

步骤03 创建文字。单击工具栏中的Horizontal Type Tool（横排文字工具）按钮T，输入文字"炫酷文字拖尾效果"；按Ctrl+6组合键，打开Character（字符）面板，设置字体为FZWeiBei-S03S、填充颜色为淡黄色（R:233，G:233，B:220）、字体大小为72px、字符间距为−30，参数设置如图9.130所示。添加文字后效果如图9.131所示。

图9.130 文字样式设置

图9.131 添加文字后效果

步骤04 选择"炫酷文字拖尾效果"层，按P键，打开该层的Position（位置）选项，设置Position（位置）的值为（82，327），如图9.132所示。

图9.132 调整文字的位置

步骤05 选择"炫酷文字拖尾效果"层，在Effects & Presets（效果和预设）面板中展开Perspective（透视）特效组，双击Drop Shadow（投影）特效，如图9.133所示。添加特效后的默认效果如图9.134所示。

图9.133 添加投影特效　　　图9.134 投影效果

步骤06 在时间轴面板中，按Ctrl+D组合键，对"炫酷文字拖尾效果"层进行复制，然后将复制出的图层重命名为"拖尾"，并将其右侧的Mode（模式）修改为Add（相加），如图9.135所示。

图9.135 复制图层

步骤07 为"拖尾"层添加Starglow（星光）特效。在Effects & Presets（效果和预设）面板中展开Trapcode特效组，然后双击Starglow（星光）特效，如图9.136所示。添加特效后的画面效果如图9.137所示。

图9.136 添加星光特效　　　图9.137 添加特效后的效果

步骤08 在Effect Controls（效果控件）面板中，修改Starglow（星光）特效的参数。在Input Channel（输入通道）右侧的下拉列表中选择Alpha通道，设置Streak Length（闪光长度）的值为15、Boost Light（光线亮度）的值为70，然后展开Individual Lengths（单个光线长度）选项组，设置Left（左侧）的值为

7，其他参数都设置为0，参数设置如图9.138所示。此时的画面效果如图9.139所示。

图9.138 设置星光特效参数

图9.139 拖尾效果

步骤09 单击 ◉ 隐藏"拖尾"层，再选择"炫酷文字拖尾效果"层，单击工具栏中的Rectangle Tool（矩形工具）按钮▭，在"文字拖尾"合成窗口中，绘制矩形蒙版，如图9.140所示。将时间线调整到0:00:00:00的位置，接着在时间轴面板中，按M键，打开Mask Path（蒙版路径）选项，然后单击Mask Path（蒙版路径）左侧的码表按钮 ◔，在当前位置设置关键帧，如图9.141所示。

图9.140 绘制矩形蒙版

图9.141 为蒙版路径设置关键帧

步骤10 将时间线调整到0:00:01:24的位置，修改Mask Path（蒙版路径）的形状，如图9.142所示。

> **提示** 在修改矩形蒙版的形状时，可以使用Selection Tool（选择工具），在蒙版的边框上双击，使其出现选框，然后拖动选框的控制点，修改矩形蒙版的形状。

图9.142 修改矩形蒙版形状

步骤11 为"拖尾"层绘制矩形蒙版。选择"拖尾"层，单击图层前面的 按钮取消隐藏，再单击工具栏中的Rectangle Tool（矩形工具）按钮 ，选择"炫酷文字拖尾效果"层，在合成窗口中，绘制矩形蒙版，如图9.143所示。

图9.143 为"拖尾"层绘制矩形蒙版

步骤12 将时间线调整到0:00:00:00的位置，接着在时间轴面板中，按M键，打开Mask Path（蒙版路径）

选项，然后单击Mask Path（蒙版路径）左侧的码表按钮 ，在当前位置设置关键帧，如图9.144所示。

图9.144 在0：00：00：00位置处设置关键帧

步骤13 将时间线调整到0:00:01:24的位置，修改Mask Path（蒙版路径）的位置，如图9.145所示。

图9.145 修改Mask Path（蒙版路径）的位置

步骤14 显示所有层，这样就完成了文字拖尾效果的整体制作，按小键盘上的0键，在合成窗口中预览动画，其中几帧的效果如图9.146所示。

图9.146 动画流程画面

第10章

常见仿真自然特效

内容摘要

在影片当中会经常需要些自然景观效果，但拍摄却不一定能得到需要的效果，所以就需要在后期处理时制作逼真的自然效果，而After Effects就拥有许多优秀的特效可以帮助制作照片效果。

教学目标

- 掌握闪电动画的制作
- 学习下雨效果的制作
- 掌握下雪效果的制作
- 掌握水珠滴落效果的制作

- 掌握水波纹效果的制作
- 掌握爆炸冲击波动画的制作
- 掌握云彩字动画的制作

10.1 下雪效果

难易程度：★☆☆☆☆

实例说明：本例主要讲解利用CC Snowfall（CC下雪）特效制作下雪动画效果。本例最终的动画流程效果如图10.1所示。

工程文件：第10章\下雪效果

图10.1 动画流程画面

知识点

- CC Snowfall（CC下雪）特效的使用

操作步骤

步骤01 执行菜单栏中的File（文件）|Open Project（打开项目）命令，选择配套资源中的"工程文件\第10章\下雪动画\下雪动画练习.aep"文件，将"下雪动画练习.aep"文件打开。

步骤02 为"背景.jpg"层添加CC Snowfall（CC下雪）特效。在Effects & Presets（效果和预设）面板中展开Simulation（模拟）特效组，然后双击CC Snowfall（CC下雪）特效。

步骤03 在Effect Controls（效果控件）面板中，修改CC Snowfall（CC下雪）特效的参数。设置Size（大小）的值为12、Speed（速度）的值为250、Wind

（风力）的值为80、Opacity（不透明度）的值为100，如图10.2所示。合成窗口效果如图10.3所示。

图10.2 设置CC下雪特效参数

图10.3 下雪效果

步骤04 这样就完成了下雪效果的整体制作，按小键盘上的0键，即可在合成窗口中预览动画。

10.2 泡泡上升动画

难易程度： ★☆☆☆☆

实例说明： 本例主要讲解利用CC Bubbles（CC 吹泡泡）特效制作泡泡上升动画效果。本例最终的动画流程效果如图10.4所示。

工程文件： 第10章\泡泡上升动画

图10.4 动画流程画面

知识点

- CC Bubbles（CC 吹泡泡）特效的使用

操作步骤

步骤01 执行菜单栏中的File（文件）|Open Project（打开项目）命令，选择配套资源中的"工程文件\第10章\泡泡上升动画\泡泡上升动画练习.aep"文件，将"泡泡上升动画练习.aep"文件打开。

步骤02 执行菜单栏中的Layer（图层）|New（新建）|Solid（纯色）命令，打开Solid Settings（纯色设置）对话框，设置Name（名称）为"载体"、Color（颜色）为淡黄色（R:254，G:234，B:193）。

步骤03 为"载体"层添加CC Bubbles（CC 吹泡泡）特效。在Effects & Presets（效果和预设）面板中展开Simulation（模拟）特效组，然后双击CC Bubbles（CC 吹泡泡）特效，合成窗口效果如图10.5所示。

图10.5 添加CC吹泡泡特效后效果

步骤04 这样就完成了泡泡上升动画的整体制作，按小键盘上的0键，即可在合成窗口中预览动画。

10.3 水波纹效果

难易程度：★☆☆☆☆

实例说明： 本例主要讲解利用CC Drizzle（CC 细雨滴）特效制作水波纹动画效果。本例最终的动画流程效果如图10.6所示。

工程文件： 第10章\水波纹效果

图10.6 动画流程画面

> **知识点**

● CC Drizzle（CC 细雨滴）特效的使用

> **操作步骤**

步骤01 执行菜单栏中的File（文件）|Open Project（打开项目）命令，选择配套资源中的"工程文件\第10章\水波纹动画\水波纹动画练习.aep"文件，将"水波纹动画练习.aep"文件打开。

步骤02 为"文字扭曲效果"层添加CC Drizzle（CC 细雨滴）特效。在Effects & Presets（效果和预设）面板中展开Simulation（模拟）特效组，然后双击CC Drizzle（CC 细雨滴）特效。

步骤03 在Effect Controls（效果控件）面板中，修改CC Drizzle（CC 细雨滴）特效的参数。设置Displacement（置换）的值为28、Ripple Height（波纹高度）的值为156、Spreading（扩展）的值为148，如图10.7所示。合成窗口效果如图10.8所示。

图10.7 设置CC细雨滴特效参数

图10.8 设置CC细雨滴特效后效果

步骤04 这样就完成了水波纹效果的整体制作，按小键盘上的0键，即可在合成窗口中预览动画。

10.4 万花筒效果

难易程度：★☆☆☆☆

实例说明： 本例主要讲解利用CC Kaleida（CC 万花筒）特效制作万花筒动画效果。本例最终的动画流程效果如图10.9所示。

工程文件： 第10章\万花筒效果

图10.10 设置CC万花筒特效参数

图10.11 设置CC万花筒特效后效果

步骤05 这样就完成了万花筒效果的整体制作，按小键盘上的0键，即可在合成窗口中预览动画。

图10.9 动画流程画面

10.5 闪电动画

知识点

● CC Kaleida（CC 万花筒）特效的使用

难易程度：★★☆☆☆

实例说明： 本例主要讲解利用Advanced Lightning（高级闪电）特效制作闪电动画效果。本例最终的动画流程效果如图10.12所示。

操作步骤

工程文件： 第10章\闪电动画

步骤01 执行菜单栏中的File（文件）|Open Project（打开项目）命令，选择配套资源中的"工程文件\第10章\万花筒动画\万花筒动画练习.aep"文件，将"万花筒动画练习.aep"文件打开。

步骤02 为"花.jpg"层添加CC Kaleida（CC 万花筒）特效。在Effects & Presets（效果和预设）面板中展开Stylize（风格化）特效组，然后双击CC Kaleida（CC 万花筒）特效。

步骤03 将时间线调整到0:00:00:00的位置，在Effect Controls（效果控件）面板中，修改CC Kaleida（CC 万花筒）特效的参数。设置Size（大小）的值为20、Rotation（旋转）的值为0，单击Size（大小）和Rotation（旋转）左侧的码表按钮⏱，在当前位置设置关键帧。

步骤04 将时间线调整到0:00:02:24的位置，设置Size（大小）的值为37、Rotation（旋转）的值为0×+212°，系统会自动设置关键帧，如图10.10所示。合成窗口效果如图10.11所示。

图10.12 闪电动画流程效果

知识点

● Advanced Lightning（高级闪电）特效的使用

操作步骤

步骤01 执行菜单栏中的File（文件）|Open Project（打开项目）命令，选择配套资源中的"工程文件\第10章\闪电动画\闪电动画练习.aep"文件，将"闪电动画练习.aep"文件打开。

步骤02 为"背景.jpg"层添加Advanced Lightning（高级闪电）特效。在Effects & Presets（效果和预设）面板中展开Generate（生成）特效组，然后双击Advanced Lightning（高级闪电）特效。

步骤03 在Effect Controls（效果控件）面板中，修改Advanced Lightning（高级闪电）特效的参数。设置Origin（源点）的值为（301.5，108）、Direction（方向）的值为（327.1，412）、Decay（衰减）的值为0.4，勾选Decay Main Core（主核心衰减）和Composite on Original（在原图图像上合成）复选框；将时间线调整到0:00:00:00的位置，设置Conductivity State（传导率状态）的值为0，单击Conductivity State（传导率状态）左侧的码表按钮 ，在当前位置设置关键帧。

步骤04 将时间线调整到0:00:04:24的位置，设置Conductivity State（传导率状态）的值为18，系统会自动设置关键帧，如图10.13所示。合成窗口效果如图10.14所示。

图10.13 设置高级闪电特效参数

图10.14 设置高级闪电特效后效果

步骤05 这样就完成了闪电动画的整体制作，按小键盘上的0键，即可在合成窗口中预览动画。

10.6 下雨效果

难易程度： ★☆☆☆☆

实例说明： 本例主要讲解利用CC Rainfall（CC 下雨）特效制作下雨效果。本例最终的动画流程效果如图10.15所示。

工程文件： 第10章\下雨效果

图10.15 下雨动画流程效果

知识点

● CC Rainfall（CC 下雨）特效的使用

操作步骤

步骤01 执行菜单栏中的File（文件）|Open Project（打开项目）命令，选择配套资源中的"工程文件\第10章\下雨效果\下雨效果练习.aep"文件，将"下雨效果练习.aep"文件打开。

步骤02 为"小路"层添加CC Rainfall（CC 下雨）特效。在Effects & Presets（效果和预设）面板中展开Simulation（模拟）特效组，然后双击CC Rainfall（CC 下雨）特效。

步骤03 在Effect Controls（效果控件）面板中，修改CC Rainfall（CC 下雨）特效的参数。设置Wind（风力）的值为600、Opacity（不透明度）的值为80，如图10.16所示。合成窗口效果如图10.17所示。

图10.16 设置CC下雨特效参数

图10.17 设置CC下雨特效后效果

步骤04 这样就完成了下雨效果的整体制作，按小键盘上的0键，即可在合成窗口中预览动画。

10.7 气泡效果

难易程度： ★★☆☆☆

实例说明： 本例主要讲解利用Foam（泡沫）特效制作气泡效果。本例最终的动画流程效果如图10.18所示。

工程文件： 第10章\气泡

图10.18 气泡动画流程效果

知识点

- Foam（泡沫）特效的使用
- Fractal Noise（分形杂色）特效的使用
- Levels（色阶）特效的使用
- Displacement Map（置换图）特效的使用

操作步骤

步骤01 执行菜单栏中的File（文件）|Open Project（打开项目）命令，选择配套资源中的"工程文件\第10章\气泡\气泡练习.aep"文件，将"气泡练习.aep"文件打开。

步骤02 选择"海底世界"图层，按Ctrl+D组合键复制出另一个图层，将该图层重命名为"海底背景"。

步骤03 为"海底背景"层添加Foam（水泡）特效。在Effects & Presets（效果和预设）面板中展开Simulation（模拟）特效组，然后双击Foam（泡沫）特效。

步骤04 在Effect Controls（效果控件）面板中，修改Foam（泡沫）特效的参数。从View（视图）右侧的下拉列表中选择Rendered（已渲染）选项，展开Producer（制作者）选项组，设置Producer Point（产生点）的值为（345.4，580），设置Producer X Size（产生x大小）的值为0.45、Producer Y Size（产生y大小）的值为0.45、Production Rate（产生速率）的值为2，如图10.19所示。

图10.19 泡沫特效参数设置

步骤05 展开Bubbles（水泡）选项组，设置Size（大小）的值为1、Size Variance（大小差异）的值为0.65、Lifespan（寿命）的值为170，Bubble Growth Speed（气泡增长速度）的值为0.01，设置后的效果如图10.20所示。

图10.20 调整参数后效果

步骤06 展开Physics（物理学）选项组，设置Initial Speed（初始速度）的值为3.3、Wobble Amount（摇摆量）的值为0.07，如图10.21所示。

图10.21 物理学选项组参数设置

步骤07 展开Rendering（正在渲染）选项组，从Bubble Texture（气沫纹理）右侧的下拉列表中选择Water Beads（水滴珠）选项，设置Reflection Strength（反射强度）的值为1、Reflection Convergence（反射融合）的值为1，合成效果如图10.22所示。

图10.22 调整正在渲染选项组参数后效果

步骤08 执行菜单栏中的Composition（合成）| New Composition（新建合成）命令，打开Composition Settings（合成设置）对话框，设置Composition Name（合成名称）为"置换图"、Width（宽度）为"720"、Height（高度）为"576"、Frame Rate（帧速率）为"25"，并设置Duration（持续时间）为0:00:20:00，如图10.23所示。

图10.23 合成设置

步骤09 执行菜单栏中的Layer（图层）|New（新建）|Solid（纯色）命令，打开Solid Settings（纯色设置）对话框，设置Name（名称）为"噪波"、Color（颜色）为黑色，如图10.24所示。

图10.24 纯色层设置

步骤10 选中"噪波"层，添加Fractal Noise（分形杂色）特效。在Effects & Presets（效果和预设）面板中展开Noise & Grain（杂色和颗粒）特效组，然后双击Fractal Noise（分形杂色）特效。

步骤11 选中"噪波"层，按S键展开Scale（缩放）属性，单击Scale（缩放）参数值左侧的Constrain Proportions（约束比例）按钮，取消约束，设置Scale（缩放）数值为（200，209），如图10.25所示。合成窗口中的图像效果如图10.26所示。

图10.25 缩放设置

图10.26 缩放设置后效果

步骤12 在Effect Controls（效果控件）面板中，修改Noise & Grain（杂色和颗粒）特效的参数。设置Contrast（对比度）的值为448、Brightness（亮度）的值为22，展开Transform（变换）选项组，设置Scale（缩放）的值为42，如图10.27所示。合成窗口效果如图10.28所示。

图10.27 杂色和颗粒特效参数设置

图10.28 添加杂色和颗粒特效后效果

步骤13 选中"噪波"层，添加Levels（色阶）特效。在Effects & Presets（效果和预设）面板中展开Color Correction（颜色校正）特效组，然后双击Levels（色阶）特效。

步骤14 在Effect Controls（效果控件）面板中，修改Levels（色阶）特效的参数。设置Input Black（输入黑色）的值为95、Gamma（灰度系数）的值为0.28，如图10.29所示。合成窗口效果如图10.30所示。

图10.29 色阶特效参数设置

图10.30 添加色阶特效后效果

步骤15 选中"噪波"层，按P键展开Position（位置）属性，将时间线调整到0:00:00:00的位置，设置Position（位置）的值为（2，288），单击Position（位置）左侧的码表按钮，在当前位置设置关键帧。

步骤16 将时间线调整到0:00:19:00的位置，设置Position（位置）的值为（718，288），系统会自动设置关键帧，如图10.31所示。

图10.31 在19秒位置设置参数

步骤17 执行菜单栏中的Layer（图层）|New（新建）|Adjustment Layer（调整图层）命令，该图层会自动创建到"置换图"合成的时间轴面板中。

步骤18 选中"Adjustment Layer 1"层，在工具栏中选择Rectangle Tool（矩形工具）绘制一个矩形，如图10.32所示。按F键展开Mask Feather（蒙版羽化）属性，设置Mask Feather（蒙版羽化）的值为（15，15）。

图10.32 蒙版效果

步骤19 在时间轴面板中，设置"噪波"层的Track Matte（轨道蒙版）为"Alpha Matte "Adjustment Layer 1'（Alpha遮罩'Adjustment Layer 1'）"，如图10.33所示。合成窗口效果如图10.34所示。

图10.33 设置轨道遮罩

图10.34 设置轨道遮罩后效果

步骤20 打开"气泡"合成，在Project（项目）面板中，选择"置换图"合成，将其拖动到"气泡"合成的时间轴面板中，如图10.35所示。

图10.35 添加素材到"气泡"合成

步骤21 选中"海底世界.jpg"层，在Effects & Presets（效果和预设）面板中展开Distort（扭曲）特效组，然后双击Displacement Map（置换图）特效。

步骤22 在Effect Controls（效果控件）面板中，修改Displacement Map（置换图）特效的参数。从Displacement Map Layer（置换图层）右侧的下拉列表中选择"3.置换图"选项，如图10.36所示。合成窗口效果如图10.37所示。

图10.36 置换图特效参数设置

图10.37 添加置换图特效后效果

步骤23 这样就完成了气泡效果的整体制作，按小键盘上的0键，即可在合成窗口中预览动画。

10.8 生长动画

难易程度： ★★☆☆☆

实例说明： 本例主要讲解利用Shape Layer（形状图层）制作生长动画效果。本例最终的动画流程效果如图10.38所示。

工程文件： 第10章\生长动画

图10.39 绘制椭圆形路径

步骤03 选中 "Shape Layer 1" 层，设置Anchor Point（锚点）的值为（−57，−10）、Position（位置）的值为（344，202）、Rotation（旋转）的值为0×−90°，如图10.40所示。合成窗口效果如图10.41所示。

图10.40 设置参数1

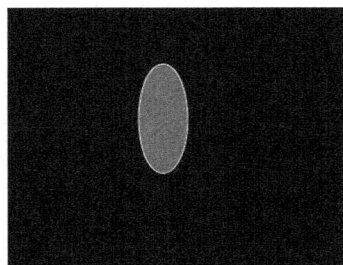

图10.38 动画流程画面

知识点

● Shape Layer（形状图层）的使用
● Ellipse Tool（椭圆工具）⬭的使用

操作步骤

步骤01 执行菜单栏中的Composition（合成）| New Composition（新建合成）命令，打开Composition Settings（合成设置）对话框，设置Composition Name（合成名称）为 "生长动画"、Width（宽度）为 "720"、Height（高度）为 "576"，Frame Rate（帧速率）为 "25"，并设置Duration（持续时间）为0:00:05:00。

步骤02 在工具栏中选择Ellipse Tool（椭圆工具）⬭，在合成窗口中绘制一个椭圆路径，如图10.39所示。

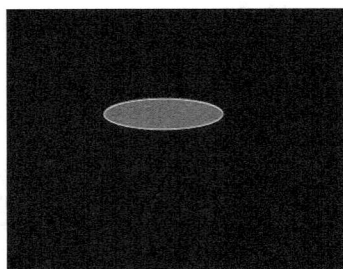

图10.41 设置参数后效果1

步骤04 在时间轴面板中，展开Shape Layer 1（形状图层1）|Contents（内容）|Ellipse 1（椭圆1）|Ellipse Path 1（椭圆路径1）选项组，单击Size（大小）参数值左侧的Constrain Proportions（约束比例）按钮⬭，取消约束，设置Size（大小）的值为（60，172），如图10.42所示。

图10.42 设置Ellipse Path 1选项组参数

步骤05 展开Transform：Ellipse 1（变换：椭圆1）选项组，设置Position（位置）的值为（−58，−96），如图10.43所示。

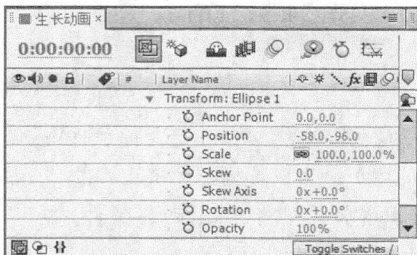

图10.43 设置Transform：Ellipse 1选项组参数

步骤06 单击Contents（内容）右侧的三角形按钮 ⊙，从弹出的菜单中选择Repeater（中继器）命令，然后展开Repeater 1（中继器1）选项组，设置Copies（副本）的值为150，从Composite（合成）下拉列表中选择Above（之上）选项；将时间线调整到0:00:00:00的位置，设置Offset（偏移）的值为150，单击Offset（偏移）左侧的码表按钮 ☉，在当前位置设置关键帧。

步骤07 将时间线调整到0:00:03:00的位置，设置Offset（偏移）的值为0，系统会自动设置关键帧，如图10.44所示。

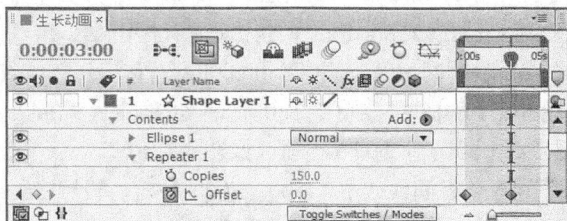

图10.44 设置偏移关键帧

步骤08 展开Transform：Repeater 1（变换：中继器1）选项组，设置Position（位置）的值为（−4，0）、Scale(缩放)的值为(−98，−98)、Rotation（旋转）的值为0×+12°、Start Opacity（开始点不透明度）的值为70%，如图10.45所示。合成窗口效果如图10.46所示。

图10.45 设置Transform：Repeater 1选项组参数

图10.46 设置形状图层参数后效果

步骤09 选中"Shape Layer 1"层，单击工具栏中的Fill: ▓（填充）色块，打开Gradient Editor（渐变编辑器）对话框，单击Radial Gradient（径向渐变）按钮 ▓，设置从淡紫色（R:255，G:0，B:192）到淡橘色（R:255，G:164，B:104）的渐变，单击OK（确定）按钮，如图10.47所示。

图10.47 Gradient Editor（渐变编辑器）对话框

步骤10 选中"Shape Layer 1"层，按Ctrl+D组合键复制出另外两个新的"Shape Layer"层，将两个图层分别重命名为"Shape Layer 2"和"Shape Layer 3"，修改图层的Position（位置）、Scale（缩放）和Rotation（旋转）参数，如图10.48所示。合成窗口效果如图10.49所示。

图10.48 设置参数2

图10.49 设置参数后效果2

步骤11 这样就完成了生长动画的整体制作，按小键盘上的0键，即可在合成窗口中预览动画。

10.9 积雪字

难易程度： ★★☆☆☆

实例说明： 本例主要讲解利用CC Snowfall（CC下雪）特效制作积雪字效果。本例最终的动画流程效果如图10.50所示。

工程文件： 第10章\积雪字

图10.50 动画流程画面

知识点

- CC Snowfall（CC下雪）特效的使用
- Roughen Edges（毛边）特效的使用
- Glow（发光）特效的使用

操作步骤

步骤01 执行菜单栏中的File（文件）|Open Project（打开项目）命令，选择配套资源中的"工程文件\第10章\积雪字\积雪字练习.aep"文件，将"积雪字练习.aep"文件打开。

步骤02 执行菜单栏中的Composition（合成）| New Composition（新建合成）命令，打开Composition Settings（合成设置）对话框，设置Composition Name（合成名称）为"文字1"、Width（宽度）为"720"、Height（高度）为"576"、Frame Rate（帧速率）为"25"，并设置Duration（持续时间）为0:00:04:00。

步骤03 执行菜单栏中的Layer（图层）|New（新建）|Text（文本）命令，输入"雪"。在Character（字符）面板中，设置文字字体为"FZZhongKai-B08T"、字号为350px、字体颜色为白色。

步骤04 选中"雪"文字层，设置Position（位置）的值为（172，398）；单击Scale（缩放）参数值左侧的Constrain Proportions（约束比例）按钮，取消约束；将时间线调整到0:00:00:00的位置，设置Scale（缩放）的值为（100，100），单击Scale（缩放）左侧的码表按钮，在当前位置设置关键帧。

步骤05 将时间线调整到0:00:02:00的位置，设置Scale（缩放）的值为（100，98），系统会自动设置关键帧，如图10.51所示。合成窗口效果如图10.52所示。

图10.51 第2秒位置处关键帧设置

图10.52 设置缩放关键帧后效果

步骤06 执行菜单栏中的Composition（合成）| New Composition（新建合成）命令，打开Composition Settings（合成设置）对话框，设置Composition Name（合成名称）为"文字2"、Width（宽度）为"720"、Height（高度）为"576"、Frame Rate（帧速率）为"25"，并设置Duration（持续时间）为0:00:04:00。

步骤07 执行菜单栏中的Layer（图层）|New（新建）|Text（文本）命令，输入"雪"。在Character（字符）面板中，设置文字字体为"FZZhongKai-B08T"、字号为350px、字体颜色为白色。

步骤08 选中"雪"文字层，设置Position（位置）的值为（172，398）；单击Scale（缩放）左侧的Constrain Proportions（约束比例）按钮，取消约束；将时间线调整到0:00:00:00的位置，设置Scale（缩放）的值为（100，100），单击Scale（缩放）左侧的码表按钮，在当前位置设置关键帧。

步骤09 将时间线调整到0:00:02:00的位置，设置Scale（缩放）的值为（100，102），系统会自动设置关键帧，如图10.53所示。

图10.53 "文字2"第2秒关键帧设置

步骤10 执行菜单栏中的Composition（合成）| New Composition（新建合成）命令，打开Composition Settings（合成设置）对话框，设置Composition Name（合成名称）为"积雪"、Width（宽度）为"720"、Height（高度）为"576"、Frame Rate（帧速率）为"25"，并设置Duration（持续时间）为0:00:04:00。

步骤11 在Project（项目）面板中，选择"文字1"和"文字2"合成，将其拖动到"积雪"合成的时间轴面板中。

步骤12 在时间轴面板中，设置"文字2"层的Track Matte（轨道遮罩）为"Luma Inverted Matte '文字1'（亮度反转遮罩'文字1'）"，如图10.54所示。合成窗口效果如图10.55所示。

图10.54 轨道遮罩设置

图10.55 轨道遮罩效果

步骤13 打开"积雪字"合成，为"雪景"层添加CC Snowfall（CC下雪）特效。在Effects & Presets（效果和预设）面板中展开Simulation（模拟）特效组，然后双击CC Snowfall（CC下雪）特效。

步骤14 在Effect Controls（效果控件）面板中，修改CC Snowfall（CC下雪）特效的参数。设置Size（大小）的值为12、Opacity（不透明度）的值为100，参数设置如图10.56所示。合成窗口效果如图10.57所示。

图10.56 参数设置1

图10.57 添加CC下雪特效后效果

步骤15 执行菜单栏中的Layer（图层）|New（新建）|Text（文本）命令，输入"雪"。在Character（字符）面板中，设置文字字体为"FZZhongKai-B08T"、字号为350px、字体颜色为蓝色（R:0，G:162，B:255）。

步骤16 选中"雪"文字层，按P键展开"雪"文字层的Position（位置）属性，设置Position（位置）的值为（172，398）。

步骤17 在Project（项目）面板中，选择"积雪"合成，将其拖动到"积雪字"合成的时间轴面板中。

步骤18 为"积雪"层添加Roughen Edges（毛边）特效。在Effects & Presets（效果和预设）面板中展开Stylize（风格化）特效组，然后双击Roughen Edges（毛边）特效。

步骤19 在Effect Controls（效果控件）面板中，修改Roughen Edges（毛边）特效的参数。设置Border（边界）的值为3、Edge Sharpness（边缘锐度）的值为0.5、Evolution（演化）的值为0×90°，如图10.58所示。合成窗口效果如图10.59所示。

图10.58 参数设置2

图10.59 设置毛边特效后效果

步骤20 为"积雪"层添加Glow（发光）特效。在Effects & Presets（效果和预设）面板中展开Stylize（风格化）特效组，然后双击Glow（发光）特效。

步骤21 在Effect Controls（效果控件）面板中，修改Glow（发光）特效的参数。设置Glow Intensity（发光强度）的值为1.5，如图10.60所示。合成窗口效果如图10.61所示。

图10.60 设置发光特效参数

图10.61 设置发光特效后效果

步骤22 这样就完成了积雪字效果的整体制作，按小键盘上的0键，即可在合成窗口中预览动画。

10.10 白云飘动

难易程度： ★★☆☆☆

实例说明： 本例主要讲解利用Fractal Noise（分形杂色）特效制作白云飘动效果。本例最终的动画流程效果如图10.62所示。

工程文件： 第10章\白云飘动

图10.62 动画流程画面

- Fractal Noise（分形杂色）特效的使用
- Tint（色调）特效的使用

操作步骤

步骤01 执行菜单栏中的Composition（合成）| New Composition（新建合成）命令，打开Composition Settings（合成设置）对话框，设置Composition Name（合成名称）为"白云飘动"、Width（宽度）为"720"、Height（高度）为"576"、Frame Rate（帧速率）为"25"，并设置Duration（持续时间）为0:00:05:00。

步骤02 执行菜单栏中的Layer（图层）| New（新建）| Solid（纯色）命令，打开Solid Settings（纯色设置）对话框，设置Name（名称）为"噪波"、Color（颜色）为黑色。

步骤03 为"噪波"层添加Fractal Noise（分形杂色）特效。在Effects & Presets（效果和预设）面板中展开Noise & Grain（杂色和颗粒）特效组，然后双击Fractal Noise（分形杂色）特效。

步骤04 在Effect Controls（效果控件）面板中，修改Fractal Noise（分形杂色）特效的参数。从Fractal Type（分形类型）下拉列表中选择Cloudy（阴天），从Noise Type（杂色类型）下拉列表中选择Spline（样条）；展开Sub Settings（子设置）选项组，设置Sub Influence（子影响）的值为59、Sub Scaling（子缩放）的值为40、Sub Rotation（子旋转）的值为0×+15°；将时间线调整到0:00:00:00的位置，设置Evolution（演化）的值为0，单击Evolution（演化）左侧的码表按钮○，在当前位置设置关键帧。

步骤05 将时间线调整到0:00:04:24的位置，设置Evolution（演化）的值为1×+0°，系统会自动设置关键帧，如图10.63所示。合成窗口效果如图10.64所示。

图10.63 设置分形杂色特效参数

图10.64 设置分形杂色特效后效果

步骤06 为"噪波"层添加Tint（色调）特效。在Effects & Presets（效果和预设）面板中展开Color Correction（颜色校正）特效组，然后双击Tint（色调）特效。

步骤07 在Effect Controls（效果控件）面板中，修改Tint（色调）特效的参数。设置Map Black To（将黑色映射到）的颜色为蓝色（R:0，G:96，B:255），如图10.65所示。合成窗口效果如图10.66所示。

图10.65 设置色调特效参数

图10.66 设置色调特效后效果

步骤08 这样就完成了白云飘动效果的整体制作，按小键盘上的0键，即可在合成窗口中预览动画。

10.11 制作星星效果

难易程度： ★ ★ ☆ ☆ ☆

实例说明： 本例主要讲解利用Particular（粒子）特效制作星星效果。本例最终的动画流程效果如图10.67所示。

工程文件： 第10章\星星动画效果

图10.67 动画流程画面

知识点

● Particular（粒子）特效的使用

操作步骤

步骤01 执行菜单栏中的File（文件）| Open Project（打开项目）命令，选择配套资源中的"工程文件\第10章\星星动画效果\星星动画效果练习.aep"文件，将"星星动画效果练习.aep"文件打开。

步骤02 执行菜单栏中的Layer（图层）| New（新建）| Solid（纯色）命令，打开Solid Settings(纯色设置)对话框，设置Name（名称）为"粒子"、Color（颜色）为白色。

步骤03 为"粒子"层添加Particular（粒子）特效。在Effects & Presets（效果和预设）面板中展开Trapcode特效组，然后双击Particular（粒子）特效。

步骤04 在Effect Controls（效果控件）面板中，修改Particular（粒子）特效的参数。展开Emitter（发射器）选项组，设置Particles/sec（每秒发射粒子数）的值为20，从Emitter Type（发射类型）下拉列表中选择Box（盒子），设置Position xy（xy位置）的值为（358，164）、Velocity（速度）的值为80、Velocity Random（随机速度）的值为0、Velocity Distribution（速度分布）的值为0、Emitter Size X（发射器x轴尺寸）的值为720，如图10.68所示。

图10.68 发射器设置

步骤05 展开Particle （粒子）选项组，从Particle Type（粒子类型）下拉列表中选择Star(No DOF)（星星）选项，设置Color（颜色）为土黄色（R:255，G:181，B:0）、Color Random（随机颜色）的值为20，如图10.69所示。合成窗口效果如图10.70所示。

图10.69 设置粒子参数

图10.70 设置粒子参数后效果

步骤06 这样就完成了星星效果的整体制作，按小键盘上的0键，即可在合成窗口中预览动画。

10.12 水珠滴落效果

难易程度： ★★☆☆☆

实例说明： 本例主要讲解利用CC Mr. Mercury（CC 水银滴落）特效制作水珠滴落效果。本例最终的动画流程效果如图10.71所示。

工程文件： 第10章\水珠滴落

图10.71 动画流程画面

知识点

- CC Mr. Mercury（CC 水银滴落）特效的使用
- Fast Blur（快速模糊）特效的使用

操作步骤

步骤01 执行菜单栏中的File（文件）|Open Project（打开项目）命令，选择配套资源中的"工程文件\第10章\水珠滴落\水珠滴落练习.aep"文件，将"水珠滴落练习.aep"文件打开。

步骤02 为"背景"层添加CC Mr. Mercury（CC 水银滴落）特效。在Effects & Presets（效果和预设）面板中展开Simulation（模拟）特效组，然后双击CC Mr. Mercury（CC 水银滴落）特效。

步骤03 在Effect Controls（效果控件）面板中，修改CC Mr. Mercury（CC 水银滴落）特效的参数。设置Radius X（x轴半径）的值为120、Radius Y（y轴半径）的值为80、Producer（产生点）的值为（360，0）、Velocity（速率）的值为0、Birth Rate（寿命）的值为0.2、Gravity（重力）的值为0.2、Resistance（阻力）的值为0，从Animation（动画）下拉列表中选择Direction（方向）选项，从Influence Map（影响映射）下拉列表中选择Constant Blobs（恒定滴落）

选项，设置Blob Birth Size（圆点生长尺寸）的值为0.4、Blob Death Size（圆点消失尺寸）的值为0.36，如图10.72所示。合成窗口效果如图10.73所示。

图10.72 设置CC水银滴落特效参数

图10.73 设置CC水银滴落特效后效果

步骤04 为"背景"层添加Fast Blur（快速模糊）特效。在Effects & Presets（效果和预设）面板中展开Blur & Sharpen（模糊与锐化）特效组，然后双击Fast Blur（快速模糊）特效。

步骤05 在Effect Controls（效果控件）面板中，修改Fast Blur（快速模糊）特效的参数，将时间线调整到0:00:02:10的位置，设置Blurriness（模糊量）的值为0，单击Blurriness（模糊量）左侧的码表按钮，在当前位置设置关键帧。

步骤06 将时间线调整到0:00:03:00的位置，设置Blurriness（模糊量）的值为15，系统会自动设置关键帧，如图10.74所示。合成窗口效果如图10.75所示。

图10.74 设置快速模糊特效参数

图10.75 设置快速模糊特效后效果

步骤07 为"背景2"层添加Fast Blur（快速模糊）特效。在Effects & Presets（效果和预设）面板中展开Blur & Sharpen（模糊和锐化）特效组，然后双击Fast Blur（快速模糊）特效。

步骤08 在Effect Controls（效果控件）面板中，修改Fast Blur（快速模糊）特效的参数。将时间线调整到0:00:02:10的位置，设置Blurriness（模糊量）的值为15，单击Blurriness（模糊量）左侧的码表按钮，在当前位置设置关键帧，合成窗口效果如图10.76所示。

步骤09 将时间线调整到0:00:03:00的位置，设置Blurriness（模糊量）的值为0，系统会自动设置关键帧，如图10.77所示。

图10.76 在第2秒10帧位置处设置关键帧后效果

图10.77 在第3秒位置处设置关键帧

步骤10 这样就完成了水珠滴落效果的整体制作，按小键盘上的0键，即可在合成窗口中预览动画。

10.13 冰雪纷飞

难易程度： ★★★☆☆

实例说明： 本例主要讲解利用CC Snowfall（CC下雪）特效制作冰雪纷飞效果。本例最终的动画流程效果如图10.78所示。

工程文件： 第10章\冰雪纷飞

图10.78 冰雪纷飞动画流程效果

知识点

- 轨道遮罩的使用
- Roughen Edges（毛边）特效的使用
- Glow（发光）特效的使用
- CC Snowfall（CC下雪）特效的使用

10.13.1 创建"文字1"

步骤01 执行菜单栏中的File（文件）|Open Project（打开项目）命令，选择配套资源中的"工程文件\第10章\冰雪纷飞\冰雪纷飞练习.aep"文件，将"冰雪纷飞练习.aep"文件打开。

步骤02 执行菜单栏中的Composition（合成）|New Composition（新建合成）命令，打开Composition Settings（合成设置）对话框，设置Composition Name（合成名称）为"文字1"、Width（宽度）为"720"、Height（高度）为"405"、Frame Rate（帧速率）为"25"，并设置Duration（持续时间）为0:00:03:00。

步骤03 执行菜单栏中的Layer（图层）|New（新建）|Text（文本）命令，新建文字层，输入"PUINS"。在Character（字符）面板中，设置文字字体为"Adobe Heiti Std"、字号为84px、字体颜色为白色，单击Faux Bold（粗体）按钮 T ，如图10.79所示。合成窗口效图10.80所示。

图10.79 设置文字样式　　　图10.80 设置文字样式后效果

步骤04 选中"PUINS"文字层，按S键展开Scale（缩放）属性，单击Scale（缩放）参数值左侧的Constrain Proportions（约束比例）按钮 ⬡ ，取消约束；将时间线调整到0:00:00:00的位置，设置Scale（缩放）的值为（100，100），单击Scale（缩放）左侧的码表按钮 ⏱ ，在当前位置设置关键帧，如图10.81所示。

步骤05 将时间线调整到0:00:02:00的位置，设置Scale（缩放）的值为（100，97），系统会自动设置关键帧。

图10.81 第0秒位置处关键帧设置

10.13.2 创建"文字2"

步骤01 执行菜单栏中的Composition（合成）|New Composition（新建合成）命令，打开Composition Settings（合成设置）对话框，设置Composition Name（合成名称）为"文字2"、Width（宽度）为"720"、Height（高度）为"405"、Frame Rate（帧速率）为"25"，并设置Duration（持续时间）为0:00:03:00。

步骤02 打开"文字1"合成，选择"PUINS"层，按Ctrl+C组合键复制文字，然后粘贴到"文字2"合成，按S键打开Scale（缩放）属性，将时间线调整到0:00:02:00的位置，设置Scale（缩放）的值为（100，101），如图10.82所示。合成窗口效果如图10.83所示。

图10.82 设置文字2的关键帧

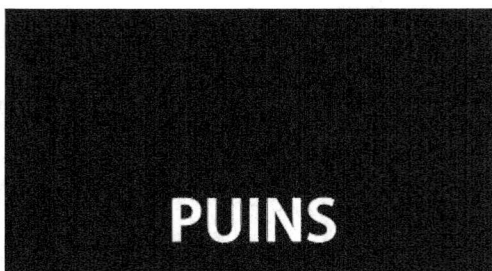

图10.83 设置文字2后效果

10.13.3 制作积雪效果

步骤01 执行菜单栏中的Composition（合成）|New Composition（新建合成）命令，打开Composition Settings（合成设置）对话框，设置Composition Name（合成名称）为"蒙版"、Width（宽度）为"720"、Height（高度）为"405"、Frame Rate（帧速率）为"25"，并设置Duration（持续时间）为0:00:03:00。

步骤02 打开"蒙版"合成，在Project（项目）面板中选择"文字1"和"文字2"合成，将其拖动到"蒙版"合成的时间轴面板中。

步骤03 在时间轴面板中，设置"文字2"层的Track Matte（轨道遮罩）为Luma Inverted Matte "文字1"（亮度反转遮罩 "文字1"），如图10.84所示。合成窗口效果如图10.85所示。

图10.84 轨道遮罩设置

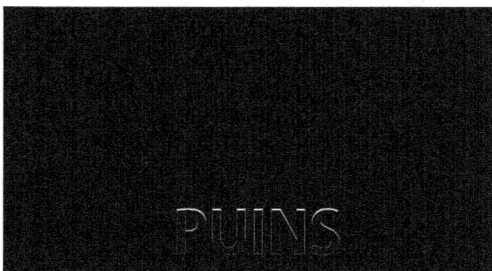

图10.85 轨道遮罩效果

10.13.4 制作飘雪效果

步骤01 打开"冰雪纷飞"合成，在Project（项目）面板中选择"蒙版"合成和"背景.jpg"，将其拖动到"冰雪纷飞"合成的时间轴面板中，如图10.86所示。合成窗口效果如图10.87所示。

图10.86 添加合成

图10.87 添加合成后效果

步骤02 打开"文字 1"合成，选择"PUINS"层，按Ctrl+C组合键复制文字，再粘贴到"冰雪纷飞"合成中，并修改文字颜色为黄褐色（R:148，G:142，B:14），删除所有关键帧，设置Scale（缩放）的值为（100，98.9），如图10.88所示。合成窗口效果如图10.89所示。

图10.88 设置文字参数

图10.89 设置文字后效果

步骤03 在"冰雪纷飞"合成中，为"PUINS"层添加 Color Emboss（彩色浮雕）特效。在 Effects & Presets（效果和预设）面板中展开 Stylize（风格化）特效组，然后双击 Color Emboss（彩色浮雕）特效。

步骤04 在 Effect Controls（效果控件）面板中，修改 Color Emboss（彩色浮雕）特效的参数。设置 Relief（起伏）的值为2.9，如图10.90所示。合成窗口效果如图10.91所示。

图10.90 设置彩色浮雕特效参数

图10.91 设置彩色浮雕特效后效果

步骤05 为"蒙版"层添加 Roughen Edges（毛边）特效。在 Effects & Presets（效果和预设）面板中展开 Stylize（风格化）特效组，然后双击 Roughen Edges（毛边）特效。

步骤06 在 Effect Controls（效果控件）面板中，修改 Roughen Edges（毛边）特效的参数。设置 Border（边界）的值为0、Edge Sharpness（边缘锐度）的值为3.85、Scale（缩放）的值为540，Stretch Width or Height（伸缩宽度或高度）的值为−21.4，如图10.92所示。合成窗口效果如图10.93所示。

图10.92 设置毛边特效参数

图10.93 设置毛边特效后效果

步骤07 为"蒙版"层添加 Glow（发光）特效。在 Effects & Presets（效果和预设）面板中展开 Stylize（风格化）特效组，然后双击 Glow（发光）特效。

步骤08 为"蒙版"层添加 CC snowfall（CC下雪）特效。在 Effects & Presets（效果和预设）面板中展开 Simulation（模拟）特效组，然后双击 CC Snowfall（CC下雪）特效。

步骤09 在 Effect Controls（效果控件）面板中，修改 CC Snowfall（CC下雪）特效的参数。设置 Size（大小）的值为10、Speed（速度）的值为300，如图10.94所示。合成窗口效果如图10.95所示。

图10.94 CC下雪特效参数设置

图10.95 添加CC下雪特效后效果

步骤10 这样就完成了冰雪纷飞效果的整体制作，按小键盘上的0键，即可在合成窗口中预览动画。

10.14 爆炸冲击波

难易程度： ★★☆☆☆

实例说明： 本例主要讲解利用Roughen Edges（毛边）特效制作爆炸冲击波效果。本例最终的动画流程效果如图10.96所示。

工程文件： 第10章\爆炸冲击波

图10.96 爆炸冲击波动画流程效果

知识点

- Ellipse Tool（椭圆工具）
- Roughen Edges（毛边）特效的使用
- Shine（光）特效的使用

10.14.1 绘制圆形路径

步骤01 执行菜单栏中的Composition（合成）| New Composition （新建合成）命令，打开Composition Settings（合成设置）对话框，设置Composition Name（合成名称）为"路径"、Width（宽度）为 "720"、Height（高度）为"405"、Frame Rate （帧速率）为"25"，并设置Duration（持续时间）为0:00:03:00。

步骤02 执行菜单栏中的Layer（图层）|New（新建）|Solid（纯色）命令，打开Solid Settings（纯色设置）对话框，设置Name（名称）为"白色"、Color（颜色）为白色，如图10.97所示。

步骤03 选中"白色"图层，在工具栏中选择Ellipse Tool（椭圆工具），在"白色"层上绘制一个圆形路径，如图10.98所示。

图10.97 白色纯色设置

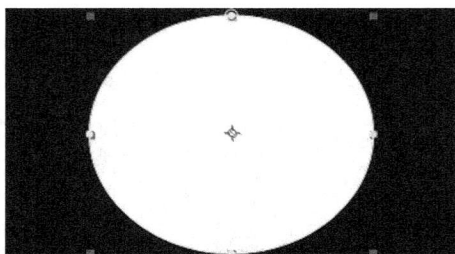

图10.98 白色层路径显示效果

步骤04 选择"白色"层，按Ctrl+D组合键将其复制一份，重命名为"黑色"。选择"黑色"层，按Ctrl+Shift+Y组合键，打开Solid Settings（纯色设置）对话框，修改Color（颜色）为黑色，如图10.99所示。

图10.99 黑色纯色设置

步骤05 将时间线调整到0:00:00:00的位置，单击"黑色"图层左侧的灰色三角形按钮，展开Masks（蒙版）| Mask 1（蒙版1）选项组，设置Masks Expansion（蒙版扩展）的值为−20，如图10.100所示。合成窗口效果如图10.101所示。

图10.100 设置蒙版扩展参数

图10.103 设置毛边特效后的效果

10.14.2 制作"冲击波"

步骤01 执行菜单栏中的Composition（合成）| New Composition（新建合成）命令，打开Composition Settings（合成设置）对话框，设置Composition Name（合成名称）为"爆炸冲击波"、Width（宽度）为"720"、Height（高度）为"405"、Frame Rate（帧速率）为"25"，并设置Duration（持续时间）为0:00:02:00。

步骤02 在Project（项目）窗口中，执行菜单栏中的File（文件）| Import（导入）命令，或是按Ctrl+I组合键，打开导入对话框，在此对话框中，选择配套资源中的"工程文件\第10章\爆炸冲击波\背景.psd"素材，导入后的效果如图10.104所示。再将"背景.psd"拖动到"爆炸冲击波"合成的时间轴面板中，如图10.105所示。

图10.101 设置蒙版扩展后效果

步骤06 为"黑色"层添加Roughen Edges（毛边）特效。在Effects & Presets（效果和预设）面板中展开Stylize（风格化）特效组，然后双击Roughen Edges（毛边）特效。

步骤07 在Effect Controls（效果控件）面板中，修改Roughen Edges（毛边）特效的参数。设置Border（边界）的值为300、Edge Sharpness（边缘锐度）的值为10、Scale（缩放）的值为10、Complexity（复杂度）的值为10。将时间线调整到0:00:00:00的位置，设置Evolution（演化）的值为0，单击Evolution（演化）左侧的码表按钮，在当前位置设置关键帧。

步骤08 将时间线调整到0:00:02:00的位置，设置Evolution（演化）的值为-3×-144°，系统会自动设置关键帧，如图10.102所示。合成窗口效果如图10.103所示。

图10.104 导入素材

图10.105 将素材拖入合成中

步骤03 在Project（项目）面板中，选择"路径"合成，将其拖动到"爆炸冲击波"合成的时间轴面板中。

步骤04 为"路径"层添加Shine（光）特效。在Effects & Presets（效果和预设）面板中展开Trapcode特效组，然后双击Shine（光）特效。

图10.102 设置毛边特效参数

步骤05 在Effect Controls（效果控件）面板中，修改Shine（光）特效的参数。设置Ray Length（光线长度）的值为0.4、Boost Light（光线亮度）的值为1.7，从Colorize（着色）右侧的下拉列表中选择Fire（火焰）选项，如图10.106所示。合成窗口效图10.107所示。

图10.106 设置Shine特效参数

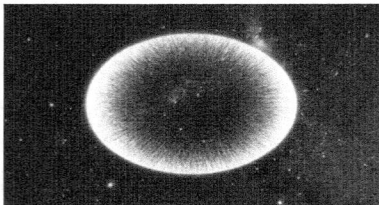

图10.107 设置Shine特效后效果

步骤06 打开"路径"层的三维开关，单击"路径"图层左侧的灰色三角形按钮▶，再展开Transform（变换）选项组，设置Orientation（方向）的值为（0°，17°，335°）、X Rotation（x轴旋转）的值为0×-72°、Y Rotation（y轴旋转）的值为0×+124°、Z Rotation（z轴旋转）的值为0×+27°；单击Scale（缩放）参数值左侧的Constrain Proportions（约束比例）按钮◎，取消约束，将时间线调整到0:00:00:00的位置，设置Scale（缩放）的值为（0，0，100），单击Scale（缩放）左侧的码表按钮◎，在当前位置设置关键帧，如图10.108所示。合成窗口效果如图10.109所示。

图10.108 设置参数

图10.109 设置参数后效果

步骤07 将时间线调整到0:00:02:00的位置，设置Scale（缩放）的值为（300，300，100），系统会自动设置关键帧，如图10.110所示。合成窗口效果如图10.111所示。

图10.110 修改缩放值

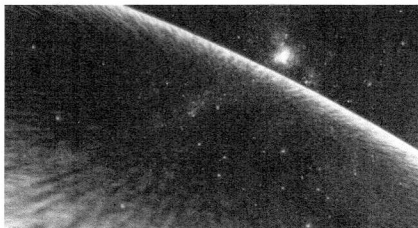

图10.111 修改缩放值后效果

步骤08 选中"路径"层，将时间线调整到0:00:01:15的位置，按T键展开Opacity（不透明度）属性，设置Opacity（不透明度）的值为100%，单击左侧的码表按钮◎，在当前位置设置关键帧。

步骤09 将时间线调整到0:00:02:00的位置，设置Opacity（不透明度）的值为0%，系统会自动设置关键帧，如图10.112所示。

图10.112 设置Opacity（不透明度）关键帧

步骤10 这样就完成了爆炸冲击波效果的整体制作，按小键盘上的0键，即可在合成窗口中预览动画。

10.15 云彩字效果

难易程度： ★★★☆☆

实例说明： 本例首先创建文字层，然后使用第三方粒子插件，完成云彩字动画的整体制作。本例最终的动画流程效果如图10.113所示。

工程文件： 第10章\云彩字效果

图10.113 云彩字动画流程效果

知识点

- Horizontal Type Tool（横排文字工具）T.
- Particular（粒子）特效的使用

10.15.1 新建合成

步骤01 执行菜单栏中的Composition（合成）| New Composition（新建合成）命令，打开Composition Settings（合成设置）对话框，设置Composition Name（合成名称）为"云彩字"、Width（宽度）为"720"、Height（高度）为"576"、Frame Rate（帧速率）为"25"、Duration（持续时间）为0:00:03:00秒、颜色为白色，如图10.114所示。

> **提示** Comp是合成文件（Composition）的简称。在After Effects中可以建立多个合成文件，而每一个合成文件又有其独立的名称、持续时间、制式和尺寸。

图10.114 合成设置对话框

步骤02 单击OK（确定）按钮，在Project（项目）面板中双击打开Import File（导入文件）对话框，选择配套资源中的"工程文件\第10章\云彩字效果\天空.jpg"素材，单击"打开"按钮，将素材导入到项目面板中，导入后的效果如图10.115所示。

图10.115 导入素材后效果

10.15.2 制作云彩字

步骤01 将"天空.jpg"素材拖动到"云彩字"合成的时间轴面板中，按Ctrl+Alt+F组合键，让素材适配合成，然后单击工具栏中的Horizontal Type Tool（横排文字工具）按钮T，在合成窗口中输入文字"云"，设置字体为STXingkai、字体大小为190px，字体颜色为白色，参数设置如图10.116所示。

图10.116 字符面板

步骤02 将文字放置到合适的位置，此时合成窗口中效果如图10.117所示。

图10.117 合成窗口中效果

提示 此文字层用于后面制作粒子文字路径时的参考层；在制作完粒子描绘文字路径后，可将此层删除或隐藏。

步骤03 按Ctrl+Y组合键，打开Solid Setting（纯色设置）对话框，设置Name（名称）为"粒子"、Color（颜色）为白色，单击OK（确定）按钮。

步骤04 选择"粒子"层，在Effects & Presets（效果和预设）面板中展开Trapcode特效组，双击Particular（粒子）特效，如图10.118所示。添加特效后的效果如图10.119所示。

图10.118 双击特效　　图10.119 添加特效后的效果

步骤05 确认时间线在0:00:00:00的位置，在Effect Controls（效果控件）面板中，修改Particular（粒子）特效参数。展开Emitter（发射器）选项组，设置Particles/sec（每秒发射粒子数量）的值为500，在Emitter Type（发射器类型）右侧的下拉列表中选择Sphere（球体）选项，修改Position XY（xy轴位置）的值为（126，127），并单击Position XY（xy轴位置）左侧的码表按钮 ，在此位置设置关键帧。

步骤06 在Direction（方向）右侧的下拉列表中选择Directional（方向）选项，修改Velocity（速率）的值为10、Velocity Random（随机速率）的值为55、

Velocity from Motion（运动速度）的值为0，设置Emitter Size X（发射器x轴大小）和Emitter Size Y（发射器y轴大小）的值均为0，如图10.120所示。

图10.120 设置粒子特效参数

步骤07 展开Particle（粒子）选项组，设置Life（生命）值为10，在Particle Type（粒子类型）右侧的下拉列表中选择Cloudlet（云彩）选项，设置Cloudlet Feather（云彩羽化）的值为0、Size（大小）的值为4、Size Random（随机大小）的值为100、Opacity Random（随机不透明度）的值为85，参数设置如图10.121所示。

图10.121 设置粒子选项组参数

步骤08 选择"粒子"层，分别调整时间，参照文字层"云"，修改Position XY（xy轴位置）的值，读者可根据个人喜好设置云字的绘制时长，然后将文字层隐藏。

步骤09 这样就完成了云彩字效果的整体制作，按小键盘上的0键，可在合成窗口中预览动画效果如图10.122所示。

图10.123 气球飞舞动画流程效果

知识点
- Color Balance(HLS)特效的使用
- Particle Playground特效的使用

10.16.1 制作变色气球

步骤01 执行菜单栏中的File（文件）| Import（导入）| File（文件）命令，或在Project（项目）面板中双击，打开Import File（导入文件）对话框，选择配套资源中的"工程文件\第10章\气球飞舞\气球.psd、气球背景.jpg"素材，并在对话框下方的Import As（导入为）下拉列表中选择Footage（素材）选项，如图10.124所示。单击"打开"按钮，将图片导入，导入后的效果如图10.125所示。

图10.124 导入设置

图10.125 导入后的效果

图10.122 其中几帧的效果

10.16 气球飞舞

难易程度：★★★☆☆

实例说明： 本例首先导入合成素材，并利用Color Balance(HLS)[颜色平衡(HLS)]特效制作出变色的气球动画，然后创建纯色图层，应用Particle Playground（粒子运动场）特效并将粒子替换成气球，通过粒子运动制作出气球飞舞效果。本例最终的动画流程效果如图10.123所示。

工程文件： 第10章\气球飞舞

步骤02 在Project（项目）面板中，单击选择"气球"合成，然后执行菜单栏中的Composition（合成）| Composition Settings（合成设置）命令，打开Composition Settings（合成设置）对话框，参数设置如图10.126所示。

图10.126 合成设置对话框

步骤03 在Project（项目）面板中，双击"气球"合成将其打开，在时间轴面板中可以看到"图层1"素材，如图10.127所示。

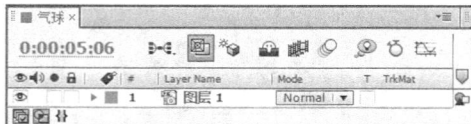

图10.127 打开"气球"合成

步骤04 在时间轴面板中，单击选择"图层1"层，在Effects & Presets（效果和预设）面板中展开Color Correction（颜色校正）特效组，然后双击Color Balance(HLS)[颜色平衡（HLS）]特效，如图10.128所示为气球应用颜色平衡特效，以进行颜色动画的制作，并将时间线调整到0:00:00:00的位置。

图10.128 双击Color Balance(HLS)特效

步骤05 在Effect Controls（效果控件）面板中，修改Color Balance(HLS)[颜色平衡（HLS）]特效的参数。设置Hue（色相）的值为0，并为其设置关键帧，如图10.129所示。

图10.129 颜色平衡（HLS）特效参数设置

步骤06 按End键，将时间线调整到时间轴的末尾，然后设置Hue（色相）的值为3×+0°，如图10.130所示。

图10.130 调整色相值

步骤07 此时，拖动时间轴上的时间线滑块，可以看到气球的色彩变化情况，其中的几帧画面如图10.131所示。

图10.131 其中的几帧画面

10.16.2 制作气球飞舞动画

步骤01 执行菜单栏中的Composition（合成）| New Composition（新建合成）命令，打开Composition Settings（合成设置）对话框，设置Composition Name（合成名称）为"气球飞舞"、Width（宽度）为"720"、Height（高度）为"576"、Frame Rate（帧速率）为"25"，并设置Duration（持续时间）为6秒，如图10.132所示。

图10.132 合成设置

步骤02 执行菜单栏中的Layer（图层）| New（新建）| Solid（纯色）命令，打开Solid Settings（纯色设置）对话框，参数设置如图10.133所示。

图10.133 Solid Settings对话框

步骤03 在时间轴面板中单击选择"粒子"层，在Effects & Presets（效果和预设）面板中展开Simulation（模拟）特效组，然后双击Particle Playground（粒子运动场）特效，如图10.134所示。此时拖动时间线滑块，可以从合成窗口中看到粒子的动画效果，其中的一帧如图10.135所示。

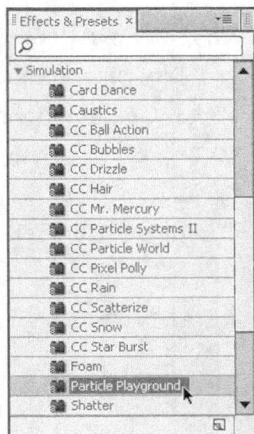

图10.134 添加特效　　图10.135 粒子效果

步骤04 在Effect Controls（效果控件）面板中，展开Particle Playground（粒子运动场）| Cannon（发射）选项组，设置Position（位置）的值为（388，578）、Barrel Radius圆筒的值为120，以设置粒子的活动范围，其他参数设置如图10.136所示。

图10.136 粒子运动场特效参数设置

步骤05 在Project（项目）面板中，将"气球"合成拖动到时间轴面板中，并放置在"粒子"层的下方，如图10.137所示。

图10.137 添加素材

步骤06 为了将粒子改变成气球，单击选择"粒子"层，在Effect Controls（效果控件）面板中，展开Particle Playground（粒子运动场）| Layer Map（图层映射）选项组，在Use Layer（使用图层）右侧的下拉列表中，选择"2.气球"选项，设置Time Offset Type（时间偏移类型）为Relative Random（相对随机），并设置Random Time Max（最大随机时间）的值为3，如图10.138所示。

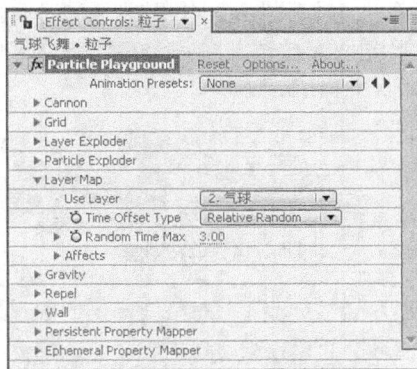

图10.138 Layer Map选项设置

提示 Layer Map主要用来设置用以替换粒子的层素材，以选择的层素材为粒子显示效果；Random Time（随机时间）主要用来设置替换粒子的素材偏移值，出现时间偏移可以使气球在显示过程中出现多种颜色的效果，否则将按原素材的颜色变化出现相同的多气球变色效果。

步骤07 此时拖动时间线滑块，可以看到一个动画效果，但气球并不是向上升起的，而是向下落的，这是因为粒子受到了重力的作用，展开Gravity（重力）选项组，设置Force（力）的值为0，去掉重力作用，如图10.139所示。

图10.139 Gravity（重力）选项设置

步骤08 设置气球的不透明度。单击选择"粒子"层，按T键，打开不透明度设置，设置Opacity（不透明度）的值为80%，如图10.140所示。此时的气球将呈现半透明状态

图10.140 修改不透明度

步骤09 将"气球背景.jpg"图片拖动到时间轴面板中，以制作出更好的效果，然后将"气球"合成素材隐藏，如图10.141所示。

图10.141 隐藏图层

步骤10 这样，就完成了气球飞舞动画的制作，按小键盘上的0键，可以预览动画效果。

10.17 涌动的火山熔岩

难易程度： ★★★☆☆

实例说明： 本例主要讲解应用Fractal Noise（分形杂色）特效制作出熔岩涌动效果。通过运用Colorama

（色光）特效，调节出熔岩内外焰的颜色变化，完成火山熔岩涌动效果的整体制作。本例最终的动画流程效果如图10.142所示。

工程文件： 第10章\涌动的火山熔岩

图10.142 涌动的火山熔岩动画流程效果

知识点

- Fractal Noise（分形杂色）特效的使用
- Colorama（色光）特效的使用

10.17.1 新建合成

步骤01 执行菜单栏中的Composition（合成）| New Composition（新建合成）命令，打开Composition Settings（合成设置）对话框，设置Composition Name（合成名称）为"涌动的火山熔岩"、Width（宽度）为"720"、Height（高度）为"576"、Frame Rate（帧速率）为"25"，并设置Duration（持续时间）为0:00:05:00，如图10.143所示。

图10.143 合成设置

步骤02 单击OK（确定）按钮，在项目面板中，将会新建一个名为"涌动的火山熔岩"的合成，如图10.144所示。

图10.144 新建的合成

10.17.2 添加分形杂色特效

步骤01 在"涌动的火山熔岩"合成的时间轴面板中，按Ctrl+Y组合键，此时将打开Solid Settings（纯色设置）对话框，设置Name（名称）为"熔岩"、Color（颜色）为黑色，如图10.145所示。

图10.145 纯色设置对话框

步骤02 单击OK（确定）按钮，在时间轴面板中，将会创建一个名为"熔岩"的纯色层，如图10.146所示。

图10.146 新建纯色层

步骤03 选择"熔岩"纯色层，在Effects & Presets（效果和预设）面板中展开Noise & Grain（杂色和颗粒）特效组，双击Fractal Noise（分形杂色）特效，如图10.147所示。

图10.147 添加Fractal Noise特效

步骤04 在Effect Controls（效果控件）面板中，为Fractal Noise（分形杂色）特效设置参数。从Fractal Type（分形类型）右侧的下拉列表中选择Dynamic（动态）选项，再从Noise Type（杂色类型）右侧的下拉列表中选择Soft Linear（柔和线性）选项；设置Contrast（对比度）的值为90、Brightness（亮度）的值为4；从Overflow（溢出）右侧的下拉列表中选择Warp Back（反绕），具体参数设置如图10.148所示。此时的合成窗口效果，如图10.149所示。

图10.148 设置Fractal Noise特效参数

图10.149 添加分形杂色特效后效果

步骤05 选择"熔岩"纯色层，将时间线调整到0:00:00:00的位置，在Effect Controls（效果控件）面板中，分别单击Contrast（对比度）、Brightness（亮度）、Evolution（演化）左侧的码表按钮 🕓，在当前位置设置关键帧；展开Transform（变换）选项组，单击Offset Turbulence[偏移（湍流）]左侧的码表按钮 🕓，在0:00:00:00的位置设置关键帧，如图10.150所示。

图10.150 在0:00:00:00位置处设置关键帧

提示 Transform（变换）：该选项组主要用于控制图像的杂色的大小、旋转角度和位置偏移等设置。Rotation（旋转）：设置杂色图案的旋转角度。Uniform Scaling（统一缩放）：勾选该复选框，对杂色图案进行宽度和高度的等比缩放。Scale（缩放）：设置图案的整体大小，在勾选Uniform Scaling（统一缩放）复选框时可用。Scale Width/Height（缩放宽度/高度）：在没有勾选Uniform Scaling（统一缩放）复选框时，可通过这两个选项，分别设置杂色图案的宽度和高度的大小。Offset Turbulence[偏移（湍流）]：设置杂色的偏移位置。

步骤06 将时间线调整到0:00:04:24的位置，修改Contrast（对比度）的值为300、Brightness（亮度）的值为25、Offset Turbulence[偏移（湍流）]的值为（180，40）、Evolution（演化）的值为2×+0°，系统将在当前位置设置关键帧，具体参数设置如图10.151所示。

图10.151 在0:00:04:24位置处修改参数

步骤07 这样就完成了熔岩涌动的动画，其中几帧画面的效果如图10.152所示。

图10.152 其中几帧的画面效果

10.17.3 添加色光特效

步骤01 下面来调节火山熔岩的颜色。在"涌动的火山熔岩"合成的时间轴面板中，选择"熔岩"纯色层，在Effects & Presets（效果和预设）面板中展开Color Correction（颜色校正）特效组，双击Colorama（色光）特效，如图10.153所示。展开Output Cycle（输出循环）选项组，默认状态下Colorama（色光）特效的参数设置如图10.154所示。

图10.153 添加Colorama特效

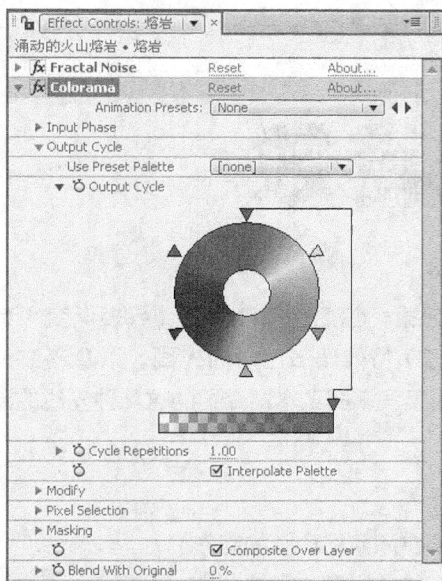

图10.154 默认状态

循环）选项组，从Use Preset Palette（使用预设调版）右侧的下拉列表中选择Fire（火焰）选项，如图10.156所示。

图10.156 使用预设调版

步骤02 保持默认参数，添加Colorama（色光）特效后的画面效果，如图10.155所示。

图10.155 添加色光特效后效果

步骤03 在Effect Controls（效果控件）面板的Colorama（色光）特效中，展开Output Cycle（输出

提示 Input Phase（输入相位）：该选项组中有很多其他的选项，应用比较简单，主要是对彩色光的相位进行调整。

通过Use Preset Palette（使用预设调板）可以选择预置的多种色样来改变颜色；Output Cycle（输出循环）中可以通过调节三角色块来改变图像中对应的颜色，在色环的颜色区域单击可以添加三角色块，将三角色块拖出色环即可删除三角色块。通过Cycle Repetitions（循环重复次数）可以控制彩色光的色彩重复次数。Blending With Original（与原始图像混合）：设置修改图像与源图像的混合程度。

步骤04 这样就完成了涌动的火山熔岩效果的整体制作，按小键盘上的0键预览播放动画效果。最后将文件保存并输出动画。

第 ⑪ 章

璀璨的动感光线特效

内容摘要

　　本章主要讲解运用软件自带的特效来制作各种光线效果，包括使用Ramp（梯度渐变）特效制作出彩色光环，应用Bezier Warp（贝塞尔曲线变形）特效调节出弯曲光线，以及通过使用Vegas（勾画）特效制作出光线沿图像边缘运动的画面效果。掌握了本章介绍的这几种光线的制作方法后加以应用，可使整个动画更加华丽且更富有灵动感。

教学目标

- 学习旋转星星动画的制作
- 学习延时光线动画的制作
- 掌握流光线条动画的制作
- 掌握舞动精灵动画的制作

- 掌握空间网格动画的制作
- 掌握旋转光环动画的制作
- 掌握连动光线动画的制作
- 掌握梦幻飞散精灵动画的制作

11.1 旋转的星星

难易程度：★ ★ ☆ ☆ ☆

实例说明：本例主要讲解利用Radio Waves（无线电波）特效制作旋转的星星效果。本例最终的动画流程效果如图11.1所示。

工程文件：第11章\旋转的星星

图11.1 动画流程画面

知识点

- 学习Radio Waves（无线电波）特效的使用
- 学习Starglow（星光）特效的使用

操作步骤

步骤01 执行菜单栏中的Composition（合成）| New Composition（新建合成）命令，打开Composition Settings（合成设置）对话框。设置Composition Name（合成名称）为"星星"、Width（宽度）为"720"、Height（高度）为"576"、Frame Rate（帧速率）为"25"，并设置Duration（持续时间）为0:00:10:00。

步骤02 执行菜单栏中的Layer（图层）|New（新建）|Solid（纯色）命令，打开Solid Setting（纯色设

置）对话框，设置Name（名称）为"五角星"、Color（颜色）为黑色。

步骤03 为"五角星"层添加Radio Waves（无线电波）特效。在Effects & Presets（效果和预设）面板中展开Generate（生成）特效组，然后双击Radio Waves（无线电波）特效。

步骤04 在Effect Controls（效果控件）面板中，修改Radio Waves（无线电波）特效的参数。设置Render Quality（渲染品质）的值为10；展开Polygon（多边形）选项组，设置Sides（边）的值为6、Curve Size（曲线大小）的值为0.5、Curvyness（曲线弯曲度）的值为0.25，勾选Star（星形）复选框，设置Star Depth（星深度）的值为-0.3；展开Wave Motion（波动）选项组，设置Spin（旋转）的值为40；展开Stroke（描边）选项组，设置Color（颜色）为白色，如图11.2所示。合成窗口效果如图11.3所示。

图11.2 设置无线电波特效参数

图11.3 添加无线电波特效后效果

步骤05 为"五角星"层添加Starglow（星光）特效。在Effects & Presets（效果和预设）面板中展开Trapcode特效组，然后双击Starglow（星光）特效。

步骤06 在Effect Controls（效果控件）面板中，修改Starglow（星光）特效的参数。在Preset（预设）下拉列表中选择Cold Heaven 2（冷天2）选项，设置Streak Length（光线长度）的值为7，如图11.4所示。合成窗口效果如图11.5所示。

图11.4 设置星光特效参数

图11.5 设置星光特效后效果

步骤07 这样就完成了"旋转的星星"整体动画的制作，按小键盘上的0键，即可在合成窗口中预览动画。

11.2 延时光线

难易程度： ★★☆☆☆

实例说明： 本例主要讲解利用Stroke（描边）特效制作延时光线效果。本例最终的动画流程效果如图11.6所示。

工程文件： 第11章\延时光线

图11.6 动画流程画面

知识点

- 学习Stroke（描边）特效的使用
- 学习Echo（残影）特效的使用
- 学习Glow（发光）特效的使用

操作步骤

步骤01 执行菜单栏中的Composition（合成）| New Composition（新建合成）命令，打开Composition Settings（合成设置）对话框。设置Composition Name（合成名称）为"延时光线"、Width（宽度）为"720"、Height（高度）为"576"、Frame Rate（帧速率）为"25"，并设置Duration（持续时间）为0:00:05:00。

步骤02 执行菜单栏中的Layer（图层）|New（新建）|Solid（纯色）命令，打开Solid Settings（纯色设置）对话框，设置Name（名称）为"路径"、Color（颜色）为黑色。

步骤03 在时间轴面板中，选中"路径"层，在工具栏中选择Pen Tool（钢笔工具） ✎ ，在图层上绘制一个S形路径，按M键打开Mask Path（蒙版路径）属性，将时间线调整到0:00:00:00的位置，单击Mask Path（蒙版路径）左侧的码表按钮 ⏱ ，在当前位置设置关键帧，如图11.7所示。

图11.7 设置0秒蒙版形状

步骤04 将时间线调整到0:00:02:13的位置，调整Mask（蒙版）形状，如图11.8所示。

图11.8 设置2秒13帧蒙版形状

步骤05 将时间线调整到0:00:04:24的位置，调整Mask（蒙版）形状，如图11.9所示。

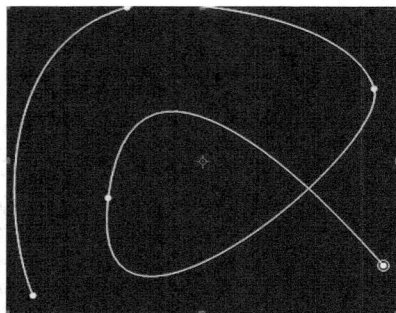

图11.9 设置4秒24帧蒙版形状

步骤06 为"路径"层添加Stroke（描边）特效。在Effects & Presets（效果和预设）面板中展开Generate

（生成）特效组，然后双击Stroke（描边）特效，如图11.10所示。

图11.10 添加描边特效

步骤07 在Effects Controls（效果控件）面板中，修改Stroke（描边）特效的参数。设置Color（颜色）为蓝色（R:0，G:162，B:255）、Brush Size（画笔大小）的值为3、Brush Hardness（画笔硬度）的值为25，将时间线调整到0:00:00:00的位置，设置Start（起始）的值为0、End（结束）的值为100，单击Start（起始）和End（结束）左侧的码表按钮 Ö，在当前位置设置关键帧。

步骤08 将时间线调整到0:00:04:24的位置，设置Start（起始）的值为100、End（结束）的值为0，系统会自动设置关键帧，如图11.11所示。合成窗口效果如图11.12所示。

图11.11 设置描边特效参数

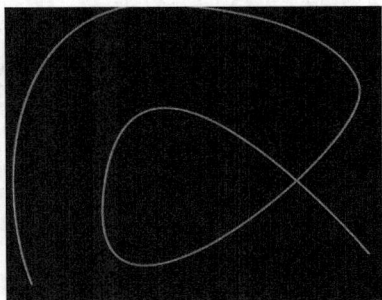

图11.12 设置描边特效后效果

步骤09 执行菜单栏中的Layer（图层）|New（新建）|Adjustment Layer（调节图层）命令，为新建的

Adjustment Layer层添加Echo（残影）特效。在Effects & Presets（效果和预设）面板中展开Time（时间）特效组，然后双击Echo（残影）特效。

步骤10 在Effects Controls（效果控件）面板中，修改Echo（残影）特效的参数。设置Echo Time（残影时间）的值为−0.1、Number Of Echoes（残影数量）的值为50、Starting Intensity（起始强度）的值为0.85、Decay（衰减）的值为0.95，如图11.13所示。合成窗口效果如图11.14所示。

图11.13 设置残影特效参数

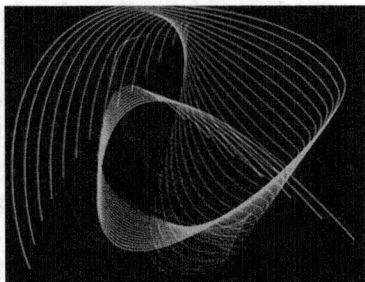

图11.14 设置残影特效后效果

步骤11 为"Adjustment Layer"层添加Glow（发光）特效。在Effects & Presets（效果和预设）面板中展开Stylize（风格化）特效组，然后双击Glow（发光）特效。

步骤12 在Effects Controls（效果控件）面板中，修改Glow（发光）特效的参数。设置Glow Threshold（发光阈值）的值为40、Glow Radius（发光半径）的值为80，如图11.15所示。合成窗口效果如图11.16所示。

图11.15 设置发光特效参数

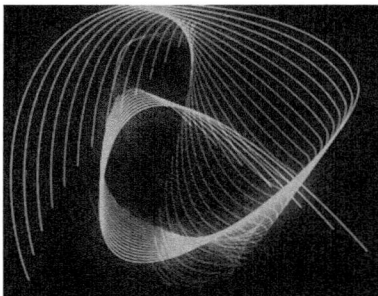

图11.16 设置发光特效后效果

步骤13 这样就完成了延时光线效果的整体制作，按小键盘上的0键，即可在合成窗口中预览动画。

11.3 流光线条

难易程度： ★ ★ ★ ☆ ☆

实例说明： 本例主要讲解"流光线条"动画的制作。首先利用Fractal Noise（分形杂色）特效制作出线条效果，通过添加Bezier Warp（贝塞尔曲线变形）特效制作出光线的变形，然后添加第三方插件Particular（粒子）特效制作出上升的圆环，从而完成动画的制作。本例最终的动画流程效果如图11.17所示。

工程文件： 第11章\流光线条

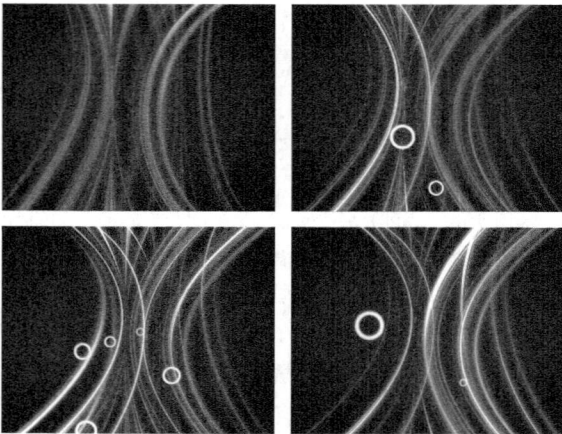

图11.17 流动线条最终动画流程效果

知识点

- 了解Fractal Noise（分形杂色）特效参数的设置
- 学习Bezier Warp（贝塞尔曲线变形）特效的使用
- 掌握扫光字动画的制作技巧

11.3.1 利用蒙版制作背景

步骤01 执行菜单栏中的Composition（合成）| New Composition（新建合成）命令，打开Composition Settings（合成设置）对话框。设置Composition Name（合成名称）为"流光线条效果"、Width（宽度）为"720"、Height（高度）为"576"、Frame Rate（帧速率）为"25"，并设置Duration（持续时间）为0:00:05:00，如图11.18所示。

图11.18 新建合成

步骤02 执行菜单栏中的File（文件）| Import（导入）| File（文件）命令，打开Import File（导入文件）对话框，选择配套资源中的"工程文件\第11章\流光线条\圆环.psd"素材，如图11.19所示。单击"打开"按钮后，"圆环.psd"素材将导入Project（项目）面板中。

图11.19 导入PSD文件

步骤03 按Ctrl+Y组合键，打开Solid Settings（纯色设置）对话框，设置Name（名称）为"背景"、Color

（颜色）为紫色（R:65，G:4，B:67），如图11.20
所示。

图11.20 新建纯色层

步骤04 为"背景"纯色层绘制蒙版。选择工具栏中
的Ellipse Tool（椭圆工具）⬭，绘制椭圆形蒙版，如
图11.21所示。

图11.21 绘制椭圆形蒙版

步骤05 按F键，打开"背景"纯色层的Mask Feather
（蒙版羽化）选项，设置Mask Feather（蒙版羽化）
的值为200,200，如图11.22所示。此时的画面效果如
图11.23所示。

图11.22 设置蒙版羽化属性

图11.23 设置蒙版羽化属性后效果

步骤06 按Ctrl+Y组合键，打开Solid Settings（纯色设
置）对话框，设置Name（名称）为"流光"、
Width（宽度）为"400"、Height（高度）为
"650"、Color（颜色）为白色，如图11.24所示。

图11.24 新建纯色层

步骤07 将"流光"纯色层的Mode（模式）修改为
Screen（屏幕）。

步骤08 选择"流光"纯色层，在Effects & Presets
（效果和预设）面板中展开Noise & Grain（杂色和颗
粒）特效组，然后双击Fractal Noise（分形杂色）特
效，如图11.25所示。

图11.25 添加特效

步骤09 将时间线调整到0:00:00:00的位置，在Effect Controls（效果控件）面板中，修改Fractal Noise（分形杂色）特效的参数。设置Contrast（对比度）的值为450、Brightness（亮度）的值为-80；展开Transform（变换）选项组，取消勾选Uniform Scaling（统一缩放）复选框，设置Scale Width（缩放宽度）的值为15、Scale Height（缩放高度）的值为3500、Offset Turbulence[偏移（湍流）]的值为200,325、Evolution（演化）的值为0，然后单击Evolution（演化）左侧的码表按钮🕛，在当前位置设置关键帧，如图11.26所示。

图11.26 设置分形杂色特效参数

步骤10 将时间线调整到0:00:04:24的位置，修改Evolution（演化）的值为1×，系统将在当前位置自动设置关键帧，此时的画面效果如图11.27所示。

图11.27 设置特效后的效果

11.3.2 添加特效调整画面

步骤01 为"流光"层添加Bezier Warp（贝塞尔曲线变形）特效，在Effects & Presets（效果和预设）面板中展开Distort（扭曲）特效组，双击Bezier Warp（贝塞尔曲线变形）特效，如图11.28所示。

图11.28 添加贝塞尔曲线变形特效

步骤02 在Effect Controls（效果控件）面板中，修改Bezier Warp（贝塞尔曲线变形）特效的参数，如图11.29所示。

图11.29 设置贝塞尔曲线变形特效参数

步骤03 在调整图形时，直接修改特效的参数比较麻烦，此时，可以在Effect Controls（效果控件）面板中选择Bezier Warp（贝塞尔曲线变形）特效，再从合成窗口中拖动控制点进行调整，自由度比较高，如图11.30所示。调整后的画面效果如图11.31所示。

图11.30 调整控制点

图11.31 画面效果

步骤04 为"流光"层添加Hue/Saturation（色相/饱和度）特效。在Effects & Presets（效果和预设）面板中展开Color Correction（颜色校正）特效组，双击Hue/Saturation（色相/饱和度）特效，如图11.32所示。

图11.32 添加色相/饱和度特效

步骤05 在Effect Controls（效果控件）面板中，修改Hue/Saturation（色相/饱和度）特效的参数。勾选Colorize（彩色化）复选框，设置Colorize Hue（着色色相）的值为0×−55°、Colorize Saturation（着色饱和度）的值为66，如图11.33所示。

图11.33 设置特效的参数

步骤06 为"流光"层添加Glow（发光）特效。在Effects & Presets（效果和预设）面板中展开Stylize（风格化）特效组，然后双击Glow（发光）特效，如图11.34所示。

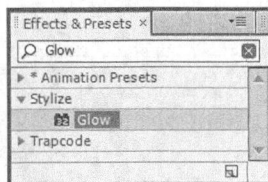

图11.34 添加发光特效

步骤07 在Effect Controls（效果控件）面板中，修改Glow（发光）特效的参数。设置Glow Threshold（发光阈值）的值为20、Glow Radius（发光半径）的值为15，如图11.35所示。

图11.35 设置发光特效的属性

步骤08 在时间轴面板中打开"流光"层的三维属性开关，展开Transform（变换）选项组，设置Position（位置）的值为309,288,86、Scale（缩放）的值为123,123,123，如图11.36所示。此时合成窗口中的效果如图11.37所示。

图11.36 设置位置及缩放属性

图11.37 设置后效果

步骤09 选择"流光"层，按Ctrl+D组合键进行复制，得到"流光2"层。展开Transform（变换）选项组，设置Position（位置）的值为408,288,0、Scale（缩放）的值为97,116,100、Z Rotation（z轴旋转）的值为0×−4°，如图11.38所示。此时合成窗口中的效果如图11.39所示。

图11.38 设置复制层的属性

图11.39 画面效果

步骤10 修改Bezier Warp（贝塞尔曲线变形）特效的参数，使其与"流光"的线条角度有所区别，如图11.40所示。

图11.40 设置贝塞尔曲线变形特效参数

步骤11 在合成窗口中可以看到控制点的位置发生了变化，如图11.41所示。

图11.41 合成窗口中的修改效果

步骤12 修改Hue / Saturation（色相/饱和度）特效的参数。设置Colorize Hue（着色色相）的值为0×+265°、Colorize Saturation（着色饱和度）的值为75，如图11.42所示。

图11.42 调整复制层的着色色相和着色饱和度

步骤13 设置完后可以在合成窗口中看到效果，如图11.43所示。

图11.43 调整着色饱和度后的画面效果

11.3.3 添加"圆环"素材

步骤01 在Project（项目）面板中选择"圆环.psd"素材，将其拖动到"流光线条效果"合成的时间轴面板中，然后单击"圆环.psd"左侧的眼睛图标，将该层隐藏，如图11.44所示。

图11.44 隐藏"圆环"层

步骤02 按Ctrl+Y组合键，打开Solid Settings（纯色设置）对话框，设置Name（名称）为"粒子"、Color（颜色）为白色，如图11.45所示。选择"粒子"纯色层，在Effects & Presets（效果和预设）面板中展开

Trapcode特效组，然后双击Particular（粒子）特效，如图11.46所示。

图11.45 建立纯色层

图11.46 添加特效

步骤03 在Effect Controls（效果控件）面板中，修改Particular（粒子）特效的参数。展开Emitter（发射器）选项组，设置Particles/sec（每秒发射粒子数）的值为5、Position（位置）的值为360,620；展开Particle（粒子）选项组，设置Life（生命）的值为2.5、Life Random（随机生命）的值为30，如图11.47所示。

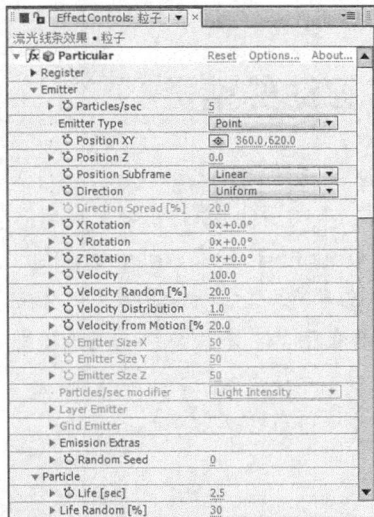

图11.47 设置Particular特效的参数

步骤04 展开Texture（纹理）选项组，在Layer（图层）下拉列表中选择"2.圆环.psd"，然后设置Size（大小）的值为20、Size Random（随机大小）的值为60，如图11.48所示。

图11.48 设置纹理的属性

步骤05 展开Physics（物理学）选项组，修改Gravity（重力）的值为−100，如图11.49所示。

图11.49 设置物理学的属性

步骤06 在Effects & Presets（效果和预设）面板中展开Stylize（风格化）特效组，然后双击Glow（发光）特效，如图11.50所示。

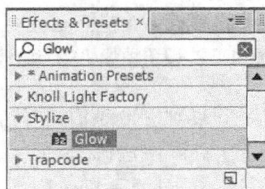

图11.50 添加发光特效

11.3.4 添加摄影机

步骤01 执行菜单栏中的Layer（图层）| New（新建）| Camera（摄像机）命令，打开Camera Settings（摄像机选项）对话框，设置Preset（预设）为24mm，如图11.51所示。单击OK（确定）按钮，在时间轴面板中将会创建一个摄像机。

图11.51 建立摄像机

步骤02 将时间线调整到0:00:00:00的位置，选择"Camera 1"层，展开Transform（变换）、Camera Options（摄像机选项）选项组，然后分别单击Point of Interest（目标点）和Position（位置）左侧的码表按钮，在当前位置设置关键帧，并设置Point of Interest（目标点）的值为426,292,140、Position（位置）的值为114,292,-270；然后分别设置Zoom（缩放）的值为512、Depth of Field（景深）为On（开）、Focus Distance（焦距）的值为512、Aperture（光圈）的值为84、Blur Level（模糊层次）的值为122%，如图11.52所示。

图11.52 设置摄像机的参数1

步骤03 将时间线调整到0:00:02:00的位置，修改Point of Interest（目标点）的值为364,292,25、Position（位置）的值为455,292,-480，如图11.53所示。

图11.53 设置摄像机的参数2

步骤04 此时可以看到画面视角的变化，如图11.54所示。

图11.54 设置摄像机后画面视角的变化

步骤05 这样就完成了"流光线条"动画的整体制作，按小键盘上的0键，在合成窗口中预览动画，效果如图11.55所示。

图11.55 "流光线条"的动画预览

11.4 舞动的精灵

难易程度： ★ ★ ★ ☆ ☆

实例说明： 本例主要利用Vegas（勾画）特效和钢笔路径绘制光线，再配合Turbulent Displace（湍流置换）特效使线条达到蜿蜒的效果，完成"舞动的精灵"动画的制作。本例最终的动画流程效果如图11.56所示。

工程文件： 第11章\舞动的精灵

图11.56 舞动的精灵最终动画流程效果

知识点

- 了解纯色层的创建及路径的绘制方法
- 学习Vegas（勾画）特效的参数设置
- 学习Turbulent Displace（湍流置换）特效的应用

11.4.1 为纯色层添加特效

步骤01 执行菜单栏中的Composition（合成）| New Composition（新建合成）命令，打开Composition Settings（合成设置）对话框，设置Composition Name（合成名称）为"光线"、Width（宽度）为"720"、Height（高度）为"576"、Frame Rate（帧速率）为"25"，并设置Duration（持续时间）为0:00:05:00，如图11.57所示。

图11.57 新建合成

步骤02 按Ctrl+Y组合键，打开Solid Settings（纯色设置）对话框，设置Name（名称）为"拖尾"、Color（颜色）为黑色，如图11.58所示。

图11.58 建立纯色层

步骤03 选择工具栏中的Pen Tool（钢笔工具），确认选择"拖尾"层，在合成窗口中绘制一条路径，如图11.59所示。

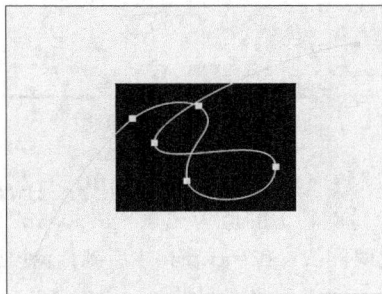

图11.59 绘制路径

步骤04 在Effects & Presets（效果和预设）面板中展开Generate（生成）特效组，然后双击Vegas（勾画）特效，如图11.60所示。

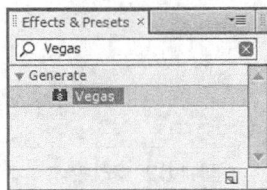

图11.60 添加特效

步骤05 将时间线调整到0:00:00:00的位置，在Effect Controls（效果控件）面板中，展开Vegas（勾画）选项组。单击Stroke（描边）下拉按钮，选择Mask/Path（蒙版/路径）；展开Mask/Path（蒙版/路径）选项组，从Path（路径）下拉列表选择Mask 1（蒙版1）；展开Segments（片段）选项组，修改Segments（片段）值为1，单击Rotation（旋转）左侧的码表按钮<img>在当前位置建立关键帧，修改Rotation（旋转）的值为0×+-47°；展开Rendering（正在渲染）选项组，设置Color（颜色）为白色、Width（宽度）为1.2、Hardness（硬度）的值为0.44、Mid-point Opacity（中点不透明度）的值为-1、Mid-point Position（中点位置）的值为0.999，如图11.61所示。

图11.61 设置特效的参数

步骤06 调整时间线到0:00:04:00的位置，修改Rotation（旋转）的值为-1×-48°，如图11.62所示。拖动时间线可在合成窗口中看到预览效果，如图11.63所示。

图11.62 修改特效

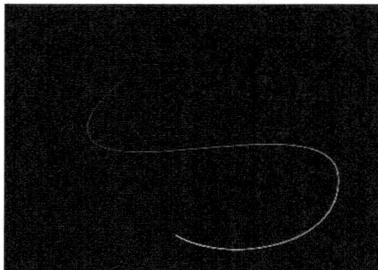

图11.63 勾画特效的效果

步骤07 在Effects & Presets（效果和预设）面板中展开Stylized（风格化）特效组，然后双击Glow（发光）特效，如图11.64所示。

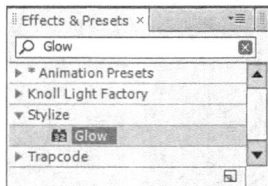

图11.64 添加发光特效

步骤08 在Effect Controls（效果控件）面板中，展开Glow（发光）选项组。修改Glow Threshold（发光阈值）的值为20%，Glow Radius（发光半径）的值为6、Glow Intensity（发光强度）的值为2.5，设置Glow Color（发光颜色）为A & B Colors（A和B颜色）、Color A（颜色A）为红色（R:255，G:0，B:0）、Color B（颜色B）为黄色（R:255，G:190，B:0）、如图11.65所示。

图11.65 设置发光特效的参数

步骤09 选择"拖尾"纯色层，按Ctrl+D组合键复制出新的一层并重命名为"光线"，修改"光线"层的Mode（模式）为Add（相加），如图11.66所示。

图11.66 设置层的模式

步骤10 在Effect Controls（效果控件）面板中，展开Vegas（勾画）选项组，修改Length（长度）的值为0.07、Width（宽度）的值为6，如图11.67所示。

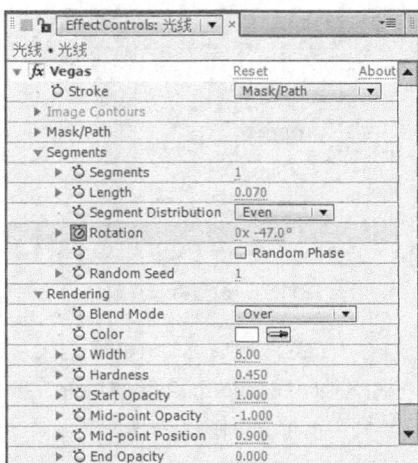

图11.67 修改勾画特效的属性

步骤11 展开Glow（发光）选项组，修改Glow Threshold（发光阈值）的值为31%、Glow Radius（发光半径）的值为25、Glow Intensity（发光强度）的值为3.5、Color A（颜色A）为浅蓝色（R:55，G:155，B:255）、Color B（颜色B）为深蓝色（R:20，G:90，B:210），如图11.68所示。

图11.68 修改发光特效属性

11.4.2 新建合成

步骤01 执行菜单栏中的Composition（合成）| New Composition（新建合成）命令，打开Composition Settings（合成设置）对话框，设置Composition Name（合成名称）为"舞动的精灵"、Width（宽度）为"720"、Height（高度）为"576"、Frame Rate（帧速率）为"25"，并设置Duration（持续时间）为0:00:05:00，如图11.69所示。

图11.69 新建合成

步骤02 按Ctrl+Y组合键，打开Solid Settings（纯色设置）对话框，设置Name（名称）为"背景"、Color（颜色）为黑色，如图11.70所示。

图11.70 建立纯色层

步骤03 在Effects & Presets（效果和预设）面板中展开Generate（生成）特效组，然后双击Ramp（梯度渐变）特效，如图11.71所示。

图11.71 添加特效

步骤04 在Effect Controls（效果控件）面板中，展开Ramp（梯度渐变）选项组。设置Start of Ramp（渐变起点）的值为90,55、Start Color（起始颜色）为深绿色（R:17，G:88，B:103）、End of Ramp（渐变终点）为430,410、End Color（结束颜色）为黑色，如图11.72所示。

图11.72 设置属性的值

11.4.3 复制"光线"层并添加特效

步骤01 将"光线"合成拖动到"舞动的精灵"合成的时间轴面板中，修改"光线"层的Mode（模式）为Add（相加），如图11.73所示。

图11.73 添加"光线"合成层

步骤02 按Ctrl+D组合键复制出一层，选中"光线2"层，调整时间线到0:00:00:03的位置，按键盘上的 [键，将入点设置到当前帧，如图11.74所示。

图11.74 复制光线合成层

步骤03 确认选择"光线2"层，在Effects & Presets（效果和预设）面板中展开Distort（扭曲）特效组，然后双击Turbulent Displace（湍流置换）特效，如图11.75所示。

图11.75 添加特效

步骤04 在Effect Controls（效果控件）面板中，设置Amount（数量）的值为195、Size（大小）的值为57、Antialiasing for Best Quality[消除锯齿（最佳品质）]为High（高度），如图11.76所示。

图11.76 设置特效参数

步骤05 选择"光线2"层，按Ctrl+D组合键复制出新的一层，调整时间线到0:00:00:06的位置，按 [键，将入点设置到当前帧，如图11.77所示。

图11.77 复制光线层

步骤06 在Effect Controls（效果控件）面板中，设置Amount（数量）的值为180、Size（大小）的值为25、Offset（偏移）的值为330,288，如图11.78所示。

图11.78 修改特效参数

步骤07 这样就完成了"舞动的精灵"动画的整体制作，按小键盘上的0键，在合成窗口中预览动画，效果如图11.79所示。

图11.79 "舞动的精灵"的动画效果

11.5 空间网格

难易程度: ★★☆☆☆

实例说明: 本例主要讲解空间网格动画的制作。首先应用Grid（网格）特效制作出网格效果，然后通过对Basic 3D（基本3D）特效的调节使网格具有空间感，从而完成空间网格动画的整体制作。本例最终的动画流程效果如图11.80所示。

工程文件: 第11章\空间网格

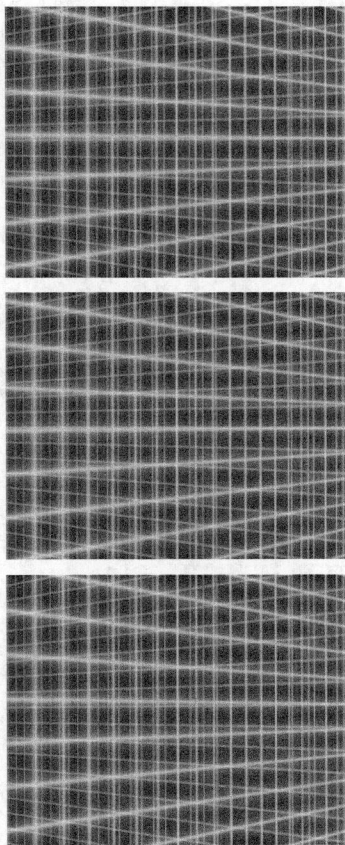

图11.80 空间网格最终动画流程效果

知识点

- 学习如何添加Gird和Basic 3D特效
- 掌握改变网格的颜色的方法
- 掌握合成层的复制操作

11.5.1 制作跳动的网格

步骤01 执行菜单栏中的Composition（合成）| New Composition（新建合成）命令，打开Composition Settings（合成设置）对话框，设置Composition Name（合成名称）为"网格跳动"、Width（宽度）为"1000"、Height（高度）为"500"、Frame Rate（帧速率）为"25"，并设置Duration（持续时间）为0:00:10:00，如图11.81所示。

图11.81 合成设置

步骤02 单击OK（确定）按钮，在项目面板中，将会出现一个名为"网格跳动"的合成，如图11.82所示。

图11.82 新建的合成

步骤03 按Ctrl+Y组合键，此时将打开Solid Settings（纯色设置）对话框，设置Name（名称）为"网格"、Color（颜色）为黑色，如图11.83所示。

图11.83 新建纯色层

步骤04 选择"网格"纯色层，在Effects & Presets（效果和预设）面板中展开Generate（生成）特效组，双击Grid（网格）特效，如图11.84所示。效果如图11.85所示。

图11.84 添加特效

图11.85 效果图

步骤05 在Effect Controls（效果控件）面板中，为Grid（网格）特效设置参数。从Size From（大小依据）下拉列表中选择Width & Height Sliders（宽度和高度滑块），设置Width（宽度）的值为20、Height（高度）的值为20、Border（边界）的值为3，修改Color（颜色）为白色，如图11.86所示。修改后的画面效果，如图11.87所示。

图11.86 设置特效的参数

图11.87 画面效果

提示 Anchor（锚点）：通过右侧的参数，可以调节水平和垂直的网格数量。Size From（大小依据）：从右侧的下拉列表中可以选择不同的起始点。根据选择的不同，会激活下方不同的选项。下拉列表中共包括Corner Point（边角点）、Width Slider（宽度滑块）和Width & Height Sliders（宽度和高度滑块）3个选项。Border（边界）：设置网格的粗细。Invert Grid（反转网格）：勾选该复选框，将反转显示网格效果。Color（颜色）：设置网格线的颜色。Opacity（不透明度）：设置网格的不透明度。

步骤06 选择"网格"层，将时间线调整到0:00:00:00的位置，在Effect Controls（效果控件）面板中，单击Anchor（锚点）左侧的码表按钮，在当前位置设置关键帧。

步骤07 将时间线调整到0:00:09:24的位置，在当前位置修改Anchor（锚点）的值为500,1000，如图11.88所示。

图11.88 为Anchor（锚点）设置关键帧

11.5.2 制作网格叠加

步骤01 执行菜单栏中的Composition（合成）| New Composition（新建合成）命令，打开Composition Settings（合成设置）对话框。设置Composition Name（合成名称）为"网格叠加"、Width（宽度）为"352"、Height（高度）为"288"、Frame Rate（帧速率）为"25"，并设置Duration（持续时间）为0:00:10:00，如图11.89所示。

图11.89 新建合成

步骤02 在项目面板中选择"网格跳动"合成，将其拖动到"网格叠加"合成的时间轴面板中，如图11.90所示。

图11.90 导入素材

步骤03 选择"网格跳动"合成层，在Effects & Presets（效果和预设）面板中展开Obsolete（过时）特效组，双击Basic 3D（基本3D）特效，如图11.91所示。效果如图11.92所示。

图11.91 添加特效　　　　图11.92 效果图

步骤04 在Effect Controls（效果控件）面板中，为Basic 3D（基本3D）特效设置参数，设置Swivel（旋转）的值为0×+50°，如图11.93所示。设置完成后的画面效果如图11.94所示。

图11.93 参数设置

图11.94 画面效果

提示 Swivel（旋转）：调整图像水平旋转的角度。Tilt（倾斜）：调整图像垂直旋转的角度。Distance to Image（与图像的距离）：设置图像拉近或推远的距离。Specular Highlight（镜面高光）：模拟阳光照射在图像上而产生的光晕效果，看起来就好像在图像的上方发生的一样。Preview（预览）：勾选"Draw Preview Wireframe（绘制预览线框）"复选框，在预览时图像会以线框的形式显示，这样就可以加快图像的显示速度。

步骤05 选择"网格跳动"合成层，按Ctrl+D组合键，复制"网格跳动"合成层，将复制出的"网格跳动"合成层重命名为"网格跳动2"，如图11.95所示。

图11.95 复制出的"网格跳动2"层

步骤06 选择"网格跳动2"合成层，在Effect Controls（效果控件）面板中，为Basic 3D（基本3D）特效设置参数。设置Swivel（旋转）的值为0×+123°、Distance to Image（与图像的距离）的值为-45，如图11.96所示。设置完成后的画面效果，如图11.97所示。

图11.96 修改特效的参数

图11.97 修改参数后的画面效果

步骤07 选择"网格跳动""网格跳动2"两个合成层，按T键，同时打开两个合成层的Opacity（不透明度）属性，然后在时间轴面板的空白处单击，取消选择。设置"网格跳动"合成层的Opacity（不透明度）值为50%、"网格跳动2"合成层的Opacity（不透明度）值为70%，如图11.98所示。

图11.98 设置两个合成层的Opacity（不透明度）

11.5.3 制作网格光晕

步骤01 新建一个Composition Name（合成名称）为"模糊网格"、Width（宽度）为"352"、Height（高度）为"288"、Frame Rate（帧速率）为"25"、Duration（持续时间）为0:00:10:00的合成，如图11.99所示。

图11.99 合成设置

步骤02 按Ctrl+Y组合键，此时将打开Solid Settings（纯色设置）对话框，修改Name（名称）为"背景"、设置Color（颜色）为黑色，如图11.100所示。

图11.100 新建纯色层

步骤03 在项目面板中选择"网格叠加"合成，将其拖动到"模糊网格"合成的时间轴面板中，并放置在顶层，如图11.101所示。

图11.101 导入素材

步骤04 选择"网格叠加"合成层，按Ctrl+D组合键，复制"网格叠加"合成层，将复制出的"网格叠加"合成层重命名为"网格叠加2"，如图11.102所示。

图11.102 复制合成层并重命名为"网格叠加2"

步骤05 选择"网格叠加2"合成层，在Effects & Presets（效果和预设）面板中展开Blur & Sharpen（模糊和锐化）特效组，双击Gaussian Blur（高斯模糊）特效，如图11.103所示。效果如图11.104所示。

图11.103 添加特效

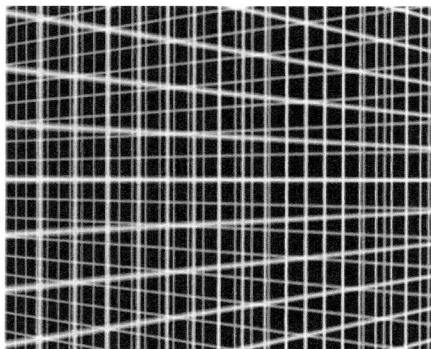

图11.104 效果图

步骤06 在Effect Controls（效果控件）面板中，为Gaussian Blur（高斯模糊）特效设置参数，设置Blurriness（模糊度）的值为14，如图11.105所示。修改参数后的画面效果，如图11.106所示。

图11.105 设置特效的参数

图11.106 画面效果

步骤07 选择"网格叠加2"合成层，按Ctrl+D组合键，复制"网格叠加2"合成层，将复制出的"网格叠加2"合成层重命名为"网格叠加3"，如图11.107所示。

图11.107 复制出的"网格叠加3"

步骤08 选择"网格叠加"合成层，按T键，打开该层的Opacity（不透明度）选项，设置Opacity（不透明度）的值为90%，如图11.108所示。

图11.108 设置Opacity（不透明度）的值为90

步骤09 这样就完成了网格光晕的效果，完成后的画面效果如图11.109所示。

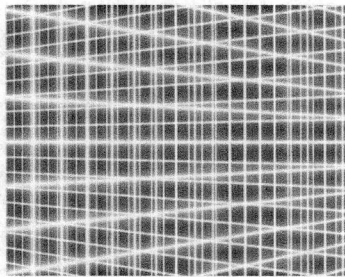

图11.109 完成后的画面效果

步骤10 新建一个Composition Name（合成名称）为"空间网格"、Width（宽度）为"352"、Height（高度）为"288"、Frame Rate（帧速率）为"25"、Duration（持续时间）为0:00:10:00的合成。

步骤11 在项目面板中选择"模糊网格"合成，将其拖动到"空间网格"合成的时间轴面板中，如图11.110所示。

图11.110 导入"模糊网格"合成

步骤12 选择"模糊网格"合成层，在Effects & Presets（效果和预设）面板中展开Color Correction（颜色校正）特效组，双击Curves（曲线）特效，如图11.111所示。

步骤13 在Effect Controls（效果控件）面板中，从Channel（通道）下拉列表中选择Blue（蓝色），调节Curves（曲线）形状，如图11.112所示。

图11.111 添加曲线特效

图11.112 调节曲线形状

步骤14 调节完Curves（曲线）特效的曲线形状后的画面效果，如图11.113所示。

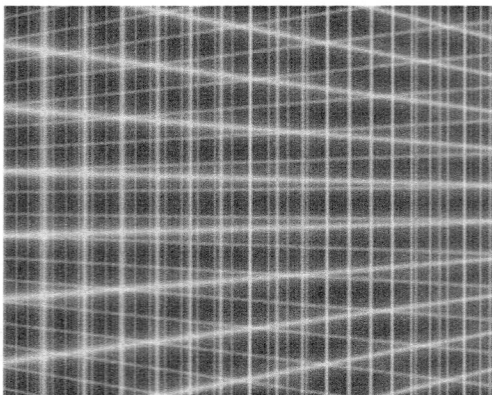

图11.113 调节曲线后画面效果

步骤15 这样就完成了"空间网格"动画的整体制作，按小键盘上的0键播放预览。最后将文件保存并输出成动画。

11.6 旋转光环

难易程度： ★★☆☆☆

实例说明： 本例主要讲解旋转光环动画的制作。首先通过设置Polar Coordinates（极坐标）、Glow（发光）特效制作圆环发光效果，然后利用Basic 3D（基本3D）特效制作出光环的3D效果，最后利用Curves（曲线）特效对圆环进行颜色调整，完成整个动画的制作。本例最终的动画流程效果如图11.114所示。

工程文件： 第11章\旋转光环

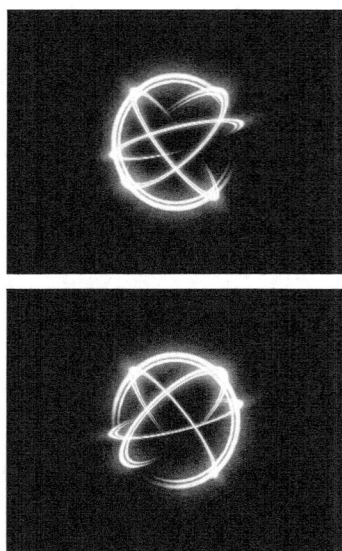

图11.114 旋转光环最终动画流程效果

知识点

- 学习Rectangle Tool（矩形工具）的使用
- 学习利用Polar Coordinates（极坐标）特效制作圆环的方法
- 掌握Basic 3D（基本3D）特效的使用

11.6.1 建立蒙版制作光线

步骤01 执行菜单栏中的Composition（合成）| New Composition（新建合成）命令，打开Composition Settings（合成设置）对话框，设置Composition Name（合成名称）为"光线"、Width（宽度）为"720"、Height（高度）为"576"、Frame Rate（帧速率）为"25"，并设置Duration（持续时间）为0:00:05:00，如图11.115所示。

图11.115 新建合成

步骤02 按Ctrl+Y组合键，打开Solid Settings（纯色设置）对话框，修改Name（名称）为"光线"，设置Color（颜色）为白色，如图11.116所示。

图11.116 新建纯色层

步骤03 选择工具栏中的Rectangle Tool（矩形工具），在合成窗口中绘制一个长条状的矩形蒙版。在时间轴面板中展开Mask 1（蒙版1）选项组，单击Mask Feather（蒙版羽化）属性右侧的约束比例按钮，取消比例约束，修改Mask Feather（蒙版羽化）的值为100,4，如图11.117所示。此时的画面效果如图11.118所示。

图11.117 设置属性

图11.118 设置后的效果

步骤04 选择Mask 1（蒙版1），按Ctrl+D组合键复制一个蒙版Mask 2（蒙版2），修改Mask 2（蒙版2）的

Mask Feather（蒙版羽化）值为100,10，如图11.119所示。此时可以看到Mask 2（蒙版2）的画面效果如图11.120所示。

图11.119 设置蒙版2的属性

图11.120 蒙版2的效果

11.6.2 创建"光环"合成动画

步骤01 执行菜单栏中的Composition（合成）| New Composition（新建合成）命令，打开Composition Settings（合成设置）对话框，设置Composition Name（合成名称）为"光环"、Width（宽度）为"720"、Height（高度）为"576"、Frame Rate（帧速率）为"25"，并设置Duration（持续时间）为0:00:05:00，如图11.121所示。

图11.121 新建合成

步骤02 将"光线"合成导入"光环"合成的时间轴面板。选择"光线"层，在Effects & Presets（效果和

预设）面板中展开Distort（扭曲）特效组，然后双击Polar Coordinates（极坐标）特效。

步骤03 在Effect Controls（效果控件）面板中，修改Interpolation（插值）的值为100%，设置Type of Conversion（转换类型）为Rect to Polar（矩形到极线）特效，如图11.122所示。

图11.122 设置特效参数

步骤04 在Effects & Presets（效果和预设）面板中展开Stylize（风格化）特效组，然后双击Glow（发光）特效，如图11.123所示。

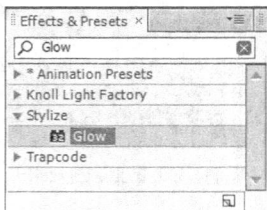

图11.123 添加特效

步骤05 在Effect Controls（效果控件）面板中，修改Glow Threshold（发光阈值）的值为40%，Glow Radius（发光半径）的值为50、Glow Intensity（发光强度）的值为2、Glow Colors（发光颜色）为A & B Colors（A和B颜色），设置Color A（颜色A）为黄色（R:255，G:250，B:0）、Color B（颜色B）为绿色（R:25，G:255，B:0），如图11.124所示。

图11.124 设置发光特效的参数

步骤06 在时间轴面板中按R键打开Rotation（旋转）属性，调整时间线到0:00:00:00的位置，在当前位置建立关键帧；调整时间线到0:00:04:24的位置，修改Rotation（旋转）的值为6×+0°，如图11.125所示。

图11.125 设置旋转属性

11.6.3 制作旋转光环动画

步骤01 执行菜单栏中的Composition（合成）| New Composition（新建合成）命令，打开Composition Settings（合成设置）对话框。设置Composition Name（合成名称）为"光环组"、Width（宽度）为"720"、Height（高度）为"576"、Frame Rate（帧速率）为"25"，并设置Duration（持续时间）为0:00:05:00，如图11.126所示。

图11.126 新建合成

步骤02 将"光环"合成导入"光环组"合成的时间轴面板中，并重命名为"光环1"，在Effects & Presets（效果和预设）面板中展开Obsolete（过时）特效组，然后双击Basic 3D（基本3D）特效，如图11.127所示。

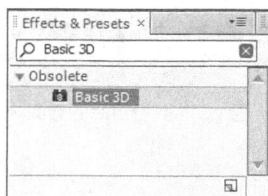

图11.127 添加基础3D特效

步骤03 按Ctrl+D组合键3次，复制出3个层，分别重命名为"光环2"、"光环3"和"光环4"。在Effect Controls（效果控件）面板中，修改"光环2"的Basic 3D（基本3D）属性中的Swivel（旋转）的值为0×+123°，修改Tilt（倾斜）的值为0×-43°，如图11.128所示。

图11.128 "光环2"参数设置

步骤04 修改"光环3"的Basic 3D（基本3D）属性中的Swivel（旋转）的值为0×-48°，修改Tilt（倾斜）的值为0×-107°，如图11.129所示。

图11.129 修改"光环3"的特效参数

步骤05 修改"光环4"的Basic 3D（基本3D）属性中的Swivel（旋转）的值为0×-73°，修改Tilt（倾斜）的值为0×-36°，如图11.130所示。

图11.130 修改"光环4"的特效参数

步骤06 这样就完成了"旋转光环"动画的制作，按空格键或小键盘上的0键，可看到动画的效果，如图11.131所示。

图11.131 "旋转光环"动画效果

11.7 连动光线

难易程度：★★☆☆☆

实例说明：本例主要讲解连动光线动画的制作。首先利用Ellipse Tool（椭圆工具）绘制一个椭圆形，然后通过添加3D Stroke（3D笔触）特效并设置相关参数，制作出连动光线效果，最后添加Starglow（星光）特效为光线添加光效，完成连动光线动画的制作。本例最终的动画流程效果如图11.132所示。

工程文件：第11章\连动光线

图11.132 连动光线最终动画流程效果

- 学习3D Stroke（3D笔触）特效的使用方法
- 学习通过Adjust Step（调节步幅）参数使线与点相互变化的方法
- 掌握利用Starglow（星光）特效使线与点发出绚丽光芒的技巧

11.7.1 通过3D笔触特效绘制光线

步骤01 执行菜单栏中的Composition（合成）| New Composition（新建合成）命令，打开Composition Settings（合成设置）对话框。设置Composition Name（合成名称）为"连动光线"、Width（宽度）为"720"、Height（高度）为"576"、Frame Rate（帧速率）为"25"，并设置Duration（持续时间）为0:00:05:00，如图11.133所示。

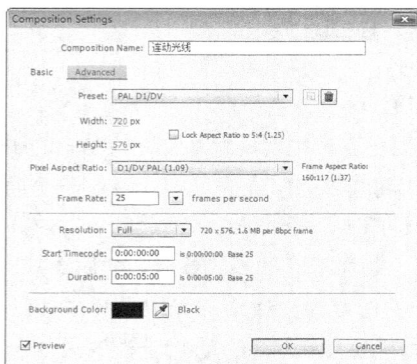

图11.133 新建合成

步骤02 按Ctrl+Y组合键，打开Solid Settings（纯色设置）对话框，设置Name（名称）为"光线"、Color（颜色）为黑色，如图11.134所示。

图11.134 新建纯色层

步骤03 确认选择"光线"层，在工具栏中选择Ellipse Tool（椭圆工具）◎，在合成窗口中绘制一个椭圆形，如图11.135所示。

图11.135 绘制椭圆形

步骤04 在Effects & Presets（效果和预设）面板中展开Trapcode特效组，然后双击3D Stroke（3D笔触）特效，如图11.136所示。

图11.136 添加特效

步骤05 在Effect Controls（效果控件）面板中，设置End（结束）的值为50；展开Taper（锥形）选项组，勾选Enable（开启）复选框，取消勾选Compress to fit（适合合成）复选框；展开Repeater（重复）选项组，勾选择Enable（开启）复选框，取消勾选Symmetric Doubler（对称复制）复选框，设置Instances（实例）参数的值为15、Scale（缩放）参数的值为115，如图11.137所示。此时合成窗口中的画面效果如图11.138所示。

图11.137 设置参数

图11.138 画面效果

步骤06 确认时间线在0:00:00:00的位置，展开Transform（变换）选项组，分别单击Bend（弯曲）、X Rotation（x轴旋转）、Y Rotation（y轴旋转）、Z Rotation（z轴旋转）左侧的码表按钮，建立关键帧；修改X Rotation（x轴旋转）的值为0×+155°、Y Rotation（y轴旋转）的值为1×+150°、Z Rotation（z轴旋转）的值为0×+330°，如图11.139所示。设置旋转属性后的画面效果如图11.140所示。

图11.139 设置特效属性

图11.140 设置后的画面效果

步骤07 展开Repeater（重复）选项组，分别单击Factor（因数）、X Rotation（x轴旋转）、Y Rotation（y轴旋转）、Z Rotation（z轴旋转）左侧的码表按钮；修改Y Rotation（y轴旋转）的值为0×+110°、Z Rotation（z轴旋转）的值为-1×+0°，如图11.141所示。此时合成窗口中的效果如图11.142所示。

图11.141 设置属性参数

图11.142 设置重复参数后的效果

步骤08 调整时间线到0:00:02:00的位置，在Transform（变换）选项组中，修改Bend（弯曲）的值为3、X Rotation（x轴旋转）的值为0×+105°、Y Rotation（y轴旋转）的值为1×+200°、Z Rotation（z轴旋转）的值为0×+320°，如图11.143所示。此时的画面效果如图11.144所示。

图11.143 设置变换属性的参数

图11.144 设置变换属性后的效果

步骤09 在Repeater（重复）选项组中，修改X Rotation（x轴旋转）的值为0×+100°、Y Rotation（y轴旋转）的值为0×+160°、Z Rotation（z轴旋转）的值为0×-145°，如图11.145所示。此时的画面效果如图11.146所示。

图11.145 修改参数

图11.146 修改参数后的效果

步骤10 调整时间线到0:00:03:10的位置，在Transform（变换）选项组中，修改Bend（弯曲）的值为2、X Rotation（x轴旋转）的值为0×+190°、Y Rotation（y轴旋转）的值为1×+230°、Z Rotation（z轴旋转）的值为0×+300°，如图11.147所示。此时合成窗口中的画面效果如图11.148所示。

图11.147 修改变换参数1

图11.148 修改变换参数后效果1

步骤11 在Repeater（重复）选项组中，修改Factor（因数）的值为1.1、X Rotation（x轴旋转）的值为0×+240°、Y Rotation（y轴旋转）的值为0×+130°、Z Rotation（z轴旋转）的值为0×-40°，如图11.149所示。此时的画面效果如图11.150所示。

图11.149 修改重复参数1

图11.150 修改重复参数后效果1

步骤12 调整时间线到0:00:04:20的位置，在Transform（变换）选项组中，修改Bend（弯曲）的值为9、X Rotation（x轴旋转）的值为0×+200°、Y Rotation（y轴旋转）的值为1×+320°、Z Rotation（z轴旋转）的值为0×+290°，如图11.151所示。此时在合成窗口中看到的画面效果如图11.152所示。

图11.151 修改变换参数2

图11.152 修改变换参数后效果2

步骤13 在Repeater（重复）选项组中，修改Factor（因数）的值为0.6、X Rotation（x轴旋转）的值为0×+95°、Y Rotation（y轴旋转）的值为0×+110°、Z Rotation（z轴旋转）的值为0×+77°，如图11.153所示。此时合成窗口中的画面效果如图11.154所示。

图11.153 修改重复参数2

图11.154 修改重复参数后效果2

11.7.2 制作线与点的变化

步骤01 调整时间线到0:00:01:00的位置，展开Advanced（高级）选项组，单击Adjust Step（调节步

幅）左侧的码表按钮⏱，在当前位置建立关键帧，修改Adjust Step（调节步幅）的值为900，如图11.155所示。此时合成窗口中的画面效果如图11.156所示。

图11.155 设置属性参数1

图11.156 画面效果1

步骤02 调整时间线到0:00:01:10的位置，设置Adjust Step（调节步幅）的值为200，如图11.157所示。此时合成窗口中的画面效果如图11.158所示。

图11.157 设置属性参数2

图11.158 画面效果2

步骤03 调整时间线到0:00:01:20的位置，设置Adjust Step（调节步幅）的值为900，如图11.159所示。此时合成窗口中的画面效果如图11.160所示。

图11.159 设置属性参数3

图11.163 设置属性参数5

图11.160 画面效果3

图11.164 画面效果5

步骤04 调整时间线到0:00:02:15的位置，设置Adjust Step（调节步幅）的值为200，如图11.161所示。此时合成窗口中的画面效果如图11.162所示。

步骤06 调整时间线到0:00:04:05的位置，设置Adjust Step（调节步幅）的值为900，如图11.165所示。此时合成窗口中的画面效果如图11.166所示。

图11.161 设置属性参数4

图11.165 设置属性参数6

图11.162 画面效果4

图11.166 画面效果6

步骤05 调整时间线到0:00:03:10的位置，设置Adjust Step（调节步幅）的值为200，如图11.163所示。此时合成窗口中的画面效果如图11.164所示。

步骤07 调整时间线到0:00:04:20的位置，设置Adjust Step（调节步幅）的值为300，如图11.167所示。此时合成窗口中的画面效果如图11.168所示。

图11.167 设置属性参数7

图11.168 画面效果7

11.7.3 添加星光特效

步骤01 确认选择"光线"纯色层，在Effects & Presets（效果和预设）面板中展开Trapcode特效组，然后双击Starglow（星光）特效，如图11.169所示。

图11.169 添加Starglow（星光）特效

步骤02 在Effect Controls（效果控件）面板中，设置Presets（预设）为Warm Star（暖星）、Streak Length（光线长度）的值为10，如图11.170所示。

图11.170 设置Starglow（星光）特效参数

步骤03 这样就完成了"连动光线"效果的整体制作，按小键盘上的0键，在合成窗口中预览动画，如图11.171所示。

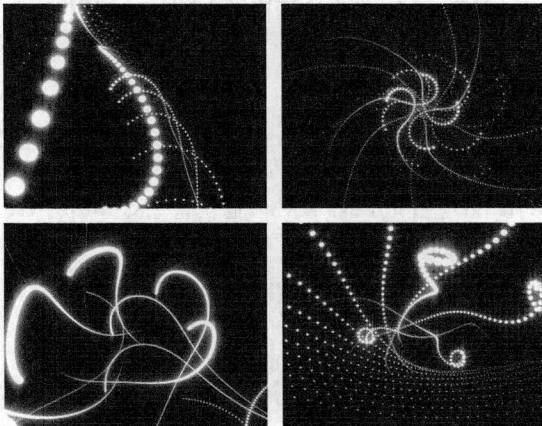

图11.171 "连动光线"动画流程

11.8 梦幻飞散精灵

难易程度： ★★★☆☆

实例说明： 本例主要讲解利用CC Particle World（CC 粒子仿真世界）特效制作梦幻飞散精灵动画。本例最终的动画流程效果如图11.172所示。

工程文件： 第11章\梦幻飞散精灵

图11.172 动画流程画面

知识点

- 学习CC Particle World（CC 粒子仿真世界）特效的使用
- 学习Fast Blur（快速模糊）特效的使用

11.8.1 制作粒子1

步骤01 执行菜单栏中的Composition（合成）| New Composition（新建合成）命令，打开Composition Settings（合成设置）对话框。设置Composition Name（合成名称）为"梦幻飞散精灵"、Width（宽度）为"720"、Height（高度）为"405"、Frame Rate（帧速率）为"25"，并设置Duration（持续时间）为0:00:05:00。

步骤02 执行菜单栏中的Layer（图层）|New（新建）|Solid（纯色）命令，打开Solid Settings（纯色设置）对话框，设置Name（名称）为"粒子"、Color（颜色）为紫色（R:253，G:86，B:255）。

步骤03 为"粒子"层添加CC Particle World（CC 粒子仿真世界）特效。在Effects & Presets（效果和预设）面板中展开Simulation（模拟）特效组，然后双击CC Particle World（CC 粒子仿真世界）特效。

步骤04 在Effect Controls（效果控件）面板中，修改CC Particle World（CC 粒子仿真世界）特效的参数。设置Birth Rate（生长速率）的值为0.6、Longevity（寿命）的值为2.09，展开Producer（产生点）选项组，设置Radius Z（z轴半径）的值为0.435；将时间线调整到0:00:00:00的位置，设置Position X（x轴位置）的值为-0.53、Position Y（y轴位置）的值为0.03，同时单击Position X（x轴位置）和Position Y（y轴位置）左侧的码表按钮，在当前位置设置关键帧。

步骤05 将时间线调整到0:00:03:00的位置，设置Position X（x轴位置）的值为0.78、Position Y（y轴位置）的值为0.01，系统会自动设置关键帧，如图11.173所示。合成窗口效果如图11.174所示。

图11.173 设置产生点参数

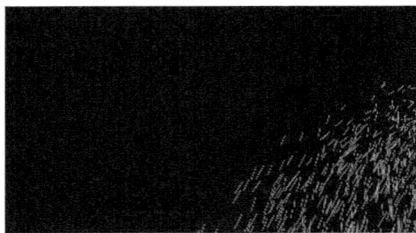

图11.174 设置产生点参数后效果

步骤06 展开Physics（物理学）选项组，从Animation（动画）下拉列表中选择Viscous（黏性）选项，设置Velocity（速率）的值为0.84、Gravity（重力）的值为0；展开Particle（粒子）选项组，从Particle Type（粒子类型）下拉列表中选择Lens Concave（凸透镜）选项，设置Birth Size（生长大小）的值为0.357、Death Size（消逝大小）的值为0.587，如图11.175所示。此时，合成窗口效果如图11.176所示。

图11.175 设置参数

图11.176 设置特效参数后效果

11.8.2 制作粒子2

步骤01 选中"粒子"层，按Ctrl+D组合键复制出另一个图层，将该图层重命名为"粒子2"。为"粒子2"层添加Fast Blur（快速模糊）特效。在Effects & Presets（效果和预设）面板中展开Blur & Sharpen

（模糊和锐化）特效组，然后双击Fast Blur（快速模糊）特效。

步骤02 在Effect Controls（效果控件）面板中，修改Fast Blur（快速模糊）特效的参数。设置Blurriness（模糊量）的值为15，如图11.177所示。此时，合成窗口效果如图11.178所示。

图11.177 设置快速模糊参数

图11.178 设置快速模糊后效果

步骤03 选中"粒子2"层，在Effect Controls（效果控件）面板中，修改CC Particle World（CC粒子仿真世界）特效的参数。设置Birth Rate（生长速率）的值为0.6、Longevity（寿命）的值为2.09；将时间线调整到0:00:00:00的位置，设置Position X（x轴位置）的值为−0.53、Position Y（y轴位置）的值为0.03，同时单击Position X（x轴位置）和Position Y（y轴位置）左侧的码表按钮 ，在当前位置设置关键帧。

步骤04 将时间线调整到0:00:03:00的位置，设置Position X（x轴位置）的值为0.78、Position Y（y轴位置）的值为0.01，系统会自动设置关键帧，如图11.179所示。此时，合成窗口效果如图11.180所示。

图11.179 设置关键帧参数

图11.180 设置关键帧参数后效果

步骤05 展开Physics（物理学）选项组，设置Velocity（速率）的值为0.84、Gravity（重力）的值为0，如图11.181所示。此时，合成窗口效果如图11.182所示。

图11.181 设置物理学参数

图11.182 设置参数后效果

步骤06 这样就完成了梦幻飞散精灵效果的整体制作，按小键盘上的0键，即可在合成窗口中预览动画。

第 ⑫ 章
影视特效的完美表现

内容摘要

本章主要讲解影视特效的完美表现。特效在影视作品中已经十分普遍，本章主要讲解影视特效中一些常见特效的制作方法，通过学习掌握影视中常见特效的制作方法和技巧。

教学目标

- 掌握流星雨效果的制作
- 学习滴血文字动画的制作
- 学习墙面破碎出字动画的制作
- 掌握数字人物动画的制作
- 掌握飞行烟雾动画的制作

- 掌握电光球特效的制作
- 掌握时间倒计时动画的制作
- 掌握魔戒动画的制作
- 掌握地面爆炸动画的制作

12.1 流星雨效果

难易程度： ★ ★ ☆ ☆ ☆

实例说明： 本例主要讲解利用Particle Playground（粒子运动场）特效制作流星雨效果。本例最终的动画流程效果如图12.1所示。

工程文件： 第12章\流星雨效果

图12.1 动画流程画面

知识点

- 学习Particle Playground（粒子运动场）特效的使用
- Echo（残影）特效的使用

操作步骤

步骤01 执行菜单栏中的File（文件）|Open Project（打开项目）命令，选择配套资源中的"工程文件\第12章\流星雨效果\流星雨效果练习.aep"文件，将文件打开。

步骤02 执行菜单栏中的Layer（图层）|New（新建）|Solid（纯色）命令，打开Solid Settings（纯色设置）对话框，设置Name（名称）为"载体"、Color（颜色）为黑色。

步骤03 为"载体"层添加Particle Playground（粒子运动场）特效。在Effects & Presets（效果和预设）面板中展开Simulation（模拟）特效组，然后双击Particle Playground（粒子运动场）特效。

步骤04 在Effects Controls（效果控件）面板中，修改Particle Playground（粒子运动场）特效的参数。展开Cannon（发射）选项组，设置Position（位置）的值为360,10、Barrel Radius（圆筒半径）的值为300、Particles Per Second（每秒粒子数）的值为70、Direction（方向）的值为0×+180°、Velocity Random Spread（随机扩散速率）的值为15、Color（颜色）为蓝色（R:40、G:93、B:125）、Particles Radius（粒子半径）的值为25，如图12.2所示。合成窗口效果如图12.3所示。

图12.2 设置发射参数

图12.3 设置发射参数后效果

步骤05 单击Particle Playground（粒子运动场）项目右边的Options（选项）链接，打开Particle Playground（粒子运动场）对话框，单击Edit Cannon Text（编辑发射文字）按钮，弹出Edit Cannon Text（编辑发射文字）对话框，在对话框文字输入区输入任意数字与字母，如图12.4所示，单击两次OK（确定）按钮，完成文字编辑。合成窗口效果如图12.5所示。

图12.4 编辑发射文字

图12.5 设置文字后效果

步骤06 为"载体"层添加Glow（发光）特效。在Effects & Presets（效果和预设）面板中展开Stylize（风格化）特效组，然后双击Glow（发光）特效。

步骤07 在Effects Controls（效果控件）面板中，修改Glow（发光）特效的参数。设置Glow Threshold（发光阈值）的值为44%、Glow Radius（发光半径）的值为197、Glow Intensity（发光强度）的值为1.5，如图12.6所示。合成窗口效果如图12.7所示。

图12.6 设置发光特效参数

图12.7 设置发光特效后效果

步骤08 为"载体"层添加Echo（拖尾）特效。在Effects & Presets（效果和预设）面板中展开Time（时间）特效组，然后双击Echo（残影）特效。

步骤09 在Effects Controls（效果控件）面板中，修改Echo（残影）特效的参数。设置Echo Time（残影时间）的值为−0.05、Number of Echoes（残影数量）的值为10、Decay（衰减）的值为0.8，如图12.8所示。合成窗口效果如图12.9所示。

图12.8 设置残影特效参数

图12.9 设置残影特效后效果

步骤10 这样就完成了"流星雨效果"的整体制作，按小键盘上的0键，即可在合成窗口中预览动画。

12.2 滴血文字

难易程度： ★★☆☆☆

实例说明： 本例主要讲解利用Liquify（液化）特效制作滴血文字效果。本例最终的动画流程效果如图12.10所示。

工程文件： 第12章\滴血文字

图12.10 动画流程画面

知识点

- 学习Roughen Edges（毛边）特效的使用
- 学习Liquify（液化）特效的使用

操作步骤

步骤01 执行菜单栏中的File（文件）|Open Project（打开项目）命令，选择配套资源中的"工程文件\第12章\滴血文字\滴血文字练习.aep"文件，将文件打开。

步骤02 为文字层添加Roughen Edges（毛边）特效。在Effects & Presets（效果和预设）面板中展开Stylize（风格化）特效组，然后双击Roughen Edges（毛边）特效。

步骤03 在Effects Controls（效果控件）面板中，修改Roughen Edges（毛边）特效的参数。设置Border（边界）的值为6，如图12.11所示。合成窗口效果如图12.12所示。

图12.11 设置（毛边）特效参数

图12.12 合成窗口中效果1

步骤04 为文字层添加Liquify（液化）特效。在Effects & Presets（效果和预设）面板中展开Distort（扭曲）特效组，然后双击Liquify（液化）特效。

步骤05 在Effects Controls（效果控件）面板中，修改Liquify（液化）特效的参数。在Tools（工具）下单击变形工具按钮，展开Warp Tool Options（变形工具选项）选项组，设置Brush Size（画笔大小）的值为10、Brush Pressure（画笔压力）的值为100，如图12.13所示。

图12.13 设置Liquify（液化）特效的参数

步骤06 在合成窗口的文字上按住鼠标左键拖动，使文字产生变形效果。变形后的效果如图12.14所示。

图12.14 合成窗口中效果2

步骤07 将时间线调整到0:00:00:00的位置，在Effects Controls（效果控件）面板中，修改Liquify（液化）特效的参数。设置Distortion Percentage（扭曲百分比）的值为0，并单击Distortion Percentage（扭曲百分比）左侧的码表按钮，在当前位置设置关键帧。

步骤08 将时间线调整到0:00:01:10的位置，设置Distortion Percentage（扭曲百分比）的值为200%，系统会自动设置关键帧，如图12.15所示。

图12.15 添加关键帧

步骤09 这样就完成了"滴血文字"的整体制作，按小键盘上的0键，即可在合成窗口中预览动画。

12.3 墙面破碎出字

难易程度： ★★★☆☆

实例说明： 本例主要讲解利用Shatter（碎片）特效制作墙面破碎出字动画效果。本例最终的动画流程效果如图12.16所示。

工程文件： 第12章\破碎出字

图12.16 动画流程画面

图12.16 动画流程画面（续）

图12.17 设置文字样式

图12.18 设置文字样式后效果

知识点

- Shatter（碎片）特效的使用
- Light（灯光）命令的使用
- Rectangle Tool（矩形工具）■的使用

操作步骤

步骤01 执行菜单栏中的File（文件）|Open Project（打开项目）命令，选择配套资源中的"工程文件\第12章\破碎出字\破碎出字练习.aep"文件，将"破碎出字练习.aep"文件打开。

步骤02 执行菜单栏中的Composition（合成）| New Composition（新建合成）命令，打开Composition Settings（合成设置）对话框。设置Composition Name（合成名称）为"文字"、Width（宽度）为"720"、Height（高度）为"576"、Frame Rate（帧速率）为"25"，并设置Duration（持续时间）为0:00:04:00。

步骤03 在Project（项目）面板中，选择"纹理"素材，将其拖动到"文字"合成的时间轴面板中。

步骤04 执行菜单栏中的Layer（图层）|New（新建）|Text（文本）命令，输入"墙面破碎"文字。在Character（字符）面板中，设置文字字体为STXingkai、字号为25px、字间距为86、文字颜色为灰色（R:129，G:129，B:129），如图12.17所示。此时的合成窗口效果如图12.18所示。

步骤05 执行菜单栏中的Composition（合成）| New Composition（新建合成）命令，打开Composition Settings（合成设置）对话框。设置Composition Name（合成名称）为"破裂"、Width（宽度）为"720"、Height（高度）为"576"、Frame Rate（帧速率）为"25"，并设置Duration（持续时间）为0:00:04:00。

步骤06 在Project（项目）面板中，选择"文字"合成，将其拖动到"破裂"合成的时间轴面板中。

步骤07 执行菜单栏中的Layer（图层）|New（新建）|Light（灯光）命令，打开Light Settings（灯光设置）对话框，从Light Type（灯光类型）下拉列表中选择Point（点），设置Color（颜色）为白色、Intensity（强度）为154%，单击OK（确定）按钮。

步骤08 为"文字"层添加Shatter（碎片）特效。在Effects & Presets（效果和预设）面板中展开Simu-lation（模拟）特效组，然后双击Shatter（碎片）特效。

步骤09 在Effect Controls（效果控件）面板中，修改Shatter（碎片）特效的参数。在View（视图）下拉列表中选择Rendered（已渲染），从Render（渲染）下拉列表中选择Pieces（块）选项；展开Shape（形状）选项组，从Pattern（图案）下拉列表中选择Glass（玻璃）选项，设置Repetitions（重复）的值为60、Extrusion Depth（凸出深度）的值为0.21，如图12.19所示。

图12.19 设置碎片特效参数

步骤10 展开Force 1（作用力1）选项组，设置Depth（深度）的值为0.05、Radius（半径）的值为0.2；将时间线调整到0:00:00:10的位置，设置Position（位置）的值为-30,283，单击Position（位置）左侧的码表按钮，在当前位置设置关键帧，如图12.20所示。

图12.20 设置作用力参数及位置关键帧

步骤11 将时间线调整到0:00:03:07的位置，设置Position（位置）的值为646,283，系统会自动设置关键帧，如图12.21所示。

图12.21 设置位置关键帧

步骤12 展开Physics（物理学）选项组，设置Rotation Speed（旋转速度）的值为1、Randomness（随机性）的值为1、Viscosity（黏度）的值为0.1、Mass Variance（大规模方差）的值为25%，如图12.22所示。

图12.22 设置物理学参数

步骤13 执行菜单栏中的Composition（合成）| New Composition（新建合成）命令，打开Composition Settings（合成设置）对话框。设置Composition Name（合成名称）为"蒙版动画"、Width（宽度）为"720"、Height（高度）为"576"、Frame Rate（帧速率）为"25"，并设置Duration（持续时间）为0:00:04:00。

步骤14 在Project（项目）面板中，选择"文字"合成，将其拖动到"蒙版动画"合成的时间轴面板中。

步骤15 将时间线调整到0:00:00:10的位置，选择"文字"层，在工具栏中选择Rectangle Tool（矩形工具），绘制一个长方形路径；按M键打开Mask Path（蒙版路径）属性，勾选Inverted（反转）复选框，单击Mask Path（蒙版路径）左侧的码表按钮，在当前位置设置关键帧，如图12.23所示。

图12.23 绘制矩形路径

步骤16 将时间线调整到0:00:02:18的位置，选择矩形左侧两个描点从左侧拖动到右侧，系统会自动设置关键帧，如图12.24所示。

图12.24 设置2秒18帧蒙版效果

步骤17 在Project（项目）面板中，选择"破裂"和"蒙版动画"合成，将其拖动到"破碎出字"合成的时间轴面板中。

步骤18 在时间轴面板中，设置"蒙版动画"的Mode（模式）为Multiply（正片叠底），如图12.25所示。合成窗口效果如图12.26所示。

图12.25 设置模式为正片叠底

图12.26 设置正片叠底后效果

步骤19 这样就完成了墙面破碎出字动画的整体制作，按小键盘上的0键，即可在合成窗口中预览动画。

12.4 数字人物

难易程度： ★★★☆☆

实例说明： 本例主要讲解利用Enable Per-character 3D（启用逐字3D化）命令制作数字人物动画效果。本例最终的动画流程效果如图12.27所示。

工程文件： 第12章\数字人物

图12.27 数字人物动画流程效果

知识点

- Invert（反转）特效的使用
- Enable Per-character 3D（启用逐字3D化）命令的使用
- Tritone（三色调）特效的使用
- Glow（发光）特效的使用

12.4.1 新建数字合成

步骤01 打开配套资源中的"工程文件\第2章\数字人物\数字人物练习.aep"文件。执行菜单栏中的Composition（合成）|New Composition（新建合成）命令，打开Composition Settings（合成设置）对话框，设置Composition Name（合成名称）为"人物"、Width（宽度）为"720"、Height（高度）为"576"、Frame Rate（帧速率）为"25"，并设置Duration（持续时间）为0:00:05:00。

步骤02 打开"人物"合成，在项目面板中选择"头像.jpg"素材，将其拖动到"人物"合成的时间轴面板中。

步骤03 选中"头像.jpg"层，为其添加Invert（反向）特效。在Effects & Presets（效果和预设）面板中展开Channel（通道）特效组，然后双击Invert（反转）特效，再在"效果控件"面板中设置参数，如图12.28所示。合成窗口效果如图12.29所示。

图12.28 参数设置

图12.29 设置参数后效果

步骤04 切换到"数字"合成，执行菜单栏中的Layer（图层）|New（新建）|Text（文本）命令，并将文本层重命名为"数字蒙版"，在"人物"的合成窗口中输入1~9的任何数字，直到覆盖住人物为主，设置字体为"Arial"、字号为"10px"、文本颜色为白色，其他参数设置如图12.30所示。效果如图12.31所示。

图12.30 文字样式设置   图12.31 效果图

步骤05 选中"数字蒙版"文字层，打开运动模糊开关，在时间轴面板中，展开文字层，然后单击Text（文本）右侧Animate（动画）后的三角形按钮，从菜单中选择Enable Per-character 3D（启用逐字3D化）命令，此时"数字蒙版"文字层的三维层设置会变成。

步骤06 将"人物"合成拖动到"数字"合成的时间轴面板中，选中"人物"层，设置其轨道遮罩为Alpha Matte"数字蒙版"（Alpha遮罩"数字蒙版"），如图12.32所示。

图12.32 设置轨道遮罩

步骤07 在时间轴面板中展开文字层，将时间线调整到0:00:00:00的位置，然后单击Text（文本）右侧Animate（动画）后的三角形按钮，从菜单中选择Position（位置）命令，设置Position(位置)的值为0,0,-1500；单击Animator 1（动画制作工具1）右侧Add（添加）后面的三角形按钮，从菜单中选择Property（属性）|Character Offset（字符位移）命令，设置Character Offset（字符位移）的值为10，单击Position（位置）和Character Offset（字符位移）左侧的码表按钮，在当前位置设置关键帧，如图12.33所示。

步骤08 将时间线调整到0:00:03:00的位置，设置Position（位置）的值为0,0,0，系统会自动创建关键帧。

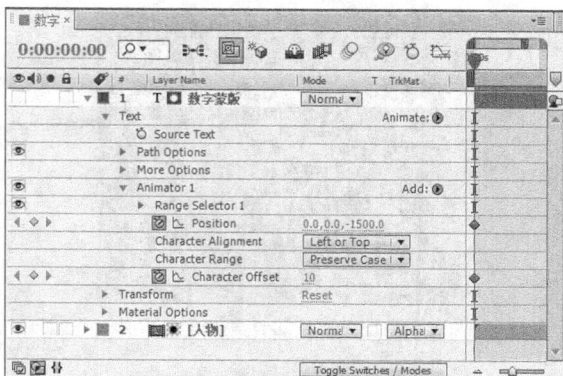

图12.33 设置参数及设置关键帧

步骤09 将时间线调整到0:00:00:00的位置，设置Character Offset（字符位移）的值为10，系统会自动创建关键帧，如图12.34所示。

图12.34 设置关键帧

步骤10 选择"数字蒙版"层，展开Text（文本）|Animator 1（动画制作工具 1）|Range Selector 1（范围选择器1）|Advanced（高级）选项组，从Shape（形状）下拉列表中选择Ramp Up（上倾坡）选项，设置Randomize Order（随机排序）为On（开），如图12.35所示。合成窗口效果如图12.36所示。

图12.35 参数设置

图12.36 设置参数后效果

12.4.2 新建数字人物合成

步骤01 执行菜单栏中的Composition（合成）|New Composition（新建合成）命令，打开Composition Settings（合成设置）对话框。设置Composition Name（合成名称）为"数字人物"、Width（宽度）为"720"、Height（高度）为"576"、Frame Rate（帧速率）为"25"，并设置Duration（持续时间）为0:00:05:00。

步骤02 打开"数字人物"合成，在项目面板中选择"数字"合成，将其拖动到"数字人物"合成的时间轴面板中。

步骤03 选中"数字"层，按S键展开Scale（缩放）属性，将时间线调整到0:00:00:00的位置，设置Scale（缩放）的值为500,500，单击Scale（缩放）左侧的码表按钮，在当前位置设置关键帧，如图12.37所示。

步骤04 将时间线调整到0:00:03:00的位置，设置Scale（缩放）的值为100,100，系统会自动创建关键帧。选择两个关键帧并按F9键，使关键帧并平滑。

图12.37 关键帧设置

步骤05 选中"数字"层，在Effects & Presets（效果和预设）面板中展开Color Correction（颜色校正）特效组，双击Tritone（三色调）特效。

步骤06 在Effect Controls（效果控件）面板中，设置Midtones（中间调）颜色为绿色（R:75，G:125，B:125），如图12.38所示。效果如图12.39所示。

图12.38 参数设置

图12.39 效果图

步骤07 选中"数字"层，在Effects & Presets（效果和预设）面板中展开Stylize（风格化）特效组，双击Glow（发光）特效，如图12.40所示。效果如图12.41所示。

图12.40 添加发光特效

图12.41 发光效果

步骤08 选中"数字"层，打开运动模糊开关，如图12.42所示。

图12.42 打开运动模糊开关

步骤09 这样就完成了"数字人物"动画的整体制作，按小键盘上的0键，即可在合成窗口中预览动画。

12.5 飞行烟雾

难易程度： ★★★★☆

实例说明： 本例主要讲解利用Particular（粒子）特效制作飞行烟雾动画效果。本例最终的动画流程效果如图12.43所示。

工程文件： 第12章\飞行烟雾

图12.43 动画流程画面

- 学习Particular（粒子）特效的使用
- 学习Light（灯光）命令的使用

12.5.1 制作烟雾合成

步骤01 执行菜单栏中的Composition（合成）| New Composition（新建合成）命令，打开Composition Settings（合成设置）对话框。设置Composition Name（合成名称）为"烟雾"、Width（宽度）为"300"、Height（高度）为"300"、Frame Rate（帧速率）为"25"，并设置Duration（持续时间）为0:00:03:00，如图12.44所示。

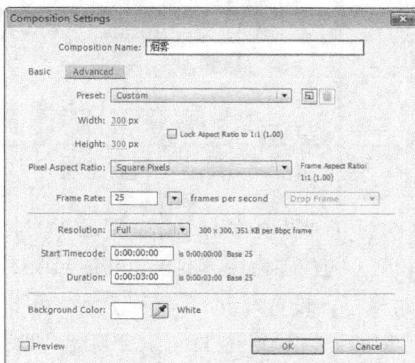

图12.44 合成设置

步骤02 执行菜单栏中的File（文件）| Import（导入）| File（文件）命令，打开Import File（导入文件）对话框，选择配套资源中的"工程文件\第12章\飞行烟雾\背景.jpg、large_smoke.jpg"素材，如图12.45所示。单击"打开"按钮，将"背景.jpg、large_smoke.jpg"素材导入到Project（项目）面板中。

图12.45 Import File（导入文件）对话框

步骤03 执行菜单栏中的Layer（图层）|New（新建）|Solid（纯色）命令，打开Solid Settings（纯色设置）对话框，设置Name（名称）为"黑背景"、Width（宽度）为300px、Height（高度）为300px、Color（颜色）为黑色，如图12.46所示。

图12.46 "黑背景"纯色层设置

步骤04 执行菜单栏中的Layer（图层）|New（新建）|Solid（纯色）命令，打开Solid Settings（纯色设置）对话框，设置Name（名称）为"叠加层"、Width（宽度）为300px、Height（高度）为300px、Color（颜色）为白色，如图12.47所示。

图12.47 "叠加层"纯色层设置

步骤05 在Project（项目）面板中，选择"large_smoke.jpg"素材，将其拖动到"烟雾"合成的时间轴面板中，如图12.48所示。

图12.48 添加素材

步骤06 选中"large_smoke.jpg"层，按S键展开Scale（缩放）属性，单击 🔗 按钮取消约束比例，设置Scale（缩放）的值为47,61，如图12.49所示。

图12.49 参数设置

步骤07 选中"叠加层"，设置其轨道遮罩为Luma Matte "large_smoke.jpg"（亮度遮罩"large_smoke.jpg"），如图12.50所示。这样单独的云雾就被提取出来了，效果如图12.51所示。

图12.50 轨道遮罩设置

图12.51 效果图

步骤08 选中"黑背景"层，将该层删除，如图12.52所示。

图12.52 删除"黑背景"层

12.5.2 制作总合成

步骤01 执行菜单栏中的Composition（合成）| New Composition（新建合成）命令，打开Composition Settings（合成设置）对话框。设置Composition Name（合成名称）为"总合成"、Width（宽度）为"1024"、Height（高度）为"576"、Frame Rate（帧速率）为"25"，并设置Duration（持续时间）为0:00:03:00。

步骤02 打开"总合成"，在Project（项目）面板中选择"背景.jpg"素材，将其拖动到"总合成"的时间轴面板中，如图12.53所示。

图12.53 添加素材

步骤03 选中"背景.jpg"层，打开三维层开关 📦，按S键展开Scale（缩放）属性，设置Scale（缩放）的值为105，如图12.54所示。

图12.54 Scale（缩放）设置

步骤04 执行菜单栏中的Layer（图层）|New（新建）|Light（灯光）命令，打开Light Settings（灯光设置）对话框，设置Name（名称）为"Emitter1"，如图12.55所示。单击OK（确定）按钮，此时效果如图12.56所示。

图12.55 灯光设置

图12.56 画面效果

步骤05 将"总合成"窗口切换到Top（顶视图），如图12.57所示。

图12.57 Top（顶视图）效果

步骤06 将时间线调整到0:00:00:00的位置，选中"灯光"层，按P键展开Position（位置）属性，设置Position（位置）的值为698,153,-748，单击码表按钮 ⏱，在当前位置添加关键帧；将时间线调整到0:00:02:24的位置，设置Position（位置）的值为922,464,580，系统会自动创建关键帧，如图12.58所示。

图12.58 关键帧设置

步骤07 选中"Emitter1"层，按住Alt键，同时单击Position（位置）左侧的码表按钮⏱，在时间轴中输入"wiggle(.6,150)"表达式，如图12.59所示。

图12.59 表达式设置

步骤08 将"总合成"窗口切换到Active Camera（摄像机视图），如图12.60所示。

图12.60 视图切换

步骤09 在Project（项目）面板中选择"烟雾"合成，将其拖动到"总合成"的时间轴面板中，效果如图12.61所示。

图12.61 添加"烟雾"合成

步骤10 选中"烟雾"层，单击该层左侧的 👁 图标将其隐藏，如图12.62所示。

图12.62 隐藏"烟雾"合成

步骤11 执行菜单栏中的Layer（图层）|New（新建）|Solid（纯色）命令，打开Solid Settings（纯色设置）对话框，设置Name（名称）为"粒子烟"、Width（宽度）为1024px、Height（高度）为576px、Color（颜色）为黑色，如图12.63所示。

图12.63 纯色设置

步骤12 选中"粒子烟"层，在Effects & Presets（效果和预设）面板中展开Trapcode特效组，双击Particular（粒子）特效，如图12.64所示。

图12.64 添加Particular（粒子）特效

步骤13 在Effect Controls（效果控件）面板中，展开Emitter（发射器）选项组，设置Particular/sec（粒子数量）为200，在Emitter Type（发射类型）右侧的下拉列表中选择Light（灯光发射），设置Velocity（速度）的值为7、Velocity Random（随机速度）的值为0、Velocity Distribution（速率分布）的值为0、Velocity from Motion（粒子拖尾长度）的值为0、Emitter Size X（发射器x轴粒子大小）的值为0、Emitter Size Y（发射器y轴粒子大小）的值为0、Emitter Size Z（发射器z轴粒子大小）的值为0，参数设置如图12.65所示，效果如图12.66所示。

图12.65 Emitter（发射器）参数设置

图12.66 效果图1

步骤14 展开Particle（粒子）选项组，设置Life（生存）的值为3，在Particle Type（粒子类型）右侧的下拉列表中选择Sprite（幽灵），展开Texture（纹理）选项组，在Layer（图层）右侧的下拉列表中选择"2.烟雾"，参数设置如图12.67所示，效果如图12.68所示。

图12.67 Particle（粒子）参数设置

图12.68 效果图2

步骤15 展开Particular（粒子）|Particle（粒子）|Rotation（旋转）选项组，设置Random Rotation（随机旋转）的值为74、Size（大小）的值为14、Size Random（随机大小）的值为54、Opacity Random（不透明度随机）的值为100，其他参数设置如图12.69所示，效果如图12.70所示。

图12.69 Rotation（旋转）参数设置

图12.70 效果图3

步骤16 选中"Emitter1"层，单击该层左侧的 ◉ 图标将其隐藏，此时画面效果如图12.71所示。

图12.71 画面效果图

步骤17 选中"粒子烟"层，在Effects & Presets（效果和预设）面板中展开Color Correction（颜色校正）特效组，然后双击Tint（色调）特效，如图12.72所示。

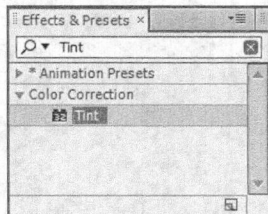

图12.72 添加Tint（色调）特效

步骤18 在Effect Controls（效果控件）面板中，设置Map White To（将白色映射到）的颜色为浅蓝色（R:213，G:241，B:243），如图12.73所示。

图12.73 参数设置

步骤19 选中"粒子烟"层，在Effects & Presets（效果和预设）面板中展开Color Correction（颜色校正）特效组，双击Curves（曲线）特效，如图12.74所示。

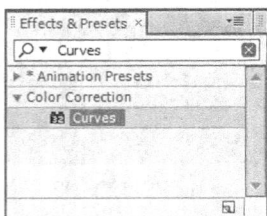

图12.74 添加Curves（曲线）特效

步骤20 在Effect Controls（效果控件）面板中，设置Curves（曲线）形状如图12.75所示，效果如图12.76所示。

图12.75 调整Curves（曲线）形状

图12.76 效果图4

步骤21 选中"Emitter1"层，按Ctrl+D组合键复制出"Emitter2"层，如图12.77所示。

图12.77 复制层1

步骤22 选中"Emitter2"层，单击该层左侧原来图标所在的位置，将其显示，如图12.78所示。

图12.78 显示图层

步骤23 将"总合成"窗口切换到Top（顶视图），如图12.79所示。

图12.79 切换到Top（顶视图）

步骤24 将时间线调整到0:00:00:00的位置，手动调整"Emitter2"的位置；将时间线调整到0:00:02:24的位置，手动调整"Emitter2"的位置，如图12.80所示。

图12.80 调整灯光位置

步骤25 选中"Emitter2"层，按Ctrl+D组合键复制出"Emitter3"层，如图12.81所示。

图12.81 复制层2

步骤26 选中"Emitter3"层，默认Top（顶视图）中灯光位置如图12.82所示。

图12.82 默认Top（顶视图）中灯光位置

步骤27 将时间线调整到0:00:00:00的位置，手动调整"Emitter3"的位置；将时间线调整到0:00:02:24的位置，手动调整"Emitter3"的位置，如图12.83所示。

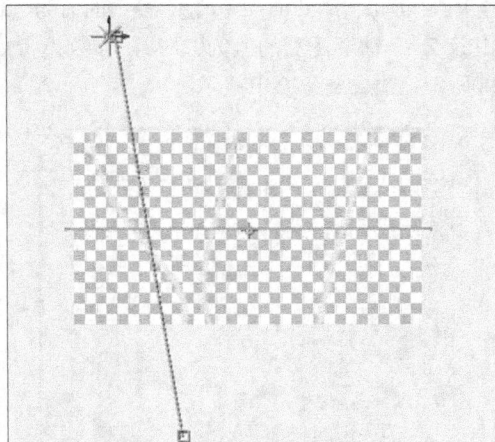

图12.83 调整Emitter3的位置

步骤28 选中"Emitter2、Emitter3"层，单击层左侧的 👁 图标，将其隐藏，如图12.84所示。

图12.84 隐藏灯光层

步骤29 这样就完成了飞行烟雾动画的整体制作，按小键盘上的0键，即可在合成窗口中预览动画。

12.6 魔戒

难易程度： ★★★★☆

实例说明： 本例主要讲解利用CC Particle World（CC 粒子仿真世界）特效制作魔戒动画效果。本例最终的动画流程效果如图12.85所示。

工程文件： 第12章\魔戒

图12.85 动画流程画面

知识点

- 学习CC Particle World（CC 粒子仿真世界）特效的使用
- 学习CC Vector Blur（CC矢量模糊）特效的使用
- 学习Mesh Warp（网格变形）特效的使用
- 学习Turbulent Displace（湍流置换）特效的使用

12.6.1 制作光线合成

步骤01 执行菜单栏中的Composition（合成）| New Composition（新建合成）命令，打开Composition Settings（合成设置）对话框。设置Composition Name（合成名称）为"光线"、Width（宽度）为"1024"、Height（高度）为"576"、Frame Rate（帧速率）为"25"，并设置Duration（持续时间）为0:00:03:00，如图12.86所示。

图12.86 合成设置

步骤02 执行菜单栏中的Layer（图层）|New（新建）|Solid（纯色）命令，打开Solid Settings（纯色设置）对话框，设置Name（名称）为"黑背景"、Color（颜色）为黑色，如图12.87所示。

图12.87 纯色设置

步骤03 执行菜单栏中的Layer（图层）|New（新建）|Solid（纯色）命令，打开Solid Settings（纯色设置）对话框，设置Name（名称）为"内部线条"、Color（颜色）为白色，如图12.88所示。

图12.88 新建"内部线条"纯色层

步骤04 选中"内部线条"层，在Effects & Presets（效果和预设）面板中展开Simulation（模拟）特效组，双击CC Particle World（CC 粒子仿真世界）特效，如图12.89所示。

图12.89 添加CC 粒子仿真世界特效

步骤05 在Effect Controls（效果控件）面板中，设置Birth Rate（出生率）的值为0.8、Longevity（寿命）的值为1.29；展开Producer（发生器）选项组，设置Position X（x轴位置）的值为−0.45、Position Z（z轴位置）的值为0、Radius Y（y轴半径）的值为0.02、Radius Z（z轴半径）的值为0.195，参数设置如图12.90所示，效果如图12.91所示。

图12.90 特效参数设置

图12.91 画面效果1

步骤06 展开Physics（物理学）选项组，从Animation（动画）右侧的下拉列表中选择Direction Axis（沿轴发射）运动效果，设置Gravity（重力）的值为0，参数设置如图12.92所示，效果如图12.93所示。

图12.92 Physics（物理学）参数设置1

图12.93 画面效果2

步骤07 选中"内部线条"层，在Effect Controls（效果控件）面板中，按住Alt键单击Velocity（速度）左侧的码表按钮 ⏱，在时间轴中输入wiggle(8,.25)表达式，如图12.94所示。

图12.94 表达式设置1

步骤08 展开Particle（粒子）选项组，从Particle Type（粒子类型）右侧的下拉列表中选择Lens Convex（凸透镜）粒子类型，设置Birth Size（产生粒子大

小）的值为0.21、Death Size（死亡粒子大小）的值为0.46，参数设置如图12.95所示。效果如图12.96所示。

图12.95 Particle（粒子）参数设置1

图12.96 效果图1

步骤09 为了使粒子达到模糊效果，继续添加特效。选中"内部线条"层，在Effects & Presets（效果和预设）面板中展开Blur & Sharpen（模糊和锐化）特效组，双击Fast Blur（快速模糊）特效，如图12.97所示。

图12.97 添加Fast Blur（快速模糊）特效

步骤10 在Effect Controls（效果控件）面板中，设置Blurriness（模糊量）的值为41，效果如图12.98所示。

图12.98 效果图2

步骤11 为了使粒子产生一些扩散线条的效果，在Effects & Presets（效果和预设）面板中展开Blur & Sharpen（模糊和锐化）特效组，然后双击CC Vector Blur（CC矢量模糊）特效，如图12.99所示。

图12.99 添加CC 矢量模糊特效

步骤12 设置Amount（数量）的值为88，从Property（属性）右侧的下拉列表中选择Alpha选项，参数设置如图12.100所示。

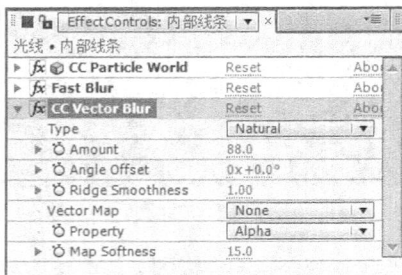

图12.100 参数设置

步骤13 这样"内部线条"就制作完成了，下面来制作分散线条。执行菜单栏中的Layer（图层）|New（新建）|Solid（纯色）命令，打开Solid Settings（纯色设置）对话框，设置Name（名称）为"分散线条"、Color（颜色）为白色，如图12.101所示。

图12.101 新建"分散线条"纯色层

步骤14 选中"分散线条"层，在Effects & Presets

（效果和预设）面板中展开Simulation（模拟）特效组，双击CC Particle World（CC 粒子仿真世界）特效，如图12.102所示。

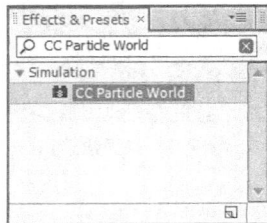

图12.102 添加CC 粒子仿真世界特效

步骤15 在Effect Controls（效果控件）面板中，设置Birth Rate（出生率）的值为1.7、Longevity（寿命）的值为1.17；展开Producer（发生器）选项组，设置Position X（x轴位置）的值为−0.36、Position Z（z轴位置）的值为0、Radiu X（x轴半径）的值为0.22、Radius Y（y轴半径）的值为0.015，参数设置如图12.103所示，效果如图12.104所示。

图12.103 CC粒子仿真世界特效参数设置

图12.104 画面效果3

步骤16 展开Physics（物理学）选项组，从Animation（动画）右侧的下拉列表中选择Direction Axis（沿轴发射）运动效果，设置Gravity（重力）的值为0，参数设置如图12.105所示，效果如图12.106所示。

图12.105 Physics（物理学）参数设置2

图12.106 画面效果4

步骤17 选中"分散线条"层，在Effect Controls（效果控件）面板中，按住Alt键单击Velocity（速度）左侧的码表按钮，在时间轴中输入wiggle(8,.4)表达式，如图12.107所示。

图12.107 表达式设置2

步骤18 展开Particle（粒子）选项组，从Particle Type（粒子类型）右侧的下拉列表中选择Lens Convex（凸透镜）粒子类型，设置Birth Size（产生粒子大小）的值为0.1、Death Size（死亡粒子大小）的值为0.1、Size Variation（尺寸变化）的值为61%、Max Opacity（最大透明度）的值为100%，参数设置如图12.108所示。效果如图12.109所示。

图12.108 Particle（粒子）参数设置2

图12.109 效果图3

步骤19 为了使粒子达到模糊效果，继续添加特效。选中"分散线条"层，在Effects & Presets（效果和预设）面板中展开Blur & Sharpen（模糊和锐化）特效组，双击Fast Blur（快速模糊）特效，如图12.110所示。

图12.110 添加Fast Blur（快速模糊）特效

步骤20 在Effect Controls（效果控件）面板中，设置Blurriness（模糊量）的值为40，效果如图12.111所示。

图12.111 效果图4

步骤21 为了使粒子产生一些扩散线条的效果，在Effects & Presets（效果和预设）面板中展开Blur & Sharpen（模糊和锐化）特效组，然后双击CC Vector Blur（CC矢量模糊）特效，如图12.112所示。

图12.112 添加CC矢量模糊特效

步骤22 设置Amount（数量）的值为24，从Property（属性）右侧的下拉列表中选择Alpha选项，参数设置如图12.113所示。

图12.113 CC矢量模糊特效参数设置

步骤23 执行菜单栏中的Layer（图层）|New（新建）|Solid（纯色）命令，打开Solid Settings（纯色设置）对话框，设置Name（名称）为"点光"、Color（颜色）为白色，如图12.114所示。

图12.114 新建"点光"纯色层

步骤24 选中"点光"层，在Effects & Presets（效果和预设）面板中展开Simulation（模拟）特效组，然后双击CC Particle World（CC 粒子仿真世界）特效，如图12.115所示。

图12.115 添加CC 粒子仿真世界特效

步骤25 在Effect Controls（效果控件）面板中，设置Birth Rate（出生率）的值为0.1、Longevity（寿命）的值为2.79；展开Producer（发生器）选项组，设置Position X（x轴位置）的值为-0.45、Position Z（z轴位置）的值为0、Radius Y（y轴半径）的值为0.03、Radius Z（z轴半径）的值为0.195，参数设置如图12.116所示，效果如图12.117所示。

图12.116 设置特效参数

图12.117 画面效果5

步骤26 展开Physics（物理学）选项组，从Animation（动画）右侧的下拉列表中选择Direction Axis（沿轴发射）运动效果，设置Velocity（速度）的值为0.25、Gravity（重力）的值为0，参数设置如图12.118所示，效果如图12.119所示。

图12.118 Physics（物理学）参数3

图12.119 画面效果6

步骤27 展开Particle（粒子）选项组，从Particle Type（粒子类型）右侧的下拉列表中选择Lens Convex

（凸透镜）粒子类型，设置Birth Size（产生粒子大小）的值为0.04、Death Size（死亡粒子大小）的值为0.02，参数设置如图12.120所示。效果如图12.121所示。

图12.120 Particle（粒子）参数设置3

图12.121 效果图5

步骤28 选中"点光"层，将时间线调整到0:00:00:22的位置，按Alt+[组合键以当前时间为入点，如图12.122所示。

图12.122 设置层的入点

步骤29 将时间线调整到0:00:00:00的位置，按[键将"点光"的入点调整至此，然后拖动"点光"层后面边缘，使其与"分散线条"层的尾部对齐，如图12.123所示。

图12.123 层设置

步骤30 将时间线调整到0:00:00:00的位置，选中"点光"层，按T键展开Opacity（不透明度）属性，设置Opacity（不透明度）的值为0，并单击其左侧的码表按钮，在当前位置添加关键帧；将时间线调整到0:00:00:09的位置，设置Opacity（不透明度）的值为100%，系统会自动创建关键帧，如图12.124所示。

图12.124 关键帧设置

步骤31 执行菜单栏中的Layer（图层）|New（新建）|Adjustment Layer（调整图层）命令，时间轴面板中会自动生成一个调整图层，将其重命名为"调节层"，如图12.125所示。

图12.125 新建"调节层"

步骤32 选中"调节层"，在Effects & Presets（效果和预设）面板中展开Distort（扭曲）特效组，双击Mesh Warp（网格变形）特效，如图12.126所示，效果如图12.127所示。

图12.126 添加网格变形特效

图12.127 效果图6

步骤33 在Effect Controls（效果控件）面板中，设置Rows（行数）的值为4、Columns（列数）的值为4，参数设置如图12.128所示。调整网格形状，效果如图12.129所示。

图12.128 网格变形特效参数设置

图12.129 调整后的效果

步骤34 这样"光线"合成就制作完成了，按小键盘上的0键预览，其中的几帧动画效果如图12.130所示。

图12.130 动画流程画面

12.6.2 制作蒙版合成

步骤01 执行菜单栏中的Composition（合成）| New Composition（新建合成）命令，打开Composition Settings（合成设置）对话框。设置Composition Name（合成名称）为"蒙版合成"、Width（宽度）为"1024"、Height（高度）为"576"、Frame Rate（帧速率）为"25"，并设置Duration（持续时间）为0:00:03:00，如图12.131所示。

图12.131 合成设置

步骤02 执行菜单栏中的File（文件）| Import（导入）| File（文件）命令，打开Import File（导入文件）对话框，选择配套资源中的"工程文件\第12章\魔戒\背景.jpg"素材，如图12.132所示。单击"打开"按钮，素材将导入到Project（项目）面板中。

图12.132 选择素材

步骤03 从Project（项目）面板拖动"背景.jpg、光线"素材到"蒙版合成"的时间轴面板中，如图12.133所示。

图12.133 添加素材

步骤04 选中"光线"层，按Enter键将其重命名为"光线1"，然后将其叠加模式设置为Screen（屏幕），如图12.134所示。

图12.134 层设置

步骤05 选中"光线1"层，按R键打开Rotation（旋转）属性，设置Rotation的值为0×−100°，按P键打开Position（位置）属性，设置Position（位置）的值为366,−168，如图12.135所示。

图12.135 "光线1"层参数设置

步骤06 选中"光线1"层，在Effects & Presets（效果和预设）面板中展开Color Correction（颜色校正）特效组，双击Curves（曲线）特效，如图12.136所示。

图12.136 添加Curves（曲线）特效

步骤07 在Effect Controls（效果控件）面板中，调整Curves（曲线）形状，如图12.137所示。

图12.137 RGB通道曲线调整

步骤08 从Channel（通道）右侧的下拉列表中选择Red（红色）通道，调整Curves（曲线）形状，如图12.138所示。

图12.138 Red通道曲线调整

步骤09 从Channel（通道）右侧的下拉列表中选择Green（绿色）通道，调整Curves（曲线）形状，如图12.139所示。

图12.139 Green通道曲线调整

步骤10 从Channel（通道）右侧的下拉列表中选择Blue（蓝色）通道，调整Curves（曲线）形状，如图12.140所示。

图12.140 Blue通道曲线调整

步骤11 选中"光线1"层，在Effects & Presets（效果和预设）面板中展开Color Correction（颜色校正）特效组，双击Tint（色调）特效，如图12.141所示，设置Amount to Tint（色调应用数量）为50，效果如图12.142所示。

图12.141 添加Tint（色调）特效

图12.142 添加色调特效的效果

步骤12 选中"光线1"层，按Ctrl+D组合键复制出"光线2"层，如图12.143所示。

图12.143 复制层1

步骤13 选中"光线2"层，按R键打开Rotation（旋转）属性，设置Rotation的值为0×-81°，按P键打开Position（位置）属性，设置Position（位置）的值为480,-204，如图12.144所示。

图12.144 "光线2"层参数设置

步骤14 选中"光线2"层，按Ctrl+D组合键复制出"光线3"层，如图12.145所示。

图12.145 复制层2

步骤15 选中"光线3"层，按R键打开Rotation（旋转）属性，设置Rotation（旋转）的值为0×-64°，按P键打开Position（位置）属性，设置Position（位置）的值为596,-138，如图12.146所示。

图12.146 "光线3"层参数设置

12.6.3 制作总合成

步骤01 执行菜单栏中的Composition（合成）| New Composition（新建合成）命令，打开Composition Settings（合成设置）对话框。设置Composition Name（合成名称）为"总合成"、Width（宽度）为"1024"、Height（高度）为"576"、Frame Rate（帧速率）为"25"，并设置Duration（持续时间）为0:00:03:00。

步骤02 从Project（项目）面板拖动"背景.jpg、蒙版合成"素材到"总合成"的时间轴面板中，如图12.147所示。

图12.147 添加素材

步骤03 选中"蒙版合成"，选择工具栏里的Rectangle Tool（矩形工具），在总合成窗口绘制矩形蒙版，如图12.148所示。

图12.148 绘制蒙版

步骤04 将时间线调整到0:00:00:00的位置，拖动蒙版上方两个锚点向下移动，直到看不到光线为止，单击码表按钮，在当前位置添加关键帧；将时间线调整到0:00:01:18的位置，拖动蒙版上方两个锚点向上移动，系统会自动创建关键帧，如图12.149所示。

图12.149 调整蒙版创建关键帧

步骤05 选中"Mask 1"层并按F键，打开Mask Feather（蒙版羽化）属性，设置Mask Feather（蒙版羽化）的值为50，如图12.150所示。

图12.150 Mask Feather（蒙版羽化）设置

步骤06 这样就完成了"魔戒"动画的整体制作，按小键盘上的0键，即可在合成窗口中预览动画。

12.7 电光球特效

难易程度： ★★★☆☆

实例说明： 本例主要讲解电光球特效的制作。首先利用Advanced Lightning（高级闪电）特效制作出电光线效果，然后通过CC Lens（CC镜头）特效制作出球形效果。本例最终的动画流程效果如图12.151所示。

工程文件： 第12章\电光球特效

图12.151 电光球特效最终动画流程效果

- 学习Advanced Lightning（高级闪电）特效的设置及闪电效果的制作
- 掌握使用CC Lens（CC镜头）特效制作圆球的方法

12.7.1 建立"光球"层

步骤01 执行菜单栏中的Composition（合成）| New Composition（新建合成）命令，打开Composition Settings（合成设置）对话框。设置Composition Name（合成名称）为"光球"、Width（宽度）为"720"、Height（高度）为"576"、Frame Rate（帧速率）为"25"，并设置Duration（持续时间）为0:00:10:00，如图12.152所示。

图12.152 建立"光球"合成

步骤02 按Ctrl+Y组合键，打开Solid Settings（纯色设置）对话框，修改Name（名称）为"光球"，设置Color（颜色）为蓝色（R:35，G:26，B:255），如图12.153所示。

图12.153 建立"光球"纯色层

步骤03 在Effects & Presets（效果和预设）面板中展开Generate（生成）特效组，然后双击Circle（圆形）特效，如图12.154所示。

图12.154 添加圆形特效

步骤04 在Effect Controls（效果控件）面板中，设置Feather Outer Edge（羽化外侧边缘）的值为350，从Blending Mode（混合模式）下拉列表中选择Stencil Alpha（模板Alpha），如图12.155所示。

图12.155 设置圆形特效的属性

12.7.2 创建"闪光"特效

步骤01 按Ctrl+Y组合键，打开Solid Settings（纯色设置）对话框，修改Name（名称）为"闪光"，设置Color（颜色）为黑色，如图12.156所示。

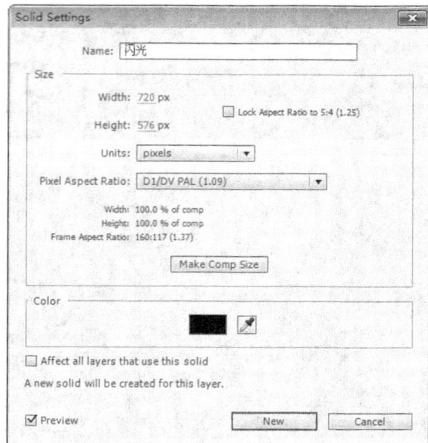

图12.156 建立"闪光"纯色层

步骤02 在Effects & Presets（效果和预设）面板中展开Generate（生成）特效组，然后双击Advanced Lightning（高级闪电）特效，如图12.157所示。

图12.157 添加高级闪电特效

步骤03 在Effect Controls（效果控件）面板中，设置Lightning Type（闪电类型）为Anywhere（全方位）、Origin（源点）的值为360,288、Glow Color（发光颜色）为紫色（R:230，G:50，B:255），如图12.158所示。

图12.158 修改特效参数

步骤04 设置特效参数后，可在合成窗口中看到特效的效果，如图12.159所示。

图12.159 修改参数后的闪电效果

步骤05 确认选择"闪光"纯色层，在Effects & Presets（效果和预设）面板中展开Distort（扭曲）特效组，然后双击CC Lens（CC镜头）特效，如图12.160所示。

图12.160 添加CC镜头特效

步骤06 在Effect Controls（效果控件）面板中，修改Size（大小）的值为57，如图12.161所示。

图12.161 设置CC镜头特效参数

12.7.3 制作闪电旋转动画

步骤01 在时间轴面板修改"闪光"层的Mode（模式）为Screen（屏幕），调整时间线到0:00:00:00的位置，在Effect Controls（效果控件）面板中，单击Outer Radius（外半径）和Conductivity State（传导率状态）左侧的码表按钮，在当前建立关键帧，设置Outer Radius（外径）的值为300,0、Conductivity State（传导率状态）的值为10，如图12.162所示。此时合成窗口中的画面效果如图12.163所示。

图12.162 设置特效参数1

图12.163 画面效果1

步骤02 调整时间线到0:00:02:00的位置，调整Outer Radius（外径）的值为600,240，如图12.164所示。此时合成窗口中的效果如图12.165所示。

图12.164 设置特效参数2

图12.165 画面效果2

步骤03 调整时间线到0:00:03:15的位置，调整Outer Radius（外径）的值为300,480；调整时间线到0:00:04:15的位置，调整Outer Radius（外径）的值为360,570；调整时间线到0:00:05:12的位置，单击Outer Radius（外径）左侧的码表按钮 ⏱ 在当前位置建立关键帧；调整时间线到0:00:06:10的位置，调整Outer Radius（外径）的值为300,480；调整时间线到0:00:08:00的位置，调整Outer Radius（外径）的值为600,240；调整时间线到0:00:09:24的位置，调整

Outer Radius（外径）的值为300,0、Conductivity State（传导率状态）的值为100，如图12.166所示。拖动时间线可在合成窗口查看效果，如图12.167所示。

图12.166 设置特效参数3

图12.167 动画效果预览

12.7.4 复制"闪光"

步骤01 确认选择"闪光"纯色层，按Ctrl+D组合键复制一层，设置Scale（缩放）的值为-100,-100，如图12.168所示。可在合成窗口只看到设置后的效果，如图12.169所示。

图12.168 修改复制闪光层的缩放值

图12.169 画面效果

步骤02 为了制造闪电的随机性，可在Effect Controls（效果控件）面板中将Advanced Lightning（高级闪电）特效中Origin（源点）的值修改为350,260。

步骤03 这样就完成了"电光球特效"动画的制作，按空格键或小键盘上的0键，可在合成窗口看到动画效果，如图12.170所示。

图12.170 "电光球特效"动画预览

12.8 时间倒计时

难易程度：★★★☆☆

实例说明： 本例主要讲解时间倒计时动画的制作。应用Linear Wipe（线性擦除）、Polar Coordinates（极坐标）特效制作出时间倒计时效果，通过添加Adjustment Layer（调整图层）来调节图像的颜色，完成时间倒计时的整体制作。本例最终的动画流程效果如图12.171所示。

工程文件： 第12章\时间倒计时

图12.171 时间倒计时最终动画流程效果

知识点

- 学习Polar Coordinates（极坐标）特效的具体使用方法
- 掌握Adjustment Layer（调整图层）的使用

12.8.1 黑白渐变

步骤01 执行菜单栏中的Composition（合成）| New Composition（新建合成）命令，打开Composition Settings（合成设置）对话框。设置Composition Name（合成名称）为"黑白渐变"、Width（宽度）为"352"、Height（高度）为"288"、Frame Rate（帧速率）为"25"，并设置Duration（持续时间）为0:00:05:00，如图12.172所示。

图12.172 合成设置

步骤02 执行菜单栏中的File（文件）| Import（导入）| File（文件）命令，或在Project（项目）面板中双击，打开Import File（导入文件）对话框，选择配套资源中的"工程文件\第12章\时间倒计时\背景.jpg"素材，如图12.173所示，单击"打开"按钮。

图12.173 导入素材

步骤03 按Ctrl+Y组合键，打开Solid Settings（纯色设置）对话框，设置Name（名称）为"渐变"、Width（宽度）为176px、Height（高度）为288px、Color（颜色）为黑色，如图12.174所示。

图12.174 Solid Settings（纯色设置）对话框

步骤04 选择"渐变"层，在Effects & Presets（效果和预设）面板中展开Generate（生成）特效组，双击Ramp（梯度渐变）特效，如图12.175所示。

图12.175 添加Ramp（梯度渐变）特效

步骤05 在Effect Controls（效果控件）面板中，为Ramp（梯度渐变）特效设置参数。设置Start of Ramp（渐变起点）的值为86,143、End of Ramp（渐变终点）的值为174,142，如图12.176所示。设置完成后的画面效果，如图12.177所示。

图12.176 设置参数

图12.177 添加特效后的画面效果

步骤06 选择"渐变"纯色层，按P键打开该层的Position（位置）选项，设置Position（位置）的值为96,144，如图12.178所示。

图12.178 设置Position（位置）的值

步骤07 将"渐变"纯色层的Position（位置）的值修改为96,144后的画面效果如图12.179所示。

图12.179 修改Position（位置）后的画面效果

12.8.2 制作扫描效果

步骤01 按Ctrl+N组合键，打开Composition Settings（合成设置）对话框，设置Composition Name（合成名称）为"扫描"、Width（宽度）为"352"、Height（高度）为"288"、Frame Rate（帧速率）为"25"，并设置Duration（持续时间）为0:00:05:00，如图12.180所示。

图12.180 新建"扫描"合成

步骤02 在项目面板中依次选择"黑白渐变"合成和"背景.jpg"图片两个素材，将其拖动到"扫描"合成的时间轴面板中，如图12.181所示。

图12.181 导入两个素材

步骤03 选择"黑白渐变"合成层，在Effects & Presets（效果和预设）面板中展开Transition（过渡）特效组，双击Linear Wipe（线性擦除）特效，如图12.182所示，效果如图12.183所示。

图12.182 添加线性擦除特效

图12.183 效果图

步骤04 在Effect Controls（效果控件）面板中，为Linear Wipe（线性擦除）特效设置参数。设置Transition Completion（过渡完成）的值为30%、Wipe Angle（擦除角度）的值为0×+90°、Feather（羽化）的值为67，如图12.184所示。设置完成后的画面效果如图12.185所示。

图12.184 特效设置参数

图12.185 画面效果

步骤05 将时间线调整到0:00:00:00的位置，按R键打开该层的Rotation（旋转）选项，单击Rotation（旋转）左侧的码表按钮💿，在当前位置设置关键帧，如图12.186所示。

图12.186 在0:00:00:00的位置设置关键帧

步骤06 将时间线调整到0:00:04:24的位置，修改Rotation（旋转）的值为-2×+0°，系统将在当前位置自动创建关键帧，如图12.187所示。

图12.187 修改Rotation（旋转）的值

步骤07 确认当前选择的为"黑白渐变"层，在Effects & Presets（效果和预设）面板中展开Distort（扭曲）特效组，双击Polar Coordinates（极坐标）特效，如图12.188所示。

图12.188 添加极坐标特效

步骤08 在Effect Controls（效果控件）面板中，为Polar Coordinates（极坐标）特效设置参数。设置Interpolation（插值）的值为100%，从Type of Conversion（转换类型）下拉列表中选择Rect to Polar（矩形到极线），如图12.189所示。设置完成后的画面效果如图12.190所示。

图12.189 设置参数

图12.190 设置后的画面效果

提示 Polar Coordinates（极坐标）特效：可以将图像的直角坐标和极坐标进行相互转换，产生变形效果。Interpolation（插值）：用来设置应用极坐标时的扭曲变形程度。Type of Conversion（转换类型）：用来切换坐标类型，可从右侧的下拉列表中选择Polar to Rect（极线到矩形）或Rect to Polar（矩形到极线）。

步骤09 在时间轴面板的空白处单击鼠标右键，在弹出的快捷菜单中选择New（新建）| Adjustment Layer（调整图层）命令，创建一个Adjustment Layer 1（调整图层1），将其重命名为"调整层"，如图12.191所示。

图12.191 新建调整图层

步骤10 选择"调整层"，在Effects & Presets（效果和预设）面板中展开Color Correction（颜色校正）特效组，双击Hue/Saturation（色相/饱和度）特效，如图12.192所示。

图12.192 添加色相/饱和度特效

步骤11 在Effect Controls（效果控件）面板中，为Hue/Saturation（色相/饱和度）特效设置参数。勾选Colorize（彩色化）复选框，设置Colorize Hue（着色色相）的值为0×200°、Colorize Saturation（着色饱和度）的值为80、Colorize Lightness（着色亮度）的值为25，如图12.193所示。设置完成后的画面效果，如图12.194所示。

图12.193 设置色相/饱和度特效参数

图12.194 设置特效后的画面效果

步骤12 设置"背景.jpg"素材层的Track Matte（轨道遮罩）为Alpha Matte"黑白渐变"（Alpha遮罩"黑白渐变"），如图12.195所示。

图12.195 设置轨道遮罩

步骤13 这样就制作完成了扫描动画效果，其中几帧画面的效果如图12.196所示。

图12.196 其中几帧画面的效果

12.8.3 添加背景

步骤01 新建一个Composition Name（合成名称）为"时间倒计时"、Width（宽度）为"352"、Height（高度）为"288"、Frame Rate（帧速率）为"25"、Duration（持续时间）为0:00:05:00的合成。

步骤02 在项目面板中依次选择"扫描"合成和"背景.jpg"图片两个素材，将其拖动到"时间倒计时"合成的时间轴面板中，如图12.197所示。

图12.197 添加素材

步骤03 这样就完成了"时间倒计时"动画的整体制作，按小键盘上的0键播放预览。最后将文件保存并输出成动画。

12.9 地面爆炸

难易程度： ★★★☆☆

实例说明： 本例主要讲解利用Particular（粒子）特效制作地面爆炸效果。本例最终的动画流程效果如图12.198所示。

工程文件： 第12章\地面爆炸

图12.198 动画流程画面

- 学习Particle（粒子）特效的使用
- 学习Ramp（梯度渐变）特效的使用
- 学习Time-Reverse Layer（时间反向图层）命令的使用

12.9.1 制作爆炸合成

步骤01 执行菜单栏中的Composition（合成）| New Composition（新建合成）命令，打开Composition Settings（合成设置）对话框。设置Composition Name（合成名称）为"爆炸"、Width（宽度）为"1024"、Height（高度）为"576"、Frame Rate（帧速率）为"25"，并设置Duration（持续时间）为0:00:05:00，如图12.199所示。

图12.199 合成设置

步骤02 执行菜单栏中的File（文件）| Import（导入）| File（文件）命令，打开Import File（导入文件）对话框，选择配套资源中的"工程文件\第12章\地面爆炸\爆炸素材.mov、背景.jpg、裂缝.jpg"素材，如图12.200所示。单击"打开"按钮，"爆炸素材.mov、背景.jpg、裂缝.jpg"素材将导入到Project（项目）面板中。

图12.200 选择素材

步骤03 打开"爆炸"合成，在Project（项目）面板中选择"爆炸素材.mov"素材，将其拖动到"爆炸"合成的时间轴面板中，如图12.201所示。

图12.201 添加素材

步骤04 选中"爆炸素材.mov"层，按Enter键将其重命名为"爆炸素材1.mov"，打开Stretch（伸缩）属性，设置Stretch（伸缩）的值为260%，如图12.202所示。

图12.202 Stretch（伸缩）参数设置1

步骤05 将时间线调整到0:00:01:04的位置，按[键，设置"爆炸素材1.mov"层的起点位置，按P键打开Position（位置）属性，设置Position（位置）的值为570,498；将时间线调整到0:00:03:05的位置，按Alt+]组合键，设置该层的终点位置，如图12.203所示。

图12.203 Position（位置）参数设置1

步骤06 选中"爆炸素材1.mov"层，选择工具栏里的Pen Tool（钢笔工具），在"爆炸"合成窗口中绘制一个闭合蒙版，如图12.204所示。

图12.204 绘制蒙版

步骤07 选中"Mask 1"层，按F键打开Mask Feather

（蒙版羽化）属性，设置Mask Feather（蒙版羽化）的值为58，效果如图12.205所示。

图12.205 蒙版羽化效果

步骤08 选中"爆炸素材1.mov"层，在Effects & Presets（效果和预设）面板中展开Color Correction（颜色校正）特效组，双击Curves（曲线）特效，如图12.206所示。

图12.206 添加Curves（曲线）特效1

步骤09 在Effect Controls（效果控件）面板中，调节Curves（曲线）形状如图12.207所示。此时画面效果如图12.208所示。

图12.207 调节Curves（曲线）形状1

图12.208 画面效果1

步骤10 选中"爆炸素材1.mov"层，按Ctrl+D组合键复制出"爆炸素材1.mov2"层，然后按Enter键将其重命名为"爆炸素材2.mov"，如图12.209所示。

图12.209 复制层设置1

步骤11 选中"爆炸素材2.mov"层，将时间线调整到0:00:01:15的位置，按[键，设置该层的起点，如图12.210所示。

图12.210 设置起点位置1

步骤12 按P键打开Position（位置）属性，设置Position（位置）的值为660,486，如图12.211所示。

图12.211 Position（位置）参数设置2

步骤13 选中"爆炸素材2.mov"层，设置其混合模式为Lighter Color（较浅的颜色），如图12.212所示。

图12.212 混合模式设置1

步骤14 选中"爆炸素材2.mov"层，按Ctrl+D组合键复制出"爆炸素材2.mov2"层，然后按Enter键将其重命名为"爆炸素材3.mov"，如图12.213所示。

图12.213 复制层设置2

步骤15 选中"爆炸素材3.mov"层，按P键打开Position（位置）属性，设置Position（位置）的值为570,498，如图12.214所示。

图12.214 Position（位置）参数设置3

步骤16 设置"爆炸素材3.mov"层的混合模式为Screen（屏幕），如图12.215所示。

图12.215 混合模式设置2

步骤17 选中"爆炸素材3.mov"层，按Ctrl+Alt+R组合键，使该层素材倒播，打开Stretch（伸缩）属性，设置Stretch（伸缩）的值为-450%，如图12.216所示。

图12.216 Stretch（伸缩）参数设置2

步骤18 将时间线调整到0:00:03:06的位置，按[键，设置"爆炸素材3.mov"层的起点位置，如图12.217所示。

图12.217 设置起点位置2

步骤19 选中"爆炸素材3.mov"层，按Ctrl+D组合键复制出"爆炸素材3.mov2"层，然后按Enter键将其重命名为"爆炸素材4.mov"，如图12.218所示。

图12.218 复制层设置3

步骤20 选中"爆炸素材4.mov"层，按P键打开Position（位置）属性，设置Position（位置）的值为648,498，如图12.219所示。

图12.219 Position（位置）参数设置3

步骤21 设置"爆炸素材4.mov"层的混合模式为Lighter Color（较浅的颜色），如图12.220所示。

图12.220 混合模式设置3

步骤22 将时间线调整到0:00:03:17的位置，按[键，设置起点位置，如图12.221所示。

图12.221 设置起点位置3

12.9.2 制作地面爆炸合成

步骤01 执行菜单栏中的Composition（合成）| New Composition（新建合成）命令，打开Composition Settings（合成设置）对话框。新建一个Composition

Name（合成名称）为"地面爆炸"、Width（宽度）为"1024"、Height（高度）为"576"、Frame Rate（帧速率）为"25"、Duration（持续时间）为0:00:05:00的合成。

步骤02 打开"地面爆炸"合成，在Project（项目）面板中选择"背景.jpg"素材，将其拖动到"地面爆炸"合成的时间轴面板中，如图12.222所示。

图12.222 添加"背景.jpg"素材

步骤03 选中"背景.jpg"层，在Effects & Presets（效果和预设）面板中展开Color Correction（颜色校正）特效组，双击Curves（曲线）特效，如图12.223所示。

图12.223 添加Curves（曲线）特效1

步骤04 在Effect Controls（效果控件）面板中，调节Curves（曲线）形状如图12.224所示。此时的画面效果如图12.225所示。

图12.224 调节Curves（曲线）形状1

图12.225 画面效果1

步骤05 在Project（项目）面板中选择"裂缝.jpg"素材，将其拖动到"地面爆炸"合成的时间轴面板中，如图12.226所示。

图12.226 添加"裂缝.jpg"素材

步骤06 选中"裂缝.jpg"层，设置该层的混合模式为Multiply（相乘），如图12.227所示。

图12.227 混合模式设置1

步骤07 按P键打开Position（位置）属性，设置Position（位置）的值为552,531，如图12.228所示。

图12.228 参数设置

步骤08 选中"裂缝.jpg"层，选择工具栏里的Ellipse Tool（椭圆工具），在"地面爆炸"合成窗口中绘制一个椭圆形蒙版，如图12.229所示。

图12.229 绘制蒙版

步骤09 选中"Mask 1"层，按F键打开Mask Feather（蒙版羽化）属性，设置Mask Feather（蒙版羽化）的值为45，如图12.230所示。

图12.230 蒙版羽化设置

步骤10 将时间线调整到0:00:01:13的位置，设置Mask Expansion（蒙版扩展）的值为-18，单击码表按钮，在当前位置添加关键帧；将时间线调整到0:00:01:24的位置，设置Mask Expansion（蒙版扩展）的值为350，系统会自动创建关键帧，如图12.231所示。

图12.231 关键帧设置1

步骤11 执行菜单栏中的Layer（图层）|New（新建）|Solid（纯色）命令，打开Solid Settings（纯色设置）对话框，设置Name（名称）为"粒子"、Width（宽度）为1024px、Height（高度）为576px、Color（颜色）为黑色，如图12.232所示。

图12.232 纯色设置

步骤12 选中"粒子"层，在Effects & Presets（效果和预设）面板中展开Trapcode特效组，双击Particular（粒子）特效，如图12.233所示。

图12.233 添加Particular（粒子）特效1

步骤13 在Effect Controls（效果控件）面板中，展开Emitter（发射器）选项组，设置Particular/sec（每秒发射粒子数量）为200，在Emitter Type（发射类型）右侧的下拉列表中选择Sphere（球体），设置Position XY（xy轴位置）的值为232,−52、Velocity（速度）的值为20、Velocity Random（随机速度）的值为30、Velocity Distribution（速率分布）的值为5、Emitter Size X（发射器x轴粒子大小）的值为10、Emitter Size Y（发射器y轴粒子大小）的值为10、Emitter Size Z（发射器z轴粒子大小）的值为10，参数设置如图12.234所示。效果如图12.235所示。

图12.234 Emitter（发射器）参数设置1

图12.235 效果图1

步骤14 选中"粒子"层，将时间线调整到0:00:00:00的位置，设置Position XY（xy轴位置）的值为232，−52，单击码表按钮，在当前位置添加关键帧；将时间线调整到0:00:01:05的位置，设置Position XY（xy轴位置）的值为554,422，系统会自动创建关键帧，如图12.236所示。

图12.236 关键帧设置2

步骤15 展开Particle（粒子）选项组，设置Life（生存）的值为3，在Particle Type（粒子类型）右侧的下拉列表中选择Cloudlet（云），设置Size（尺寸）的值为18，手动调整Size over Life（尺寸生命）形状，设置Opacity（不透明度）的值为5、Opacity Random（不透明度随机）的值为100、Color（颜色）为灰色（R:207，G:207，B:207），参数设置如图12.237所示。效果如图12.238所示。

图12.237 粒子参数设置

图12.238 粒子参数设置效果

步骤16 选中"粒子"层，在Effects & Presets（效果和预设）面板中展开Generate（生成）特效组，双击Ramp（梯度渐变）特效，如图12.239所示，效果如图12.240所示。

图12.239 添加Ramp（梯度渐变）特效

图12.240 添加梯度渐变特效后效果

步骤17 在Effect Controls（效果控件）面板中，设置Start of Ramp（渐变起点）的值为284,18、Start Color（起始颜色）的值为灰色（R:138，G:138，B:138）、End Color（结束颜色）为橘黄色（R:255，G:112，B:25），如图12.241所示。效果如图12.242所示。

图12.241 梯度渐变特效参数设置

图12.242 添加梯度渐变特效效果

步骤18 选中"粒子"层，将时间线调整到0:00:00:24的位置，设置End of Ramp（渐变终点）的值为562,432，单击码表按钮，在当前位置添加关键帧；将时间线调整到0:00:01:09的位置，设置End of Ramp（渐变终点）的值为920,578；将时间线调整到0:00:02:16的位置，设置End of Ramp（渐变终点）的值为5014,832，如图12.243所示。

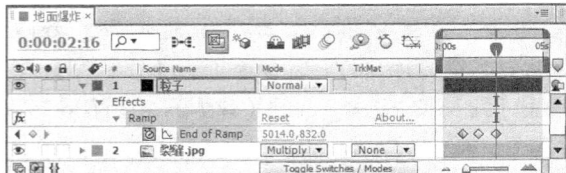

图12.243 渐变终点参数设置

步骤19 选中"粒子"层，在Effects & Presets（效果和预设）面板中展开Color Correction（颜色校正）特效组，双击Curves（曲线）特效，如图12.244所示。

图12.244 添加Curves（曲线）特效2

步骤20 在Effect Controls（效果控件）面板中，调节Curves（曲线）形状如图12.245所示。此时画面效果如图12.246所示。

图12.245 调节Curves（曲线）形状2

图12.246 画面效果2

步骤21 将时间线调整到0:00:02:20的位置，选中"粒子"层，按T键打开Opacity（不透明度）属性，设置Opacity（不透明度）的值为100%，单击码表按钮 ，在当前位置添加关键帧；将时间线调整到0:00:03:11的位置，设置Opacity（不透明度）的值为0，系统会自动创建关键帧，如图12.247所示。

图12.247 关键帧设置3

步骤22 在Project（项目）面板中选择"爆炸"合成，将其拖动到"地面爆炸"合成的时间轴面板中，如图12.248所示。

图12.248 添加"爆炸"合成

步骤23 选中"爆炸"合成，设置该层的混合模式为Screen（屏幕），如图12.249所示。

图12.249 混合模式设置2

步骤24 选中"爆炸"合成，在Effects & Presets（效果和预设）面板中展开Color Correction（颜色校正）特效组，双击Levels（色阶）特效，如图12.250所示。

图12.250 添加Levels（色阶）特效

步骤25 在Effect Controls（效果控件）面板中，设置Input Black（输入黑色）的值为99，参数设置如图12.251所示。

图12.251 色阶特效参数设置

步骤26 执行菜单栏中的Layer（图层）|New（新建）|Solid（纯色）命令，打开Solid Settings（纯色设置）对话框，设置Name（名称）为"蒙版"、Width（宽度）为1024px、Height（高度）为576px、Color（颜色）为黑色，如图12.252所示。

图12.252 新建"蒙版"纯色层

步骤27 选中"蒙版"层，选择工具栏里的Ellipse Tool（椭圆工具），在"地面爆炸"合成窗口中绘制一个椭圆形蒙版，如图12.253所示。

图12.253 绘制蒙版

步骤28 按P键打开Position（位置）属性，设置Position（位置）的值为610,464，如图12.254所示。

图12.254 Position（位置）参数设置

步骤29 选中"蒙版"层，按F键打开Mask Feather（蒙版羽化）属性，设置Mask Feather（蒙版羽化）的值为128，如图12.255所示。

图12.255 Mask Feather（蒙版羽化）设置

步骤30 将时间线调整到0:00:01:11的位置，按T键打开Opacity（不透明度）属性，设置Opacity（不透明度）的值为0，单击码表按钮，在当前位置添加关键帧；将时间线调整到0:00:01:20的位置，设置Opacity（不透明度）的值为85%，系统会自动创建关键帧；将时间线调整到0:00:02:17的位置，设置Opacity（不透明度）的值为85%；将时间线调整到

0:00:03:06的位置，设置Opacity（不透明度）的值为28%，关键帧如图12.256所示。

图12.256 关键帧设置4

步骤31 执行菜单栏中的Layer（图层）|New（新建）|Solid（纯色）命令，打开Solid Settings（纯色设置）对话框，设置Name（名称）为"烟雾"、Width（宽度）为1024px、Height（高度）为576px、Color（颜色）为黑色，如图12.257所示。

图12.257 新建"烟雾"纯色层

步骤32 选中"烟雾"层，在Effects & Presets（效果和预设）面板中展开Trapcode特效组，双击Particular（粒子）特效，如图12.258所示。

图12.258 添加Particular（粒子）特效2

步骤33 在Effect Controls（效果控件）面板中，展开Emitter（发射器）选项组，在Emitter Type（发射类型）右侧的下拉列表中选择Box（盒子），设置Position XY（xy轴位置）的值为582,590、Velocity（速度）的值为240，参数设置如图12.259所示。效果如图12.260所示。

图12.259 Emitter（发射器）参数设置2

图12.260 效果图2

步骤34 展开Particle（粒子）选项组，设置Life（生存）的值为2，在Particle Type（粒子类型）右侧的下拉列表中选择Cloudlet（云），设置Size（尺寸）的值为80、Opacity（不透明度）的值为4、Color（颜色）为灰色（R:57，G:57，B:57），参数设置如图12.261所示。效果如图12.262所示。

图12.261 Particle（粒子）参数设置

图12.262 效果图3

步骤35 选中"烟雾"层，将时间线调整到0:00:02:06的位置，按[键设置该层的入点；将时间线调整到0:00:02:13的位置，设置Opacity（不透明度）的值为0，单击码表按钮，在当前位置添加关键帧；将时间线调整到0:00:03:06的位置，设置Opacity（不透明度）的值为100%，系统会自动创建关键帧，如图12.263所示。

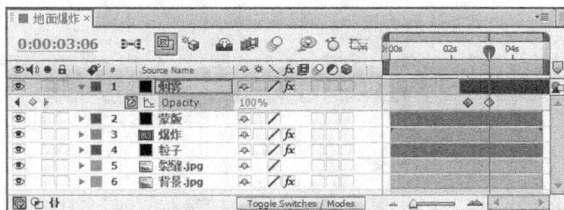

图12.263 关键帧设置5

步骤36 这样就完成了地面爆炸动画的整体制作，按小键盘上的0键，即可在合成窗口中预览动画。

第 ⑬ 章

ID演绎及宣传片表现

内容摘要

公司ID即公司的标志，是公众对其直观的印象，而宣传片是目前宣传企业形象非常好的手段之一。宣传片能有效地把企业形象提升到一个较高的层次，更好地把企业的产品和服务展示给大众，还能详细说明产品的功能、用途及优点，诠释企业的文化理念，所以宣传片已经成为企业必不可少的形象宣传工具之一。本章通过3个具体的实例，详细讲解了频道ID、神秘宇宙探索宣传片及公益宣传片的制作方法与技巧，让读者可以快速掌握ID及宣传片的制作精髓。

教学目标

- 掌握"Music频道"ID演绎动画的制作
- 掌握神秘宇宙探索宣传片动画的制作
- 掌握公益宣传片的制作技巧

13.1 "Music频道"ID演绎

难易程度： ★★★☆☆

实例说明： 本例重点讲解利用3D Stroke（3D笔触）、Starglow（星光）特效制作流动光线效果，以及利用Gaussian Blur（高斯模糊）等特效制作Music字符的运动模糊效果。本例最终的动画流程效果如图13.1所示。

工程文件： 第13章\Music\"Music频道"ID演绎

图13.1 "Music频道"ID演绎最终动画流程效果

知识点

- 学习序列素材的导入及设置方法
- 掌握利用Gaussian Blur（高斯模糊）特效制作运动模糊效果
- 掌握利用3D Stroke（3D笔触）、Starglow（星光）特效制作流动的光线的技巧

13.1.1 导入素材与建立合成

步骤01 导入三维素材。执行菜单栏中的File（文件）| Import（导入）| File（文件）命令，打开Import File（导入文件）对话框，选择配套资源中的"工程文件\第13章\Music\c1\c1.000.tga"素材，然后勾选Targa Sequence（Targa序列）复选框，如图13.2所示。

图13.2 Import File（导入文件）对话框

步骤02 单击"打开"按钮，此时将打开"Interpret Footage：c1.000.[001-027].tga"对话框，在Alpha选项组中选择Premultiplied-Matted With Color（预设-无蒙版）单选按钮，设置颜色为黑色，如图13.3所示。单击OK（确定）按钮，将素材黑色背景抠除。素材将以序列的方式导入到Project（项目）面板中。

图13.3 以合成的方式导入素材

步骤03 使用相同的方法将"工程文件\第13章\Music\c2"文件夹内的TGA文件导入到Project（项目）面板中。导入后的Project（项目）面板如图13.4所示。

图13.4 导入序列素材

步骤04 执行菜单栏中的File（文件）| Import（导入）| File（文件）命令，打开Import File（导入文件）对话框，选择配套资源中的"工程文件\第13章\Music\单帧.tga、锯齿.psd"素材，如图13.5所示，单击"打开"按钮。

图13.5 选择要导入的素材文件

步骤05 执行菜单栏中的Composition（合成）| New Composition（新建合成）命令，打开Composition Settings（合成设置）对话框。设置Composition Name（合成名称）为"Music动画"、Width（宽度）为"720"、Height（高度）为"576"、Frame Rate（帧速率）为"25"，并设置Duration（持续时间）为0:00:05:05，如图13.6所示。单击OK（确定）按钮，在Project（项目）面板中，将会新建一个名为"Music动画"的合成，如图13.7所示。

图13.6 合成设置

图13.7 新建的合成设置

13.1.2 制作Music动画

步骤01 在Project（项目）面板中选择"c1.[000-027]. tga""单帧.tga""c2.[116-131].tga"素材，将其拖动到时间轴面板中，分别在"c1.[000-027].tga"和"c2. [116-131].tga"素材上单击鼠标右键，从弹出的快捷菜单中选择Time（时间）|Time Stretch（时间伸缩）命令，打开Time Stretch（时间伸缩）对话框，设置"c1.[000-027].tga"的New Duration（新持续时间）为0:00:01:03，设置"c2.[116-131].tga"的New Duration（新持续时间）为0:00:00:15，如图13.8所示。

图13.8 调整后的效果

步骤02 调整时间线到0:00:01:02的位置，选择"单帧.tga"素材层，按Alt+[组合键，将其入点设置到当前位置，效果如图13.9所示。

图13.9 设置入点

步骤03 调整时间线到0:00:04:14的位置，选择"单帧.tga"素材层，按Alt+]组合键，将其出点设置到当前位置。调整"c2.[116-131].tga"素材层，将其入点设置到当前位置，完成效果如图13.10所示。

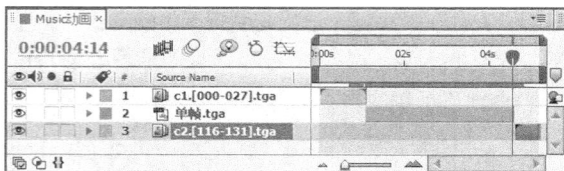

图13.10 设置出点和入点

步骤04 调整时间线到0:00:01:02的位置，打开"单帧.tga"素材层的三维属性开关。按R键，打开Rotation（旋转）属性，单击Y Rotation（y轴旋转）左侧的码表按钮 ⟳ ，为其建立关键帧，如图13.11所示。此时画面效果如图13.12所示。

图13.11 建立关键帧   图13.12 调整效果

步骤05 调整时间线到0:00:04:14的位置，修改Y Rotation（y轴旋转）的值为0×−38°，系统会自动建立关键帧，如图13.13所示。修改Y Rotation（y轴旋转）属性后的效果如图13.14所示。

图13.13 修改属性   图13.14 修改后的效果

步骤06 这样"Music动画"的合成就制作完成了，按小键盘上的"0"键，在合成窗口中预览动画，其中几帧的效果如图13.15所示。

图13.15 "Music动画"合成的预览图

13.1.3 制作光线动画

步骤01 执行菜单栏中的Composition（合成）| New Composition（新建合成）命令，打开Composition Settings（合成设置）对话框。设置Composition Name（合成名称）为"光线"、Width（宽度）为"720"、Height（高度）为"576"、Frame Rate（帧速率）为"25"，并设置Duration（持续时间）为0:00:01:20，如图13.16所示。

图13.16 新建合成

步骤02 按Ctrl+Y组合键，打开Solid Settings（纯色设置）对话框，设置Name（名称）为"光线"、Width（宽度）为"720"、Height（高度）为"576"、Color（颜色）为黑色，如图13.17所示。

图13.17 新建纯色层

步骤03 选择"光线"纯色层，单击工具栏中的Pen Tool（钢笔工具）🖊，在"光线"合成窗口中绘制一个平滑的路径，如图13.18所示。

步骤04 在Effects & Presets（特效面板）中展开Trapcode特效组，然后双击3D Stroke（3D笔触）特效，如图13.19所示。

图13.18 绘制平滑路径　　图13.19 添加3D笔触特效

步骤05 调整时间线到0:00:00:00的位置，在Effect Controls（效果控件）面板中，修改3D Stroke（3D笔触）特效的参数。设置Color（颜色）为白色、Thickness（厚度）的值为1、End（结束）的值为24、Offset（偏移）的值为-30，并单击End（结束）和Offset（偏移）左侧的码表按钮 ⏱；展开Taper（锥形）选项组，勾选Enable（启用）复选框，如图13.20所示。画面效果如图13.21所示。

图13.20 3D 笔触特效参数设置　　图13.21 画面效果

步骤06 调整时间线到0:00:00:14的位置，修改End（结束）的值为50、Offset（偏移）的值为11，如图13.22所示。

图13.22 0:00:00:14处的参数设置

步骤07 调整时间线到0:00:01:07的位置，修改End（结束）的值为30、Offset（偏移）的值为90，如图13.23所示。

图13.23 0:00:01:07处的参数设置

步骤08 在Effects & Presets（特效面板）中展开Trapcode特效组，然后双击Starglow（星光）特效，如图13.24所示。

步骤09 在Effect Controls（效果控件）面板中，修改Starglow（星光）特效的参数。在Preset（预设）下拉列表中选择Warm Star（暖色星光）选项；展开Pre-Process（预处理）选项组，设置Threshold（阈值）的值为160，修改Boost Light（发光亮度）的值为3，如图13.25所示。

图13.24 添加特效　　　图13.25 设置参数

步骤10 展开Colormap A（颜色贴图A）选项组，从Preset（预设）下拉列表中选择One Color（单色），并设置Color（颜色）为橙色（R:255，G:166，B:0），如图13.26所示。

图13.26 设置Colormap A（颜色贴图A）

步骤11 确认选择"光线"素材层，按Ctrl+D组合键，复制"光线"层并重命名为"光线2"，如图13.27所示。

图13.27 复制"光线"素材层

步骤12 选中"光线2"层，按P键打开Position（位置）属性，修改Position（位置）属性值为368,296，如图13.28所示。

图13.28 修改Position（位置）属性

步骤13 按Ctrl+D组合键复制"光线2"层并重命名为"光线3"。选中"光线3"素材层，按S键打开Scale（缩放）属性，关闭等比缩放开关，并修改Scale（缩放）的值为-100,100，如图13.29所示。

图13.29 修改Scale（缩放）的值

步骤14 选中"光线3"素材层，按U键打开建立了关键帧的属性，选中End（结束）属性以及Offset（偏移）属性的全部关键帧，调整时间线到0:00:00:12的位置，拖动所有关键帧使入点与当前时间对齐，如图13.30所示。

图13.30 调整关键帧位置

步骤15 选中"光线3"素材层，按Ctrl+D组合键复制"光线3"，并重命名为"光线4"。按P键打开Position（位置）属性，修改Position（位置）的值为360,288，如图13.31所示。

图13.31 修改Position（位置）属性

13.1.4 制作光动画

步骤01 执行菜单栏中的Composition（合成）| New Composition（新建合成）命令，打开Composition Settings（合成设置）对话框。设置Composition Name（合成名称）为"光"、Width（宽度）为"720"、Height（高度）为"576"、Frame Rate（帧速率）为"25"，并设置Duration（持续时间）为0:00:03:20，如图13.32所示。

图13.32 新建合成

步骤02 按Ctrl+Y组合键，打开Solid Settings（纯色设置）对话框，设置Name（名称）为"光1"、Width（宽度）为"720"、Height（高度）为"576"、Color（颜色）为黑色，如图13.33所示。

图13.33 新建纯色层

步骤03 选择"光1"纯色层，单击工具栏中的Pen Tool（钢笔工具），在"光"合成窗口中绘制一个平滑的路径，如图13.34所示。

步骤04 在Effects & Presets（特效面板）中展开Trapcode特效组，然后双击3D Stroke（3D笔触）特效，如图13.35所示。

图13.34 绘制平滑路径1　　图13.35 添加特效

步骤05 调整时间线到0:00:00:00的位置，在Effect Controls（效果控件）面板中，修改3D Stroke（3D笔触）特效的参数。设置Color（颜色）为白色、Thickness（厚度）的值为5、End（结束）的值为0、Offset（偏移）的值为0，并单击End（结束）和Offset（偏移）左侧的码表按钮；展开Taper（锥形）选项组，勾选Enable（启用）复选框，如图13.36所示。

图13.36 修改特效的参数

步骤06 调整时间线到0:00:01:07的位置，修改Offset（偏移）的值为15，系统会自动建立关键帧，如图13.37所示。

图13.37 修改偏移值

步骤07 调整时间线到0:00:01:22的位置，修改End（结束）的值为100、Offset（偏移）的值为90，系统会自动建立关键帧，如图13.38所示。

图13.38 修改End（结束）与Offset（偏移）的值

步骤08 在Effects & Presets（特效面板）中展开Trapcode特效组，然后双击Starglow（星光）特效，如图13.39所示。

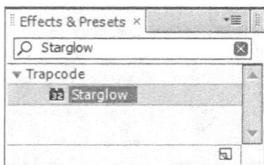

图13.39 添加星光特效

步骤09 在Effect Controls（效果控件）面板中，修改Starglow（星光）特效的参数。在Preset（预设）下拉列表中选择Warm Star（暖色星光）；展开Pre-Process（预处理）选项组，设置Threshold（阈值）的值为160，修改Streak Length（光线长度）的值为5，如图13.40所示。

图13.40 设置星光特效参数

步骤10 按Ctrl+Y组合键，打开Solid Settings（纯色设置）对话框，设置Name（名称）为"光2"、Width（宽度）为"720"、Height（高度）为"576"、Color（颜色）为黑色，如图13.41所示。

图13.41 新建"光2"纯色层

步骤11 选择"光2"纯色层，单击工具栏中的Pen Tool（钢笔工具），在"光"合成窗口中绘制一个平滑的路径，如图13.42所示。

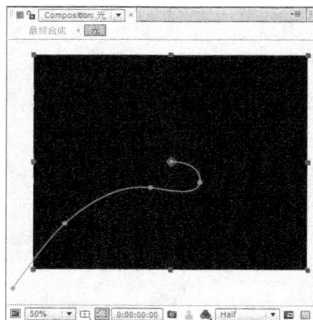

图13.42 绘制平滑路径2

步骤12 单击时间轴面板中的"光2"纯色层，按 Ctrl+D组合键复制"光2"层，并重命名为"光3"，以同样的方法复制出"光4""光5"层，如图13.43所示。

图13.43 复制光层

步骤13 调整时间线到0:00:00:00的位置，选中"光1"素材层，在Effect Controls（效果控件）面板中选中3D Stroke（3D笔触）和Starglow（星光）两个特效，按 Ctrl+C组合键复制特效，在"光2"素材层的Effect Controls（效果控件）面板中，按Ctrl+V组合键粘贴特效，如图13.44所示。此时的画面效果如图13.45所示。

图13.44 粘贴特效1   图13.45 特效预览

步骤14 调整时间线到0:00:00:09的位置，在"光3"素材层的Effect Controls（效果控件）面板中，按 Ctrl+V组合键粘贴特效，如图13.46所示。粘贴特效后的效果如图13.47所示。

图13.46 粘贴特效2   图13.47 复制特效的效果1

步骤15 选中时间轴面板中的"光3"纯色层，按R键打开Rotation（旋转）属性，修改Rotation（旋转）的值为0×+75°，如图13.48所示。此时的画面效果如图13.49所示。

图13.48 修改属性1   图13.49 旋转后效果1

步骤16 调整时间线到0:00:00:15的位置，在"光4"素材层的Effect Controls（效果控件）面板中，按 Ctrl+V组合键粘贴特效，如图13.50所示。此时的画面效果如图13.51所示。

图13.50 粘贴特效3   图13.51 复制特效的效果2

步骤17 选中时间轴面板中的"光4"纯色层，按R键打开Rotation（旋转）属性，修改Rotation（旋转）的值为0×+175°，如图13.52所示。此时的画面效果如图13.53所示。

图13.52 修改属性2   图13.53 旋转后效果2

步骤18 调整时间线到0:00:00:23的位置，在"光5"素材层的Effect Controls（效果控件）面板中，按 Ctrl+V组合键粘贴特效，如图13.54所示。此时的画面效果如图13.55所示。

图13.54 粘贴特效4　　图13.55 复制特效的效果3

步骤19 在时间轴面板中选中"光1"纯色层，按Ctrl+D组合键复制"光1"图层，并重命名为"光6"。按U键，打开"光6"层建立关键帧的属性，调整时间线到0:00:01:15的位置，选中时间轴中"光线6"层的全部关键帧，向右拖动使起始帧与当前时间对齐，如图13.56所示。

图13.56 调整关键帧位置

步骤20 至此，光动画就制作完成了，按空格键或小键盘上的0键进行预览，其中几帧的效果如图13.57所示。

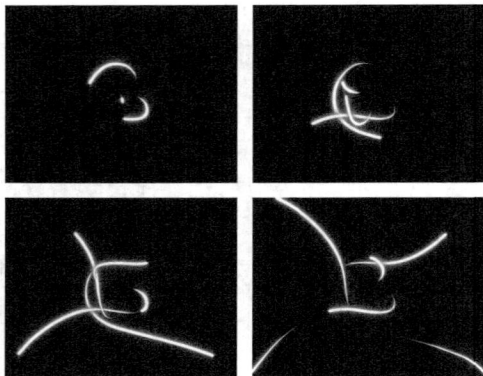

图13.57 "光"合成的动画预览图

13.1.5 制作最终合成动画

步骤01 执行菜单栏中的Composition（合成）| New Composition（新建合成）命令，打开Composition Settings（合成设置）对话框，设置Composition Name（合成名称）为"最终合成"、Width（宽度）为

"720"、Height（高度）为"576"、Frame Rate（帧速率）为"25"，并设置Duration（持续时间）为0:00:10:00。将"光""光线""Music动画""锯齿.psd"素材导入"新建合成"的时间轴面板中，如图13.58所示。

图13.58 将素材导入时间轴面板

步骤02 按Ctrl+Y组合键，打开Solid Settings（纯色设置）对话框，设置Name（名称）为"背景"、Width（宽度）为"720"、Height（高度）为"576"、Color（颜色）为黑色，如图13.59所示。

步骤03 在Effects & Presets（特效面板）中展开Generate（生成）特效组，然后双击Ramp（梯度渐变）特效，如图13.60所示。

图13.59 建立纯色层　　图13.60 添加特效1

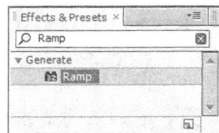

步骤04 在Effect Controls（效果控件）面板中，修改Ramp（梯度渐变）特效参数。设置Ramp Shape（渐变形状）为Radial Ramp（径向渐变）、Start of Ramp（渐变起点）的值为360,288、Start Color（起始颜色）为红色（R:255,G:30,B:92）、End of Ramp（渐变终点）的值为360,780、End Color（结束颜色）为暗红色（R:40,G:1,B:5），效果如图13.61所示。

图13.61 设置梯度渐变特效参数

步骤05 选中"锯齿.psd"层,打开三维属性开关,按 Ctrl+D组合键,复制三次"锯齿.psd"层并分别重命名为"锯齿2""锯齿3""锯齿4",如图13.62所示。

图13.62 复制"锯齿.psd"素材层

步骤06 调整时间线到0:00:01:22的位置,选中"锯齿.psd"素材层,展开Transform(变换)选项组,单击Scale(缩放)属性左侧的码表按钮✪,建立关键帧,修改Scale(缩放)的值为30,30,30;调整时间线到0:00:02:05的位置,修改Scale(缩放)的值为104,104,104;调整时间线到0:00:02:09的位置,修改Scale(缩放)的值为79,79,79,单击Z Rotation(z轴旋转)左侧的码表按钮✪,建立关键帧;调整时间线到0:00:04:08的位置,修改Scale(缩放)的值为79,79,79,修改Z Rotation(z轴旋转)的值为0×+30°;调整时间线到0:00:04:15的位置,修改Scale(缩放)的值为0,0,0。建立好关键帧后的时间轴面板如图13.63所示。

图13.63 "锯齿.psd"层的关键帧设置

步骤07 确认选中"锯齿.psd"素材层,按P键打开Position(位置)属性,并修改Position(位置)属性值为410,340,0,按R键打开Rotation(旋转)相关属性,修改X Rotation(x轴旋转)属性值为0×-54°、Y Rotation(y轴旋转)属性值为0×-30°,按T键打开Opacity(不透明度)属性,修改Opacity(不透明度)属性的值为44%,如图13.64所示。

图13.64 设置"锯齿.psd"层的属性

步骤08 调整时间线到0:00:01:05的位置,单击"锯齿2"素材层,打开Transform(变换)选项组,修改Position(位置)属性的值为350,310,0;单击Scale(缩放)左侧的码表按钮✪,在当前位置建立关键帧;修改X Rotation(x轴旋转)的值为0×-57°、Y Rotation(y轴旋转)的值为0×+33°,如图13.65所示。

图13.65 设置"锯齿2"层的属性值并建立关键帧

步骤09 调整时间线到0:00:01:06的位置,修改Scale(缩放)属性的值为28,28,28;调整时间线到0:00:01:15的位置,修改Scale(缩放)属性的值为64,64,64;调整时间线到0:00:01:20的位置,修改Scale(缩放)属性的值为51,51,51,单击Z Rotation(z轴旋转)左侧的码表按钮✪,在当前位置建立关键帧;调整时间线到0:00:04:03的位置,修改Scale(缩放)属性的值为51,51,51,修改Z Rotation(z轴旋转)的值为80;调整时间线到0:00:04:09的位置,修改Scale(缩放)属性的值为0,0,0,如图13.66所示。

图13.66 建立"锯齿2"层的关键帧动画

步骤10 此时按空格键或小键盘上的0键可预览两个锯齿层的动画,其中几帧的预览效果如图13.67所示。

图13.67 锯齿动画的预览效果

步骤11 选择"锯齿3"素材层,调整时间线到0:00:05:22的位置,单击Scale(缩放)左侧的码表按钮✪,

在当前位置建立关键帧，修改X Rotation（x轴旋转）的值为0×-50°、Y Rotation（y轴旋转）的值为0×+25°、Z Rotation（z轴旋转）的值为0×-18°、Opacity（不透明度）的值为35%，如图13.68所示。

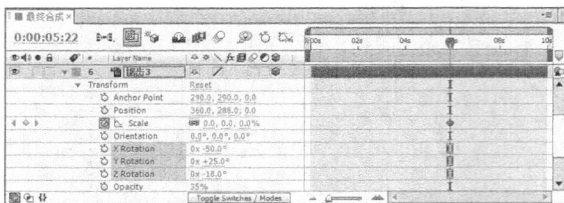

图13.68 设置"锯齿3"层的属性

步骤12 调整时间线到0:00:06:03的位置，修改Scale（缩放）属性的值为106,106,106；调整时间线到0:00:06:06的位置，修改Scale（缩放）属性的值为85,85,85，单击X Rotation（x轴旋转）属性、Y Rotation（y轴旋转）属性、Z Rotation（z轴旋转）属性左侧的码表按钮，添加关键帧，如图13.69所示。

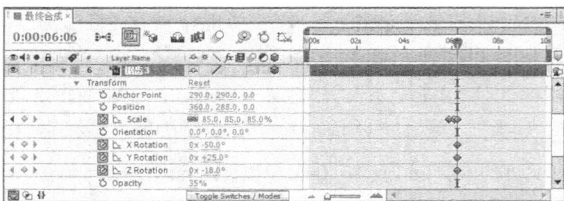

图13.69 设置"锯齿3"层的关键帧

步骤13 调整时间线到0:00:09:24的位置，修改X Rotation（x轴旋转）属性的值为0×-36°、Y Rotation（y轴旋转）属性的值为0×+12°、Z Rotation（z轴旋转）属性的值为0×+112°，如图13.70所示。

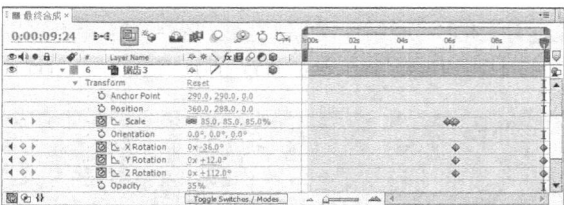

图13.70 设置"锯齿3"层的旋转属性

步骤14 调整时间线到0:00:05:16的位置，选中"锯齿4"素材层，打开Transform（变换）选项组，单击Scale（缩放）属性左侧的码表按钮，修改值为0,0,0；调整时间线到0:00:05:24的位置，修改Scale（缩放）的值为37,37,37；调整时间线到0:00:06:02的

位置，修改Scale（缩放）的值为31,31,31，单击Z Rotation（z轴旋转）属性左侧的码表按钮，在当前位置建立关键帧；调整时间线到0:00:09:24的位置，修改Z Rotation（z轴旋转）属性的值为0×+180°，如图13.71所示。

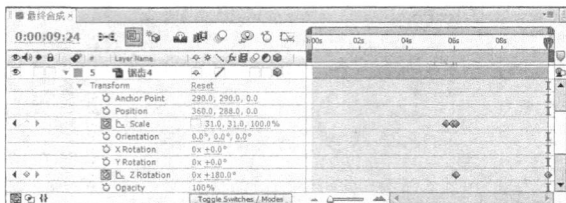

图13.71 设置"锯齿4"层的关键帧

步骤15 选中"Music动画"层，打开三维动画开关，在Effects & Presets（特效面板）中展开Perspective（透视）特效组，然后双击Drop Shadow（投影）特效，如图13.72所示。

步骤16 在Effect Controls（效果控件）面板中，修改Drop Shadow（投影）的特效参数。修改Direction（方向）为0×+257°，修改Distance（距离）的值为40，修改Softness（柔化）的值为45，如图13.73所示。

图13.72 添加投影特效　　图13.73 修改投影特效参数

步骤17 在Effects & Presets（特效面板）中展开Color Correction（颜色校正）特效组，然后双击Brightness & Contrast（亮度和对比度）特效，如图13.74所示。

步骤18 在Effect Controls（效果控件）面板中，修改Brightness（亮度）值为18，如图13.75所示。

图13.74 添加特效2　　图13.75 修改数值

步骤19 在Effects & Presets（特效面板）中展开Blur & Sharpen（模糊和锐化）特效组，然后双击Gaussian Blur（高斯模糊）特效，如图13.76所示。

步骤20 调整时间线到0:00:00:00的位置，在Effect Controls（效果控件）面板中，单击Blurriness（模糊

量）左侧的码表按钮 ⟳ 建立关键帧，并修改Blurriness（模糊量）的值为8，如图13.77所示。

图13.76 添加特效3　　　图13.77 修改模糊量的值

步骤21 调整时间线到0:00:00:16的位置，修改Blurriness（模糊量）的值为0；调整时间线到0:00:04:16的位置，单击时间轴面板中Blurriness（模糊量）左侧的 ◇ 按钮；调整时间线到0:00:05:04的位置，修改Blurriness（模糊量）的值为8，如图13.78所示。

图13.78 创建模糊关键帧

步骤22 选中"Music动画"合成层，按Ctrl+D组合键复制合成层，并重命名为"Music动画2"。将"Music动画2"合成层移动到"光线"层与"光"层之间，再将"Music动画2"的入点调整到0:00:07:01的位置，如图13.79所示。在Effect Controls（效果控件）面板中删除Gaussian Blur（高斯模糊）特效。

图13.79 调整"Music动画2"层的位置

步骤23 调整时间线到0:00:02:12的位置，拖动时间轴中的"光线"层，调整入点为当前时间，如图13.80所示。

图13.80 调整"光线"层的入点

步骤24 调整时间线到0:00:06:05的位置，拖动时间轴中的"光"层，调整入点为当前时间，如图13.81所示。

图13.81 调整"光"层的入点

步骤25 调整完"光"层的入点位置后全部的Music动画就制作完成了，按空格键或小键盘上的0键，在合成窗口中预览动画。其中几帧的效果如图13.82所示。

图13.82 其中几帧的动画效果

13.2 神秘宇宙探索宣传片

难易程度： ★★★☆☆

实例说明： "神秘宇宙探索"是一个有关科学探索的电视频道节目，本例的制作主要应用了Trapcode为After Effects提供的光、3D笔触、星光和粒子插件组合，通过这些插件的运用，制作出了发光文字、带有光晕的流动线条及辐射状的粒子效果，为观众展示了一个融合有Trapcode强大魅力的探索类宣传片。本例最终的动画流程效果如图13.83所示。

工程文件： 第13章\神秘宇宙探索宣传片

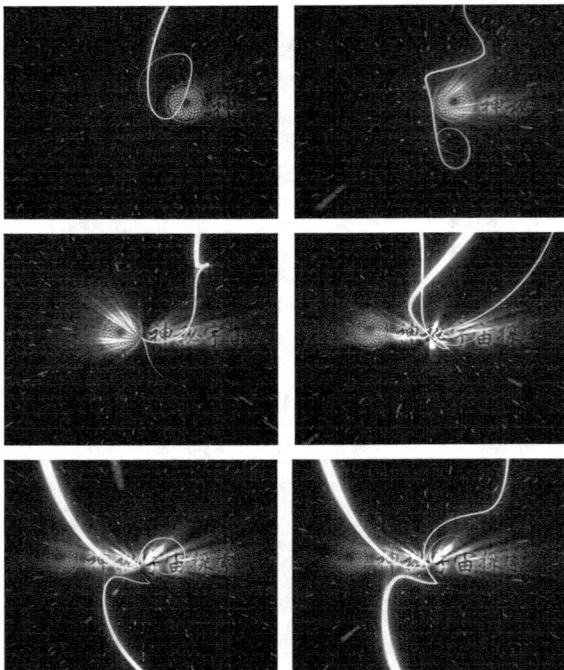

图13.83 神秘宇宙探索最终动画流程效果

知识点

● 学习绚丽光线的处理方法
● 掌握粒子辐射效果的制作技巧
● 掌握主题宣传片头艺术表现

13.2.1 制作文字运动效果

步骤01 执行菜单栏中的File（文件）| Import（导入）| File（文件）命令，打开Import File（导入文件）对话框，选择配套资源中的"工程文件\第13章\神秘宇宙探索宣传片\Logo.psd"素材，如图13.84所示。

图13.84 选择素材

步骤02 单击"打开"按钮，将打开"Logo.psd"对话框，在Import Kind（导入类型）下拉列表中选择Composition（合成）选项，将素材以合成的方式导入，如图13.85所示。单击OK（确定）按钮，素材将导入到Project（项目）面板中。

图13.85 导入素材

步骤03 在Project（项目）面板中选择"Logo"合成，如图13.86所示。按Ctrl+K组合键，打开Composition Settings（合成设置）对话框，设置Duration（持续时间）为0:00:10:00，如图13.87所示。

图13.86 选择"Logo"合成

图13.87 设置持续时间

步骤04 打开"Logo"合成的时间轴面板,选择"Logo"层,在Effects & Presets(效果和预设)面板中展开Stylize(风格化)特效组,然后双击Glow(发光)特效,如图13.88所示。

图13.88 添加特效

步骤05 在Effect Controls(效果控件)面板中,在Glow Based On(发光基于)下拉列表中选择Alpha Channel(Alpha通道),设置Glow Threshold(发光阈值)的值为65%、Glow Radius(发光半径)的值为23、Glow Intensity(发光强度)的值为5.2,在Composite Original(合成原始项目)下拉列表中选择On Top(顶端),从Glow Colors(发光颜色)下拉列表中选择A & B Color(A和B颜色),如图13.89所示。

图13.89 参数设置

步骤06 设置完Glow(发光)特效后,合成窗口中的画面效果如图13.90所示。在"Logo"层的Effect Controls(效果控件)面板中,复制Glow(发光)特效,然后将其粘贴到"神秘宇宙探索"层,此时的画面效果如图13.91所示。

图13.90 添加特效后的效果

图13.91 文字效果

步骤07 将时间线调整到0:00:00:00的位置,选择"Logo"层,展开Transform(变换)选项组,设置Anchor Point(锚点)的值为149,266、Position(位置)的值为149,266,然后单击Rotation(旋转)左侧的码表按钮⌚,在当前位置设置关键帧,并修改Rotation(旋转)的值为2×+0°,如图13.92所示。

图13.92 在当前位置设置关键帧

步骤08 将时间线调整到0:00:09:24的位置,修改Rotation(旋转)的值为0,如图13.93所示。

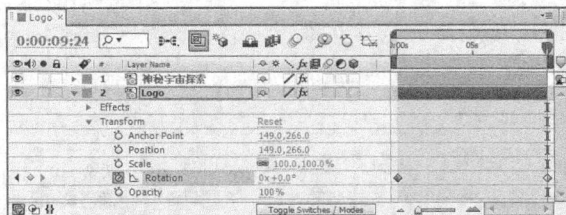

图13.93 修改Rotation(旋转)的值为0

步骤09 执行菜单栏中的Composition(合成)| New Composition(新建合成)命令,打开Composition Settings(合成设置)对话框,设置Composition Name(合成名称)为"运动的文字"、Width(宽度)为"720"、Height(高度)为"576"、Frame Rate(帧速率)为"25",并设置Duration(持续时间)为0:00:10:00,如图13.94所示。

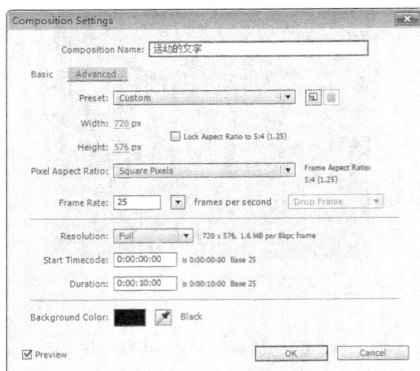

图13.94 合成设置

步骤10 在Project（项目）面板中，选择"Logo"合成，将其拖动到"运动的文字"合成的时间轴面板中。将时间线调整到0:00:07:00的位置，按P键打开该层的Position（位置）选项，然后单击Position（位置）左侧的码表按钮 ○，在当前位置设置关键帧，如图13.95所示。

图13.95 在0:00:07:00的位置设置关键帧

步骤11 将时间线调整到0:00:00:00的位置，设置Position（位置）的值为767,288，如图13.96所示。

图13.96 设置Position（位置）的值

步骤12 这样就完成了文字的运动效果，拖动时间线在合成窗口中观看动画，其中几帧的画面效果如图13.97所示。

图13.97 其中几帧的画面效果

13.2.2 制作发光字

步骤01 执行菜单栏中的Composition（合成）| New Composition（新建合成）命令，打开Composition Settings（合成设置）对话框，新建一个Composition Name（合成名称）为"变幻发光字"、Width（宽度）为"720"、Height（高度）为"576"、Frame Rate（帧速率）为"25"、Duration（持续时间）为0:00:10:00的合成。

步骤02 按Ctrl+Y组合键，打开Solid Settings（纯色设置）对话框，设置Name（名称）为背景、Color（颜色）为蓝色（R:0，G:66，B:134），如图13.98所示。

图13.98 新建"背景"纯色层

步骤03 选择"背景"纯色层，单击工具栏中的Ellipse Tool（椭圆工具）○，在"变幻发光字"合成窗口中单击的同时按住Ctrl键，从合成窗口的中心绘制一个椭圆，如图13.99所示。

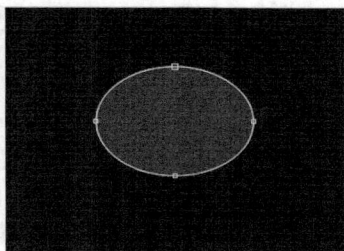

图13.99 绘制椭圆

提示 拖动绘制的同时按住Ctrl键，可以从中心绘制椭圆形。

步骤04 确认当前选中的是"背景"纯色层，按F键打开该层的Mask Feather（蒙版羽化）选项，设置Mask Feather（蒙版羽化）的值为360,360，如图13.100所示。

图13.100 设置蒙版羽化的值

步骤05 在Project（项目）面板中，选择"运动的文字"合成，将其拖动到"变幻发光字"合成的时间轴面板的顶层，如图13.101所示。

图13.101 添加合成素材

步骤06 选择"运动的文字"合成层，在Effects & Presets（效果和预设）面板中展开Trapcode特效组，然后双击Shine（光）特效，如图13.102所示。

图13.102 添加Shine（光）特效

步骤07 在Effect Controls（效果控件）面板中，展开Pre-Process（预处理）选项组，勾选Use Mask（使用蒙版）复选框，设置Mask Radius（蒙版半径）的值为150、Mask Feather（蒙版羽化）的值为95、Ray Length（光线长度）的值为8、Boost Light（光线亮度）的值为8；展开Colorize（着色）选项组，从Colorize（着色）下拉列表中选择3 - Color Gradient（三色渐变），设置Midtones（中间色）为蓝色（R:40，G:180，B:255）、Shadows（阴影）的颜色为深蓝色（R:30，G:120，B:165），如图13.103所示。其中一帧的画面效果如图13.104所示。

图13.103 参数设置

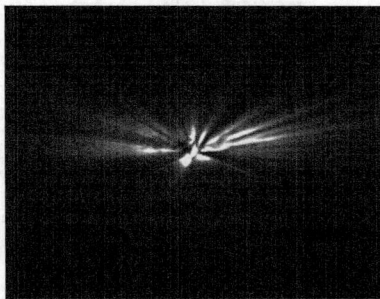

图13.104 画面效果

13.2.3 制作绚丽光线效果

步骤01 按Ctrl+Y组合键，新建一个名为"光线"、Color（颜色）为黑色的纯色层，如图13.105所示。

图13.105 新建纯色层

步骤02 选择"光线"纯色层，单击工具栏中的Pen Tool（钢笔工具），绘制一个如图13.106所示的路径。

图13.106 绘制路径

步骤03 在Effects & Presets（效果和预设）面板中展开Trapcode特效组，然后双击3D Stroke（3D笔触）特效，如图13.107所示。添加后的默认效果如图13.108所示。

图13.107 添加3D笔触特效

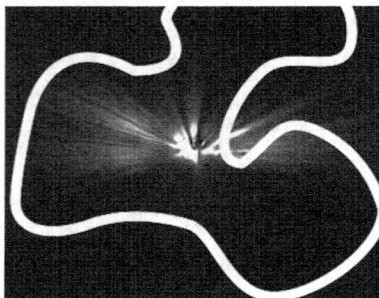

图13.108 默认效果

步骤04 将时间线调整到0:00:00:00的位置，在Effect Controls（效果控件）面板中，设置Color（颜色）为浅蓝色（R:186，G:225，B:255）、Thickness（厚度）的值为2、End（结束）的值为50，单击Offset（偏移）左侧的码表按钮，在当前位置设置关键帧，并勾选Loop（循环）复选框，如图13.109所示。设置后的画面效果如图13.110所示。

图13.109 参数设置1

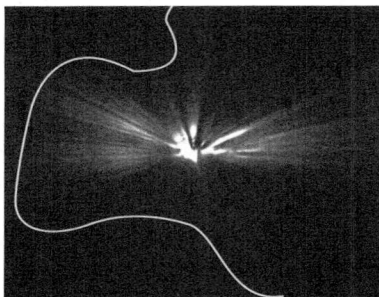

图13.110 画面效果1

步骤05 展开Taper（锥形）选项组，勾选Enable（启用）复选框；展开Transform（变换）选项组，设置Bend（弯曲）的值为4.6，单击Bend Axis（弯曲轴）左侧的码表按钮，在0:00:00:00的位置设置关键帧；设置Z Position（z轴位置）的值为−50、X Rotation（x轴旋转）的值为0×−5°、Y Rotation（y轴旋转）的值为0×+100°、Z Rotation（z轴旋转）的值为0×+30°，如图13.111所示。设置完成后的画面效果如图13.112所示。

图13.111 参数设置2

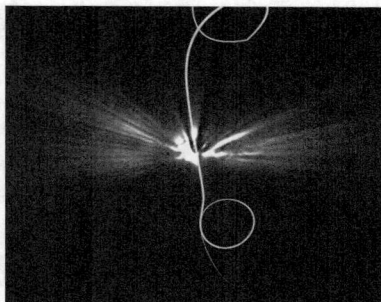

图13.112 画面效果2

步骤06 将时间线调整到0:00:08:00的位置，设置Offset（偏移）的值为340、Bend Axis（弯曲轴）的值为0×+70°，系统将在当前位置自动创建关键帧，如图13.113所示。

图13.113 在0:00:08:00的位置修改参数

步骤07 为"光线"纯色层添加Starglow（星光）特效。在Effects & Presets（效果和预设）面板中展开Trapcode特效组，然后双击Starglow（星光）特效，如图13.114所示。其中一帧的画面效果如图13.115所示。

图13.114 添加特效

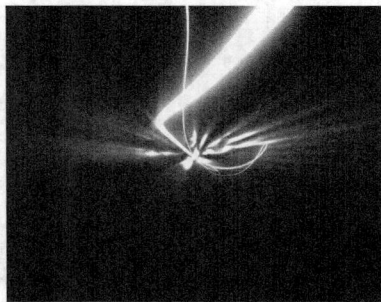

图13.115 画面效果3

步骤08 在Effect Controls（效果控件）面板中，设置Boost Light（光线亮度）的值为0.6；展开Colormap A（颜色贴图A）选项组，设置Midtones（中间色）为蓝色（R:40，G:180，B:255）、Shadows（阴影）为天蓝色（R:40，G:120，B:255）；展开Colormap B（颜色贴图B）选项组，设置Midtones（中间色）为淡紫色（R:136，G:79，B:255）、Shadows（阴影）为紫色（R:85，G:0，B:222），如图13.116所示。其中一帧的画面效果如图13.117所示。

图13.116 参数设置3

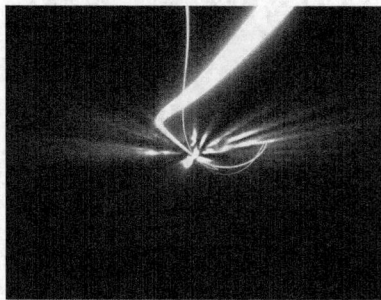

图13.117 画面效果4

13.2.4 制作粒子辐射效果

步骤01 在Project（项目）面板中选择"运动的文字"合成，将其拖动到"变幻发光字"合成的时间轴面板的顶层，然后将其重命名为"运动的文字1"；将"运动的文字1"和"光线"纯色层的Mode（模式）修改为Screen（屏幕），如图13.118所示。

图13.118 修改图层的模式

步骤02 选择 "运动的文字1"合成层，单击工具栏中的Ellipse Tool（椭圆工具） ⬭，在合成窗口中单击的同时按住Ctrl键，从合成的中心绘制一个椭圆，完成后的效果如图13.119所示。然后按F键，打开该层的Mask Feather（蒙版羽化）选项，设置Mask Feather（蒙版羽化）的值为150,150，完成后的画面效果如图13.120所示。

图13.119 绘制椭圆蒙版

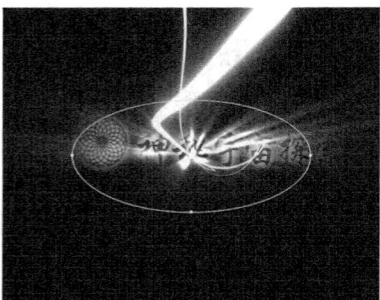

图13.120 设置蒙版羽化值效果

技巧 使用Ellipse Tool（椭圆工具）绘制圆形时，拖动的同时按住Shift键，可以绘制正圆形；拖动的同时按住Shift+Ctrl组合键，可以从中心绘制正圆形。

步骤03 新建 "粒子"纯色层。按Ctrl+Y组合键，新建一个名为 "粒子"、Color（颜色）为黑色的纯色层。

步骤04 选择 "粒子"纯色层，在Effects & Presets（效果和预设）面板中展开Trapcode特效组，然后双击Particular（粒子）特效，如图13.121所示。其中一帧的画面效果如图13.122所示。

图13.121 添加特效

图13.122 画面效果1

步骤05 在Effect Controls（效果控件）面板中，展开Emitter（发射器）选项组，设置Particles/sec（每秒发射的粒子数量）为400，从Emitter Type（发射器类型）下拉列表中选择Box（盒子），设置Position Z（z轴位置）的值为891、Velocity（速度）的值为0、Emitter Size X（发射器x轴大小）的值为1353、Emitter Size Y（发射器y轴大小）的值为1067，如图13.123所示。此时其中一帧的画面效果如图13.124所示。

图13.123 特效参数设置

图13.124 画面效果2

步骤06 在Effect Controls（效果控件）面板中，展开Particle（粒子）选项组，设置Life（生命）的值为4、Sphere Feather（球形羽化）的值为57、Size（大小）的值为3，如图13.125所示。

图13.125 Particle（粒子）参数设置

步骤07 展开Physics（物理学）|Air（空气）选项组，设置Wind Z（z轴风力）的值为−1000，如图13.126所示。

图13.126 参数设置

步骤08 这样就完成了"神秘宇宙探索"宣传片的整体制作，按小键盘上的0键播放预览。最后将文件保存并输出成动画。

13.3 公益宣传片

难易程度： ★★★★☆

实例说明： 本例主要讲解公益宣传片的制作。首先利用文本的Animator（动画）属性及More Options（更多选项）制作不同的文字动画效果，然后通过不同的切换手法及Motion Blur（运动模糊）的应用，制作出文字的动画效果，最后通过场景的合成及蒙版手法的使用，完成公益宣传片效果的制作。本例最终的动画流程效果如图13.127所示。

工程文件： 第13章\公益宣传片

图13.127 动画流程画面

知识点

- 学习文本Animator（动画）属性的使用
- 学习文本More Options（更多选项）属性的使用
- 掌握Motion Blur（运动模糊）的使用
- 掌握Drop Shadow（投影）特效的使用

13.3.1 制作合成场景一动画

步骤01 执行菜单栏中的Composition（合成）| New Composition（新建合成）命令，打开Composition Settings（合成设置）对话框，设置Composition Name（合成名称）为"合成场景一"、Width（宽度）为"720"、Height（高度）为"405"、Frame Rate（帧速率）为"25"，并设置Duration（持续时间）为0:00:04:00，如图13.128所示。

图13.128 合成设置

步骤02 执行菜单栏中的Layer（图层）|New（新建）| Text（文本）命令，创建文字层，在合成窗口中分别创建文字"ETERNITY""IS""NOT""A"，设置字体为JQCuHeiJT、文字大小为130px、文字颜色为墨绿色（R:0，G:50，B:50），如图13.129所示。

图13.129 字体样式设置

步骤03 选择所有文字层，按P键打开Position（位置）选项，设置"ETERNITY"层Position（位置）的值为40,158、"IS"层Position（位置）的值为92,273、"NOT"层Position（位置）的值为208,314、"A"层Position（位置）的值为514,314，如图13.130所示。

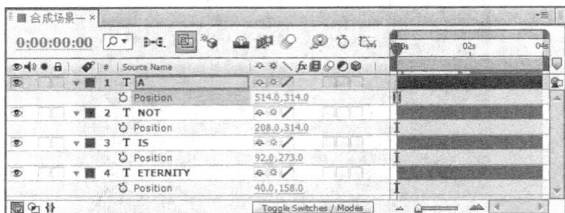

图13.130 设置Position（位置）的参数

步骤04 为了便于观察，在合成窗口下单击Toggle Transparency Grid（切换透明网格）按钮▨，此时合成窗口中的预览效果如图13.131所示。

图13.131 文字效果

步骤05 在时间轴面板中，单击"IS""NOT""A"层前的眼睛图标●，将其隐藏，以便制作动画，如图13.132所示。

图13.132 隐藏层

步骤06 选择"ETERNITY"层，在时间轴面板中展开文字层，单击Text（文本）右侧的 Animate: ● （动画）按钮，在弹出的菜单中选择Rotation（旋转）命令，设置Rotation（旋转）的值为4×+0°，调整时间线到0:00:00:00的位置，单击Rotation（旋转）左侧的码表按钮○，在此位置设置关键帧，如图13.133所示。

图13.133 设置旋转参数关键帧

步骤07 调整时间线到0:00:00:12的位置,设置Rotation(旋转)的值为0,系统会自动添加关键帧,如图13.134所示。

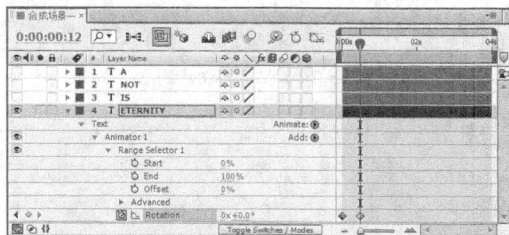

图13.134 设置Rotation(旋转)参数

步骤08 调整时间线到0:00:00:00的位置,按T键打开Opacity(不透明度)选项,设置Opacity(不透明度)的值为0,单击Opacity(不透明度)左侧的码表按钮 ⏱ ,在此位置设置关键帧;调整时间线到0:00:00:12的位置,设置Opacity(不透明度)的值为100%,系统会自动添加关键帧,如图13.135所示。

图13.135 设置Opacity(不透明度)参数

步骤09 选择"ETERNITY"层,在时间轴面板中展开Text(文本)|More Options(更多选项)选项组,从Anchor Point Grouping(锚点分组)下拉列表中选择All(全部)选项,如图13.136所示。

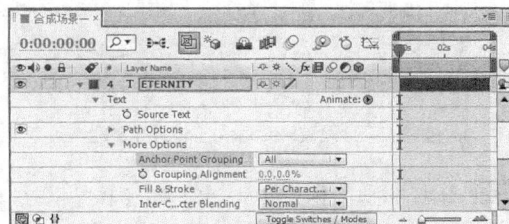

图13.136 选择All(全部)选项

步骤10 选择"ETERNITY"层,在时间轴面板中展开Text(文本)|Animator 1(动画制作工具1)|Range Selector 1(范围选择器1)|Advanced(高级)选项组,从Shape(形状)下拉列表中选择Triangle(三角形)选项,如图13.137所示。

图13.137 选择Triangle(三角形)选项

步骤11 这样就完成了"ETERNITY"层的动画效果制作,在合成窗口按小键盘上的0键预览效果,如图13.138所示。

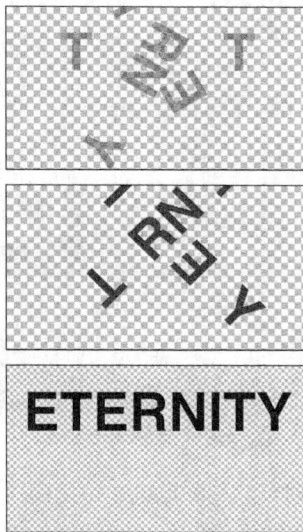

图13.138 在合成窗口预览效果

步骤12 在时间轴面板中,单击"IS"层前原来眼睛图标 👁 所在位置,重新显示图层,按A键展开Anchor Point(锚点),设置Anchor Point(锚点)的值为40,-41,如图13.139所示。

图13.139 设置Anchor Point(锚点)参数

步骤13 调整时间线到0:00:00:12的位置，按S键展开Scale（缩放）选项，设置Scale（缩放）的值为5000，并单击Scale（缩放）左侧的码表按钮 ，在此位置设置关键帧；调整时间线到0:00:00:24的位置，设置Scale（缩放）的值为100，系统会自动添加关键帧，如图13.140所示。

图13.140 设置Scale（缩放）参数

步骤14 在时间轴面板中，单击"NOT"层前原来眼睛图标 所在位置，重新显示图层，在时间轴面板中展开文字层，单击Text（文本）右侧的 Animate: （动画）按钮，在弹出的菜单中选择Opacity（不透明度）命令，设置Opacity（不透明度）的值为0，单击Animator1（动画制作工具1）右侧的 Add: （添加）按钮，在弹出的菜单中选择Property（属性）|Character Offset（字符位移）命令，设置Character Offset（字符位移）的值为20，如图13.141所示。

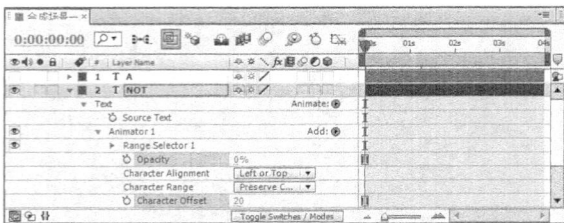

图13.141 设置字符位移

步骤15 调整时间线到0:00:00:24的位置，展开Range Selector 1（范围选择器1）选项组，设置Start（开始）的值为0，单击Start（开始）左侧的码表按钮 ，在此位置设置关键帧；调整时间线到0:00:01:17的位置，设置Start（开始）的值为100%，系统会自动添加关键帧，如图13.142所示。

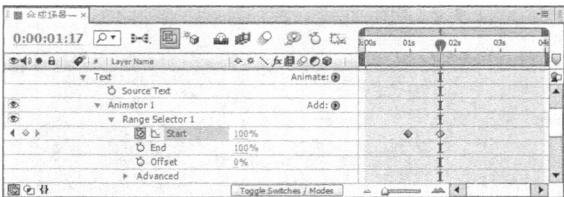

图13.142 设置Start（开始）的值

步骤16 调整时间线到0:00:01:19的位置，按P键打开Position（位置）选项，设置Position（位置）的值为308,314，单击Position（位置）左侧的码表按钮 ，在此位置设置关键帧；按R键打开Rotation（旋转）选项，单击Rotation（旋转）左侧的码表按钮 ，在此位置设置关键帧；按U键展开所有关键帧，如图13.143所示。

图13.143 添加关键帧1

步骤17 调整时间线到0:00:01:23的位置，设置Rotation（旋转）的值为0×−6°，系统会自动添加关键帧；调整时间线到0:00:02:00的位置，设置Position（位置）的值为208,314，系统会自动添加关键帧，设置Rotation（旋转）的值为0，系统会自动添加关键帧，如图13.144所示。

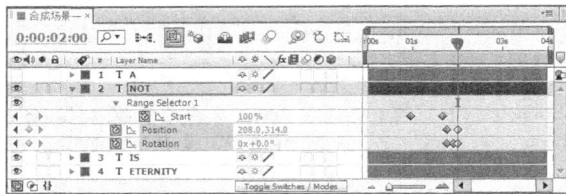

图13.144 添加关键帧2

步骤18 在时间轴面板中，单击"A"层前原来眼睛图标 所在位置，重新显示图层。调整时间线到0:00:01:20的位置，按P键打开Position（位置）选项，单击Position（位置）左侧的码表按钮 ，在此位置设置关键帧；调整时间线到0:00:01:20的位置，设置Position（位置）的值为514,314，如图13.145所示。

图13.145 设置Position（位置）的值

步骤19 在时间轴面板中单击Motion Blur（运动模糊）按钮 ，并开启所有图层中的Motion Blur（运动模糊）开关 ，如图13.146所示。

图13.146 开启Motion Blur（运动模糊）

步骤20 这样"合成场景一"动画就完成了，按小键盘上的0键，在合成窗口中预览动画效果，如图13.147所示。

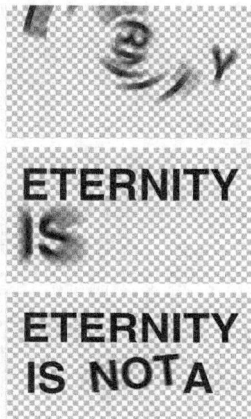

图13.147 合成窗口中的预览效果

13.3.2 制作合成场景二动画

步骤01 执行菜单栏中的Composition（合成）| New Composition（新建合成）命令，打开Composition Settings（合成设置）对话框，设置Composition Name（合成名称）为"合成场景二"、Width（宽度）为"720"、Height（高度）为"405"、Frame Rate（帧速率）为"25"，并设置Duration（持续时间）为0:00:04:00，如图13.148所示。

图13.148 合成设置

步骤02 按Ctrl+Y组合键，打开Solid Settings（纯色设置）对话框，设置Name（名称）为"背景"、Color（颜色）为黑色，如图13.149所示。

图13.149 "纯色设置"对话框

步骤03 选择"背景"层，在Effects & Presets（效果和预设）面板中展开Generate（生成）特效组，双击Ramp（梯度渐变）特效，如图13.150所示。

图13.150 添加Ramp（梯度渐变）特效

步骤04 在Effect Controls（效果控件）面板中修改Ramp（梯度渐变）特效参数。设置Start of Ramp（渐变起始）的值为368,198、Start Color（起始颜色）为白色、End of Ramp（渐变终点）的值为−124,522、End Color（结束颜色）为墨绿色（R:0，G:68，B:68）、Ramp Shape（渐变形状）为Radial Ramp（径向渐变），如图13.151所示。

图13.151 设置Ramp（梯度渐变）特效参数值

步骤05 在项目面板中选择"合成场景一"合成，将其拖动到"合成场景二"合成中，在Effects & Presets（效果和预设）面板中展开Perspective（透视）特效组，双击Drop Shadow（投影）特效，如图13.152所示。

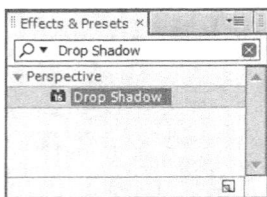

图13.152 添加Drop Shadow（投影）特效

步骤06 在Effect Controls（效果控件）面板中修改Drop Shadow（投影）特效参数。设置Shadow Color（阴影颜色）为墨绿色（R:0，G:50，B:50）、Distance（距离）的值为11、Softness（柔和度）的值为18，如图13.153所示。

图13.153 设置Drop Shadow（投影）特效参数

步骤07 调整时间线到0:00:02:00的位置，按P键打开Position（位置）选项，单击Position（位置）左侧的码表按钮，在此位置设置关键帧；按S键打开Scale（缩放）选项，单击Scale（缩放）左侧的码表按钮，在此位置设置关键帧；按U键展开所有关键帧，如图13.154所示。

图13.154 添加关键帧

步骤08 调整时间线到0:00:02:04的位置，设置Position（位置）的值为162,102.5，系统会自动添加关键帧，设置Scale（缩放）的值为38，系统会自动添加关键帧，如图13.155所示。

图13.155 设置参数

步骤09 执行菜单栏中的Layer（图层）|New（新建）|Text（文本）命令，创建文字层，在合成窗口中分别创建文字"DISTANCE""A"，设置字体为JQCuHeiJT、文字大小为130px、文字颜色为墨绿色（R:0，G:50，B:50），如图13.156所示。

步骤10 创建文字"BUT DECISION"，设置字体为JQCuHeiJT、文字大小为39px、文字颜色为墨绿色（R:0，G:50，B:50），如图13.157所示。

图13.156 设置文本样式1　　图13.157 设置文本样式2

步骤11 选择所有文字层，按P键打开Position（位置）选项，设置"DISTANCE"层的Position（位置）的值为30,248、"A"层Position（位置）的值为328,248、"BUT DECISION"层Position（位置）的值为402,338，如图13.158所示。

图13.158 设置Position（位置）的参数1

步骤12 调整时间线到0:00:02:04的位置，选择"DISTANCE"层，单击Position（位置）左侧的码表按钮，在此位置设置关键帧；调整时间线到0:00:02:00的位置，设置Position（位置）的值为716,248，系统会自动添加关键帧，如图13.159所示。

图13.159 设置Position（位置）参数2

步骤13 调整时间线到0:00:02:04的位置，选择"A"层，按T键打开Opacity（不透明度）选项，设置Opacity（不透明度）的值为0，单击Opacity（不透明度）左侧的码表按钮，在此位置设置关键帧；调整时间线到0:00:02:05的位置，设置Opacity（不透明度）的值为100%，系统会自动添加关键帧，如图13.160所示。

图13.160 设置Opacity（不透明度）的参数

步骤14 按A键打开Anchor Point（锚点）选项，设置Anchor Point（锚点）的值为3,0，如图13.161所示。

图13.161 锚点设置

步骤15 按R键打开Rotation（旋转）选项，调整时间线到0:00:02:05的位置，单击Rotation（旋转）左侧的码表按钮，在此位置设置关键帧；调整时间线到0:00:02:28的位置，设置Rotation（旋转）的值为163，系统会自动添加关键帧；调整时间线到0:00:02:11的位置，设置Rotation（旋转）的值为0×+100°，系统会自动添加关键帧；调整时间线到0:00:02:13的位置，设置Rotation（旋转）的值为0×+159°；调整时间线到0:00:02:15的位置，设置Rotation（旋转）的值为0×+159°；调整时间线到0:00:02:17的位置，设置Rotation（旋转）的值为0×+121°；调整时间线到0:00:02:19的位置，设置

Rotation（旋转）的值为0×+147°；调整时间线到0:00:02:20的位置，设置Rotation（旋转）的值为0×+139°，系统会自动添加关键帧，如图13.162所示。

图13.162 设置Rotation（旋转）的值

步骤16 选择"BUT DECISION"层，在时间轴面板中展开文字层，单击Text（文本）右侧的 Animate: ▶（动画）按钮，在弹出的菜单中选择Position（位置）命令，设置Position（位置）的值为0,-355，如图13.163所示。

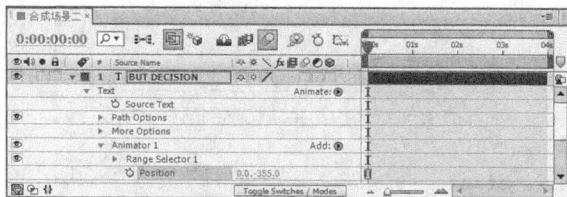

图13.163 选择Position（位置）命令

步骤17 展开Range Selector 1（范围选择器1）选项组，调整时间线到0:00:02:07的位置，单击Start（开始）的码表按钮，在此位置添加关键帧；调整时间线到0:00:02:23的位置，设置Start（开始）的值为100%，系统会自动添加关键帧，如图13.164所示。

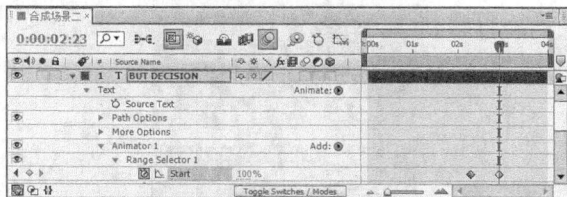

图13.164 设置Start（开始）的值

步骤18 在时间轴面板中单击Motion Blur（运动模糊）按钮，除"背景"层外，开启其他图层的Motion Blur（运动模糊）开关，如图13.165所示。

图13.165 开启Motion Blur（运动模糊）

步骤19 选择"合成场景一"合成层，在Effect Controls（效果控件）面板中选择Drop Shadow（投影）特效，按Ctrl+C组合键复制Drop Shadow（投影）特效，选择文字层，如图13.166所示，按Ctrl+V组合键将Drop Shadow（投影）特效粘贴于文字层，如图13.167所示。

图13.166 选择文字层

图13.167 将投影特效粘贴到所有文字层

步骤20 这样"合成场景二"动画就完成了，按小键盘上的0键，在合成窗口中预览动画效果，如图13.168所示。

图13.168 合成窗口中预览效果

13.3.3 最终合成场景动画

步骤01 执行菜单栏中的Composition（合成）|New Composition（新建合成）命令，打开Composition Settings（合成设置）对话框，设置Composition Name（合成名称）为"最终合成场景"、Width

（宽度）为"720"、Height（高度）为"405"、Frame Rate（帧速率）为"25"，并设置Duration（持续时间）为0:00:04:00，如图13.169所示。

图13.169 合成设置

步骤02 打开"合成场景二"合成，选中"背景"层，按Ctrl+C组合键，将其复制到"最终合成场景"合成中，如图13.170所示。

图13.170 复制"背景"合成

步骤03 在项目面板中，选择"合成场景二"合成，将其拖动到"最终合成场景"合成的时间轴面板中，如图13.171所示。

图13.171 添加合成素材

步骤04 按Ctrl+Y组合键，打开Solid Settings（纯色设置）对话框，设置Name（名称）为"字框"、Color（颜色）为墨绿色（R:0，G:80，B:80），如图13.172所示。

图13.172 新建纯色层

步骤05 选择"字框"层,单击工具栏中的Rectangle Tool(矩形工具)▬,在合成窗口中绘制一个矩形。连按两次M键,展开Mask 1(蒙版1)选项组,设置Mask Expansion(蒙版扩展)的值为-33,如图13.173所示。

图13.173 设置蒙版扩展的值

步骤06 按S键,打开"字框"层的Scale(缩放)选项,设置Scale(缩放)的值为110,120,如图13.174所示。

图13.174 设置Scale(缩放)的值

步骤07 选择"字框"层,将"合成场景二"合成层作为其父级,如图13.175所示。

图13.175 设置父级

步骤08 调整时间线到0:00:03:04的位置,按S键打开Scale(缩放)选项,单击Scale(缩放)选项左侧的码表按钮 ,在此位置添加关键帧;按R键打开Rotation(旋转)选项,单击Rotation(旋转)选项左侧的码表按钮 ,在此位置添加关键帧;按U键,展开所有关键帧,如图13.176所示。

图13.176 添加关键帧1

步骤09 调整时间线到0:00:03:12的位置,设置Scale(缩放)的值为50,系统会自动添加关键帧;设置Rotation(旋转)的值为1×+0°,系统会自动添加关键帧,如图13.177所示。

图13.177 添加关键帧2

步骤10 执行菜单栏中的Layer(图层)|New(新建)|Text(文本)命令,创建文字层,在合成窗口输入"DECISION",设置字体为"金桥简粗黑"、文字大小为318px、文字颜色为墨绿色(R:0,G:46,B:46),如图13.178所示。

图13.178 文本样式设置

步骤11 选择"DECISION"层,按R键打开Rotation(旋转)选项、设置Rotation(旋转)的值为0×-12°,如图13.179所示。

图13.179 设置Rotation(旋转)的值

步骤12 按Ctrl+Y组合键,打开Solid Settings(纯色设置)对话框,设置Name(名称)为"波浪"、Color(颜色)为墨绿色(R:0,G:68,B:68),如图13.180所示。

图13.180 新建"波浪"纯色层

步骤13 在Effects & Presets（效果和预设）面板中展开Distort（扭曲）特效组，双击Ripple（波纹）特效，如图13.181所示。

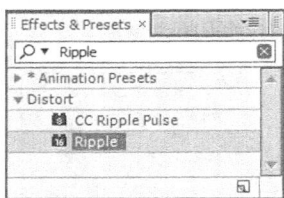

图13.181 添加Ripple（波纹）特效

步骤14 在Effect Controls（效果控件）面板中修改Ripple（波纹）特效参数。设置Radius（半径）的值为100、Center of Conversion（波纹中心）的值为360,160、Wave Speed（波形速度）的值为2、Wave Width（波形宽度）的值为49、Wave Height（波形高度）的值为46，如图13.182所示。

图13.182 设置Ripple（波纹）特效参数

步骤15 选择"波浪"层和文字层，按P键打开Position（位置）选项，设置"波浪"层Position（位置）的值为360,636，单击Position（位置）左侧的码表按钮，在此位置添加关键帧；设置文字层Position（位置）的值为27,-39，单击Position（位置）左侧的码表按钮，在此位置添加关键帧，如图13.183所示。

图13.183 设置Position（位置）的值1

步骤16 调整时间线到0:00:03:13的位置，设置"波浪"层Position（位置）的值为360,471，系统会自动添加关键帧；设置文字层Position（位置）的值为27,348，系统会自动添加关键帧，如图13.184所示。

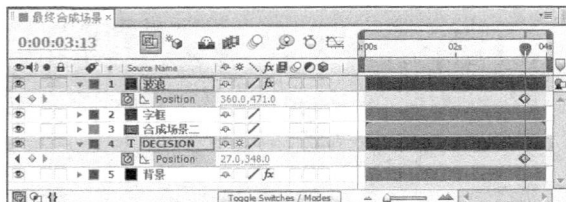

图13.184 设置Position（位置）的值2

步骤17 在时间轴面板中单击Motion Blur（运动模糊）按钮，除"背景"层外，开启其他图层的Motion Blur（运动模糊）开关，如图13.185所示。

图13.185 开启Motion Blur（运动模糊）

步骤18 这样就完成了"公益宣传片"的整体制作，按小键盘上的0键，在合成窗口预览动画。

第⑭章
动漫合成特效表现

内容摘要

本章主要通过3个具体的案例，详细讲解了动漫特效合成及场景合成的制作技巧。

教学目标

- 学习星光之源特效的制作
- 学习宇宙之光特效的制作
- 掌握魔法火焰特效的实现

14.1 星光之源

难易程度：★★☆☆☆

实例说明： 本例主要讲解Fractal Noise（分形杂色）特效、Curves（曲线）特效、Bezier Warp（贝塞尔曲线变形）特效的应用以及Mask（蒙版）的使用。本例最终的动画流程效果如图14.1所示。

工程文件： 第14章\星光之源

图14.1 星光之源最终动画流程效果

知识点

- 学习Curves（曲线）特效、Bezier Warp（贝塞尔曲线变形）特效的参数设置
- 掌握蒙版的使用方法

14.1.1 制作绿色光环

步骤01 执行菜单栏中的Composition（合成）| New Composition（新建合成）命令，打开Composition Settings（合成设置）对话框。设置Composition

Name（合成名称）为"绿色光环"、Width（宽度）为"1024"、Height（高度）为"576"、Frame Rate（帧速率）为"25"，并设置Duration（持续时间）为0:00:05:00，如图14.2所示。

图14.2 合成设置

步骤02 执行菜单栏中的File（文件）| Import（导入）| File（文件）命令，打开Import File（导入文件）对话框，选择配套资源中的"工程文件\第14章\星光之源\背景.png、人物.png"素材，如图14.3所示。单击"打开"按钮，"背景.png、人物.png"素材将导入到Project（项目）面板中。

图14.3 导入素材文件

步骤03 在Project（项目）面板中，选择"人物.png"素材，将其拖动到"绿色光环"合成的时间轴面板中，如图14.4所示。

图14.4 添加素材

步骤04 执行菜单栏中的Layer（图层）|New（新建）|Solid（纯色）命令，打开Solid Settings（纯色设置）对话框，设置Name（名称）为"绿环"、Width（宽度）为1024px、Height（高度）为576px、Color（颜色）为绿色（R:144，G:215，B:68），如图14.5所示。

图14.5 纯色设置

步骤05 选中"绿环"层，选择工具栏里的Ellipse Tool（椭圆工具），在"绿色光环"合成窗口中绘制椭圆形蒙版，如图14.6所示。

图14.6 绘制蒙版1

提示 使用标准形状的蒙版工具可以直接在合成素材上拖动绘制，系统会自动按蒙版的区域进行去除操作。

步骤06 选中"绿环"层，按F键展开Mask Feather（蒙版羽化）属性，设置Mask Feather（蒙版羽化）的值为5,5，如图14.7所示。

图14.7 Mask Feather（蒙版羽化）数值设置

步骤07 为了制作出圆环效果，再次选择工具栏里的 Ellipse Tool（椭圆工具），在合成窗口中绘制椭圆形蒙版，如图14.8所示。

图14.8 绘制蒙版2

步骤08 选中"Mask 2"层，按F键展开Mask Feather（蒙版羽化）属性，设置Mask Feather（蒙版羽化）的值为75,75，效果如图14.9所示。

图14.9 蒙版羽化效果

步骤09 选中"绿环"层，单击3D图层按钮 打开图层三维效果，设置Orientation（方向）的值为262°,0°,0°，如图14.10所示。

图14.10 参数设置

步骤10 选中"绿环"层，将时间线调整到0:00:00:00的位置，按S键展开Scale（缩放）属性，设置Scale（缩放）的值为0,0,0，单击码表按钮，在当前位置添加关键帧；将时间线调整到0:00:00:14的位置，设置Scale（缩放）的值为599,599,599，系统会自动创建关键帧，如图14.11所示。

图14.11 Scale（缩放）关键帧设置

步骤11 将时间线调整到0:00:00:11的位置，按T键展开Opacity（不透明度）属性，设置Opacity（不透明度）的值为100%，单击码表按钮，在当前位置添加关键帧；将时间线调整到0:00:00:17的位置，设置Opacity（不透明度）的值为0%，系统会自动创建关键帧，如图14.12所示。

图14.12 Opacity（不透明度）关键帧设置

步骤12 选中"绿环"层，设置其Mode（模式）为Screen（屏幕），如图14.13所示。

图14.13 叠加模式设置

步骤13 为了使绿环与人物之间产生遮罩效果，执行菜单栏中的Layer（图层）|New（新建）|Solid（纯色）命令，打开Solid Settings（纯色设置）对话框。设置Name（名称）为"蒙版"、Width（宽度）为1024px、Height（高度）为576px、Color（颜色）为黑色，如图14.14所示。

图14.14 纯色设置

步骤14 为了操作的方便，选中"蒙版"层，按T键展开Opacity（不透明度）属性，设置Opacity（不透明度）为0%，如图14.15所示。

图14.15 Opacity（不透明度）设置

步骤15 选中"蒙版"层，选择工具栏里的Pen Tool（钢笔工具），在合成窗口中绘制如图14.16所示的路径。

图14.16 绘制蒙版3

步骤16 绘制完成后，将蒙版显示出来，按T键展开Opacity（不透明度）属性，设置Opacity（不透明度）为100%，效果如图14.17所示。

图14.17 不透明度设置效果

步骤17 选中"蒙版"层，设置其Mode（模式）为Silhouette Alpha（轮廓Alpha），如图14.18所示。

图14.18 设置混合模式

步骤18 这样"绿色光环"合成就制作完成了，其中几帧的效果如图14.19所示。

图14.19 动画流程效果

14.1.2 制作星光之源合成

步骤01 执行菜单栏中的Composition（合成）| New Composition（新建合成）命令，打开Composition Settings（合成设置）对话框。设置Composition Name（合成名称）为"星光之源"、Width（宽度）为"1024"、Height（高度）为"576"、Frame Rate（帧速率）为"25"，并设置Duration（持续时间）为0:00:05:00。

步骤02 在Project（项目）面板中，选择"背景.png"素材，将其拖动到"星光之源"合成的时间轴面板中，如图14.20所示。

图14.20 添加素材

步骤03 选择"背景.png"层，在Effects & Presets（效果和预设）面板中展开Color Correction（颜色校正）特效组，双击Curves（曲线）特效，如图14.21所示，默认Curves（曲线）形状如图14.22所示。

图14.21 添加曲线特效1

图14.22 默认曲线形状1

> **提示** Curves（曲线）特效可以通过调整曲线的弯曲度或复杂度来实现对图像亮部和暗部分布情况的调整。

步骤04 在Effect Controls（效果控件）面板中，从Channel（通道）下拉列表中选择Red（红色）通道，调整Curves（曲线）形状如图14.23所示，效果如图14.24所示。

图14.23 红色通道曲线调整

图14.24 效果图1

步骤05 从Channel（通道）下拉列表中选择Blue（蓝色）通道，调整Curves（曲线）形状如图14.25所示，效果如图14.26所示。

图14.25 蓝色通道曲线调整

图14.26 效果图2

步骤06 执行菜单栏中的Layer（图层）| New（新建）| Solid（纯色）命令，打开Solid Settings（纯色设置）对话框，设置Name（名称）为"光线"、Width（宽度）为1024px、Height（高度）为576px、Color（颜色）为黑色，如图14.27所示。

图14.27 纯色设置

步骤07 选择"光线"层，在Effects & Presets（效果和预设）面板中展开Noise & Grans（杂色和颗粒）特效组，双击Fractal Noise（分形杂色）特效，如图14.28所示。

图14.28 添加分形杂色特效

步骤08 在Effect Controls（效果控件）面板中，设置Contrast（对比度）的值为300、Brightness（亮度）的值为−47；展开Transform（变换）选项组，取消勾选Uniform Scaling（统一缩放）复选框，设置Scale Width（缩放宽度）的值为7，Scale Height（缩放高度）的值为1394，如图14.29所示，效果如图14.30所示。

图14.29 参数设置

图14.30 效果图3

步骤09 在Effect Controls（效果控件）面板中，按Alt键的同时用鼠标左键单击Evolution（演化）左侧的码表按钮⏱，在"星光之源"合成的时间轴中输入表达式"time* 500"，如图14.31所示。

图14.31 表达式设置

提示 使用Fractal Noise（分形杂色）特效，还可以轻松制作出各种云雾效果，并可以通过动画预置选项，制作出各种常用的动画画面。

步骤10 选择"光线"层，设置其Mode（模式）为Screen（屏幕），如图14.32所示。

图14.32 混合模式设置

步骤11 调整光线颜色，在Effects & Presets（效果和预设）面板中展开Color Correction（颜色校正）特效组，双击Curves（曲线）特效，如图14.33所示。默认的Curves（曲线）形状如图14.34所示。

图14.33 添加曲线特效2

图14.34 默认曲线形状2

步骤12 在Effect Controls（效果控件）面板中，从Channel（通道）下拉列表中选择RGB（RGB）通道，调整Curves（曲线）形状如图14.35所示，效果如图14.36所示。

图14.35 RGB通道曲线调整

图14.36 效果图4

步骤13 从Channel（通道）下拉列表中选择Green（绿色）通道，调整Curves（曲线）形状如图14.37所示，效果如图14.38所示。

图14.37 绿色通道曲线调整

图14.38 效果图5

步骤14 选择"光线"层，在Effects & Presets（效果和预设）面板中展开Stylize（风格化）特效组，双击Glow（发光）特效，如图14.39所示，效果如图14.40所示。

图14.39 添加发光特效

图14.40 效果图6

步骤15 选中"光线"层，选择工具栏里的Rectangle Tool（矩形工具），在"星光之源"合成窗口中绘制矩形蒙版，如图14.41所示。

图14.41 绘制蒙版

步骤16 选中"光线"层，按F键展开Mask Feather（蒙版羽化）属性，设置Mask Feather（蒙版羽化）的值为45,45，如图14.42所示。

图14.42 Mask Feather（蒙版羽化）设置

步骤17 选择"光线"层，在Effects & Presets（效果和预设）面板中展开Distort（扭曲）特效组，双击Bezier Warp（贝塞尔曲线变形）特效，如图14.43所示。默认的Bezier Warp（贝塞尔曲线变形）控制框如图14.44所示。

图14.43 添加特效

图14.44 默认控制框形状

提示 Bezier Warp（贝塞尔曲线变形）特效是在层的边界上沿一个封闭曲线来变形图像，图像每个角有3个控制点，角上的点为顶点，用来控制线段的位置，顶点两侧的两个点为切点，用来控制线段的弯曲曲率。

步骤18 调整Bezier Warp（贝塞尔曲线变形）控制框的形状，如图14.45所示。

图14.45 调整控制框的形状

步骤19 执行菜单栏中的Layer（图层）|New（新建）|Solid（纯色）命令，打开Solid Settings（纯色设置）对话框，设置Name（名称）为"中间光"、Width（宽度）为1024px、Height（高度）为576px、Color（颜色）为白色，如图14.46所示。

图14.46 纯色设置

步骤20 选中"中间光"层，单击工具栏中的Rectangle Tool（矩形工具），在合成窗口中绘制矩形蒙版，如图14.47所示。

图14.47 绘制矩形蒙版

步骤21 选中"中间光"层，按F键展开Mask Feather（蒙版羽化）属性，设置Mask Feather（蒙版羽化）的值为25,25，如图14.48所示。

图14.48 Mask Feather（蒙版羽化）参数设置

步骤22 选中"中间光"层，按P键展开Position（位置）属性，设置Position（位置）的值为568,274，如图14.49所示。

图14.49 Position（位置）参数设置

步骤23 为"中间光"层添加高光效果。选中"中间光"层，在Effects & Presets（效果和预设）面板中展开Stylize（风格化）特效组，双击Glow（发光）特效，如图14.50所示，效果如图14.51所示。

图14.50 添加发光特效

图14.51 添加特效后的效果

提示 Glow（发光）特效可以寻找图像中亮度比较大的区域，然后对其周围的像素进行加亮处理，从而产生发光效果。

步骤24 在Effect Controls（效果控件）面板中，设置Glow Threshold（发光阈值）的值为0%、Glow Radius（发光半径）的值为43，从Glow Colors（发光颜色）下拉列表中选择A & B Colors（A和B颜色），设置Color A（颜色A）为黄绿色（R:228，G:255，B:2）、Color B（颜色B）为黄色（R:252，G:255，B:2），如图14.52所示，效果如图14.53所示。

图14.52 参数设置

图14.53 效果图7

步骤25 选中"中间光"层，将时间线调整到0:00:00:00的位置，设置Opacity（不透明度）的值为100%，单击码表按钮 ，在当前位置添加关键帧；将时间线调整到0:00:00:02的位置，设置Opacity（不透明度）的值为50%，系统会自动创建关键帧，如图14.54所示。

图14.54 不透明度关键帧设置

步骤26 选中两个关键帧，按Ctrl+C组合键进行复制，然后每隔4帧粘贴复制的关键帧，直到0:00:02:22的位置，设置Opacity（不透明度）的值为100%，系统会自动创建关键帧，如图14.55所示。

图14.55 关键帧设置

步骤27 在Project（项目）面板中，选择"人物.png、绿色光环"素材，将其拖动到"星光之源"合成的时间轴面板中，如图14.56所示。

图14.56 添加素材

步骤28 选中"绿色光环"层，按Enter键将其重命名为"绿色光环1"，如图14.57所示。

图14.57 重命名层

步骤29 选中"绿色光环1"层，按Ctrl+D组合键复制出"绿色光环2"层，并将"绿色光环2"层的起点设置在0:00:00:19的位置，如图14.58所示。

图14.58 "绿色光环2"层起点设置

步骤30 选中"绿色光环2"层，按Ctrl+D组合键复制出"绿色光环3"层，并将"绿色光环3"层的起点设置在0:00:01:11的位置，如图14.59所示。

图14.59 "绿色光环3"层起点设置

步骤31 执行菜单栏中的Layer（图层）|New（新建）|Solid（纯色）命令，打开Solid Settings（纯色设置）对话框，设置Name（名称）为"Particular"、Width（宽度）为1024px、Height（高度）为576px、Color（颜色）为黑色，如图14.60所示。

步骤32 选中"Particular"层，在Effects & Presets（效果和预设）面板中展开Trapcode特效组，双击Particular（粒子）特效，如图14.61所示。

图14.60 新建纯色层

图14.61 添加粒子特效

步骤33 在Effect Controls（效果控件）面板中，展开Emitter（发射器）选项组，设置Particular/Sec（每秒发射的粒子数量）为90；从Emitter Type（发射器类型）下拉列表中选择Box（盒子），设置Position XY（xy轴位置）的值为510,414、Velocity（速度）的值为340、Emitter Size X（发射器x轴大小）的值为146、Emitter Size Y（发射器y轴大小）的值为154、Emitter Size Z（发射器z轴大小）的值为579，参数设置如图14.62所示，效果如图14.63所示。

图14.62 发射器参数设置

图14.63 效果图8

步骤34 展开Particle（粒子）选项组，设置Life（生命）的值为1，从Particle Type（粒子类型）下拉列表中选择Star（星形），设置Color Random（随机颜色）的值为31，如图14.64所示，效果如图14.65所示。

图14.64 粒子参数设置

图14.65 效果图9

步骤35 为了提高粒子亮度，选中"Particular"层，在Effects & Presets（效果和预设）面板中展开Stylize（风格化）特效组，双击Glow（发光）特效，如图14.66所示，效果如图14.67所示。

图14.66 添加发光特效

图14.67 效果图10

步骤36 在Effect Controls（效果控件）面板中，从Glow Colors（发光颜色）下拉列表中选择A & B Colors（A和B颜色），如图14.68所示。此时画面效果如图14.69所示。

图14.68 发光特效参数设置

图14.69 效果图11

步骤37 这样"星光之源"动画就制作完成了，按小键盘上的0键预览，其中几帧效果如图14.70所示。

图14.70 动画流程画面

图14.70 动画流程画面（续）

14.2 宇宙之光

难易程度： ★ ★ ☆ ☆ ☆

实例说明： 本例主要应用Fractal Noise（分形杂色）特效和Bezier Warp（贝塞尔曲线变形）特效制作出"宇宙之光"动画效果。本例最终的动画流程效果如图14.71所示。

工程文件： 第14章\宇宙之光

图14.71 宇宙之光最终动画流程效果

知识点

- 学习Fractal Noise（分形杂色）特效的参数设置及使用方法
- 掌握添加Particular（粒子）特效的方法

14.2.1 新建总合成

步骤01 执行菜单栏中的Composition（合成）| New Composition（新建合成）命令，打开Composition Settings（合成设置）对话框。设置Composition Name（合成名称）为"总合成"、Width（宽度）为"1024"、Height（高度）为"576"、Frame Rate（帧速率）为"25"，并设置Duration（持续时间）为0:00:05:00，如图14.72所示。

图14.72 合成设置

步骤02 执行菜单栏中的File（文件）| Import（导入）| File（文件）命令，打开Import File（导入文件）对话框，选择配套资源中的"工程文件\第14章\宇宙之光\背景图片.jpg"素材，如图14.73所示。单击"打开"按钮，"背景图片.jpg"素材将导入到Project（项目）面板中。

图14.73 导入素材文件

步骤03 执行菜单栏中的Layer（图层）|New（新建）|Solid（纯色）命令，打开Solid Settings（纯色设置）对话框，设置Name（名称）为"线光"、Width（宽度）为1024px、Height（高度）为576px、Color（颜色）为黑色，如图14.74所示。

图14.74 纯色设置

步骤04 选中"线光"层,在Effects & Presets(效果和预设)面板中展开Noise & Grain(杂色和颗粒)特效组,双击Fractal Noise(分形杂色)特效,如图14.75所示。

图14.75 添加特效

步骤05 在Effect Controls(效果控件)面板中,设置Contrast(对比度)的值为257、Brightness(亮度)的值为-65,展开Transform(变换)选项组,取消勾选Uniform Scaling(统一缩放)复选框,设置Scale Width(缩放宽度)的值为35、Scale Height(缩放高度)的值为1686,如图14.76所示,效果如图14.77所示。

图14.76 参数设置

图14.77 效果图1

步骤06 将时间线调整到0:00:00:00的位置,设置Evolution(演化)的值为0,单击码表按钮○,在当前位置添加关键帧;将时间线调整到0:00:02:16的位置,设置Evolution(演化)的值为3×+0°,如图14.78所示。

图14.78 关键帧设置

步骤07 选中"线光"层,设置其Mode(模式)为Add(相加),效果如图14.79所示。

图14.79 效果图2

步骤08 在Effects & Presets(效果和预设)面板中展开Distort(扭曲)特效组,双击Bezier Warp(贝塞尔曲线变形)特效,如图14.80所示。默认的Bezier Warp(贝塞尔曲线变形)控制框如图14.81所示。

图14.80 添加贝塞尔曲线变形特效

图14.81 默认控制框

步骤09 调整Bezier Warp(贝塞尔曲线变形)控制框,如图14.82所示。

图14.82 调整控制框的形状

步骤10 选中"线光"层，选择工具栏里的Pen Tool（钢笔工具），绘制闭合蒙版，如图14.83所示。

图14.83 绘制蒙版

步骤11 选中"线光"层，按F键展开Mask Feather（蒙版羽化）属性，设置Mask Feather（蒙版羽化）的值为236,236，效果如图14.84所示。

图14.84 蒙版羽化效果

14.2.2 添加粒子特效

步骤01 执行菜单栏中的Layer（图层）|New（新建）|Solid（纯色）命令，打开Solid Settings（纯色设置）对话框，设置Name（名称）为"点光"、Width（宽度）为1024px、Height（高度）为576px、Color（颜色）为黑色，如图14.85所示。

图14.85 合成设置

步骤02 选中"点光"层，在Effects & Presets（效果和预设）面板中展开Trapcode特效组，双击Particular（粒子）特效，如图14.86所示。

图14.86 添加粒子特效

步骤03 在Effect Controls（效果控件）面板中，展开Particular（粒子）|Emitter（发射器）选项组，设置Particular/sec（每秒发射的粒子数）为30；在Emitter Type（发射类型）下拉列表中选择Box（盒子），设置Position XY（xy轴位置）的值为510,176、Velocity（速度）的值为50、Velocity Random（随机速度）的值为0、Velocity Distribution（速率分布）的值为0、Velocity from Motion（运动速度）的值为0、Emitter Size X（发射器x轴大小）的值为212、Emitter Size Y（发射器y轴大小）的值为354、Emitter Size Z（发射器z轴大小）的值为712，参数设置如图14.87所示，效果如图14.88所示。

图14.87 发射器参数设置

图14.88 画面效果1

步骤04 展开Particle（粒子）选项组，设置Life（生命）的值为2，从Particle Type（粒子类型）下拉列表中选择Glow Sphere（发光球体），参数设置如图14.89所示，效果如图14.90所示。

图14.89 粒子参数设置

图14.90 画面效果2

步骤05 这样就完成了"宇宙之光"动画的操作，按小键盘上的0键预览，其中几帧动画效果如图14.91所示。

图14.91 动画流程画面

14.3 魔法火焰

难易程度：★★★☆☆

实例说明： 本例主要讲解CC Particle World（CC粒子仿真世界）特效、Colorama（色光）特效的应用以及蒙版工具的使用。本例最终的动画流程效果如图14.92所示。

工程文件： 第14章\魔法火焰

图14.92 魔法火焰最终动画流程效果

知识点

- 学习Colorama（色光）特效与Curves（曲线）特效的参数设置及使用方法
- 掌握爆炸光的色彩调节

14.3.1 制作烟火合成

步骤01 执行菜单栏中的Composition（合成）| New Composition（新建合成）命令，打开Composition Settings（合成设置）对话框。设置Composition Name（合成名称）为"烟火"、Width（宽度）为"1024"、Height（高度）为"576"、Frame Rate（帧速率）为"25"，并设置Duration（持续时间）为0:00:04:00，如图14.93所示。

图14.93 合成设置

步骤02 执行菜单栏中的File（文件）| Import（导入）| File（文件）命令，打开Import File（导入文件）对话框，选择配套资源中的"工程文件\第14章\魔法火焰\烟雾.jpg、背景.jpg"素材，如图14.94所示。单击"打开"按钮，"烟雾.jpg、背景.jpg"素材将导入到Project（项目）面板中。

图14.94 选择素材文件

步骤03 执行菜单栏中的Layer（图层）|New（新建）|Solid（纯色）命令，打开Solid Settings（纯色设置）对话框，设置Name（名称）为"白色蒙版"、Width（宽度）为1024px、Height（高度）为576px、Color（颜色）为白色，如图14.95所示。

图14.95 纯色设置

步骤04 选中"白色蒙版"层，选择工具栏里的Rectangle Tool（矩形工具），在"烟火"合成中绘制矩形蒙版，如图14.96所示。

图14.96 绘制蒙版

步骤05 在Project（项目）面板中选择"烟雾.jpg"素材，将其拖动到"烟火"合成的时间轴面板中，如图14.97所示。

图14.97 添加素材

步骤06 选中"白色蒙版"层，设置Track Matte（轨道遮罩）为Luma Inverted Matte"烟雾.jpg"（亮度反转遮罩"烟雾".jpg），这样单独的云雾就被提取出来了，如图14.98所示，效果如图14.99所示。

图14.98 轨道遮罩设置

图14.99 效果图

14.3.2 制作中心光

步骤01 执行菜单栏中的Composition（合成）| New Composition（新建合成）命令，打开Composition Settings（合成设置）对话框。设置Composition Name（合成名称）为"中心光"、Width（宽度）为"1024"、Height（高度）为"576"、Frame Rate（帧速率）为"25"，并设置Duration（持续时间）为0:00:05:00，如图14.100所示。

步骤02 执行菜单栏中的Layer（图层）|New（新建）| Solid（纯色）命令，打开Solid Settings（纯色设置）对话框，设置Name（名称）为"粒子"、Width（宽度）为1024px、Height（高度）为576px、Color（颜色）为黑色，如图14.101所示。

图14.100 合成设置

图14.104 特效参数设置

图14.101 纯色设置

图14.105 效果图1

步骤05 展开Physics（物理学）选项组，从Animation（动画）下拉列表中选择Twirl（扭转），设置Velocity（速度）的值为0.07、Gravity（重力）的值为-0.05、Extra（额外）的值为0、Extra Angle（额外角度）的值为0×+180°，如图14.106所示，效果如图14.107所示。

步骤03 选中"粒子"层，在Effects & Presets（效果和预设）面板中展开Simulation（模拟）特效组，双击CC Particle World（CC粒子仿真世界）特效，如图14.102所示，此时的画面效果如图14.103所示。

图14.102 添加特效

图14.106 物理学参数设置

图14.103 画面效果

图14.107 效果图2

步骤04 在Effect Controls（效果控件）面板中，设置Birth Rate（生长速率）的值为1.5、Longevity（寿命）的值为1.5；展开Producer（发生器）选项组，设置Radius X（x轴半径）的值为0、Radius Y（y轴半径）的值为0.215、Radius Z（z轴半径）的值为0，如图14.104所示，此时的效果如图14.105所示。

步骤06 展开Particle（粒子）选项组，从Particle Type（粒子类型）下拉列表中选择TriPolygon（三角形），设置Birth Size（生长大小）的值为0.053、Death Size（消逝大小）的值为0.087，如图14.108所示，效果如图14.109所示。

图14.108 粒子参数设置

图14.109 画面效果

步骤07 执行菜单栏中的Layer（图层）|New（新建）|Solid（纯色）命令，打开Solid Settings（纯色设置）对话框，设置Name（名称）为"中心亮棒"、Width（宽度）为1024px、Height（高度）为576px、Color（颜色）为橘黄色（R:255，G:177，B:76），如图14.110所示。

图14.110 新建纯色层

步骤08 选中"中心亮棒"层，选择工具栏里的Pen Tool（钢笔工具）🖊，绘制闭合蒙版，如图14.111所示。

图14.111 绘制蒙版

14.3.3 制作爆炸光

步骤01 执行菜单栏中的Composition（合成）| New

Composition（新建合成）命令，打开Composition Settings（合成设置）对话框。设置Composition Name（合成名称）为"爆炸光"、Width（宽度）为"1024"、Height（高度）为"576"、Frame Rate（帧速率）为"25"，并设置Duration（持续时间）为0:00:05:00。

步骤02 在Project（项目）面板中，选择"背景.jpg"素材，将其拖动到"爆炸光"合成的时间轴面板中，如图14.112所示。

图14.112 添加素材

步骤03 选中"背景.jpg"层，按Ctrl+D组合键复制出另一个"背景.jpg"层，按Enter键将其重命名为"背景粒子.jpg"，设置其Mode（模式）为Add（相加），如图14.113所示。

图14.113 复制层并设置模式

步骤04 选中"背景粒子.jpg"层，在Effects & Presets（效果和预设）面板中展开Simulation（模拟）特效组，双击CC Particle World（CC粒子仿真世界）特效，如图14.114所示。此时的画面效果如图14.115所示。

图14.114 添加特效

图14.115 画面效果1

步骤05 在Effect Controls（效果控件）面板中，设置Birth Rate（生长速率）的值为0.2、Longevity（寿命）的值为0.5；展开Producer（发生器）选项组，设置Position X（x轴位置）的值为−0.07、Position Y（y轴位置）的值为0.11、Radius X（x轴半径）的值为0.155、Radius Z（z轴半径）的值为0.115，如图14.116所示，效果如图14.117所示。

图14.116 特效参数设置1

图14.117 效果图1

步骤06 展开Physics（物理学）选项组，设置Velocity（速度）的值为0.37、Gravity（重力）的值为0.05，如图14.118所示，效果如图14.119所示。

图14.118 物理学参数设置1

图14.119 效果图2

步骤07 展开Particle（粒子）选项组，从Particle Type（粒子类型）下拉列表中选择Lens Convex（凸透镜），设置Birth Size（生长大小）的值为0.639、Death Size（消逝大小）的值为0.694，如图14.120所示，效果如图14.121所示。

图14.120 粒子参数设置1

图14.121 画面效果2

步骤08 选中"背景粒子.jpg"层，在Effects & Presets（效果和预设）面板中展开Color Correction（颜色校正）特效组，双击Curves（曲线）特效，如图14.122所示，默认的曲线形状如图14.123所示。

图14.122 添加曲线特效1

图14.123 默认曲线形状

步骤09 在Effect Controls（效果控件）面板中，调整Curves（曲线）的形状，如图14.124所示，效果如图14.125所示。

图14.124 调整曲线形状

图14.125 曲线调整效果

步骤10 在Project（项目）面板中，选择"中心光"合成，将其拖动到"爆炸光"合成的时间轴面板中，如图14.126所示。

图14.126 添加合成1

步骤11 选中"中心光"合成，设置其Mode（模式）为Add（相加），如图14.127所示。此时的效果如图14.128所示。

图14.127 叠加模式设置1

图14.128 效果图3

步骤12 因为"中心光"的位置有所偏移，所以设置Position（位置）的值为471,288，参数设置如图14.129所示，效果如图14.130所示。

图14.129 位置参数值设置

图14.130 效果图4

步骤13 在Project（项目）面板中，选择"烟火"合成，将其拖动到"爆炸光"合成的时间轴面板中，如图14.131所示。

图14.131 添加合成2

步骤14 选中"烟火"合成，设置其Mode（模式）为Add（相加），如图14.132所示。此时效果如图14.133所示。

图14.132 叠加模式设置2

图14.133 效果图5

步骤15 按P键展开Position（位置）属性，设置Position（位置）的值为464,378，如图14.134所示，效果如图14.135所示。

图14.134 位置设置

图14.135 效果图6

步骤16 选中"烟火"合成，在Effects & Presets（效果和预设）面板中展开Simulation（模拟）特效组，双击CC Particle World（CC粒子仿真世界）特效，如图14.136所示。此时的画面效果如图14.137所示。

图14.136 添加CC粒子仿真世界特效

图14.137 画面效果3

步骤17 在Effect Controls（效果控件）面板中，设置Birth Rate（生长速率）的值为5、Longevity（寿命）的值为0.73；展开Producer（发生器）选项组，设置Radius X（x轴半径）的值为1.055、Radius Y（y轴半径）的值为0.225、Radius Z（z轴半径）的值为0.605，如图14.138所示，效果如图14.139所示。

图14.138 特效参数设置2

图14.139 效果图7

步骤18 展开Physics（物理学）选项组，设置Velocity（速度）的值为1.4、Gravity（重力）的值为0.38，如图14.140所示，效果如图14.141所示。

图14.140 物理学参数设置2

图14.141 效果图8

步骤19 展开Particle（粒子）选项组，从Particle Type（粒子类型）下拉列表中选择Lens Convex（凸透镜），设置Birth Size（生长大小）的值为3.64、Death Size（消逝大小）的值为4.05、Max Opacity（最大不透明度）的值为51%，如图14.142所示，效果如图14.143所示。

图14.142 粒子参数设置2

图14.143 画面效果4

步骤20 选中"烟火"合成，按S键展开Scale（缩放）属性，设置Scale（缩放）的值为50,50，如图14.144所示，效果如图14.145所示。

图14.144 缩放参数设置

图14.145 效果图9

步骤21 在Effects & Presets（效果和预设）面板中展开Color Correction（颜色校正）特效组，双击Colorama（色光）特效，如图14.146所示。此时画面效果如图14.147所示。

图14.146 添加色光特效

图14.147 画面效果5

步骤22 在Effect Controls（效果控件）面板中，展开Input Phase（输入相位）选项组，从Get Phase From（获取相位自）下拉列表中选择Alpha通道，如图14.148所示。画面效果如图14.149所示。

图14.148 输入相位参数设置

图14.149 效果图10

步骤23 展开Output Cycle（输出循环）选项组，从Use Preset Palette（使用预设调板）下拉列表中选择Negative（反向），如图14.150所示，效果如图14.151所示。

图14.150 输出循环参数设置

图14.151 效果图11

步骤24 在Effects & Presets（效果和预设）面板中展开Color Correction（颜色校正）特效组，双击Curves（曲线）特效，如图14.152所示。调整Curves（曲线）形状如图14.153所示。

开Blur & Sharpen（模糊和锐化）特效组，双击CC Vector Blur（CC矢量模糊）特效，如图14.158所示，此时的画面效果图14.159所示。

图14.158 添加模糊特效   图14.159 画面效果6

图14.152 添加曲线特效2   图14.153 调整形状

步骤30 在Effect Controls（效果控件）面板中，设置Amount（数量）的值为10，如图14.160所示，效果如图14.161所示。

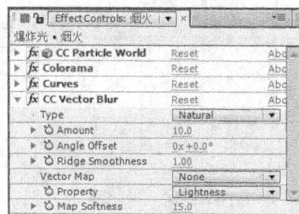

步骤25 在Effect Controls（效果控件）面板中，从Channel（通道）下拉列表中选择Red（红色），调整形状如图14.154所示。

步骤26 从Channel（通道）下拉列表中选择Green（绿色），调整形状如图14.155所示。

图14.160 数量参数设置

图14.154 红色曲线调整   图14.155 绿色曲线调整

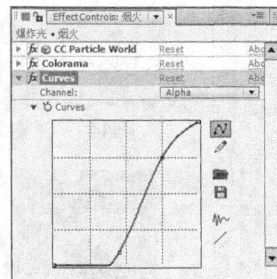

图14.161 效果图12

步骤27 从Channel（通道）下拉列表中选择Blue（蓝色），调整形状如图14.156所示。

步骤28 从Channel（通道）下拉列表中选择Alpha，调整形状如图14.157所示。

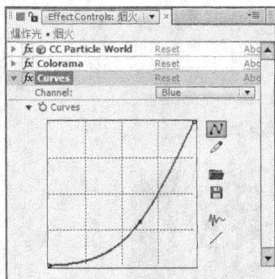

步骤31 执行菜单栏中的Layer（图层）|New（新建）| Solid（纯色）命令，打开Solid Settings（纯色设置）对话框，设置Name（名称）为"红色蒙版"、Width（宽度）为1024px、Height（高度）为576px、 Color（颜色）为红色（R:255，G:0，B:0），如图14.162所示。

图14.156 蓝色曲线调整   图14.157 Alpha曲线调整

步骤29 在Effects & Presets（效果和预设）面板中展

图14.162 新建"红色蒙版"纯色层

步骤32 选择工具栏里的Pen Tool（钢笔工具）✒，绘制一个闭合蒙版，如图14.163所示。

图14.163 绘制蒙版

步骤33 选中"红色蒙版"层，按F键展开Mask Feather（蒙版羽化）属性并设置其值为30,30，如图14.164所示。

图14.164 羽化蒙版

步骤34 选中"烟火"合成，设置Track Matte（轨道遮罩）为Alpha Matte "红色蒙版"（Alpha遮罩"红色蒙版"），如图14.165所示。

图14.165 轨道遮罩设置

步骤35 执行菜单栏中的Layer（图层）| New（新建）| Solid（纯色）命令，打开Solid Settings（纯色设置）对话框，设置Name（名称）为"粒子"、Width（宽度）为1024px、Height（高度）为576px、Color（颜色）为黑色，如图14.166所示。

图14.166 新建"粒子"纯色层

步骤36 在Effects & Presets（效果和预设）面板中展开Simulation（模拟）特效组，双击CC Particle World（CC粒子仿真世界）特效，如图14.167所示。

步骤37 在Effect Controls（效果控件）面板中，设置Birth Rate（生长速率）的值为0.5、Longevity（寿命）的值为0.8；展开Producer（发生器）选项组，设置Position Y（y轴位置）的值为0.19、Radius X（x轴半径）的值为0.46、Radius Y（y轴半径）的值为0.325、Radius Z（z轴半径）的值为1.3，如图14.168所示，效果如图14.169所示。

图14.167 添加粒子特效　　图14.168 粒子特效参数设置

图14.169 效果图13

步骤38 展开Physics（物理学）选项组，从Animation（动画）下拉列表中选择Twirl（扭转），设置Velocity（速度）的值为1、Gravity（重力）的值为-0.05、Extra Angle（额外角度）的值为1×+170°，参数设置如图14.170所示，效果如图14.171所示。

图14.170 物理学参数设置3

图14.171 效果图14

步骤39 展开Particle（粒子）选项组，从Particle Type（粒子类型）下拉列表中选择QuadPolygon（四边形），设置Birth Size（生长大小）的值为0.153、Death Size（消逝大小）的值为0.077、Max Opacity（最大不透明度）的值为75%，如图14.172所示，效果如图14.173所示。

图14.172 粒子参数设置3

图14.173 画面效果7

步骤40 这样"爆炸光"合成就制作完成了，其中几帧的动画画面如图14.174所示。

图14.174 动画流程画面

14.3.4 制作总合成

步骤01 执行菜单栏中的Composition（合成）| New Composition（新建合成）命令，打开Composition Settings（合成设置）对话框，新建一个Composition Name（合成名称）为"总合成"、Width（宽度）为"1024"、Height（高度）为"576"、Frame Rate（帧速率）为"25"、Duration（持续时间）为0:00: 05:00的合成。

步骤02 在Project（项目）面板中选择"背景.jpg、爆炸光"素材，将其拖动到"总合成"的时间轴面板中，并使"爆炸光"合成的入点在0:00:00:05的位置，如图14.175所示。

图14.175 添加"背景.jpg、爆炸光"素材

步骤03 执行菜单栏中的Layer（图层）|New（新建）|Solid（纯色）命令，打开Solid Settings（纯色设置）对话框，设置Name（名称）为"闪电1"、Width（宽度）为1024px、Height（高度）为576px、Color（颜色）为黑色。

步骤04 选中"闪电1"层，设置其Mode（模式）为Add（相加），如图14.176所示。

图14.176 混合模式设置

步骤05 选中"闪电1"层，在Effects & Presets（效果和预设）面板中展开Obsolete（过时）特效组，双击Lightning（闪光）特效，如图14.177所示。此时画面效果如图14.178所示。

图14.177 添加闪光特效　　图14.178 效果图

步骤06 在Effect Controls（效果控件）面板中，设置Start Point（起始点）的值为641,433、End Point（结束点）的值为642,434、Segments（区段）的值为3、Width（宽度）的值为6、Core Width（核心宽度）的值为0.32、Outside Color（外部颜色）为黄色（R:255，G:246，B:7）、Inside Color（内部颜色）为深黄色（R:255，G:228，B:0），如图14.179所示。效果如图14.180所示。

图14.179 参数设置

图14.180 画面效果

步骤07 选中"闪电1"层，将时间线调整到0:00:00:00的位置，设置Start Point（起始点）的值为641,433、Segments（区段）的值为3，单击各属性的码表按钮，在当前位置添加关键帧。

步骤08 将时间线调整到0:00:00:05的位置，设置Start Point（起始点）的值为468,407、Segments（区段）的值为6，系统会自动创建关键帧，如图14.181所示。

图14.181 设置关键帧

步骤09 将时间线调整到0:00:00:00的位置，按T键展开Opacity（不透明度）属性，设置Opacity（不透明度）的值为0，单击码表按钮，在当前位置添加关

键帧；将时间线调整到0:00:00:03的位置，设置Opacity（不透明度）的值为100%，系统会自动创建关键帧；将时间线调整到0:00:00:14的位置，设置Opacity（不透明度）的值为100%；将时间线调整到0:00:00:16的位置，设置Opacity（不透明度）的值为0，如图14.182所示。

图14.182 不透明度关键帧设置

步骤10 选中"闪电1"层，按Ctrl+D组合键复制出另一个"闪电1"层，并按Enter键将其重命名为"闪电2"，如图14.183所示。

图14.183 复制层1

步骤11 在Effect Controls（效果控件）面板中，设置End Point（结束点）的值为588,443，将时间线调整到0:00:00:00的位置，设置Start Point（起始点）的值为584,448；将时间线调整到0:00:00:05的位置，设置Start Point（起始点）的值为468,407，如图14.184所示。

图14.184 起始点关键帧设置1

步骤12 选中"闪电2"层，按Ctrl+D组合键复制出另一个"闪电2"层，并按Enter键将其重命名为"闪电3"，如图14.185所示。

图14.185 复制层2

步骤13 在Effect Controls（效果控件）面板中，设置End Point（结束点）的值为599,461；将时间线调整到0:00:00:00的位置，设置Start Point（起始点）的值为584,448；将时间线调整到0:00:00:05的位置，设置Start Point（起始点）的值为459,398，如图14.186所示。

图14.186 起始点关键帧设置2

步骤14 选中"闪电3"层，按Ctrl+D组合键复制出另一个"闪电3"层，并按Enter键将其重命名为"闪电4"，如图14.187所示。

图14.187 复制层3

步骤15 在Effect Controls（效果控件）面板中，设置End Point（结束点）的值为593,455；将时间线调整到0:00:00:00的位置，设置Start Point（起始点）的值为584,448；将时间线调整到0:00:00:05的位置，设置Start Point（起始点）的值为459,398，如图14.188所示。

图14.188 起始点关键帧设置3

步骤16 选中"闪电4"层，按Ctrl+D组合键复制出另一个"闪电4"层，并按Enter键将其重命名为"闪电5"，如图14.189所示。

图14.189 复制层4

步骤17 在Effect Controls（效果控件）面板中，设置End Point（结束点）的值为593,455；将时间线调整到0:00:00:00的位置，设置Start Point（起始点）的值为584,448；将时间线调整到0:00:00:05的位置，设置Start Point（起始点）的值为466,392，如图14.190所示。

图14.190 起始点关键帧设置4

步骤18 这样"魔法火焰"的制作就完成了，按小键盘上的0键预览，其中几帧的效果如图14.191所示。

图14.191 动画流程画面

第 15 章

电视栏目包装精彩呈现

内容摘要

　　本章详细讲解了电视栏目包装的呈现。通过理财指南、时尚音乐、京港融智和天天卫视4个电视栏目的专业包装实现，全面、细致地讲解了电视栏目包装的制作过程，再现全程制作技法。通过本章的学习，读者不仅可以欣赏到成品的栏目包装效果，还可以学习到栏目包装的制作方法和技巧。

教学目标

- 掌握"理财指南"电视栏目包装制作方法
- 掌握"时尚音乐"电视栏目包装制作方法
- 掌握"京港融智"电视栏目包装制作方法
- 掌握"天天卫视"电视栏目包装制作方法

15.1 电视栏目包装——理财指南

难易程度： ★★★★☆

实例说明： 本例首先通过开启After Effects内置的三维效果开关制作旋转的圆环，使圆环本身层次感分明、立体效果十足，再利用层之间的层叠关系更好地表现出场景的立体效果接着利用线性擦除特效制作背景色彩条的生长效果，从而完成"理财指南"电视栏目片头的动画制作。本例最终的动画流程效果如图15.1所示。

工程文件： 第15章\理财指南

图15.1 "理财指南"电视片头最终动画流程效果

知识点

- 学习通过打开三维开关，建立有层次感的动画效果
- 学习利用Circle（圆形）特效制作圆环动画的方法
- 掌握利用调整持续时间条的入点与出点修改动画的开始时间与持续时间的技巧

15.1.1 导入素材

步骤01 执行菜单栏中的File（文件）| Import（导入）| File（文件）命令，打开Import File（导入文件）对话框，选择配套资源中的"工程文件\第15章\理财指南\箭头 01.psd、箭头 02.psd、镜头 1背景.jpg、素材 01.psd、素材 02.psd、素材 03.psd、文字 01.psd、文字 02.psd、文字 03.psd、文字 04.psd、文字 05.psd、圆点.psd"素材，如图15.2所示。单击"打开"按钮，将素材添加到Project（项目）面板中，如图15.3所示。

图15.2 选择素材

图15.3 导入素材

步骤02 单击Project（项目）面板下方的新建文件夹按钮，新建文件夹并重命名为"素材"，将刚才导入的素材放置到新建的素材文件夹中，如图15.4所示。

图15.4 将导入素材放入"素材"文件夹

步骤03 执行菜单栏中的File（文件）| Import（导入）| File（文件）命令，打开Import File（导入文件）对话框，选择配套资源中的"工程文件\第15章\理财指南\风车.psd"素材，如图15.5所示。

图15.5 选择"风车.psd"素材

步骤04 单击"打开"按钮，打开以素材名"风车.psd"命名的对话框，在Import Kind（导入类型）下拉列表中选择ComPosition（合成）选项，将素材以合成的方式导入，如图15.6所示。

步骤05 单击OK（确定）按钮，将素材导入Project（项目）面板中，此时系统将建立以"风车"命名的新合成，如图15.7所示。

图15.6 以合成的方式导入素材

图15.7 导入的"风车"合成

步骤06 在项目面板中，选择"风车"合成，按Ctrl + K组合键打开ComPosition Settings（合成设置）对话框，设置Duration（持续时间）为0:00:15:00。

15.1.2 制作风车合成动画

步骤01 打开"风车"合成的时间轴面板，选中时间轴中的所有素材层；打开三维开关，如图15.8所示。

图15.8 开启三维开关

步骤02 调整时间线到0:00:00:00的位置，单击"小圆环"素材层，按R键，打开Rotation（旋转）属性；单击Z Rotation（z轴旋转）属性左侧的码表按钮，在当前时间建立关键帧，如图15.9所示。

图15.9 建立z轴旋转属性关键帧

步骤03 调整时间线到0:00:03:09的位置，修改Z Rotation（z轴旋转）的值为0×+200°，系统将自动建立关键帧，如图15.10所示。

图15.10 修改z轴旋转属性的值1

步骤04 调整时间线到0:00:00:00的位置，单击"小圆环"素材层的Z Rotation（z轴旋转）文字部分，以选择全部的关键帧，按Ctrl+C组合键复制选中的关键帧；单击"大圆环"，按R键，打开Rotation（旋转）属性，按Ctrl+V组合键粘贴关键帧，如图15.11所示。

图15.11 粘贴z轴旋转属性的关键帧1

步骤05 调整时间线到0:00:03:09的位置，单击时间轴面板的空白处取消选择，修改"大圆环"层Z Rotation（z轴旋转）的值为0×-200°，如图15.12所示。

图15.12 修改z轴旋转属性的值2

步骤06 调整时间线到0:00:00:00的位置，单击"风车"，按Ctrl+V组合键粘贴关键帧，如图15.13所示。

图15.13 粘贴z轴旋转属性的关键帧2

步骤07 确定时间线在0:00:00:00的位置，单击"大圆环"素材层的Z Rotation（z轴旋转）文字部分，以选择全部的关键帧，按Ctrl+C组合键复制选中的关键帧；单击"圆环转"，按Ctrl+V组合键粘贴关键帧，如图15.14所示。

图15.14 为"圆环转"素材层粘贴关键帧

步骤08 这样风车合成层的素材平面动画就制作完毕了，按空格键或小键盘上的0键在合成窗口预览播放动画，其中的几帧画面如图15.15所示。

图15.15 风车动画其中几帧的效果

步骤09 平面动画制作完成后，下面开始制作立体效果。选择"大圆环"素材层，按P键，打开Position（位置）属性，修改Position（位置）的值为321,320.5,−72；选择"风车"素材层，按P键，打开Position（位置）属性，修改Position（位置）的值为321，320.5，−20；选择"圆环转"素材层，按P键，打开Position（位置）属性，修改Position（位置）的值为321，320.5，−30，如图15.16所示。

图15.16 修改位置属性的值

步骤10 添加摄像机。执行菜单栏中的Layer（图层）| New（新建）| Camera（摄像机）命令，打开Camera Settings（摄像机设置）对话框，设置Preset（预设）为24mm，如图15.17所示。单击OK（确定）按钮，在时间轴面板中就会创建一个摄像机。

步骤11 调整时间线到0:00:00:00的位置，展开Camera 1（摄像机1）的Transform（变换）选项组。单击Point of Interest（目标点）左侧的码表按钮，在当前位置建立关键帧，修改Point of Interest（目标点）

的值为320,320,0；单击Position（位置）左侧的码表按钮，建立关键帧，修改Position（位置）属性的值为700,730,−250，如图15.18所示。

图15.17 创建摄影机

图15.18 建立关键帧动画

步骤12 调整时间线到0:00:03:10的位置，修改Point of Interest（目标点）的值为212,226,260，修改Position（位置）属性的值为600,550,−445，如图15.19所示。

图15.19 修改摄影机1的属性

步骤13 这样风车合成层的素材立体动画就制作完毕了，按空格键或小键盘上的0键在合成窗口预览播放动画，其中的几帧画面如图15.20所示。

图15.20 风车立体动画其中几帧的效果

15.1.3 制作圆环动画

步骤01 执行菜单栏中的ComPosition（合成）| New ComPosition（新建合成）命令，打开ComPosition Settings（合成设置）对话框。设置ComPosition Name（合成名称）为"圆环动画"、Width（宽度）为"720"、Height（高度）为"576"、Frame Rate（帧速率）为"25"，并设置Duration（持续时间）为0:00:02:00，如图15.21所示。

图15.21 新建合成

步骤02 按Ctrl+Y组合键，打开Solid Settings（纯色设置）对话框，设置Name（名称）为"红色圆环"，修改Color（颜色）为白色，如图15.22所示。

图15.22 新建纯色层

步骤03 选择"红色圆环"纯色层，按Ctrl+D组合键，复制"红色圆环"纯色层，并重命名为"白色圆环"，如图15.23所示。

图15.23 复制"红色圆环"纯色层

步骤04 选择"红色圆环"纯色层，在Effects & Presets（效果和预设）面板中展开Generate（生成）特效组，然后双击Circle（圆形）特效，如图15.24所示。

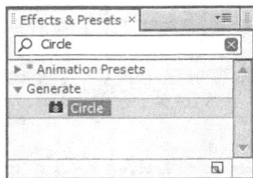

图15.24 添加Circle（圆形）特效1

步骤05 调整时间线到0:00:00:00的位置，在Effect Controls（效果控件）面板中，修改Cirde（圆形）特效的参数。单击Radius（半径）左侧的码表按钮🕙建立关键帧，修改Radius（半径）的值为0；从Edge（边缘）下拉列表中选择Edge Radius（边缘半径），设置Color（颜色）为紫色（R:205，G:1，B:111），如图15.25所示。

图15.25 修改圆形特效的值

步骤06 调整时间线到0:00:00:14的位置，修改Radius（半径）的值为30，单击Edge Radius（边缘半径）左侧的码表按钮🕙，在当前位置建立关键帧，如图15.26所示。

图15.26 修改属性并添加关键帧

步骤07 调整时间线到0:00:00:20的位置，修改Radius（半径）的值为65、Edge Radius（边缘半径）的值为60，如图15.27所示。

图15.27 修改属性

步骤08 选择"白色圆环"纯色层，在Effects & Presets（效果和预设）面板中展开Generate（生成）特效组，然后双击Circle（圆形）特效，如图15.28所示。

图15.28 添加Circle（圆形）特效2

步骤09 调整时间线到0:00:00:11的位置，在Effect Controls（效果控件）面板中，修改Cirde（圆形）特效的参数。单击Radius（半径）左侧的码表按钮⏱建立关键帧，修改Radius（半径）的值为0；从Edge（边缘）下拉列表中选择Edge Radius（边缘半径），单击Edge Radius（边缘半径）左侧的码表按钮⏱，在当前位置建立关键帧，设置Color（颜色）为白色，如图15.29所示。

图15.29 修改属性并建立关键帧

步骤10 调整时间线到0:00:00:12的位置，修改Radius（半径）的值为15、Edge Radius（边缘半径）的值为13，如图15.30所示。

图15.30 修改属性

步骤11 调整时间线到0:00:00:14的位置，展开Feather（羽化）选项组，单击Feather Outer Edge（羽化外侧边缘）左侧的码表按钮⏱，在当前位置建立关键帧，如图15.31所示。

图15.31 建立关键帧

步骤12 调整时间线到0:00:00:20的位置，修改Radius（半径）的值为86、Edge Radius（边缘半径）的值为75、Feather Outer Edge（羽化外侧边缘）的值为15，如图15.32所示。

图15.32 修改圆形特效的属性

步骤13 这样圆环动画就制作完成了，按空格键或小键盘上的0键在合成窗口预览播放动画，其中的几帧画面如图15.33所示。

图15.33 圆环动画其中几帧的效果

15.1.4 制作镜头1动画

步骤01 执行菜单栏中的ComPosition（合成）| New ComPosition（新建合成）命令，打开ComPosition Settings（合成设置）对话框。设置ComPosition Name（合成名称）为"镜头1"、Width（宽度）为"720"、Height（高度）为"576"、Frame Rate（帧速率）为"25"，并设置Duration（持续时间）为0:00:03:10，如图15.34所示。

图15.34 建立"镜头1"合成

步骤02 将"文字01.psd""圆环动画""箭头01.psd""箭头02.psd""风车""镜头1背景.jpg"素材拖入"镜头1"合成的时间轴面板中，如图15.35所示。

图15.35 将素材导入时间轴面板

步骤03 调整时间线到0:00:00:00的位置，单击"风车"层右侧的三维开关，选择"风车"合成，按P键，打开Position（位置）属性；单击Position（位置）属性左侧的码表按钮🕐，在当前位置建立关键帧，修改Position（位置）值为114,368,160，如图15.36所示。

图15.36 修改属性并建立关键帧

步骤04 调整时间线到0:00:03:07的位置，修改Position（位置）的值为660,200,−560，系统将自动建立关键帧，如图15.37所示。

图15.37 修改Position（位置）的值

步骤05 选择"风车"合成层，按Ctrl+D组合键，复制合成并重命名为"风车影子"。在Effects & Presets（效果和预设）面板中展开Perspective（透视）特效组，然后双击Drop Shadow（投影）特效，如图15.38所示。

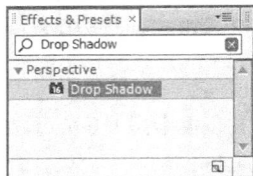

图15.38 添加投影特效

步骤06 在Effect Controls（效果控件）面板中，修改Drop Shadow（投影）特效的参数。修改Opacity（不透明度）属性的值为36%、Distance（距离）的值为0、Softness（柔和度）的值为5，如图15.39所示。

图15.39 设置投影特效参数

步骤07 在Effects & Presets（效果和预设）面板中展开Distort（扭曲）特效组，然后双击CC Power Pin（CC 四角缩放）特效，如图15.40所示。

图15.40 添加CC 四角缩放特效

步骤08 在Effect Controls（效果控件）面板中，修改CC Power Pin（CC 四角缩放）特效的参数。修改Top Left（左上角）的值为15,450，修改Top Right（右上角）的值为680,450，修改Bottom Left（左下角）的值为15,590，修改Bottom Right（右下角）的值为630,590,如图15.41所示。

图15.41 修改CC四角缩放特效的参数

步骤09 单击"箭头 02.psd"素材层，在Effects &
Presets（效果和预设）面板中展开Transition（过渡）
特效组，然后双击Linear Wipe（线性擦除）特效，
如图15.42所示。

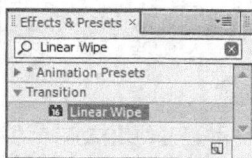

图15.42 添加线性擦除特效1

步骤10 调整时间线到0:00:00:08的位置，在Effect
Controls（效果控件）面板中，修改Linear Wipe（线
性擦除）特效的参数。单击Transition Completion
（过渡完成）左侧的码表按钮 ○，在当前位置建立关
键帧；修改Transition Completion（过渡完成）的值
为40%，如图15.43所示。

图15.43 修改线性擦除特效的参数1

步骤11 调整时间线到0:00:00:22的位置，修改Transition
Completion（过渡完成）的属性值为10%，如图15.44
所示。

图15.44 调整过渡完成的值

步骤12 调整时间线到0:00:02:20的位置，按T键，打
开Opacity（不透明度）属性。单击Opacity（不透明
度）属性左侧的码表按钮 ○，在当前位置建立关键

帧，如图15.45所示。

图15.45 建立关键帧

步骤13 调整时间线到0:00:03:02的位置，修改Opacity
（不透明度）属性的值为0，如图15.46所示。

图15.46 修改Opacity（不透明度）属性的值

步骤14 单击"箭头 01.psd"素材层，在Effects &
Presets（效果和预设）面板中展开Transition（过渡）
特效组，然后双击Linear Wipe（线性擦除）特效，
如图15.47所示。

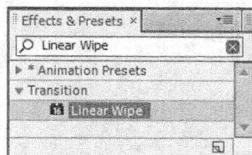

图15.47 添加线性擦除特效2

步骤15 调整时间线到0:00:00:08的位置，在Effect
Controls（效果控件）面板中，修改Linear Wipe（线
性擦除）特效的参数。单击Transition Completion
（过渡完成）左侧的码表按钮 ○，在当前位置建立关
键帧，修改Transition Completion（过渡完成）的值
为100%；单击Wipe Angle（擦除角度）左侧的码表
按钮 ○，在当前位置建立关键帧，修改Wipe Angle
（擦除角度）的值为0×−150°，如图15.48所示。

图15.48 修改线性擦除特效的参数2

步骤16 调整时间线到0:00:00:12的位置，修改Wipe Angle（擦除角度）属性的值为0×-185°，如图15.49所示。

图15.49 设置0:00:00:12位置处关键帧

步骤17 调整时间线到0:00:00:17的位置，修改Wipe Angle（擦除角度）属性的值为0×-248°，如图15.50所示。

图15.50 设置0:00:00:17位置处关键帧

步骤18 调整时间线到0:00:00:22的位置，修改Transition Completion（过渡完成）属性的值为0，如图15.51所示。

图15.51 调整过渡完成属性值

步骤19 调整时间线到0:00:02:20的位置，按T键，打开"箭头 01.psd"的Opacity（不透明度）属性，单击Opacity（不透明度）属性左侧的码表按钮，在当前位置建立关键帧，如图15.52所示。

图15.52 建立不透明度属性关键帧

步骤20 调整时间线到0:00:03:02的位置，修改Opacity（不透明度）属性的值为0，系统将自动建立关键帧，如图15.53所示。

图15.53 修改不透明度的值

步骤21 调整时间线到0:00:00:18的位置，向右拖动"圆环动画"合成层，使入点位于当前时间，如图15.54所示。

图15.54 设置"圆环动画"的入点

步骤22 调整时间线到0:00:01:13的位置，展开"圆环动画"的Transform（变换）选项组，修改Position（位置）属性的值为216,379，单击Scale（缩放）属性左侧的码表按钮，在当前位置建立关键帧，如图15.55所示。

图15.55 建立缩放属性关键帧

步骤23 调整时间线到0:00:01:18的位置，修改Scale（缩放）属性的值为110,110，系统将自动建立关键帧，单击Opacity（不透明度）属性左侧的码表按钮，在当前位置建立关键帧，如图15.56所示。

图15.56 建立不透明度属性的关键帧

步骤24 调整时间线到0:00:01:21的位置，修改Opacity（不透明度）属性的值为0，系统将自动建立关键帧，如图15.57所示。

图15.57 修改不透明度属性

步骤25 选中"圆环动画"合成层，按Ctrl+D组合键，复制"圆环动画"合成层并重命名为"圆环动画2"。调整时间线到0:00:00:24的位置，拖动"圆环动画2"层，使入点位于当前时间；按P键，打开Position（位置）属性，修改Position（位置）属性的值为293,390，如图15.58所示。

图15.58 复制得到"圆环动画2"层并调整位置

步骤26 选中"圆环动画2"合成层，按Ctrl+D组合键，复制"圆环动画2"合成层并重命名为"圆环动画3"。调整时间线到0:00:01:07的位置，拖动"圆环动画3"层，使入点位于当前时间；按P键，打开Position（位置）属性，修改Position（位置）属性的值为338,414，如图15.59所示。

图15.59 复制得到"圆环动画3"层并调整位置

步骤27 选中"圆环动画3"合成层，按Ctrl+D组合键，复制"圆环动画3"合成层并重命名为"圆环动画4"。调整时间线到0:00:01:03的位置，拖动"圆环动画4"层，使入点位于当前时间；按P键，打开Position（位置）属性，修改Position（位置）属性的值为201,490，如图15.60所示。

图15.60 复制得到"圆环动画4"层并调整位置

步骤28 选中"圆环动画4"合成层，按Ctrl+D组合键，复制"圆环动画4"合成层并重命名为"圆环动画5"。调整时间线到0:00:01:10的位置，拖动"圆环动画5"层，使入点位于当前时间；按P键，打开Position（位置）属性，修改Position（位置）属性的值为329,472，如图15.61所示。

图15.61 复制得到"圆环动画5"层并调整位置

步骤29 调整时间线到0:00:01:02的位置，选中"文字01.psd"素材层，按P键，打开Position（位置）属性，单击Position（位置）属性左侧的码表按钮，在当前位置建立关键帧，修改Position（位置）属性的值为-140,456，如图15.62所示。

图15.62 建立位置属性的关键帧并修改属性

步骤30 调整时间线到0:00:01:08的位置，修改Position（位置）属性的值为215,456，系统将自动建立关键帧，如图15.63所示。

图15.63 修改位置的属性1

步骤31 调整时间线到0:00:01:12的位置，修改Position（位置）属性的值为175,456，系统将自动建立关键帧，如图15.64所示。

图15.64 修改位置的属性2

步骤32 调整时间线到0:00:01:15的位置，修改Position（位置）属性的值为205,456，系统将自动建立关键帧，如图15.65所示。

图15.65 修改位置的属性3

步骤33 调整时间线到0:00:02:19的位置，修改Position（位置）属性的值为174,456，系统将自动建立关键帧；调整时间线到0:00:02:21的位置，修改Position（位置）属性的值为205,456，系统将自动建立关键帧；调整时间线到0:00:03:01的位置，修改Position（位置）属性的值为-195,456，系统将自动建立关键帧，如图15.66所示。

图15.66 修改位置的属性4

步骤34 这样"镜头1"的动画就制作完成了，按空格键或小键盘上的0键在合成窗口预览播放动画，其中的几帧画面如图15.67所示。

图15.67 "镜头1"动画其中几帧的效果

15.1.5 制作镜头2动画

步骤01 执行菜单栏中的ComPosition（合成）| New ComPosition（新建合成）命令，打开ComPosition Settings（合成设置）对话框。设置ComPosition Name（合成名称）为"镜头2"、Width（宽度）为"720"、Height（高度）为"576"、Frame Rate（帧速率）为"25"，并设置Duration（持续时间）为0:00:03:05，如图15.68所示。

图15.68 建立"镜头2"合成

步骤02 将"文字02.psd""圆环转""风车""大圆环""小圆环"素材导入"镜头2"合成的时间轴面板中，如图15.69所示。

图15.69 将素材导入时间轴面板

步骤03 按Ctrl+Y组合键，打开Solid Settings（纯色设置）对话框，设置Name（名称）为"镜头2背景"、Color（颜色）为白色，如图15.70所示。单击OK（确定）按钮建立纯色层。

图15.70 新建"镜头2背景"纯色层

步骤04 选择"镜头2背景"纯色层，在Effects & Presets（效果和预设）面板中展开Generate（生成）特效组，然后双击Ramp（梯度渐变）特效，如图15.71所示。

图15.71 添加梯度渐变特效

步骤05 在Effect Controls（效果控件）面板中，修改Ramp（梯度渐变）特效的参数。设置Start of Ramp（渐变起点）为360,0、Start Color（起始颜色）为深蓝色（R:13，G:90，B:106）、End of Ramp（渐变终点）为360,576、End Color（结束颜色）为灰色（R:204，G:204，B:204），如图15.72所示。

图15.72 设置梯度渐变特效参数

步骤06 打开"圆环转""风车""大圆环""小圆环"素材层右侧的三维开关，修改"大圆环"层Position（位置）属性的值为360,288,-72、"风车"层Position（位置）属性的值为360,288,-20、"圆环转"层Position（位置）属性的值为360,288,-30，如图15.73所示。

图15.73 开启三维开关并修改位置属性

步骤07 调整时间线到0:00:00:00的位置，选择"小圆环"合成层，按R键，单开Rotation（旋转）属性，单击Z Rotation（z轴旋转）属性左侧的码表按钮，在当前时间建立关键帧；调整时间线到0:00:03:04的位置，修改Z Rotation（z轴旋转）属性的值为0×+200°，如图15.74所示。

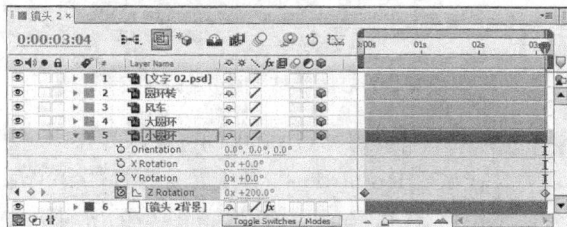

图15.74 设置z轴旋转属性的关键帧

步骤08 调整时间线到0:00:00:00的位置，单击"小圆环"层Z Rotation（z轴旋转）属性的文字部分，选中Z Rotation（z轴旋转）属性的所有关键帧，按Ctrl+C组合键，复制选中的关键帧；单击"大圆环"素材层，按Ctrl+V组合键粘贴关键帧，如图15.75所示。

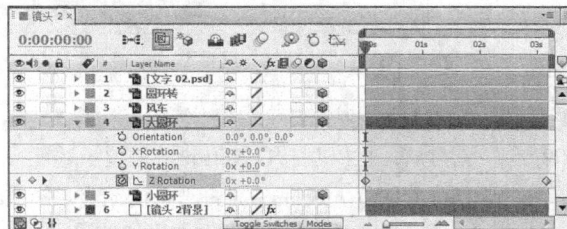

图15.75 粘贴z轴旋转属性的关键帧

步骤09 调整时间线到0:00:03:04的位置，选择"大圆环"素材层，修改Z Rotation（z轴旋转）属性的值为0×-200°，如图15.76所示。

图15.76 修改z轴旋转属性的值

步骤10 调整时间线到0:00:03:04的位置，选择"风车"素材层，按Ctrl+V组合键粘贴关键帧，如图15.77所示。

图15.77 在"风车"层粘贴关键帧

步骤11 调整时间线到0:00:00:00的位置，单击"大圆环"合成层Z Rotation（z轴旋转）属性的文字部分，选中Z Rotation（z轴旋转）属性的所有关键帧，按Ctrl+C组合键，复制选中的关键帧，选择"圆环转"素材层，按Ctrl+V组合键粘贴关键帧，如图15.78所示。

图15.78 在"圆环转"层粘贴关键帧

步骤12 调整时间线到0:00:00:24的位置，选择"文字02.psd"素材层，按P键打开Position（位置）属性，单击Position（位置）属性左侧的码表按钮，修改Position（位置）属性的值为846,127，如图15.79所示。

图15.79 建立"文字02.psd"层的关键帧

步骤13 调整时间线到0:00:01:05的位置，修改Position（位置）属性的值为511,127；调整时间线到0:00:01:09的位置，修改Position（位置）属性的值为535,127；调整时间线到0:00:01:13的位置，修改Position（位置）属性的值为520,127；调整时间线到0:00:02:08的位置，单击Position（位置）属性左侧的按钮◇，在当前位置建立关键帧，如图15.80所示。

图15.80 在0:00:02:08处建立关键帧

步骤14 调整时间线到0:00:02:10的位置，修改Position（位置）属性的值为535,127；调整时间线到0:00:02:11的位置，修改Position（位置）属性的值为515,127；调整时间线到0:00:02:12的位置，修改Position（位置）属性的值为535,127；调整时间线到0:00:02:14的位置，修改Position（位置）属性的值为850,127，如图15.81所示。

图15.81 修改位置属性的值

步骤15 添加摄像机。执行菜单栏中的Layer（图层）| New（新建）| Camera（摄像机）命令，打开Camera Settings（摄像机设置）对话框，设置Preset（预设）为Custom（自定义），参数设置如图15.82所示。单击OK（确定）按钮，在时间轴面板中将会创建一个摄像机层。

步骤16 调整时间线到0:00:00:00的位置，展开Camera 1（摄影机 1）层的Transform（变换）选项组，单击Point of Interest（目标点）左侧的码表按钮，在当前位置建立关键帧，修改Point of Interest（目标点）的值为360,288,0，单击Position（位置）左侧的码表

按钮 ⏱，建立关键帧，修改Position（位置）的值为339,669,−57，如图15.83所示。

图15.82 添加摄影机

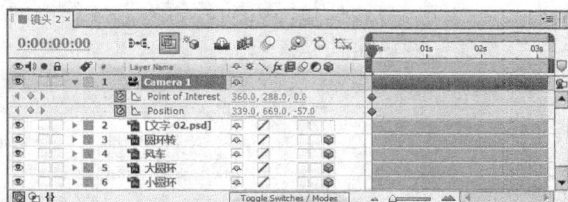

图15.83 设置摄影机 1的关键帧

步骤17 调整时间线到0:00:02:05的位置，修改Point of Interest（目标点）的值为372,325,50、Position（位置）的值为331,660,−132，如图15.84所示。

图15.84 修改0:00:02:05处的属性

步骤18 调整时间线到0:00:03:01的位置，修改Point of Interest（目标点）的值为336,325,50、Position（位置）的值为354,680,−183，如图15.85所示。

图15.85 修改0:00:03:01处的属性

步骤19 这样"镜头2"的动画就制作完成了，按空格键或小键盘上的0键在合成窗口预览播放动画，其中的几帧画面如图15.86所示。

图15.86 "镜头2"动画其中几帧的效果

15.1.6 制作镜头3动画

步骤01 执行菜单栏中的ComPosition（合成）| New ComPosition（新建合成）命令，打开ComPosition Settings（合成设置）对话框，设置ComPosition Name（合成名称）为"镜头3"、Width（宽度）为"720"、Height（高度）为"576"、Frame Rate（帧速率）为"25"，并设置Duration（持续时间）为0:00:03:06，如图15.87所示。

图15.87 建立"镜头3"合成

步骤02 将"圆环动画"和"文字03.psd"拖入"镜头3"合成的时间轴面板中，如图15.88所示。

图15.88 将素材拖入时间轴面板

步骤03 按Ctrl+Y组合键，打开Solid Settings（纯色设置）对话框，设置Name（名字）为"镜头3背景"、设置Color（颜色）为白色，如图15.89所示。单击OK（确定）按钮建立纯色层。

图15.89 纯色设置

步骤04 选择"镜头3背景"纯色层，在Effects & Presets（效果和预设）面板中展开Generate（生成）特效组，然后双击Ramp（梯度渐变）特效，如图15.90所示。

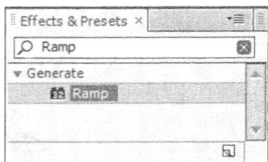

图15.90 添加梯度渐变特效

步骤05 在Effect Controls（效果控件）面板中，修改Ramp（梯度渐变）特效的参数。修改Start of Ramp（渐变起点）的值为122,110、Start Color（开始颜色）为深蓝色（R:4，G:94，B:119）、End of Ramp（渐变终点）的值为720,288、End Color（结束颜色）为浅蓝色（R:190，G:210，B:211），如图15.91所示。

图15.91 设置梯度渐变特效参数

步骤06 打开"镜头2"合成，在"镜头2"合成的时间轴面板中选择"圆环转""风车""大圆环""小圆环"4个素材层，按Ctrl+C组合键，复制素材层。

调整时间线到0:00:00:00的位置，打开"镜头3"合成，按Ctrl+V组合键，将复制的素材层粘贴到"镜头3"合成中，如图15.92所示。

图15.92 粘贴素材层

步骤07 调整时间线到0:00:00:11的位置，单击"文字03.psd"素材层，按P键打开Position（位置）属性，单击Position（位置）左侧的码表按钮，在当前位置建立关键帧，修改Position（位置）属性的值为−143,465，如图15.93所示。

图15.93 设置"文字03.psd"素材层关键帧

步骤08 调整时间线到0:00:00:16的位置，修改Position（位置）属性的值为562,465，系统将自动建立关键帧；调整时间线到0:00:00:19的位置，修改Position（位置）属性的值为522,465。

步骤09 调整时间线到0:00:00:23的位置，修改Position（位置）属性的值为534,465；调整时间线到0:00:02:08的位置，单击Position（位置）属性左侧的按钮，在当前位置建立关键帧。

步骤10 调整时间线到0:00:02:09的位置，修改Position（位置）属性的值为526、465；调整时间线到0:00:02:13的位置，修改Position（位置）属性的值为551,465；调整时间线到0:00:02:14的位置，修改Position（位置）属性的值为527,465。

步骤11 调整时间线到0:00:02:15的位置，修改Position（位置）属性的值为540,465；调整时间线到0:00:02:19的位置，修改Position（位置）属性的值为867,465，如图15.94所示。

图15.94 修改位置属性并添加关键帧

步骤12 选中"圆环动画"合成层，调整时间线到0:00:00:13的位置，向右拖动"圆环动画"合成层，使入点位于当前时间位置，如图15.95所示。

图15.95 调整入点的位置

步骤13 调整时间线到0:00:00:23的位置，按S键打开Scale（缩放）属性，单击Scale（缩放）属性左侧的码表按钮 ，在当前位置建立关键帧；调整时间线到0:00:01:13的位置，修改Scale（缩放）属性的值为143,143，系统将自动建立关键帧，如图15.96所示。

图15.96 修改缩放属性

步骤14 调整时间线到0:00:01:14的位置，将鼠标指针放置在"圆环动画"合成层结束的位置，当鼠标指针变成双箭头 时，向左拖动鼠标，将"圆环动画"合成层的出点调整到当前时间位置，如图15.97所示。

图15.97 设置"圆环动画"合成层的出点

步骤15 选中"圆环动画"合成层，按P键打开Position（位置）属性，修改Position（位置）的值为533,442，如图15.98所示。

图15.98 修改位置属性的值

步骤16 确认选中"圆环动画"合成层，按Ctrl+D组合键，复制"圆环动画"合成层并重命名为"圆环动画2"，拖动"圆环动画2"层到"圆环动画"层的下面一层，调整时间线到0:00:00:17的位置，向右拖动"圆环动画2"合成层，使入点位于当前时间位置，如图15.99所示。

图15.99 调整"圆环动画2"合成层入点位置

步骤17 确认选中"圆环动画2"合成层，按Ctrl+D组合键，复制"圆环动画2"合成层，系统将自动命名复制的新合成层为"圆环动画3"。拖动"圆环动画3"层到"圆环动画2"层的下面一层，调整时间线到0:00:01:00的位置，向右拖动"圆环动画3"合成层，使入点位于当前时间位置；按P键打开Position（位置）属性，修改Position（位置）的值为610,352，如图15.100所示。

图15.100 调整"圆环动画3"合成层的入点位置

步骤18 确认选中"圆环动画3"合成层，按Ctrl+D组合键，复制"圆环动画3"合成层，系统将自动命名复制的新合成层为"圆环动画4"。拖动"圆环动画4"层到"圆环动画3"层的下面一层，调整时间线到0:00:01:05的位置，向右拖动"圆环动画4"合成层，使入点位于当前时间位置；按P键打开Position（位置）属性，修改Position（位置）的值为590,469，如图15.101所示。

图15.101 调整"圆环动画4"合成层入点位置

步骤19 确认选中"圆环动画4"合成层，按Ctrl+D组合键，复制"圆环动画4"合成层，系统将自动命名复制的新合成层为"圆环动画5"。拖动"圆环动画5"层到"圆环动画4"层的下面一层，调整时间线到0:00:01:14的位置，向右拖动"圆环动画5"合成层，使入点位于当前时间位置；按P键打开Position（位置）属性，修改Position（位置）的值为515,444，如图15.102所示。

图15.102 调整"圆环动画5"合成层入点位置

步骤20 确认选中"圆环动画5"合成层，按Ctrl+D组合键，复制"圆环动画5"合成层，系统将自动命名复制的新合成层为"圆环动画6"。拖动"圆环动画6"层到"圆环动画4"层的上面一层，调整时间线到0:00:01:15的位置，向右拖动"圆环动画6"合成层，使入点位于当前时间位置；按P键打开Position（位置）属性，修改Position（位置）的值为590,469，如图15.103所示。

图15.103 调整"圆环动画6"合成层入点位置

步骤21 添加摄像机。执行菜单栏中的Layer（图层）| New（新建）| Camera（摄像机）命令，打开Camera Settings（摄像机设置）对话框，设置Preset（预设）为24mm，如图15.104所示。单击OK（确定）按钮，在时间轴面板中将会创建一个摄像机层。

图15.104 添加摄影机

步骤22 调整时间线到0:00:00:00的位置，选择Camera 1层，按P键打开Position（位置）属性，单击Position（位置）左侧的码表按钮，修改Position（位置）的值为276,120,-183，如图15.105所示。

图15.105 建立位置属性关键帧

步骤23 调整时间线到0:00:03:05的位置，修改Position（位置）的值为256,99,-272，系统将自动建立关键帧，如图15.106所示。

图15.106 修改位置属性的值

步骤24 这样"镜头3"的动画就制作完成了，按空格键或小键盘上的0键在合成窗口预览播放动画，其中的几帧画面如图15.107所示。

图15.107 "镜头3"动画其中几帧的效果

图15.107 "镜头3"动画其中几帧的效果（续）

15.1.7 制作镜头4动画

步骤01 执行菜单栏中的ComPosition（合成）| New ComPosition（新建合成）命令，打开ComPosition Settings（合成设置）对话框，设置ComPosition Name（合成名称）为"镜头4"、Width（宽度）为"720"、Height（高度）为"576"、Frame Rate（帧速率）为"25"，并设置Duration（持续时间）为0:00:02:21，如图15.108所示。

图15.108 建立合成

步骤02 按Ctrl+Y组合键，打开Solid Settings（纯色设置）对话框，设置Name（名称）为"镜头4背景"、Color（颜色）为白色，如图15.109所示。

图15.109 建立纯色层

步骤03 选择"镜头4背景"纯色层，在Effects & Presets（效果和预设）面板中展开Generate（生成）

特效组，然后双击Ramp（梯度渐变）特效，如图15.110所示。

图15.110 添加梯度渐变特效

步骤04 在Effect Controls（效果控件）面板中，修改Ramp（梯度渐变）特效的参数。修改Start of Ramp（渐变起点）的值为180,120、Start Color（开始颜色）为深蓝色（R:6，G:88，B:109）、End of Ramp（渐变终点）的值为660,520、End Color（结束颜色）为淡蓝色（R:173，G:202，B:203），如图15.111所示。

图15.111 设置梯度渐变特效参数

步骤05 将"圆环动画""文字04.psd""圆环转""风车""大圆环""小圆环"素材拖入"镜头4"合成的时间轴面板中，如图15.112所示。

图15.112 将素材拖入时间轴面板

步骤06 打开"圆环转""风车""大圆环""小圆环"素材层的三维属性开关，修改"大圆环"层Position（位置）的值为360,288,-72、"风车"层Position（位置）的值为360,288,-20、"圆环转"层Position（位置）的值为360,288,-30，如图15.113所示。

图15.113 打开素材层的三维开关并修改位置参数

步骤07 确认时间线在0:00:00:00的位置，选择"小圆环"素材层，按R键打开Rotation（旋转）属性，单击Z Rotation（z轴旋转）左侧的码表按钮 ，在当前位置建立关键帧，如图15.114所示。

图15.114 建立z轴旋转属性的关键帧

步骤08 调整时间线到0:00:02:20的位置，修改Z Rotation（z轴旋转）属性的值为0×+200°，系统将自动建立关键帧，如图15.115所示。

图15.115 修改z轴旋转属性的关键帧

步骤09 调整时间线到0:00:00:00的位置，单击"小圆环"素材层Z Rotation（z轴旋转）属性的文字部分，以选中该属性的全部关键帧，按Ctrl+C组合键，复制选中的关键帧；选择"大圆环"素材层，按Ctrl+V组合键，粘贴关键帧，如图15.116所示。

图15.116 粘贴z轴旋转属性关键帧1

步骤10 调整时间线到0:00:02:20的位置，选择"大圆环"素材层，修改Z Rotation（z轴旋转）属性的值为0×-200°，如图15.117所示。

步骤11 调整时间线到0:00:00:00的位置，选择"风车"素材层，按Ctrl+V组合键，粘贴关键帧，如图15.118所示。

图15.117 修改z轴旋转属性的值

图15.118 粘贴z轴旋转属性关键帧2

步骤12 确认时间线在0:00:00:00的位置，单击"大圆环"素材层Z Rotation（z轴旋转）属性的文字部分，以选中该属性的全部关键帧，按Ctrl+C组合键，复制选中的关键帧；选择"圆环转"素材层，按Ctrl+V组合键，粘贴关键帧，如图15.119所示。

图15.119 粘贴z轴旋转属性关键帧3

步骤13 调整时间线到0:00:00:07的位置，选中"文字04.psd"素材层，展开Transform（变换）选项组，单击Position（位置）左侧的码表按钮 ，在当前位置建立关键帧，修改Position（位置）的值为934,280，如图15.120所示。

图15.120 建立位置属性关键帧

步骤14 调整时间线到0:00:00:12的位置，修改Position（位置）属性的值为360,280，系统将自动建立关键帧；单击Scale（缩放）属性左侧的码表按钮 ，在当前位置建立关键帧，如图15.121所示。

图15.121 建立缩放属性的关键帧1

步骤15 调整时间线到0:00:02:12的位置，修改Scale（缩放）属性的值为70,70，系统将自动建立关键帧，如图15.122所示。

图15.122 建立缩放属性的关键帧2

步骤16 选中"圆环动画"合成层，调整时间线到0:00:00:08的位置，向右拖动"圆环动画"合成层，使入点位于当前时间位置，如图15.123所示。

图15.123 调整"圆环动画"合成层的入点位置

步骤17 确认时间线在0:00:00:08的位置，按S键打开Scale（缩放）属性，单击Scale（缩放）属性左侧的码表按钮，在当前位置建立关键帧；调整时间线到0:00:01:08的位置，修改Scale（缩放）属性的值为144,144，系统将自动建立关键帧，如图15.124所示。

图15.124 修改缩放属性的值

步骤18 调整时间线到0:00:01:09的位置，将鼠标指针放置在"圆环动画"合成层持续时间条结束的位置，当鼠标指针变成双箭头时，向左拖动鼠标，将"圆环动画"合成层的出点调整到当前时间位置，按

P键打开Position（位置）属性，修改Position（位置）属性的值为429,243，如图15.125所示。

图15.125 设置"圆环动画"合成层的出点

步骤19 确认选中"圆环动画"合成层，按Ctrl+D组合键，复制"圆环动画"合成层并重命名为"圆环动画2"。拖动"圆环动画2"层到"圆环动画"层的下面一层，调整时间线到0:00:00:10的位置，向右拖动"圆环动画2"合成层，使入点位于当前时间位置；按P键打开Position（位置）属性，修改Position（位置）属性的值为310,255，如图15.126所示。

图15.126 调整"圆环动画2"合成层入点位置

步骤20 确认选中"圆环动画2"合成层，按Ctrl+D组合键，复制"圆环动画2"合成层，系统将自动命名复制的新合成层为"圆环动画3"。拖动"圆环动画3"层到"圆环动画2"层的下面一层，调整时间线到0:00:00:14的位置，向右拖动"圆环动画3"合成层，使入点位于当前时间位置；按P键打开Position（位置）属性，修改Position（位置）的值为496,341，如图15.127所示。

图15.127 调整"圆环动画3"合成层入点位置

步骤21 确认选中"圆环动画3"合成层，按Ctrl+D组合键，复制"圆环动画3"合成层，系统将自动命名复制的新合成层为"圆环动画4"。拖动"圆环动画4"层到"圆环动画3"层的下面一层，调整时间线到

0:00:00:19的位置，向右拖动"圆环动画4"合成层，使入点位于当前时间位置；按P键打开Position（位置）属性，修改Position（位置）的值为249,253，如图15.128所示。

图15.128 调整"圆环动画4"合成层入点位置

步骤22 添加摄像机。执行菜单栏中的Layer（图层）| New（新建）| Camera（摄像机）命令，打开Camera Settings（摄像机设置）对话框，设置Preset（预设）为24mm，如图15.129所示。单击OK（确定）按钮，在时间轴面板中将会创建一个摄像机层。

图15.129 添加摄影机

步骤23 调整时间线到0:00:00:00的位置，选中Camera 1（摄影机 1）层，按P键打开Position（位置）属性，单击Position（位置）左侧的码表按钮，修改Position（位置）的值为360,288,-225，如图15.130所示。

图15.130 建立位置属性关键帧

步骤24 调整时间线到0:00:02:20的位置，修改Position（位置）的值为360,288,-568，系统将自动建立关键帧，如图15.131所示。

图15.131 修改位置属性的值

步骤25 这样"镜头4"的动画就制作完成了，按空格键或小键盘上的0键在合成窗口预览播放动画，其中的几帧画面如图15.132所示。

图15.132 "镜头4"动画其中几帧的效果

15.1.8 制作镜头5动画

步骤01 执行菜单栏中的ComPosition（合成）| New ComPosition（新建合成）命令，打开ComPosition Settings（合成设置）对话框，设置ComPosition Name（合成名称）为"镜头5"、Width（宽度）为"720"、Height（高度）为"576"、Frame Rate（帧速率）为"25"，并设置Duration（持续时间）为0:00:04:05，如图15.133所示。

图15.133 建立合成

步骤02 按Ctrl+Y组合键，打开Solid Settings（纯色设置）对话框，设置Name（名称）为"镜头5背景"、

Color（颜色）为白色，如图15.134所示。单击OK（确定）按钮建立纯色层。

图15.134 建立纯色层

步骤03 选择"镜头5背景"纯色层，在Effects & Presets（效果和预设）面板中展开Generate（生成）特效组，然后双击Ramp（梯度渐变）特效，如图15.135所示。

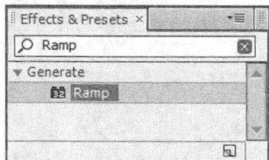

图15.135 添加梯度渐变特效

步骤04 在Effect Controls（效果控件）面板中，修改Ramp（梯度渐变）特效的参数。修改Start of Ramp（渐变起点）的值为128,136，Start Color（开始颜色）为深蓝色（R:13，G:91，B:112）、End of Ramp（渐变终点）的值为652,574、End Color（结束颜色）为淡蓝色（R:200，G:215，B:216），如图15.136所示。

图15.136 设置梯度渐变特效参数

步骤05 将"圆环动画""文字05.psd""圆环转""风车""大圆环""小圆环""素材01.psd""素材02.psd""素材03.psd""圆点.psd"素材拖入"镜头5"合成的时间轴面板中，如图15.137所示。

图15.137 将素材拖入时间轴面板

步骤06 选择"圆点.psd"层，在Effects & Presets（效果和预设）面板中展开Transition（过渡）特效组，然后双击Linear Wipe（线性擦除）特效，如图15.138所示。

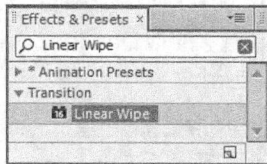

图15.138 添加线性擦除特效1

步骤07 调整时间线到0:00:02:02的位置，在Effect Controls（效果控件）面板中，修改Linear Wipe（线性擦除）特效的参数。单击Transition Completion（过渡完成）左侧的码表按钮，在当前位置建立关键帧，修改Transition Completion（过渡完成）的值为100%，修改Feather（羽化）属性的值为50，如图15.139所示。

图15.139 设置线性擦除特效的属性1

步骤08 调整时间线到0:00:02:14的位置，修改Transition Completion（过渡完成）的值为0，系统将自动建立关键帧，如图15.140所示。

图15.140 修改线性擦除特效属性

步骤09 调整时间线到0:00:02:20的位置，修改

Transition Completion（过渡完成）的值为50%，系统将自动建立关键帧，如图15.141所示。

图15.141 修改过渡完成属性1

步骤10 调整时间线到0:00:01:15的位置，选择"素材03.psd"，按T键打开Opacity（不透明度）属性，单击Opacity（不透明度）属性左侧的码表按钮，在当前位置建立关键帧，修改Opacity（不透明度）的值为0，如图15.142所示。

图15.142 建立不透明度属性关键帧

步骤11 调整时间线到0:00:03:15的位置，修改Opacity（不透明度）的值为80%，系统将自动建立关键帧，如图15.143所示。

图15.143 修改不透明度属性

步骤12 选择"素材02.psd"素材层，在Effects & Presets（效果和预设）面板中展开Transition（过渡）特效组，然后双击Linear Wipe（线性擦除）特效，如图15.144所示。

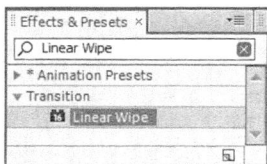

图15.144 添加线性擦除特效2

步骤13 确认时间线在0:00:01:05的位置，在Effect Controls（效果控件）面板中，修改Linear Wipe（线性擦除）特效的参数。单击Transition Completion（过渡完成）左侧的码表按钮，在当前位置建立关键帧，修改Transition Completion（过渡完成）的值为100%，修改Feather（羽化）属性的值为80，如图15.145所示。

图15.145 设置线性擦除特效的属性2

步骤14 调整时间线到0:00:04:04的位置，修改Transition Completion（过渡完成）的值为0，系统将自动建立关键帧，如图15.146所示。

图15.146 修改过渡完成属性2

步骤15 单击"素材01.psd"素材层，在Effects & Presets（效果和预设）面板中展开Transition（过渡）特效组，然后双击Linear Wipe（线性擦除）特效，如图15.147所示。

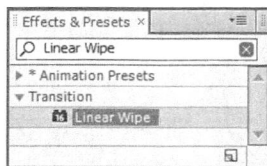

图15.147 添加线性擦除特效3

步骤16 调整时间线到0:00:00:19的位置，在Effect Controls（效果控件）面板中，修改Linear Wipe（线性擦除）特效的参数。单击Transition Completion（过渡完成）左侧的码表按钮，在当前位置建立关键帧，修改Wipe Angle（擦除角度）的值为0×+80°，修改Feather（羽化）属性的值为70，如图15.148所示。

图15.148 设置线性擦除特效的属性3

步骤17 调整时间线到0:00:01:03的位置，修改Transition Completion（过渡完成）的值为100%，系统将自动建立关键帧，如图15.149所示。

图15.149 修改过渡完成属性3

步骤18 调整时间线到0:00:00:07的位置，确认选中时间轴面板中的"素材01.psd"素材层，按T键打开Opacity（不透明度）属性，单击Opacity（不透明度）属性左侧的码表按钮，在当前位置建立关键帧，修改Opacity（不透明度）属性的值为0，如图15.150所示。

图15.150 建立不透明度属性的关键帧

步骤19 调整时间线到0:00:00:08的位置，修改Opacity（不透明度）属性的值为100%；调整时间线到0:00:00:10的位置，修改Opacity（不透明度）属性的值为30%；调整时间线到0:00:00:19的位置，修改Opacity（不透明度）属性的值为100%，系统将自动建立关键帧，如图15.151所示。

图15.151 修改不透明度属性的关键帧

步骤20 打开"圆环转""风车""大圆环""小圆环"素材层的三维属性开关，修改"大圆环"层Position（位置）的值为360,288,-72、"风车"层Position（位置）的值为360,288,-20、"圆环转"层Position（位置）的值为360,288,-30，如图15.152所示。

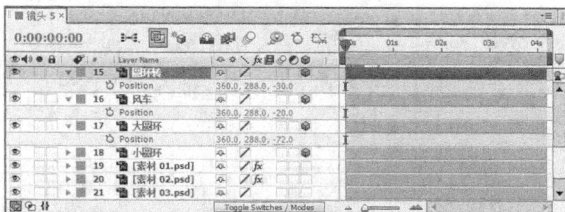

图15.152 打开素材的三维开关并修改位置值

步骤21 调整时间线到0:00:00:00的位置，选中"小圆环"素材层，按R键打开Rotation（旋转）属性，单击Z Rotation（z轴旋转）属性左侧的码表按钮，在当前位置建立关键帧，如图15.153所示。

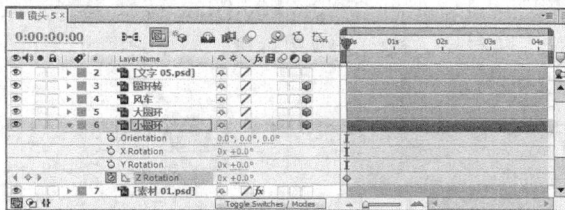

图15.153 建立旋转属性的关键帧

步骤22 调整时间线到0:00:04:04的位置，修改Z Rotation（z轴旋转）属性的值为0×+200°，系统将自动建立关键帧，如图15.154所示。

图15.154 修改旋转属性

步骤23 调整时间线到0:00:00:00的位置，单击"小圆环"素材层Z Rotation（z轴旋转）属性的文字部分，以选中该属性的全部关键帧，按Ctrl+C组合键，复制选中的关键帧；选择"大圆环"素材层，按Ctrl+V组合键，粘贴关键帧，如图15.155所示。

图15.155 粘贴z轴旋转关键帧

步骤24 调整时间线到0:00:04:04的位置，选择"大圆环"素材层，修改Z Rotation（z轴旋转）属性的值为0×-200°，如图15.156所示。

图15.156 修改z轴旋转属性的值

步骤25 调整时间线到0:00:00:00的位置，选择"风车"素材层，按Ctrl+V组合键，粘贴关键帧，如图15.157所示。

图15.157 在"风车"层粘贴关键帧

步骤26 调整时间线到0:00:00:00的位置，单击"大圆环"素材层Z Rotation（z轴旋转）属性的文字部分，以选中该属性的全部关键帧，按Ctrl+C组合键，复制选中的关键帧；选择"圆环转"素材层，按Ctrl+V组合键，粘贴关键帧，如图15.158所示。

图15.158 在"圆环转"层粘贴关键帧

步骤27 选中"圆环转""风车""大圆环""小圆环"素材层，按Ctrl+D组合键复制这4个层，确认复制出的4个层处于选中状态，将4个层拖动到"圆环转"层的上面，如图15.159所示。

图15.159 复制素材层并调整素材层顺序1

步骤28 确认选中上一步的4个素材层，按P键打开Position（位置）属性，修改"小圆环2"层的Position（位置）属性值为1281,21,230、"大圆环2"层的Position（位置）属性值为1281,21,158、"风车2"层的Position（位置）属性值为1281,21,210、"圆环转2"层的Position（位置）属性值为1281,21,200，如图15.160所示。

图15.160 修改4个层的位置属性

步骤29 选中"圆环转2""风车2""大圆环2""小圆环2"素材层，按Ctrl+D组合键复制这4个层，确认复制出的4个层处于选中状态，将4个层拖动到"圆环转2"层的上面，如图15.161所示。

图15.161 复制素材层并调整素材层顺序2

步骤30 确认选中上一步的4个素材层，按P键打开Position（位置）属性，修改"小圆环3"层的Position（位置）属性值为1338，-605，194、"大圆环3"层的Position（位置）属性值为1338,-605,122、

"风车3"层的Position（位置）属性值为1338，
-605，174，"圆环转3"层的Position（位置）属性
值为1338,-605,164，如图15.162所示。

图15.162 修改位置属性

步骤31 调整时间线到0:00:01:07的位置，选择"文字
05.psd"素材层，按P键打开Position（位置）属性，
单击Position（位置）属性左侧的码表按钮，在当
前位置建立关键帧，修改Position（位置）的值为
-195,175，如图15.163所示。

图15.163 在位置属性上设置关键帧

步骤32 调整时间线到0:00:01:13的位置，修改
Position（位置）的值为366,175，系统将自动建立关
键帧，如图15.164所示。

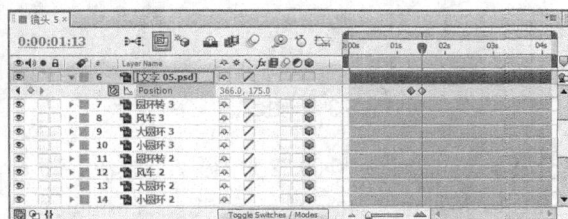

图15.164 修改位置的值

步骤33 调整时间线到0:00:01:09的位置，选中"圆环
动画"合成层，向右拖动"圆环动画"合成层，使入
点位于当前时间位置，如图15.165所示。

步骤34 确认选中"圆环动画"合成层，按P键打开
Position（位置）属性，修改Position（位置）属性的
值为237,122。按S键打开Scale（缩放）属性，单击
Scale（缩放）属性左侧的码表按钮，在当前时间建
立关键帧，如图15.166所示。

图15.165 调整"圆环动画"层入点位置

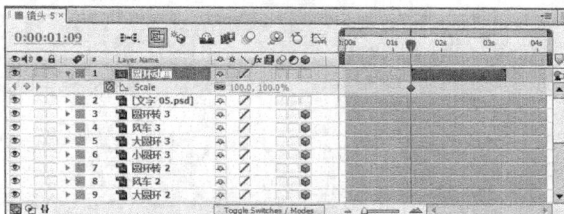

图15.166 建立缩放属性关键帧

步骤35 调整时间线到0:00:02:09的位置，修改Scale
（缩放）属性的值为150,150，系统将自动建立关键
帧。调整时间线到0:00:02:10的位置，将鼠标指针放
置在"圆环动画"合成层结束的位置，当鼠标指针变
成双箭头时，向左拖动鼠标，将"圆环动画"合
成层的出点调整到当前时间，如图15.167所示。

图15.167 设置"圆环动画"合成层的出点

步骤36 确认选中"圆环动画"合成层，按Ctrl+D组
合键，复制"圆环动画"合成层并重命名为"圆环动
画2"。调整时间线到0:00:01:10的位置，向右拖动
"圆环动画2"合成层，使入点位于当前时间位置；
按P键打开Position（位置）属性，修改Position（位
置）属性的值为507,181，如图15.168所示。

图15.168 调整"圆环动画2"合成层的入点位置

步骤37 确认选中"圆环动画2"合成层，按Ctrl+D组合键，复制"圆环动画2"合成层，系统将自动命名复制的新合成层为"圆环动画3"。调整时间线到0:00:01:11的位置，向右拖动"圆环动画3"合成层，使入点位于当前时间位置；按P键打开Position（位置）属性，修改Position（位置）的值为352,126，如图15.169所示。

图15.169 调整"圆环动画3"合成层入点位置

步骤38 确认选中"圆环动画3"合成层，按Ctrl+D组合键，复制"圆环动画3"合成层，系统将自动命名复制的新合成层为"圆环动画4"。调整时间线到0:00:01:15的位置，向右拖动"圆环动画4"合成层，使入点位于当前时间位置；按P键打开Position（位置）属性，修改Position（位置）的值为465,140，如图15.170所示。

图15.170 调整"圆环动画4"合成层入点位置

步骤39 添加摄像机。执行菜单栏中的Layer（图层）| New（新建）| Camera（摄像机）命令，打开Camera Settings（摄像机设置）对话框，设置Preset（预设）为24mm，如图15.171所示，单击OK（确定）按钮。

图15.171 建立摄像机

步骤40 调整时间线到0:00:00:00的位置，展开Camera 1（摄影机 1）层的Transform（变换）选项组，展开Point of Interest（目标点）左侧的码表按钮，修改Point of Interest（目标点）的值为660,-245,184，单击Position（位置）属性左侧的码表按钮，修改Position（位置）属性的值为703,521,126、X Rotation（x轴旋转）属性的值为0×+24°，单击Z Rotation（z轴旋转）属性左侧的码表按钮，修改Z Rotation（z轴旋转）属性的值为0×115°，如图15.172所示。

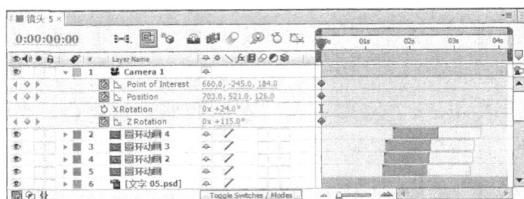

图15.172 设置摄影机属性

步骤41 调整时间线到0:00:00:17的位置，修改Point of Interest（目标点）的值为660,-245,155、Position（位置）属性的值为703,629,36，单击X Rotation（x轴旋转）属性左侧的码表按钮，在当前位置建立关键帧，修改Z Rotation（z轴旋转）属性的值为0，系统将自动建立关键帧，如图15.173所示。

图15.173 修改摄影机属性

步骤42 调整时间线到0:00:02:11的位置，修改Point of Interest（目标点）的值为723,65,-152、Position（位置）属性的值为743,1057,-410、X Rotation（x轴旋转）属性的值为0，系统将自动建立关键帧，如图15.174所示。

图15.174 设置摄影机的参数

步骤43 这样"镜头5"的动画就制作完成了，按空格键或小键盘上的0键在合成窗口预览播放动画，其中的几帧画面如图15.175所示。

图15.175 "镜头5"动画其中几帧的效果

15.1.9 制作总合成动画

步骤01 执行菜单栏中的ComPosition（合成）| New ComPosition（新建合成）命令，打开ComPosition Settings（合成设置）对话框，设置ComPosition Name（合成名称）为"总合成"、Width（宽度）为"720"、Height（高度）为"576"、Frame Rate（帧速率）为"25"，并设置Duration（持续时间）为0:00:14:20，如图15.176所示。

图15.176 建立新合成

步骤02 将"镜头1""圆环动画""镜头2""镜头3""镜头4""镜头5"素材拖入"总合成"合成的时间轴面板中，如图15.177所示。

图15.177 拖入素材到时间轴面板

步骤03 调整时间线到0:00:02:24的位置，选中"镜头1"合成层，按T键打开Opacity（不透明度）属性，单击Opacity（不透明度）属性左侧的码表按钮，在当前时间建立关键帧；调整时间线到0:00:03:07的位置，修改Opacity（不透明度）属性的值为0，如图15.178所示。

图15.178 为"镜头1"建立关键帧

步骤04 调整时间线到0:00:04:06的位置，选中"圆环动画"层，向右拖动"圆环动画"合成层，使入点位于当前时间位置；如图15.179所示。

图15.179 调整"圆环动画"层入点位置

步骤05 调整时间线到0:00:04:18的位置，按P键打开Position（位置）属性，修改打开Position（位置）属性的值为397,86；按S键打开Scale（缩放）属性，单击Scale（缩放）属性左侧的码表按钮，在当前位置建立关键帧，如图15.180所示。

图15.180 建立缩放关键帧

步骤06 调整时间线到0:00:05:06的位置，修改Scale（缩放）属性的值为135,135，系统将自动建立关键帧；调整时间线到0:00:05:07的位置，将鼠标指针放置在"圆环动画"合成层结束的位置，当鼠标指针变成双箭头时，向左拖动鼠标，将"圆环动画"合成层的出点设置到当前时间，如图15.181所示。

图15.181 调整"圆环动画"层的出点

步骤07 确认选中"圆环动画"合成层，按Ctrl+D组合键，复制"圆环动画"合成层并重命名为"圆环动画2"。将"圆环动画2"层拖动到"圆环动画"层的下一层，调整时间线到0:00:04:10的位置，向右拖动"圆环动画2"合成层，使入点位于当前时间位置；按P键打开Position（位置）属性，修改Position（位置）属性的值为397,86，如图15.182所示。

图15.182 调整"圆环动画2"层的入点位置

步骤08 确认选中"圆环动画2"合成层，按Ctrl+D组合键，复制"圆环动画2"合成层并重命名为"圆环动画3"。将"圆环动画3"层拖动到"圆环动画2"层的下一层，调整时间线到0:00:04:18的位置，向右拖动"圆环动画3"合成层，使入点位于当前时间位置；按P键打开Position（位置）属性，修改Position（位置）属性的值为470,0，如图15.183所示。

图15.183 调整"圆环动画3"层的入点位置

步骤09 确认选中"圆环动画3"合成层，按Ctrl+D组合键，复制"圆环动画3"合成层并重命名为"圆环动画4"。将"圆环动画4"层拖动到"圆环动画3"层的下一层，调整时间线到0:00:04:23的位置，向右拖动"圆环动画4"合成层，使入点位于当前时间位置；按P键打开Position（位置）属性，修改Position（位置）属性的值为455,102，如图15.184所示。

图15.184 调整"圆环动画4"层的入点位置

步骤10 确认选中"圆环动画4"合成层，按Ctrl+D组合键，复制"圆环动画4"合成层并重命名为"圆环动画5"。调整时间线到0:00:05:05的位置，向右拖动"圆环动画5"合成层，使入点位于当前时间位置；如图15.185所示。

图15.185 调整"圆环动画5"层的入点位置

步骤11 调整时间线到0:00:02:24的位置，选中"镜头2"层，将其向右拖动，使入点位于当前时间位置；按T键打开Opacity（不透明度）属性，单击Opacity（不透明度）属性左侧的码表按钮，修改Opacity（不透明度）属性的值为0，如图15.186所示。

图15.186 调整"镜头2"层并添加关键帧

步骤12 调整时间线到0:00:03:07的位置，修改Opacity（不透明度）属性的值为100%；调整时间线到0:00:05:16的位置，单击Opacity（不透明度）属性左侧的◇按钮，在当前位置建立关键帧；调整时间线到0:00:06:02的位置，修改Opacity（不透明度）属性的值为0，系统将自动建立关键帧，如图15.187所示。

图15.187 修改Opacity（不透明度）属性

步骤13 调整时间线到0:00:05:16的位置，向右拖动"镜头3"合成层，使入点位于当前时间位置；按T键打开Opacity（不透明度）属性，单击Opacity（不透明度）左侧的码表按钮，修改Opacity（不透明度）属性的值为0，如图15.188所示。

图15.188 调整"镜头3"层并添加关键帧

步骤14 调整时间线到0:00:06:02的位置，修改Opacity（不透明度）属性的值为100%；调整时间线到0:00:08:08的位置，单击Opacity（不透明度）左侧的添加或移除关键帧按钮，在当前位置建立关键帧；调整时间线到0:00:08:21的位置，修改Opacity（不透明度）属性的值为0，系统将自动建立关键帧，如图15.189所示。

图15.189 修改不透明度属性1

步骤15 调整时间线到0:00:08:08的位置，向右拖动"镜头4"合成层，使入点位于当前时间位置；按T键打开Opacity（不透明度）属性，单击Opacity（不透明度）左侧的码表按钮，修改Opacity（不透明度）属性的值为0，如图15.190所示。

图15.190 调整"镜头4"层并添加关键帧

步骤16 调整时间线到0:00:08:21的位置，修改Opacity（不透明度）属性的值为100%；调整时间线到0:00:10:14的位置，单击Opacity（不透明度）属性左侧的添加或移除关键帧按钮，在当前位置建立关键帧；调整时间线到0:00:11:03的位置，修改Opacity

（不透明度）属性的值为0，系统将自动建立关键帧，如图15.191所示。

图15.191 修改不透明度属性2

步骤17 调整时间线到0:00:10:15的位置，向右拖动"镜头5"合成层，使入点位于当前时间位置；按T键打开Opacity（不透明度）属性，单击Opacity（不透明度）属性左侧的码表按钮，修改Opacity（不透明度）属性的值为0；调整时间线到0:00:11:03的位置，修改Opacity（不透明度）属性的值为100%，如图15.192所示。

图15.192 添加关键帧

步骤18 这样"理财指南"动画就制作完成了，按空格键或小键盘上的0键，在合成窗口预览效果。

15.2 电视栏目包装——时尚音乐

难易程度：★★★★☆

实例说明：首先在After Effects中通过添加Audio Spectrum（音频频谱）特效制作"跳动的音波"合成；然后通过添加Grid（网格）特效，绘制多个蒙版，并且利用蒙版间的叠加方式，制作出滚动的标志；最后将图像素材添加到最终合成，打开图像的三维属性开关，调节三维属性及摄像机的参数，制作出镜头之间的切换及镜头的旋转效果。本例最终的动画流程效果如图15.193所示。

工程文件：第15章\时尚音乐

图15.193 时尚音乐最终动画流程效果

- 学习利用音频素材文件制作动画音频的方法
- 学习"从文字创建蒙版"命令的使用方法
- 掌握音乐电视栏目包装的方法和技巧

15.2.1 制作跳动的音波

步骤01 执行菜单栏中的ComPosition（合成）| New ComPosition（新建合成）命令，打开ComPosition Settings（合成设置）对话框，设置ComPosition Name（合成名称）为"跳动的音波"、Width（宽度）为"720"、Height（高度）为"576"、Frame Rate（帧速率）为"25"，并设置Duration（持续时间）为0:00:10:00，如图15.194所示。

图15.194 合成设置

步骤02 执行菜单栏中的File（文件）| Import（导入）| File（文件）命令，打开Import File（导入文件）对话框，选择配套资源中的"工程文件\第15章\时尚音乐\logo.psd、乐器1.psd、乐器2.psd、乐器3.psd、人物1.psd、人物2.psd、人物3.psd、榜.psd和音频.wav"素材，如图15.195所示。单击"打开"按钮，素材将导入到Project（项目）面板中。

图15.195 选中要导入的素材

步骤03 在Project（项目）面板中选择"音频.wav"素材，将其拖动到时间轴面板中，然后将时间线调整到0:00:06:00的位置，按Alt+]组合键，在当前位置为"音频.wav"层设置出点；调整时间线到0:00: 00:00的位置，按Alt+[组合键，将入点调整到此处，如图15.196所示。

图15.196 添加"音频.wav"素材

步骤04 按Ctrl+Y组合键，打开Solid Settings（纯色设置）对话框，设置Name（名称）为"声谱"、Color（颜色）为黑色，如图15.197所示。

图15.197 纯色设置

步骤05 选择"声谱"层，在Effects & Presets（效果和预设）面板中展开Generate（生成）特效组，然后双击Audio Spectrum（音频频谱）特效，如图15.198所示。

图15.198 添加特效1

提示 Audio Layer（音频层）：从下拉列表中，选择一个合成中的音频参考层。音频参考层要首先添加到时间轴中才可以应用。Start Point（起始点）：在没有应用Path（路径）选项情况下，指定音频图像的起点位置。End Point（结束点）：在没有应用Path（路径）选项情况下，指定音频图像的终点位置。Path（路径）：选择一条路径，让波形沿路径变化。Start Frequency（起始频率）：设置参考的最低音频频率，以Hz为单位。End Frequency（结束频率）：设置参考的最高音频频率，以Hz为单位。Frequency bands（频段）：设置音频频谱显示的数量。值越大，显示的音频频谱越多。Maximum Height（最大高度）：指定频谱显示的最大振幅。Thickness（厚度）：设置频谱线的粗细程度。

步骤06 在Effect Controls（效果控件）面板中，在Audio Layer（音频层）下拉列表中选择"3.音频.wav"，设置Start Point（起始点）的值为72,576、End Point（结束点）的值为648,576、Start Frequency（起始频率）的值为10、End Frequency（结束频率）的值为100、Frequency bands（频段）的值为8、Maximum Height（最大高度）的值为4500、Thickness（厚度）的值为50，如图15.199所示。设置完成后的画面效果如图15.200所示。

图15.199 参数设置1

图15.200 画面效果1

步骤07 在时间轴面板中"声谱"层右侧的属性栏中，单击Quality（质量）按钮，此时Quality（质量）按钮将会改变，如图15.201所示。此时的画面效果如图15.202所示。

图15.201 单击质量按钮

图15.202 画面效果

步骤08 按Ctrl+Y组合键，打开Solid Settings（纯色设置）对话框，新建一个Name（名称）为"渐变"、Color（颜色）为黑色的纯色，将其放置在"声谱"层的下一层。

步骤09 选择"渐变"层，在Effects & Presets（效果和预设）面板中展开Generate（生成）特效组，然后双击Ramp（梯度渐变）特效，如图15.203所示。

步骤10 在Effect Controls（效果控件）面板中，设置Start of Ramp（渐变起点）的值为360,288、Start Color（开始颜色）为黄色（R:255，G:210，B:0）、End of Ramp（渐变终点）的值为（360，576）、End Color（结束颜色）为绿色（R:13，G:170，B:21），如图15.204所示。

图15.203 添加特效2　　　　图15.204 参数设置2

步骤11 设置完Ramp（梯度渐变）特效的参数后，合成窗口中的画面效果如图15.205所示。在Effects & Presets（效果和预设）面板中展开Generate（生成）特效组，然后双击Grid（网格）特效，如图15.206所示。

图15.205 画面效果2　　　　图15.206 添加特效3

步骤12 在Effect Controls（效果控件）面板中，设置Anchor（锚点）的值为-10,0、Corner（边角）的值为720,20、Border（边界）的值为18，勾选Invert Grid（反转网格）复选框，设置Color（颜色）为黑色、Blending Mode（混合模式）为Normal（正常），如图15.207所示。此时的画面效果如图15.208所示。

图15.207 参数设置3　　　　图15.208 画面效果3

提示 Anchor（锚点）：通过右侧的参数，可以调整网格水平和垂直的网格数量。Corner（边角）：通过后面的参数设置，修改网格的边角位置及网格的水平和垂直数量。Width（宽度）：在Size From（大小依据）选项选择Width Slider（宽度滑块）项时，该项可以修改整个网格的比例缩放；在Size From（大小依据）选项选择Width & Height Sliders（宽度和高度滑块）项时，该项可以修改网格的宽度大小。Height（高度）：修改网格的高度大小。Border（边界）：设置网格的粗细。Invert Grid（反转网格）：勾选该复选框，将反转显示网格效果。

步骤13 在时间轴面板中，设置"渐变"层的Track Matte（轨道遮罩）为Alpha Matte"声谱"（Alpha遮罩"声谱"），如图15.209所示。

图15.209 设置轨道遮罩

步骤14 这样就完成了"跳动的音波"动画的制作，拖动时间线，在合成窗口中观看动画，其中几帧的画面效果如图15.210所示。

图15.210 其中几帧的画面效果

15.2.2 制作文字合成

步骤01 执行菜单栏中的ComPosition（合成）| New ComPosition（新建合成）命令，打开ComPosition

Settings（合成设置）对话框，新建一个ComPosition Name（合成名称）为"文字1"、Width（宽度）为"720"、Height（高度）为"576"、Frame Rate（帧速率）为"25"、Duration（持续时间）为0:00:10:00的合成。

步骤02 单击工具栏中的Horizontal Type Tool（横排文字工具）T，在"文字1"合成窗口中输入"SHISHANG"，设置字体为Arial Black、填充颜色为白色、描边颜色为白色、字符大小为70px、字符间距为17，并设置描边样式为Fill Over Stroke（在描边上填充）、Stroke Width（描边宽度）为8px，如图15.211所示。画面效果如图15.212所示。

图15.211 参数设置　　　　图15.212 字体效果

步骤03 按P键，打开"SHISHANG"层Position（位置）选项，设置Position（位置）的值为186,319。按Ctrl+D组合键，将"SHISHANG"层复制一层，并将复制出的层重命名为"SHISHANG 2"，如图15.213所示。

图15.213 复制图层

步骤04 选择"SHISHANG 2"层，在Character（字符）面板中，设置填充颜色为深绿色（R:43，G:165，B:5）、描边宽度为0px，如图15.214所示。画面效果如图15.215所示。

步骤05 按Ctrl+Y组合键，打开Solid Settings（纯色设置）对话框，新建一个Name（名称）为"Ramp"、Color（颜色）为黑色的纯色层，将其放置在"SHISHANG"层的上一层。

图15.214 字体设置　　　　图15.215 画面效果

步骤06 为"Ramp"层添加Ramp（梯度渐变）特效。在Effects & Presets（效果和预设）面板中展开Generate（生成）特效组，然后双击Ramp（梯度渐变）特效。

步骤07 在Effect Controls（效果控件）面板中，设置Start of Ramp（渐变起点）的值为360,288、Start Color（开始颜色）为绿色（R:44，G:142，B:46）、End of Ramp（渐变终点）的值为363,690、End Color（结束颜色）为白色、Ramp Shape（渐变形状）为Radial Ramp（径向渐变），如图15.216所示。此时的画面效果如图15.217所示。

图15.216 参数设置2　　　　图15.217 画面效果2

步骤08 在"Ramp"层右侧的Track Matte（轨道遮罩）下拉列表中选择Alpha Matte "SHISHANG2"（Alpha遮罩"SHISHANG"），如图15.218所示。

图15.218 选择轨道遮罩模式

步骤09 这样就完成"文字1"合成的制作。用制作"文字1"合成的方法分别制作"文字2""文字3"合成，完成后的3个合成的画面效果如图15.219所示。

图15.219 合成的画面

15.2.3 制作滚动的标志

步骤01 执行菜单栏中的ComPosition（合成）| New ComPosition（新建合成）命令，打开ComPosition Settings（合成设置）对话框，新建一个ComPosition Name（合成名称）为"标志"、Width（宽度）为 "720"、Height（高度）为"576"、Frame Rate （帧速率）为"25"、Duration（持续时间）为 0:00:10:00的合成，如图15.220所示。

图15.220 合成设置

步骤02 按Ctrl+Y组合键，打开Solid Settings（纯色设置）对话框，设置Name（名称）为"网格"、Color （颜色）为黑色。

步骤03 选择"网格"纯色层，在Effects & Presets （效果和预设）面板中展开Generate（生成）特效组，然后双击Grid（网格）特效，如图15.221所示。

图15.221 添加特效

步骤04 在Effect Controls（效果控件）面板中，设置Anchor（锚点）的值为359,288，从Size From（大小依据）下拉列表中选择Width Slider（宽度滑块），设置Width（宽度）的值为10、Border（边界）的值为6，勾选Invert Grid（反转网格）复选框，设置

Color（颜色）为绿色（R:21，G:179，B:0）、Blending Mode（混合模式）为Add（相加），如图15.222所示。此时的画面效果如图15.223所示。

图15.222 参数设置

图15.223 画面效果

步骤05 单击工具栏中的Ellipse Tool（椭圆工具），按住Shift键，在合成窗口中绘制一个正圆形蒙版，如图15.224所示。

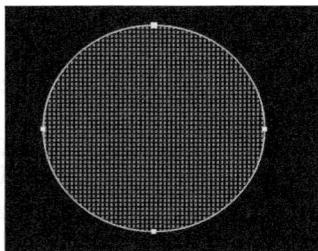

图15.224 绘制正圆形蒙版

步骤06 按M键，打开"网格"层的Mask 1（蒙版1）选项，选择Mask 1（蒙版1），按Ctrl+D组合键，复制蒙版，并将复制得到的Mask 2（蒙版2）右侧的Mode（模式）修改为Subtract（相减），如图15.225所示。

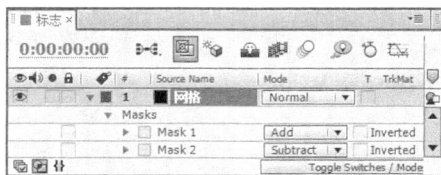

图15.225 复制蒙版

技巧 按Ctrl+D组合键，可以快速复制图层或者蒙版。

步骤07 展开Mask 2（蒙版2）选项组，设置Mask Expansion（蒙版扩展）的值为－42，如图15.226所示。此时的画面效果如图15.227所示。

图15.226 设置蒙版扩展

图15.227 画面效果2

步骤08 单击工具栏中的Horizontal Type Tool（横排文字工具）T，输入"GO"，设置字体为Arial Black、填充颜色为白色、字符大小为207px，如图15.228所示。画面效果如图15.229所示。

图15.228 文字设置　　图15.229 画面效果3

步骤09 选择"GO"层，执行菜单栏中的Layer（图层）| Create（创建）| Create Masks from Text（从文字创建蒙版）命令，在时间轴面板中，将会创建一个"GO Outlines"层，如图15.230所示。此时的画面效果如图15.231所示。

图15.230 创建轮廓层

图15.231 画面效果4

步骤10 按M键，打开"GO Outlines"层的3个Mask（蒙版），选择"G""O""O"3个蒙版，按Ctrl+C组合键，复制蒙版，然后选择"网格"层，按Ctrl+V组合键，将复制的"G""O""O"3个蒙版，粘贴到"网格"层上，如图15.232所示。最后单击"GO Outlines"层左侧的眼睛图标将其隐藏，此时的画面效果如图15.233所示。

图15.232 复制粘贴蒙版

图15.233 画面效果5

步骤11 按Ctrl+Y组合键，打开Solid Settings（纯色设置）对话框，新建一个Name（名称）为"运动拼贴"、Color（颜色）为黑色的纯色层，然后将其放置在"网格"层的上一层。

步骤12 选择"运动拼贴"层，在Effects & Presets（效果和预设）面板中展开Generate（生成）特效组，然后双击Ramp（梯度渐变）特效。

步骤13 在Effect Controls（效果控件）面板中，设置Start of Ramp（渐变起点）的值为360,0、End of Ramp（渐变终点）的值为360,288，如图15.234所示。此时的画面效果如图15.235所示。

图15.234 参数设置2　　图15.235 画面效果6

步骤14 添加Motion Tile（动态拼贴）特效。在Effects & Presets（效果和预设）面板中展开Stylize（风格化）特效组，然后双击Motion Tile（动态拼贴）特效，如图15.236所示。

步骤15 将时间线调整到0:00:00:00的位置，在Effect Controls（效果控件）面板中，单击Tile Center（拼贴中心）左侧的码表按钮，在当前位置设置关键帧，并设置Tile Height（拼贴高度）的值为18，参数设置如图15.237所示。

图15.236 添加特效2　　图15.237 参数设置3

提示 Tile Center（拼贴中心）：设置拼贴的中心点位置。Tile Width（拼贴宽度）：设置拼贴图像的宽度大小。Tile Height（拼贴高度）：设置拼贴图像的高度大小。Output Width（输出宽度）：设置图像输出的宽度大小。Output Height（输出高度）：设置图像输出的高度大小。Mirror Edges（镜像边缘）：勾选该复选框，将对拼贴的图像进行镜像操作。Phase（相位）：设置垂直拼贴图像的位置。Horizontal Phase Shift（水平位移）：勾选该复选框，可以通过修改Phase（相位）值来控制拼贴图像的水平位置。

步骤16 将时间线调整到0:00:09:24的位置，修改Tile Center（拼贴中心）的值为360,3500，如图15.238所示。此时的画面效果如图15.239所示。

图15.238 修改拼贴中心值　　图15.239 画面效果7

步骤17 选择"网格"层，在右侧的Track Matte（轨道遮罩）下拉列表中选择Luma Matte "运动拼贴"（亮度遮罩 "运动拼贴"），如图15.240所示。

图15.240 选择Luma Matte "运动拼贴"

步骤18 这样就完成了"滚动的标志"的制作，在合成窗口中观看动画，其中几帧的画面效果如图15.241所示。

图15.241 其中几帧的画面效果

15.2.4 制作镜头1图像的倒影

步骤01 执行菜单栏中的ComPosition（合成）| New ComPosition（新建合成）命令，打开ComPosition Settings（合成设置）对话框，新建一个ComPosition Name（合成名称）为"最终合成"、Width（宽度）为"720"、Height（高度）为"576"、Frame Rate（帧速率）为"25"、Duration（持续时间）为0:00:10:00的合成。

步骤02 按Ctrl+Y组合键，打开Solid Settings（纯色设置）对话框，新建一个Name（名称）为"背景"、Color（颜色）为黑色的纯色层。

步骤03 选择"背景"纯色层，在Effects & Presets

（效果和预设）面板中展开Generate（生成）特效组，然后双击Ramp（梯度渐变）特效。

步骤04 在Effect Controls（效果控件）面板中，设置Start of Ramp（渐变起点）的值为360,288、Start Color（开始颜色）为绿色（R:21，G:139，B:2）、End of Ramp（渐变终点）的值为360,672、End Color（结束颜色）为深灰色（R:50，G:50，B:50）、Ramp Shape（径向形状）为Radial Ramp（径向渐变），如图15.242所示。此时的画面效果如图15.243所示。

图15.242 参数设置   图15.243 画面效果1

技巧 Ramp（梯度渐变）特效在影视后期片头的制作中应用比较普遍，读者可以根据自己的想法灵活使用Ramp（梯度渐变）特效。

步骤05 在Project（项目）面板中，选择"文字1""人物1.psd""乐器1.psd""标志"4个素材，将其拖动到时间轴面板中，并打开4个素材层的三维属性开关，如图15.244所示。此时的画面效果如图15.245所示。

图15.244 添加素材

图15.245 画面效果2

步骤06 按S键，打开4个素材层Scale（缩放）选项，然后在时间轴面板的空白处单击，取消选择。修改"文字1"层Scale（缩放）的值为50,50,50、"人物1.psd"层Scale（缩放）的值为19,19,19、"乐器1.psd"层Scale（缩放）的值为15,15,15、"标志"层Scale（缩放）的值为71,71,71，如图15.246所示。将"标志"层的Mode（模式）修改为Add（相加）。

图15.246 修改Scale（缩放）的值

步骤07 选择"文字1""人物1.psd""乐器1.psd""标志"4个层，按P键，打开所选层Position（位置）选项，然后在时间轴面板的空白处单击，取消选择。修改"文字1"层Position（位置）的值为362,275,-561、"人物1.psd"层Position（位置）的值为395,297,-551、"乐器1.psd"层Position（位置）的值为304,276,-552、"标志"层Position（位置）的值为446,60,-40，如图15.247所示。

图15.247 Position（位置）的参数设置

步骤08 选择"文字1""标志"层，按R键，打开Rotation（旋转）选项，然后设置"文字1"层Orientation（方向）的值为351,357,353、Y Rotation（y轴旋转）的值为0×-19°；设置"标志"层Orientation（方向）的值为0°,38°,0°、X Rotation（x轴旋转）的值为0×-19°、Y Rotation（y轴旋转）的值为0×+13°，如图15.248所示。此时的画面效果如图15.249所示。

图15.248 修改方向和旋转值

图15.249 画面效果3

步骤09 选择"文字1""人物1.psd""乐器1.psd""标志"4个层，按Ctrl+D组合键进行复制，并将复制出的层分别重命名为"文字1 倒影""人物1 倒影""乐器1 倒影""标志 倒影"，如图15.250所示。

图15.250 复制并重命名图层

步骤10 选择"文字1 倒影""人物1 倒影""乐器1 倒影""标志 倒影"层，按S键，打开Scale（缩放）选项，设置"文字1 倒影"层Scale（缩放）的值为50,-50,50、"人物1 倒影"层Scale（缩放）的值为19,-19,19、"乐器1 倒影"层Scale（缩放）的值为15,-15,15、"标志 倒影"层Scale（缩放）的值为71,-71,71、如图15.251所示。

图15.251 修改Scale（缩放）的值2

步骤11 选择"文字1 倒影""人物1 倒影""乐器1 倒影""标志 倒影"层，按P键，打开Position（位置）选项，设置"文字1 倒影"层Position（位置）的值为370,374,-576、"人物1 倒影"层Position（位置）的值为395,419,-551、"乐器1 倒影"层Position（位置）的值为304,387,-552、"标志 倒影"层Position（位置）的值为446,645,-40，如图15.252所示。

图15.252 修改Position（位置）的值

步骤12 选择"文字1 倒影""人物1 倒影""乐器1 倒影""标志 倒影"层，按T键，打开所选层的Opacity（不透明度）选项，设置Opacity（不透明度）的值均为50%，如图15.253所示。此时的画面效果如图15.254所示。

图15.253 不透明度设置

图15.254 画面效果4

> **技巧** 在制作倒影时最关键的调节是Opacity（不透明度）的调节。

15.2.5 制作镜头1动画

步骤01 在Project（项目）面板中，选择"音频.wav"素材，将其拖动到时间轴面板中"背景"层的下一层。

步骤02 按Ctrl+Y组合键，打开Solid Settings（纯色设置）对话框，设置Name（名称）为"波形1"、Color（颜色）为黑色，如图15.255所示。

图15.255 纯色设置

步骤03 选择"波形1"纯色层，在Effects & Presets（效果和预设）面板中展开Generate（生成）特效组，然后双击Audio Waveform（音频波形）特效，如图15.256所示。

图15.256 添加特效1

步骤04 进入Effect Controls（效果控件）面板，在Audio Layer（音频层）下拉列表中选择"10.音频.wav"，设置Maximum Height（最大高度）的值为150、Audio Duration（音频持续时间）的值为5500、Softness（柔和度）的值为0、Inside Color（内部颜色）为浅绿色（R:72，G:255，B:0）、Outside Color（外部颜色）为绿色（R:56，G:208，B:44），并从Display Options（显示选项）下拉列表中选择Digital（数字），如图15.257所示。画面效果如图15.258所示。

图15.257 音频波形特效参数设置

图15.258 画面效果1

> **提示** Audio Layer（音频层）：从右侧的下拉列表中，选择一个合成中的声波参考层。声波参考层要首先添加到时间轴中才可以应用。Start Point（起始点）：在没有应用Path（路径）选项的情况下，指定声波图像的起点位置。End Point（结束点）：在没有应用Path（路径）选项的情况下，指定声波图像的终点位置。Path（路径）：选择一条路径，让波形沿路径变化。Audio Duration（音频持续时间）：指定声波保持时长，以毫秒为单位。Audio Offset（音频偏移）：指定显示声波的偏移量，以毫秒为单位。Softness（柔和度）：设置声波线的软边程度。值越大，声波线边缘越柔和。Random Seed（随机植入）：设置声波线的随机数量值。Inside Color（内部颜色）：设置声波线的内部颜色，类似图像填充颜色。Outside Color（外部颜色）：设置声波线的外部颜色，类似图像描边颜色。

步骤05 确认当前选择的是"波形1"层，打开该层的三维属性开关，展开Transform（变换）选项组，设置Position（位置）的值为155,16,0、Orientation（方向）的值为0°,302°,0°，如图15.259所示。此时的波形效果如图15.260所示。

图15.259 设置位置和方向属性

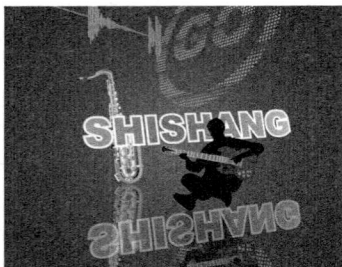

图15.260 画面效果2

步骤06 添加摄像机。执行菜单栏中的Layer（图层）| New（新建）| Camera（摄像机）命令，打开Camera Settings（摄像机设置）对话框，设置Preset（预设）为Custom（自定义），其他参数设置如图15.261所示。单击OK（确定）按钮，在时间轴面板中将会创建一个摄像机层。

图15.261 添加摄像机

步骤07 将时间线调整到0:00:00:00的位置，选择"Camera 1"层，展开Transform（变换）、Camera

Options（摄像机选项）选项组，然后单击Position（位置）左侧的码表按钮，在当前位置设置关键帧，并设置Position（位置）的值为360,288,-189、Zoom（缩放）的值为747、Focus Distance（焦距）的值为1067、Aperture（光圈）的值为25，如图15.262所示。

图15.262 Camera 1层参数设置

步骤08 将时间线调整到0:00:00:20的位置，修改Position（位置）的值为360,288,-820，如图15.263所示。此时的画面效果如图15.264所示。

图15.263 修改位置的值

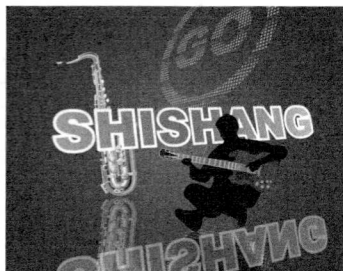

图15.264 画面效果3

步骤09 将时间线调整到0:00:02:00的位置，单击Point of Interest（目标点）左侧的码表按钮，在当前位置设置关键帧，接着单击Position（位置）左侧的Add or remove keyframe at current time（在当前时间添加或移除关键帧）按钮，为Position（位置）添加一个保持关键帧，如图15.265所示。

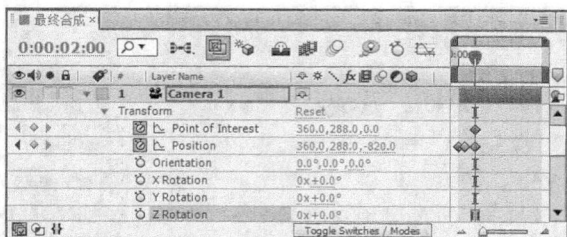

图15.265 设置关键帧

步骤10 将时间线调整到0:00:03:00的位置，设置Point of Interest（目标点）的值为360,22,0、Position（位置）的值为360,385,-1633，如图15.266所示。此时的画面效果，如图15.267所示。

图15.266 修改参数值

图15.267 画面效果4

步骤11 添加调整图层。执行菜单栏中的Layer（图层）| New（新建）| Adjustment Layer（调整图层）命令，在时间轴面板中将会创建一个"Adjustment Layer 1"调整图层，将其拖放到"Camera 1"层的下一层。

技巧 按Ctrl+Alt+Y组合键，可以快速添加调整图层。

步骤12 选择"Adjustment Layer 1"层，在Effects & Presets（效果和预设）面板中展开Blur & Sharpen（模糊和锐化）特效组，然后双击Fast Blur（快速模糊）特效，如图15.268所示。

步骤13 将时间线调整到0:00:02:10的位置，在Effect Controls（效果控件）面板中，单击Blurriness（模糊量）左侧的码表按钮，在当前位置设置关键帧，参

数设置如图15.269所示。

图15.268 添加特效2　　图15.269 设置特效参数

步骤14 将时间线调整到0:00:03:00的位置，修改Blurriness（模糊量）的值为12，如图15.270所示。此时的画面效果如图15.271所示。

图15.270 设置模糊量的值

图15.271 画面效果5

15.2.6 制作镜头2图像的倒影

步骤01 在Project（项目）面板中，选择"跳动的音波""文字2""人物2.psd""乐器2.psd""标志"5个素材，将其拖动到时间轴面板中，并打开5个素材层的三维属性开关，如图15.272所示。此时的画面效果如图15.273所示。

图15.272 添加素材

图15.273 画面效果1

图15.275 Position（位置）的参数设置

步骤02 按S键，打开5个素材层的Scale（缩放）选项，然后在时间轴面板的空白处单击，取消选择。修改"跳动的音波"层Scale（缩放）的值为30,30,30、"文字2"层Scale（缩放）的值为40,40,40、"人物2.psd"层Scale（缩放）的值为15,15,15、"乐器2.psd"层Scale（缩放）的值为17,17,17、"标志"层Scale（缩放）的值为52,52,52，如图15.274所示。将"跳动的音波"和"标志"层的Mode（模式）修改为Add（相加）。

步骤04 选择"文字2"层，在Effects & Presets（效果和预设）面板中展开Obsolete（过时）特效组，然后双击Basic 3D（基本3D）特效，如图15.276所示。

步骤05 在Effect Controls（效果控件）面板中，设置Swivel（旋转）的值为0×−50°、Tilt（倾斜）的值为0×−15°，如图15.277所示。

图15.274 修改Scale（缩放）的值1

图15.276 添加特效

图15.277 参数设置

步骤03 选择"跳动的音波""文字2""人物2.psd""乐器2.psd""标志"5个层，按P键，打开所选层Position（位置）选项，然后在时间轴面板的空白处单击，取消选择。修改"跳动的音波"层Position（位置）的值为479,288,−1115、"文字2"层Position（位置）的值为365、328、−1419、"人物2.psd"层Position（位置）的值为422、298、−1356、"乐器2.psd"层Position（位置）的值为311,288,−1349、"标志"层Position（位置）的值为282,266,−1155，如图15.275所示。

步骤06 选择"跳动的音波"和"标志"层，按R键，打开Rotation（旋转）选项，然后设置"跳动的音波"层的Y Rotation（y轴旋转）的值为0×−38°、"标志"层的Y Rotation（y轴旋转）的值为0×−40°，如图15.278所示。此时的画面效果如图15.279所示。

图15.278 修改旋转值

图15.279 画面效果2

步骤07 再次选择 "跳动的音波" "文字2" "人物2.psd" "乐器2.psd" "标志" 5个层，按Ctrl+D组合键进行复制，并将复制出的层分别重命名为 "跳动的音波 倒影" "文字2 倒影" "人物2 倒影" "乐器2 倒影" "标志 倒影2"，如图15.280所示。

图15.280 重命名图层

步骤08 选择 "跳动的音波 倒影" "文字2 倒影"、"人物2 倒影" "乐器2 倒影" "标志 倒影2" 层，按S键，打开Scale（缩放）选项。设置 "跳动的音波 倒影" 层Scale（缩放）的值为300,-30,30、"文字2 倒影" 层Scale（缩放）的值为40,-40,40、"人物2 倒影" 层Scale（缩放）的值为15,-15,15、"乐器2 倒影" 层Scale（缩放）的值为17,-17,17、"标志 倒影2" 层Scale（缩放）的值为52,-52,52，如图15.281所示。

图15.281 修改Scale（缩放）的值2

步骤09 选择 "跳动的音波 倒影" "文字2 倒影" "人物2 倒影" "乐器2 倒影" "标志 倒影2" 层，按P键，打开Position（位置）选项。设置 "跳动的音波 倒影" 层Position（位置）的值为479,470,-1115、"文字2 倒影" 层Position（位置）的值为369,414,-1410、"人物2 倒影" 层Position（位置）的值为422,412,-1356、"乐器2 倒影" 层Position（位置）的值为311,420,-1349、"标志 倒影2" 层Position（位置）的值为282,539,-1155，如图15.282所示。

图15.282 修改Position（位置）的值

步骤10 选择 "跳动的音波 倒影" "文字2 倒影" "人物2 倒影" "乐器2 倒影" 和 "标志 倒影2" 层，按T键，打开所选层的Opacity（不透明度）选项，设置Opacity（不透明度）的值均为50%，如图15.283所示。此时的画面效果如图15.284所示。

图15.283 不透明度设置

图15.284 画面效果3

> **技巧** 如果同时选择了多个图层，在修改其中一层的 Opacity（不透明度）的值时，其他层的Opacity（不透明度）的值也会改变。

15.2.7 制作镜头2动画

步骤01 按Ctrl+Y组合键，打开Solid Settings（纯色设置）对话框，设置Name（名称）为"波形2"、Color（颜色）为黑色，如图15.285所示。

图15.285 纯色设置

步骤02 选择"波形2"纯色层，在Effects & Presets（效果和预设）面板中展开Generate（生成）特效组，然后双击Audio Spectrum（音频频谱）特效，如图15.286所示。

图15.286 添加特效

步骤03 进入Effect Controls（效果控件）面板，在Audio Layer（音频层）下拉列表中选择"23.音频.wav"，设置End Frequency（结束频率）的值为5100、Frequency bands（频段）的值为610、Maximum Height（最大高度）的值为19500、Audio Duration（音频持续时间）的值为8480、Inside Color（内部颜色）为浅绿色（R:72，G:255，B:0）、Outside Color（外部颜色）为绿色（R:56，G:208，B:44），从Display Options（显示选项）下拉列表中选择Analog dots（模拟频点），勾选Duration

Averaging（持续时间平均化）复选框，如图15.287所示。画面效果如图15.288所示。

图15.287 参数设置   图15.288 画面效果1

步骤04 确认当前选择的是"波形2"层，打开该层的三维属性开关，展开Transform（变换）选项组，设置Position（位置）的值为560,185,-1295、Y Rotation（y轴旋转）的值为0×+30°，如图15.289所示。此时的波形效果如图15.290所示。

图15.289 设置位置和旋转属性

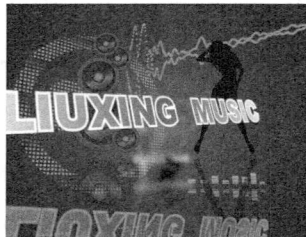

图15.290 画面效果2

步骤05 将时间线调整到0:00:04:10的位置，选择"Camera 1"层，展开Transform（变换）选项组，单击Point of Interest（目标点）、Position（位置）左侧的Add or remove keyframe at current time（在当前时间添加或移除关键帧）按钮，为Point of Interest（目标点）、Position（位置）各添加一个保持关键

帧，然后单击Z Rotation（z轴旋转）左侧的码表按钮 ，在当前位置设置关键帧，如图15.291所示。

数设置如图15.295所示。

图15.291 Camera 1层关键帧设置

步骤06 将时间线调整到0:00:05:05的位置，修改Position（位置）的值为1535,385,−2030、Z Rotation（z轴旋转）的值为1×+0°，如图15.292所示。此时的画面效果如图15.293所示。

图15.292 修改位置和旋转的值

图15.293 画面效果3

步骤07 添加调整图层。执行菜单栏中的Layer（图层）| New（新建）| Adjustment Layer（调整图层）命令，在时间轴面板中将会创建一个"Adjustment Layer 2"调整图层，将其拖放到"Camera 1"层的下一层。

步骤08 选择"Adjustment Layer 2"层，在Effects & Presets（效果和预设）面板中展开Blur & Sharpen（模糊和锐化）特效组，然后双击Fast Blur（快速模糊）特效，如图15.294所示。

步骤09 将时间线调整到0:00:04:22的位置，在Effect Controls（效果控件）面板中，单击Blurriness（模糊量）左侧的码表按钮 ，在当前位置设置关键帧，参

图15.294 添加特效2   图15.295 设置关键帧

步骤10 将时间线调整到0:00:05:17的位置，修改Blurriness（模糊量）的值为50，如图15.296所示。此时的画面效果如图15.297所示。

图15.296 修改模糊   图15.297 画面效果4
量的值

15.2.8 制作镜头3动画

步骤01 在Project（项目）面板中，选择"文字3""乐器3.psd""人物3.psd""标志"4个素材，将其拖动到时间轴面板中，并打开4个素材层的三维属性开关，如图15.298所示。此时的画面效果如图15.299所示。

图15.298 添加素材

图15.299 画面效果1

步骤02 按S键，打开4个素材层的Scale（缩放）选项，然后在时间轴面板的空白处单击，取消选择。修

改"文字3"层Scale（缩放）的值为50,50,50、"乐器3.psd"层Scale（缩放）的值为15,15,15、"人物3.psd"层Scale（缩放）的值为20,20,20、"标志"层Scale（缩放）的值为30,30,30、如图15.300所示。将"标志"层的Mode（模式）修改为Add（相加）。

图15.300 修改Scale（缩放）的值1

步骤03 选择"文字3""乐器3.psd""人物3.psd""标志"4个层，按P键，打开所选层Position（位置）选项，修改"文字3"层Position（位置）的值为1382,288,-1778、"乐器3.psd"层Position（位置）的值为1489,358,-1831、"人物3.psd"层Position（位置）的值为1306,342,-1807、"标志"层Position（位置）的值为1455,304,-1768，如图15.301所示。

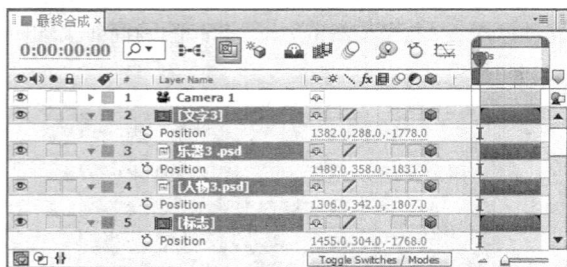

图15.301 Position（位置）参数的设置

步骤04 选择"人物3.psd"层，按R键，打开该层的Rotation（旋转）选项，设置Y Rotation（y轴旋转）的值为0×-50°，如图15.302所示。此时的画面效果如图15.303所示。

图15.302 修改旋转值

图15.303 画面效果2

步骤05 选择"文字3""乐器3.psd""人物3.psd""标志"4个层，按Ctrl+D组合键进行复制，并将复制出的层分别重命名为"文字3 倒影""乐器3 倒影""人物3 倒影""标志 倒影3"，如图15.304所示。

图15.304 复制并重命名图层

步骤06 选择"文字3 倒影""乐器3 倒影""人物3 倒影""标志 倒影3"层，按S键，打开Scale（缩放）选项。设置"文字3 倒影"层Scale（缩放）的值为50,-50,50、"乐器3 倒影"层Scale（缩放）的值为15,-15,15、"人物3 倒影"层Scale（缩放）的值为20,-20,20、"标志 倒影3"层Scale（缩放）的值为30,-30,30，如图15.305所示。

图15.305 修改Scale（缩放）的值2

步骤07 选择"文字3 倒影""乐器3 倒影""人物3 倒影""标志 倒影3"层，按P键，打开Position（位置）选项。设置"文字3 倒影"层Position（位置）

的值为1382,449,−1778、"乐器3 倒影"层Position（位置）的值为1489,447,−1831、"人物3 倒影"层Position（位置）的值为1290,495,−1790、"标志 倒影"层Position（位置）的值为1455,480,−1768，如图15.306所示。

图15.306 修改Position（位置）的值

步骤08 选择"文字3 倒影""乐器3 倒影""人物3 倒影""标志 倒影3"层，按T键，打开所选层的Opacity（不透明度）选项，设置Opacity（不透明度）的值均为50%，如图15.307所示。此时的画面效果如图15.308所示。

图15.307 不透明度设置

图15.308 画面效果3

步骤09 按Ctrl+Y组合键，打开Solid Settings（纯色设置）对话框，设置Name（名称）为"波形3"、Color（颜色）为黑色，如图15.309所示。

步骤10 选择"波形3"纯色层，在Effects & Presets（效果和预设）面板中展开Generate（生成）特效组，然后双击Audio Spectrum（音频频谱）特效，如图15.310所示。

图15.309 纯色设置

图15.310 添加特效

步骤11 进入Effect Controls（效果控件）面板，在Audio Layer（音频层）下拉列表中选择"33.音频.wav"，设置Start Point（起始点）的值为−249,8、End Point（结束点）的值为1035,439、Start Frequency（起始频率）的值为4101、Maximum Height（最大高度）的值为28450、Audio Duration（音频持续时间）的值为140、Inside Color（内部颜色）为浅绿色（R:72，G:255，B:0）、Outside Color（外部颜色）为绿色（R:56，G:208，B:44），从Display Option（显示选项）下拉列表中选择Analog lines（模拟谱线），如图15.311所示。画面效果如图15.312所示。

图15.311 特效参数设置

图15.312 画面效果4

步骤12 确认当前选择的是"波形3"层，打开该层的三维属性开关，展开Transform（变换）选项组，设置Position（位置）的值为1487,356,−1907、Y Rotation（y轴旋转）的值为1×+81°，如图15.313所示。此时的波形效果如图15.314所示。

图15.313 设置位置和旋转属性

图15.314 画面效果5

步骤13 将时间线调整到0:00:06:20的位置，选择"Camera 1"层，按U键，打开该层的所有关键帧。单击Point of Interest（目标点）、Position（位置）左侧的Add or remove keyframe at current time（在当前时间添加或移除关键帧）按钮，为Point of Interest（目标点）、Position（位置）各添加一个保持关键帧，如图15.315所示。

图15.315 Camera 1层关键帧设置

步骤14 将时间线调整到0:00:07:20的位置，修改Point of Interest（目标点）的值为217,−307,0、Position（位置）的值为843,576,−2927，如图15.316所示。此时的画面效果如图15.317所示。

图15.316 修改位置值

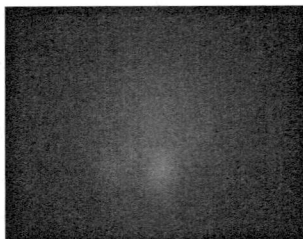

图15.317 画面效果6

15.2.9 制作镜头4动画

步骤01 在Project（项目）面板中，选择"榜.psd""logo.psd""标志"3个素材，将其拖动到时间轴面板中，并打开3个素材层的三维属性开关，如图15.318所示。此时的画面效果如图15.319所示。

图15.318 添加素材

图15.319 画面效果1

步骤02 按S键，打开3个素材层Scale（缩放）选项。修改"榜.psd"层Scale（缩放）的值为43,43,43、"logo.psd"层Scale（缩放）的值为40,40,40、"标志"层Scale（缩放）的值为138,138,138，如图15.320所示。将"标志"层的Mode（模式）修改为Add（相加）。

图15.320 修改Scale（缩放）的值1

步骤03 选择"榜.psd""logo.psd""标志"3个层，按P键，打开所选层Position（位置）选项。修改"榜.psd"层Position（位置）的值为729,393,−2945、"logo.psd"层Position（位置）的值为723,335,−2339、"标志"层Position（位置）的值为700,290,−2192，如图15.321所示。

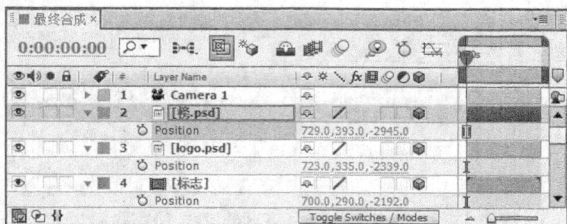

图15.321 Position（位置）参数的设置

步骤04 选择"标志"层，按R键，打开该层的Rotation（旋转）选项，设置Y Rotation（y轴旋转）的值为0×+16°，如图15.322所示。此时的画面效果如图15.323所示。

图15.322 修改旋转的值

图15.323 画面效果2

步骤05 选择"榜.psd"和"logo.psd"层，按Ctrl+D组合键进行复制，并将复制出的层分别重命名为"榜倒影"和"logo波纹"，如图15.324所示。

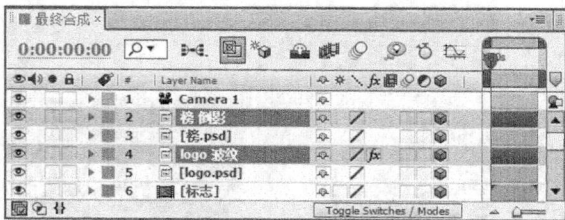

图15.324 复制并重命名图层

步骤06 选择"logo波纹"层，在Effects & Presets（效果和预设）面板中展开Stylize（风格化）特效组，然后双击Roughen Edges（毛边）特效，如图15.325所示。

步骤07 将时间线调整到0:00:07:01的位置，在Effect Controls（效果控件）面板中，设置Border（边界）的值为70、Edge Sharpness（边缘锐度）的值为10、Scale（比例）的值为400，并单击Offset（偏移）左侧的码表按钮 ，在当前位置设置关键帧，参数设置如图15.326所示。

图15.325 添加特效 图15.326 参数设置

提示 Edge Type（边缘类型）：可从右侧的下拉列表中，选择用于粗糙边缘的类型。Edge Color（边缘颜色）：指定边缘粗糙时所使用的颜色。Border（边界）：用来设置边缘的粗糙程度。Edge Sharpness（边缘锐度）：用来设置边缘的锐化程度。Fractal Influence（分形影响）：用来设置边缘的不规则程度。Scale（比例）：用来设置不规则碎片的大小。Stretch Width or Height（伸缩宽度或高度）：用来设置边缘碎片的拉伸强度。正值为水平拉伸，负值为垂直拉伸。Offset（偏移）：用来设置边缘在拉伸时的位置。Complexity（复杂度）：用来设置边缘的复杂程度。

步骤08 将时间线调整到0:00:09:24的位置，设置Offset（偏移）的值为320,0，如图15.327所示。此时的画面效果如图15.328所示。

图15.327 设置偏移值　　　图15.328 画面效果3

步骤09 选择"榜 倒影"和"榜.psd"层，将时间线调整到0:00:08:15的位置，按P键，打开Position（位置）选项，单击Position（位置）左侧的码表按钮，在当前位置设置关键帧，如图15.329所示。

图15.329 设置关键帧

步骤10 将时间线调整到0:00:08:22的位置，修改"榜倒影"层Position（位置）的值为743,567,-2352、"榜.psd"层Position（位置）的值为743,423,-2352，如图15.330所示。

图15.330 修改Position（位置）的值

步骤11 选择"榜 倒影"层，按S键，打开该层Scale（缩放）选项，设置Scale（缩放）的值为43，-43,43，如图15.331所示。

图15.331 修改Scale（缩放）的值2

步骤12 按T键，打开"榜 倒影"层的Opacity（不透明度）选项。将时间线调整到0:00:08:16的位置，单击Opacity（不透明度）左侧的码表按钮，在当前位置设置关键帧，并设置Opacity（不透明度）的值为0；将时间线调整到0:00:09:05的位置，修改Opacity（不透明度）的值为50%，如图15.332所示。

图15.332 为Opacity（不透明度）设置关键帧

步骤13 这样就完成了"时尚音乐"的整体制作，按小键盘上的0键播放预览。最后将文件保存并输出成动画。

15.3 电视栏目包装——京港融智

难易程度： ★★★★☆

实例说明： "京港融智"栏目包装效果是平面效果与3D动画的完美结合，运用了大量的3D序列帧使画面更加美观，更富有科技感。本例学习"京港融智"电视栏目的包装制作，首先通过导入三维素材制作紫金花的动画，然后通过添加AE素材制作出背景动画，最后使用Shine（光）特效制作"定版文字"的扫光效果。本例最终的动画流程效果如图15.333所示。

工程文件： 第15章\京港融智

图15.333 京港融智动画流程效果

图15.333 京港融智动画流程效果（续）

知识点

- 导入JPG、PNG、MOV、TGA等多种格式序列素材的方法
- Brightness & Contrast（亮度和对比度）特效的使用
- Hue/Saturation（色相/饱和度）特效的使用
- 利用Fill（填充）特效制作背景的红色光带
- 添加Curves（曲线）特效调整镜花素材的亮度

15.3.1 导入素材

步骤01 执行菜单栏中的ComPosition（合成）| New ComPosition（新建合成）命令，打开ComPosition Settings（合成设置）对话框，设置ComPosition Name（合成名称）为"镜头2"、Width（宽度）为"320"、Height（高度）为"240"、Frame Rate（帧速率）为"25"，并设置Duration（持续时间）为0:00:02:02，如图15.334所示。单击OK（确定）按钮，在Project（项目）面板中将会新建一个名为"镜头2"的合成，如图15.335所示。

图15.334 合成设置

图15.335 新建的合成

步骤02 执行菜单栏中的File（文件）| Import（导入）| File（文件）命令，打开Import File（导入文件）对话框，选择配套资源中的"工程文件\第15章\京港融智\京港声音.wav、光斑.jpg、光芒.mov、小字下.png、楼.jpg、灯.jpg、点修饰物.avi、蓝绿色光.jpg"8个素材，如图15.336所示。

图15.336 选择要导入的素材

步骤03 单击"打开"按钮，将8个素材导入到Project（项目）面板中，如图15.337所示。在Project（项

目）面板中，单击鼠标右键，在弹出的快捷菜单中选择New Folder（新建文件夹）命令，然后将新建的文件夹重命名为"AE素材"，将导入的8个素材全部放入"AE素材"文件夹中。

图15.337　导入素材到项目面板

步骤04 导入JPEG序列素材。执行菜单栏中的File（文件）| Import（导入）| File（文件）命令，打开Import File（导入文件）对话框，选择配套资源中的"工程文件\第15章\京港融智\亮光\光.000.jpg"素材，然后勾选JPEG Sequence（JPEG序列）复选框，如图15.338所示。单击"打开"按钮，"光.{000-049}.jpg"序列将导入到Project（项目）面板中。

图15.338　选择素材

步骤05 用相同的方法，将配套资源中的"工程文件\第15章\京港融智\出现文字的虚光\虚光_000.jpg"素材、"工程文件\第15章\京港融智\动点\点_0001.jpg"素材、"工程文件\第15章\京港融智\弧光\弧光.020.rla"素材以序列的方式导入到Project（项目）面板中，全部导入后的效果如图15.339所示。然后将导入的序列拖动到"AE素材"文件夹中。

图15.339　导入的序列素材

步骤06 导入三维素材。执行菜单栏中的File（文件）| Import（导入）| File（文件）命令，打开Import File（导入文件）对话框，选择配套资源中的"工程文件\第15章\京港融智\1镜绸子\1镜绸子.001.tga"素材，然后勾选Targa Sequence（Targa序列）复选框，如图15.340所示。

图15.340　选择三维素材

步骤07 单击"打开"按钮，此时将打开"Interpret Footage：1镜绸子.[001-030].tga"对话框，在Alpha选项组中选择Premultiplied-Matted With Color单选按钮，设置颜色为黑色，如图15.341所示。单击OK（确定）按钮，将素材黑色背景抠除。素材将以序列的方式导入到Project（项目）面板中。

图15.341　导入素材

步骤08 使用相同的方法将"2镜绸子""2镜花""3镜粒子""3镜绸子""3镜花""4镜粒子""4镜花""定版文字"和"定版绸子"文件夹中的三维素材导入到Project（项目）面板中。然后在Project（项目）面板中，新建一个名为"三维素材"的文件夹，将导入的三维序列放入"三维素材"文件夹中。

15.3.2 制作镜头2中的紫金花动画

步骤01 打开"镜头2"合成的时间轴面板，在Project（项目）面板中的"三维素材"文件夹中选择"3镜粒子""2镜花"素材，将其拖动到时间轴面板中，如图15.342所示。

图15.342 添加素材

步骤02 在时间轴面板的空白处单击，取消选择。选择"2镜花"层，在Effects & Presets（效果和预设）面板中展开Color Correction（颜色校正）特效组，然后双击Brightness & Contrast（亮度和对比度）特效，如图15.343所示。此时的画面效果如图15.344所示。

图15.343 添加特效1

图15.344 画面效果1

步骤03 在Effects Controls（效果控件）面板中，修改Brightness & Contrast（亮度和对比度）特效的参数。设置Brightness（亮度）的值为29、Contrast（对比度）的值为39，如图15.345所示。此时的画面效果如图15.346所示。

图15.345 特效参数设置

图15.346 画面效果2

提示 Brightness（亮度）：用来调整图像的亮度，正值时亮度提高，负值时亮度降低。Contrast（对比度）：用来调整图像色彩的对比程度，正值时加强色彩对比度，负值时减弱色彩对比度。

步骤04 为"2镜花"层添加Hue/Saturation（色相/饱和度）特效。在Effects & Presets（效果和预设）面板中展开Color Correction（颜色校正）特效组，然后双击Hue/Saturation（色相/饱和度）特效，如图15.347所示。

步骤05 在Effects Controls（效果控件）面板中，修改Hue/Saturation（色相/饱和度）特效的参数。设置Master Hue（主色相）的值为0×−10°。参数设置如图15.348所示。

图15.347 添加特效2

图15.348 修改参数

步骤06 确认当前选择的是"2镜花"层，按Ctrl+D组合键，复制出一份"2镜花"层，然后将复制出的图层重命名为"小花"，如图15.349所示。

图15.349 复制图层1

步骤07 展开"小花"层的Transform（变换）选项组，设置Anchor Point（锚点）的值为160,120、Position（位置）的值为258,196、Scale（缩放）的值

为28,28，如图15.350所示。此时的画面效果如图15.351所示。

图15.350 设置参数1

图15.351 画面效果3

步骤08 为"小花"层设置入点。将时间线调整到0:00:01:16的位置，按Alt+[组合键，在当前位置为"小花"层设置入点，完成效果如图15.352所示。

图15.352 为"小花"层设置入点

步骤09 选择"3镜粒子"层，将其右侧的Stretch（伸缩）值修改为65%，如图15.353所示。

图15.353 修改Stretch（伸缩）值为65%

步骤10 展开"3镜粒子"层的Transform（变换）选项组，设置Position（位置）的值为207,81、Rotation（旋转）的值为0×-36° 参数设置如图15.354所示。其中一帧的画面效果如图15.355所示。

图15.354 设置参数2

图15.355 画面效果4

步骤11 确认选择的是"3镜粒子"层，按Ctrl+D组合键，将"3镜粒子"层复制出一层，并将复制出的"3镜粒子"层重命名为"粒子2"，然后将其右侧的Mode（模式）修改为Add（相加），如图15.356所示。叠加后的画面效果如图15.357所示。

图15.356 复制图层2

图15.357 画面效果5

15.3.3 制作镜头3的背景动画

步骤01 执行菜单栏中的ComPosition（合成）| New ComPosition（新建合成）命令，打开ComPosition Settings（合成设置）对话框，新建一个ComPosition Name（合成名称）为"镜头3"、Width（宽度）为"320"、Height（高度）为"240"、Frame Rate（帧速率）为"25"、Duration（持续时间）为

0:00:03:05的合成。

步骤02 打开"镜头3"合成，在Project（项目）面板的"AE素材"文件夹中，选择"弧光.[020-070].rla""光芒.mov""楼.jpg"3个素材，然后将其拖动到"镜头3"合成的时间轴面板中，并将"光芒.mov"层右侧的Mode（模式）修改为Screen（屏幕），如图15.358所示。

图15.361 复制层

图15.358 添加素材并修改模式

步骤03 将时间线调整到0:00:00:00的位置，选择"楼.jpg"素材层，按P键打开Position（位置）选项，设置Position（位置）的值为157,104，然后单击Position（位置）左侧的码表按钮，在当前位置设置关键帧，如图15.359所示。此时的画面效果如图15.360所示。

图15.362 画面效果2

步骤05 选择"光芒.mov"层，展开该层的Transform（变换）选项组，设置Scale（缩放）的值为-55,55、Opacity（不透明度）的值为83%，参数设置如图15.363所示。此时的画面效果如图15.364所示。

图15.359 修改参数1

图15.363 设置参数1

图15.360 画面效果1

步骤04 将时间线调整到0:00:03:03的位置，修改Position（位置）的值为128,104。按Ctrl+D组合键，将"楼.jpg"层复制一层，将复制出的图层重命名为"楼2"，并将其右侧的Mode（模式）修改为Screen（屏幕），如图15.361所示。此时的画面效果如图15.362所示。

图15.364 画面效果3

步骤06 选择"弧光"层，展开Transform（变换）选项组，设置Position（位置）的值为186,129、Scale（缩放）的值为36,36，如图15.365所示。此时的画面效果如图15.366所示。

图15.365 修改参数2

图15.366 画面效果4

步骤07 选择"弧光"层，在Effects & Presets（效果和预设）面板中展开Generate（生成）特效组，然后双击Fill（填充）特效，如图15.367所示。此时的画面效果如图15.368所示。

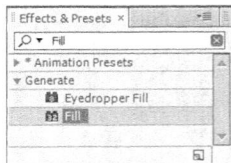

图15.367 添加特效   图15.368 画面效果5

步骤08 在Effect Controls（效果控件）面板中，修改Fill（填充）特效的参数。设置填充颜色为蓝绿色（R:26，G:123，B:144），参数设置如图15.369所示。其中一帧的画面效果如图15.370所示。

图15.369 设置参数2

图15.370 画面效果6

步骤09 将时间线调整到0:00:00:10的位置，然后拖动"弧光"层的持续时间条，将其入点设置到当前位置，效果如图15.371所示。

图15.371 将"弧光"层的入点设置到当前位置

步骤10 复制"弧光"层。确认当前选择"弧光"层，按Ctrl+D组合键将其复制一层，并将复制出的图层重命名为"弧光2"，然后将"弧光2"右侧的Mode（模式）修改为Screen（屏幕），如图15.372所示。此时的画面效果如图15.373所示。

图15.372 修改模式

图15.373 画面效果7

15.3.4 制作镜头3的三维动画

步骤01 在Project（项目）面板的"三维素材"文件夹中，选择"3镜粒子"和"3镜花"，将其拖动到"镜头3"合成的时间轴面板中，如图15.374所示。

图15.374 添加"3镜粒子""3镜花"素材

步骤02 在时间轴面板的空白处单击，取消选择。选择"3镜花"层，在Effects & Presets（效果和预设）面板中展开Color Correction（颜色校正）特效组，然后双击Curves（曲线）特效，如图15.375所示。此时其中一帧的画面效果如图15.376所示。

图15.375 添加特效1　　图15.376 画面效果1

步骤03 在Effect Controls（效果控件）面板中，调节Curves（曲线）的形状，如图15.377所示。此时的画面效果如图15.378所示。

图15.377 调节曲线的形状

图15.378 画面效果2

步骤04 复制"3镜花"层。在时间轴面板中，确认当前选择的是"3镜花"层，按Ctrl+D组合键将其复制

一份，并将复制出的图层重命名为"3镜花2"，然后将其右侧的Mode（模式）修改为Add（相加），如图15.379所示。此时的画面效果如图15.380所示。

图15.379 修改混合模式

图15.380 画面效果3

步骤05 为"3镜花2"层添加Brightness & Contrast（亮度和对比度）特效。在Effects & Presets（效果和预设）面板中展开Color Correction（颜色校正）特效组，然后双击Brightness & Contrast（亮度和对比度）特效，如图15.381所示。

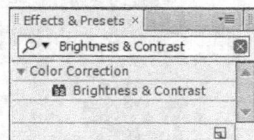

图15.381 添加特效2

步骤06 在Effect Controls（效果控件）面板中，修改Brightness & Contrast（亮度和对比度）特效的参数。设置Brightness（亮度）的值为−24，如图15.382所示。

图15.382 修改参数

步骤07 选择"3镜粒子"层，将其拖动到"3镜花2"层的下一层，然后按Ctrl+D组合键，将其复制一层。将复制出的图层重命名为"3镜粒子2"，并将其右侧的Mode（模式）修改为Add（相加），如图

15.383所示。此时的画面效果如图15.384所示。

图15.383 复制层

图15.384 画面效果4

步骤08 单击工具栏中的Horizontal Type Tool（横排文字工具）**T**，在合成窗口中输入文字"沧桑与辉煌"，设置字体为FZBaoSong-Z04S、填充颜色为白色、字符大小为17px，并单击仿粗体按钮**T**，参数设置如图15.385所示。画面效果如图15.386所示。

图15.385 字符面板设置　　图15.386 画面效果5

步骤09 选择"沧桑与辉煌"文字层，在Effects & Presets（效果和预设）面板中展开Generate（生成）特效组，然后双击Ramp（梯度渐变）特效，如图15.387所示。

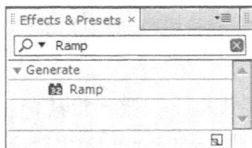

图15.387 添加特效3

步骤10 在Effects Controls（效果控件）面板中，修改Ramp（梯度渐变）特效的参数。设置Start Color（起

始颜色）为橙色（R:255，G:126，B:0）、End Color（结束颜色）为黄色（R:255，G:236，B:20）、Start of Ramp（渐变起点）的值为242,150、End of Ramp（渐变终点）的值为242,160，参数设置如图15.388所示。

图15.388 修改特效的参数

步骤11 将时间线调整到0:00:00:00的位置，在时间轴面板中，展开"沧桑与辉煌"文字层的Transform（变换）选项组，设置Position（位置）的值为205,160、Opacity（不透明度）的值为0，然后分别单击Scale（缩放）和Opacity（不透明度）左侧的码表按钮，在当前位置设置关键帧，如图15.389所示。

图15.389 设置关键帧

步骤12 将时间线调整到0:00:00:12的位置，修改Opacity（不透明度）的值为100%；将时间线调整到0:00:03:00的位置，修改Scale（缩放）的值为110,110，如图15.390所示。

图15.390 修改缩放的值

步骤13 这样就完成了"镜头3"动画的制作，按小键盘上的0键，在合成窗口中观看动画，其中几帧的画面效果如图15.391所示。

图15.391 其中几帧的画面效果

15.3.5 制作镜头4的合成动画

步骤01 执行菜单栏中的ComPosition（合成）| New ComPosition（新建合成）命令，打开ComPosition Settings（合成设置）对话框，新建一个ComPosition Name（合成名称）为"镜头4"、Width（宽度）为"320"、Height（高度）为"240"、Frame Rate（帧速率）为"25"、Duration（持续时间）为0：00：04：06的合成。

步骤02 打开"镜头4"合成，将Project（项目）面板的"三维素材"文件夹中的"定版文字""4镜粒子""4镜花""定版绸子"素材拖动到"镜头4"合成的时间轴面板中，如图15.392所示。

图15.392 添加素材

步骤03 选择"定版绸子"层，展开该层的Transform（变换）选项组，设置Position（位置）的值为174,118、Scale（缩放）的值为−50,50，然后修改"定版绸子"层右侧的Stretch（伸缩）值为176%，如图15.393所示。其中一帧的画面效果如图15.394所示。

图15.393 设置参数1

图15.394 画面效果1

步骤04 为"定版绸子"层添加Linear Wipe（线性擦除）特效。在Effects & Presets（效果和预设）面板中展开Transition（过渡）特效组，然后双击Linear Wipe（线性擦除）特效，如图15.395所示。

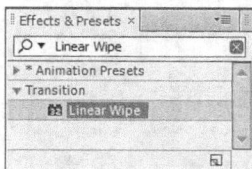

图15.395 添加特效1

步骤05 在Effect Controls（效果控件）面板中，修改Linear Wipe（线性擦除）特效的参数。设置Transition Completion（过渡完成）的值为50%、Wipe Angle（擦除角度）的值为0×−127°、Feather（羽化）的值为185，如图15.396所示。

图15.396 修改特效的参数

步骤06 设置完Linear Wipe（线性擦除）特效的参数后，画面效果如图15.397所示。确认当前选择的是"定版绸子"层，按Ctrl+D组合键，复制出一个"定版绸子"层，然后将复制出的图层重命名为"定版绸子2"，如图15.398所示。

图15.397 画面效果2

图15.398 复制层1

步骤07 选择"4镜花"和"4镜粒子"层，按Ctrl+D组合键复制所选图层，然后将复制出的图层分别重命名为"4镜花2"和"4镜粒子2"，并将其右侧的Mode（模式）均修改为Add（相加），如图15.399所示。此时其中一帧的画面效果如图15.400所示。

图15.399 复制层2

图15.400 画面效果3

步骤08 选择"4镜花2"层，将其拖动到"4镜粒子2"层的上一层，如图15.401所示。

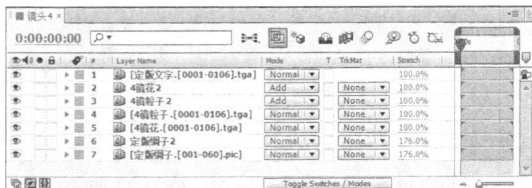

图15.401 调整位置

步骤09 选择"定版文字"层，为其添加Curves（曲线）特效，在Effects & Presets（效果和预设）面板中展开Color Correction（颜色校正）特效组，然后双击Curves（曲线）特效，如图15.402所示。

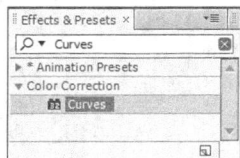

图15.402 添加特效2

步骤10 在Effect Controls（效果控件）面板中，调节Curves（曲线）的形状，如图15.403所示。此时的画面效果如图15.404所示。

步骤11 为"定版文字"层添加Drop Shadow（投影）特效。在Effects & Presets（效果和预设）面板中展开Perspective（透视）特效组，然后双击Drop Shadow（投影）特效，如图15.405所示。

图15.403 调节曲线的形状

图15.404 文字效果

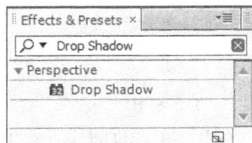

图15.405 添加投影特效

步骤12 在Effect Controls（效果控件）面板中，修改Drop Shadow（投影）特效的参数，设置Softness（柔和度）的值为5，如图15.406所示。

图15.406 设置参数2

步骤13 确认当前选择的是"定版文字"层，按Ctrl+D组合键将其复制一份，然后将复制出的图层重命名为"定版文字2"，并将其右侧的Mode（模式）修改为Screen（屏幕），如图15.407所示。此时的画面效果如图15.408所示。

步骤14 为"定版文字2"层添加Shine（光）特效。选择"定版文字2"层，在Effects & Presets（效果和预设）面板中展开Trapcode特效组，然后双击Shine（光）特效，如图15.409所示。

图15.407 复制层3

图15.408 画面效果4　　　　图15.409 添加特效3

步骤15 将时间线调整到0:00:01:12的位置，在Effect Controls（效果控件）面板中，修改Shine（光）特效的参数。设置Source Point（源点）的值为166.3,105、Ray Length（光线长度）的值为2.7、Shine Opacity（光透明度）的值为34.8，并为这3个选项设置关键帧，在Transfer Mode（转换模式）右侧的下拉列表中选择Multiply（正片叠底），如图15.410所示。然后展开Colorize（着色）选项组，在Colorize（着色）右侧的下拉列表中选择One Color（单色），在Base On（基于）右侧的下拉列表中选择Alpha Edges，设置Color（颜色）为青色（R:181，G:238，B:250）。

图15.410 参数设置

步骤16 将时间线调整到0:00:02:10的位置，在时间轴面板中按U键，显示"定版文字2"层的所有关键帧；修改Source Point（源点）的值为212,105、Ray Length（光线长度）的值为4、Shine Opacity（光透明度）的值为100，系统将在当前位置自动设置关键帧，如图15.411所示。此时的画面效果如图15.412所示。

图15.411 修改参数

图15.412 画面效果5

步骤17 将时间线调整到0:00:02:24的位置，修改Source Point（源点）的值为254,105、Ray Length（光线长度）的值为0、Shine Opacity（光透明度）的值为0，如图15.413所示。

图15.413 在0:00:02:24处修改参数

15.3.6 为镜头4添加点缀素材

步骤01 在Project（项目）面板的"AE素材"文件夹中，选择"灯.jpg""光芒.mov""光斑.jpg""小字下.png""虚光_[000-036].jpg"5个素材，将其拖动到时间轴面板中，如图15.414所示。

图15.414 添加AE素材

步骤02 在时间轴面板的空白处单击，取消选择。选择"灯.jpg"层，按S键，打开该层Scale（缩放）选项，设置Scale（缩放）的值为43,43，如图15.415所示。此时的画面效果如图15.416所示。

图15.415 设置参数1

图15.416 画面效果1

步骤03 将"光斑.jpg"层右侧的Mode（模式）修改为Add（相加），如图15.417所示。此时的画面效果如图15.418所示。

图15.417 修改模式

图15.418 画面效果2

步骤04 将时间线调整到0:00:01:11的位置，展开"光斑.jpg"层的Transform（变换）选项组，设置Position（位置）的值为4,210、Scale（缩放）的值为52,52，然后单击Position（位置）左侧的码表按钮，在当前位置设置关键帧，如图15.419所示。此时的画面效果如图15.420所示。

图15.419 设置参数2

图15.420 画面效果3

步骤05 选择"光斑.jpg"层，将其拖动到"定版字"层的下一层，将时间线调整到0:00:00:00的位置，修改Position（位置）的值为4,210，如图15.421所示。此时的画面效果如图15.422所示。

图15.421 修改参数1

图15.422 画面效果4

步骤06 为"光斑.jpg"层设置入点。将时间线调整到0:00:01:11的位置，按Alt+[组合键，在当前位置设置入点，如图15.423所示。

图15.423 在0:00:01:11的位置设置入点

步骤07 展开Transform（变换）选项组，设置Scale（缩放）的值为55,55、Opacity（不透明度）的值为60%，如图15.424所示。此时的画面效果如图15.425所示。

图15.424 修改参数2

图15.425 光芒效果

步骤08 选择"小字下.png"层，展开该层的Transform（变换）选项组，设置Position（位置）的值为174,124、Scale（缩放）的值为40,40，如图15.426所示。此时的画面效果如图15.427所示。

图15.426 设置参数3

图15.427 小字效果

步骤09 单击工具栏中的Rectangle Tool（矩形工具）■，在合成窗口中为"小字下.png"层绘制一个蒙版，如图15.428所示。将时间线调整到0:00:00:00的位置，按M键打开"小字下.png"层的Mask Path（蒙版路径）选项，单击Mask Path（蒙版路径）左侧的码表按钮，在当前位置设置关键帧，如图15.429所示。

图15.428 绘制蒙版

图15.429 设置关键帧

步骤10 将时间线调整到0:00:02:02的位置，在当前位置修改蒙版形状，如图15.430所示。按F键，打开"小字下.png"层的Mask Feather（蒙版羽化）选项，设置Mask Feather（蒙版羽化）的值为60,60，如图15.431所示。

图15.430 修改蒙版形状

图15.431 设置遮罩羽化值

步骤11 为"小字下.png"层设置入点。按Alt+[组合键，在0:00:02:02的位置设置入点，完成效果如图15.432所示。

图15.432 在0:00:02:02的位置设置入点

步骤12 选择"虚光"层，将其拖动到"小字下.png"的上一层，修改其右侧的Mode（模式）为Add（相加）；然后展开Transform（变换）选项组，设置Position（位置）的值为174,158、Scale（缩放）的值为45,12，如图15.433所示。

图15.433 设置"虚光"层的参数

步骤13 为"虚光"层设置入点。将时间线调整到0:00:01:18的位置，拖动"虚光"层的持续时间条，将其入点调整到当前位置，如图15.434所示。

图15.434 调整"虚光"层的入点位置

15.3.7 制作京港融智合成

步骤01 执行菜单栏中的ComPosition（合成）| New ComPosition（新建合成）命令，打开ComPosition Settings（合成设置）对话框，新建一个ComPosition

Name（合成名称）为"京港融智"、Width（宽度）为"320"、Height（高度）为"240"、Frame Rate（帧速率）为"25"、Duration（持续时间）为0:00:09:22的合成。

步骤02 打开"京港融智"合成，在Project（项目）面板的"三维素材"文件夹中，选择"1镜绸子""2镜绸子""3镜绸子"3个序列素材，将其拖动到"京港融智"合成的时间轴面板中；然后在Project（项目）面板中选择"镜头2""镜头3""镜头4"3个合成，将其拖动到时间轴面板中，如图15.435所示。

图15.435 添加素材1

步骤03 调整图层的入点。将时间线调整到0:00:00:17的位置，选择"2镜绸子"和"镜头2"层，拖动两个图层的持续时间条，将其入点调整到当前位置，如图15.436所示。

图15.436 调整"2镜绸子"层和"镜头2"层的入点位置

步骤04 用同样的方法，将"3镜绸子"层和"镜头3"层的入点调整到0:00:02:18的位置；将"镜头4"层的入点调整到0:00:05:16的位置，完成后的效果如图15.437所示。

图15.437 调整其他图层的入点位置

步骤05 将时间线调整到0:00:00:23的位置，选择"1镜绸子"层，按Alt+]组合键，为"1镜绸子"层设置出点位置。在Project（项目）面板的"AE素材"文件夹中，选择"光芒.mov"和"京港声音.wav"素材，将其拖动到时间轴面板中，如图15.438所示。

图15.438 添加AE素材

步骤06 将时间线调整到0:00:02:18的位置，选择"光芒.mov"层，按Alt+]组合键，在当前位置为"光芒.mov"层设置出点，如图15.439所示。

图15.439 为"光芒.mov"层设置出点

步骤07 制作"背景"纯色层。按Ctrl+Y组合键，打开Solid Settings（纯色设置）对话框，设置Name（名称）为"背景"、Color（颜色）为青色（R:8，G:147，B:177），如图15.440所示。单击OK（确定）按钮，在时间轴面板中将会新建一个名为"背景"的纯色层，然后将"背景"纯色层调整到"镜头4"层的下一层。

图15.440 纯色设置

步骤08 选择"背景"纯色层，单击工具栏中的Pen Tool（钢笔工具），在合成窗口中绘制蒙版，如图15.441所示。

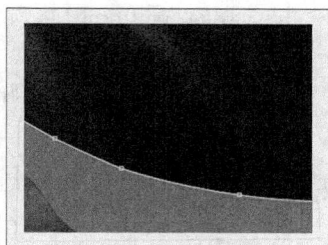

图15.441 绘制蒙版

步骤09 按F键，打开"背景"纯色层的Mask Feather（蒙版羽化）选项，设置Mask Feather（蒙版羽化）的值为80,80，然后按T键，打开该层的Opacity（不透明度）选项，设置Opacity（不透明度）的值为40%，如图15.442所示。此时的画面效果如图15.443所示。

图15.442 设置不透明度

图15.443 画面效果1

步骤10 在Project（项目）面板的"AE素材"文件夹中，选择"点_[0001-0201].jpg""弧光.[020-070].rla"素材，将其拖动到时间轴面板中"镜头4"层的下一层，然后修改"点"层的Mode（模式）为Add（相加）、Stretch（伸缩）值为33%，如图15.444所示。

图15.444 修改"点"层的模式和伸缩值

步骤11 打开"点"层的Transform（变换）选项组，设置Position（位置）的值为60,225、Scale（缩放）的值为16,16，如图15.445所示。此时的画面效果如图15.446所示。

图15.445 设置参数1

图15.446 画面效果2

步骤12 选择"弧光"层，展开该层的Transform（变换）选项组，设置Position（位置）的值为87,156、Scale（缩放）的值为-20,-38、Rotation（旋转）的值为0×-16°，如图15.447所示。此时的画面效果如图15.448所示。

图15.447 设置参数2

图15.448 画面效果3

步骤13 为"弧光"层添加Fill（填充）特效。在Effects & Presets（效果和预设）面板中展开Generate（生成）特效组，然后双击Fill（填充）特效，如图15.449所示。此时的画面效果如图15.450所示。

图15.449 添加特效1

图15.450 画面效果4

步骤14 在Effect Controls（效果控件）面板中，修改Fill（填充）特效的参数。设置Color（颜色）为青色（R:26，G:121，B:148），如图15.451所示。设置参数后的画面效果如图15.452所示。

图15.451 设置参数3

图15.452 画面效果5

步骤15 在Project（项目）面板的"AE素材"文件夹中，选择"点修饰物.avi""蓝绿色光.jpg""光.[000-049].jpg"3个素材，将其拖动到时间轴面板中"3镜绸子"的下一层，然后将3个素材层右侧的Mode（模式）均修改为Add（相加），如图15.453所示。

图15.453 添加素材2

步骤16 将时间线调整到0:00:05:22的位置，选择"点修饰物.avi"层，按Alt+]组合键，在当前位置为"点修饰物.avi"层设置出点；然后按P键，打开该层Position（位置）选项，设置Position（位置）的值为165,144，如图15.454所示。

图15.454 设置图层的出点并修改位置参数

步骤17 将时间线调整到0:00:02:17的位置，选择"蓝绿色光.jpg"层，按Alt+]组合键，为"蓝绿色光.jpg"层在当前位置设置出点；展开该层的Transform（变换）选项组，设置Position（位置）的值为113、82、Scale（缩放）的值为73,17，Opacity（不透明度）的值为72%，然后单击Position（位置）左侧的码表按钮，在当前位置设置关键帧，如图15.455所示。

图15.455 在0：00：02：17的位置设置关键帧

步骤18 将时间线调整到0:00:00:00的位置，修改Position（位置）的值为33,82，如图15.456所示。此时的画面效果如图15.457所示。

图15.456 修改参数1

图15.457 画面效果6

步骤19 将时间线调整到0:00:00:17的位置，选择"光"层，拖动该层的持续时间条，将其入点调整到当前位置，然后修改其右侧的Stretch（伸缩）值为190%；展开该层的Transform（变换）选项组，设置Position（位置）的值为212,159、Scale（缩放）的值为30,30、Rotation（旋转）的值为0×+63°，并单击Rotation（旋转）左侧的码表按钮，在当前位置设置关键帧，如图15.458所示。

图15.458 修改Stretch（伸缩）的值为190%

步骤20 将时间线调整到0:00:02:17的位置，修改Rotation（旋转）的值为0×+32°；然后在当前位置按Alt+]组合键，为"光"层设置出点，如图15.459所示。

图15.459 在0：00：02：17的位置设置出点

步骤21 按Ctrl+D组合键，将"光"层复制一层，然后将复制出的图层重命名为"光2"，并将其右侧的Stretch（伸缩）值修改为48%，如图15.460所示。

图15.460 修改"光2"层的伸缩值为48%

步骤22 将时间线调整到0:00:05:10的位置，按[键，将"光2"层的入点设置到当前位置；展开该层的Transform（变换）选项组，设置Position（位置）的值为356,142、Scale（缩放）的值为-416,-416，并分别单击Position（位置）、Scale（缩放）左侧的码表按钮，在当前位置设置关键帧；单击Rotation（旋转）左侧的码表按钮，取消所有关键帧，并修改Rotation（旋转）的值为0，如图15.461所示。此时的画面效果如图15.462所示。

图15.461 设置关键帧1

图15.462 画面效果7

步骤23 将时间线调整到0:00:05:21的位置，修改Position（位置）的值为160,176、Scale（缩放）的值为-62,-62，如图15.463所示。此时的画面效果如图15.464所示。

图15.463 修改参数2

图15.464 画面效果8

步骤24 将时间线调整到0:00:00:00的位置，单击工具栏中的Horizontal Type Tool（横排文字工具），在

合成窗口中输入文字"见证历史"，设置字体为FZBaoSong-Z04S、填充颜色为白色、字符大小为17px，并单击仿粗体按钮，参数设置如图15.465所示，画面效果如图15.466所示。

图15.465 字符设置面板 　　图15.466 画面效果9

步骤25 选择"见证历史"文字层，在Effects & Presets（效果和预设）面板中展开Generate（生成）特效组，然后双击Ramp（梯度渐变）特效，如图15.467所示。

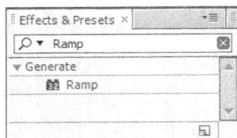

图15.467 添加特效2

步骤26 在Effect Controls（效果控件）面板中，修改Ramp（梯度渐变）特效的参数，设置Start Color（起始颜色）为橙色（R:255，G:126，B:0）、End Color（结束颜色）为黄色（R:255，G:236，B:20）、Start of Ramp（渐变起点）的值为71,60、End of Ramp（渐变终点）的值为71,72，参数设置如图15.468所示。

图15.468 修改参数3

步骤27 将时间线调整到0:00:00:00的位置，在时间轴面板中，展开"见证历史"文字层的Transform（变换）选项组，设置Anchor Point（锚点）的值为36，-6、Position（位置）的值为66,66，Opacity（不透明度）的值为0，然后分别单击Scale（缩放）和Opacity（不透明度）左侧的码表按钮，在当前位置设置关

键帧，如图15.469所示。

图15.469 设置关键帧2

步骤28 将时间线调整到0:00:00:10的位置，修改Opacity（不透明度）的值为100%；将时间线调整到0:00:02:17的位置，修改Scale（缩放）的值为115,115，如图15.470所示。

图15.470 修改参数4

步骤29 按Alt+]组合键，在0:00:02:17的位置，为"见证历史"文字层设置出点，如图15.471所示。

图15.471 为"见证历史"文字层设置出点

步骤30 这样就完成了"电视栏目包装——京港融智"的整体制作，按小键盘上的0键，在合成窗口中预览动画。

15.4 电视栏目包装——天天卫视

难易程度： ★★★☆☆

实例说明： "天天卫视"是一个关于Logo演绎的电视栏目包装，如今的电视频道都很注重包装，这样可以使观众更加清楚、深刻地记住该频道。本例制

作时首先利用Fractal Noise（分形杂色）、Colorama（色光）等特效制作出彩光效果；然后通过添加Shatter（碎片）特效，配合作用力和物理学参数的调整，制作出图像碎片的效果；最后通过添加空对象，制作出Logo旋转动画。本例最终的动画流程效果如图15.472所示。

工程文件： 第15章\天天卫视

图15.472 天天卫视最终动画流程效果

- 学习彩色光效的制作方法
- 掌握如何利用Shatter（碎片）特效制作动画粉碎效果
- 掌握切割特效的制作技巧

15.4.1 导入素材

步骤01 执行菜单栏中的ComPosition（合成）| New ComPosition（新建合成）命令，打开ComPosition Settings（合成设置）对话框，设置ComPosition Name（合成名称）为"彩光"、Width（宽度）为"720"、Height（高度）为"576"、Frame Rate（帧速率）为"25"，并设置Duration（持续时间）为0:00:06:00，如图15.473所示。单击OK（确定）按钮，在Project（项目）面板中，将会新建一个名为"彩光"的合成，如图15.474所示。

图15.473 合成设置

图15.474 新建的合成

技巧 按Ctrl+N组合键，也可以打开ComPosition Settings（合成设置）对话框。

步骤02 执行菜单栏中的File（文件）| Import（导入）| File（文件）命令，打开Import File（导入文件）对话框，选择配套资源中的"工程文件\第15章\天天卫视\Logo.psd"素材，如图15.475所示。

图15.475 选择要导入的素材

步骤03 单击"打开"按钮，将打开"Logo.psd"对话框，在Import Kind（导入类型）下拉列表中选择ComPosition（合成）选项，将素材以合成的方式导入，如图15.476所示。单击OK（确定）按钮，素材将导入到Project（项目）面板中。

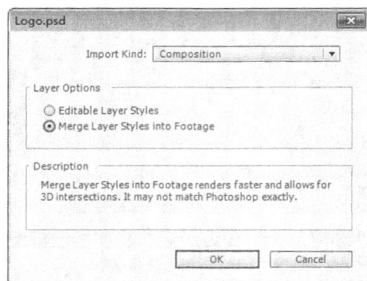

图15.476 以合成方式导入素材

步骤04 执行菜单栏中的File（文件）| Import（导入）| File（文件）命令，打开Import File（导入文件）对话框，选择配套资源中的"工程文件\第15章\天天卫视\光线.jpg、扫光图片.jpg"素材，单击"打开"按钮，将素材图片导入到Project（项目）面板中。

15.4.2 制作彩光效果

步骤01 按Ctrl+Y组合键，打开Solid Settings（纯色设置）对话框，设置Name（名称）为"噪波"、Color（颜色）为黑色，如图15.477所示。

图15.477 纯色设置

步骤02 选择"噪波"纯色层，在Effects & Presets（效果和预设）面板中展开Noise & Grain（杂色和颗粒）特效组，然后双击Fractal Noise（分形杂色）特效，如图15.478所示。

图15.478 添加特效1

步骤03 在Effect Controls（效果控件）面板中，设置Contrast（对比度）的值为120；展开Transform（变换）选项组，取消勾选Uniform Scaling（统一缩放）复选框，设置Scale Width（缩放宽度）的值为5000、Scale Height（缩放高度）的值为100、Complexity（复杂度）的值为4；将时间线调整到0:00:00:00的位置，分别单击Offset Turbulence[偏移（湍流）]和Evolution（演化）左侧的码表按钮 🕙 ，在当前位置设置关键帧，并设置Offset Turbulence[偏移（湍流）]的值为3600,288、Evolution（演化）的值为0 ，如图15.479所示。完成后的画面效果如图15.480所示。

图15.479 参数设置1

图15.480 画面效果1

提示 Transform（变换）：该选项组主要控制图像的噪波的大小、旋转角度、位置偏移等设置。Rotation（旋转）：设置噪波图案的旋转角度。Uniform Scaling（统一缩放）：勾选该复选框，可对噪波图案进行等比缩放。Scale（缩放）：设置图案的整体大小。在勾选Uniform Scaling（统一缩放）复选框时可用。Scale Width/Height（缩放宽度/高度）：在没有勾选Uniform Scaling（统一缩放）复选框时，可通过这两个选项，分别设置噪波图案的宽度和高度的大小。Offset Turbulence[偏移（湍流）]：设置噪波的动荡位置。Complexity（复杂度）：设置分形杂色的复杂程度。值越大，噪波越复杂。

步骤04 将时间线调整到0:00:05:24的位置，设置Offset Turbulence[偏移（湍流）]的值为-3600,288、Evolution（演化）的值为1 × +0° ，如图15.481所示。

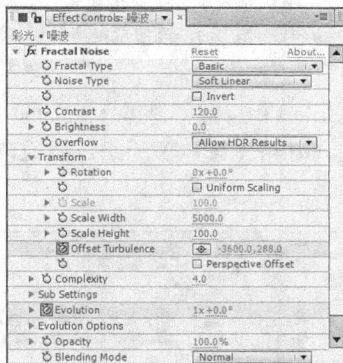

图15.481 在0:00:05:24的位置修改参数

步骤05 在Effects & Presets（效果和预设）面板中展开Style（风格化）特效组，然后双击Strobe Light（闪光灯）特效，为"噪波"层添加Strobe Light（闪光灯）特效，如图15.482所示。

步骤06 在Effect Controls（效果控件）面板中，设置Strobe Color（闪光颜色）为白色、Blend With Original（与原始图像混合）的值80%、Strobe Duration（闪光持续时间）的值为0.03、Strobe Period（闪光间隔时间）的值为0.06、Random Strobe Probablity（随机闪光概率）的值为30%，并设置Strobe（闪光）的方式为Makes Layer Transparent（使图层透明），如图15.483所示。

图15.482 添加特效2　　　图15.483 参数设置2

提示 Strobe Color（闪光颜色）：设置闪光灯的闪光颜色。Blend With Original（与原始图像混合）：设置闪光效果与原始素材的融合程度。值越大越接近原图。Strobe Duration（闪光持续时间）：设置闪光灯的持续时间，单位为秒。Strobe Period（闪光间隔时间）：设置闪光灯两次闪光之间的相隔时间，单位为秒。Random Strobe Probablity（随机闪光概率）：设置闪光灯闪光的随机概率。Strobe（闪光）：设置闪光的方式。Strobe Operator（闪光运算符）：设置闪光的运算方式。Random Seed（随机植入）：设置闪光的随机种子量。值越大，颜色产生的不透明度越高。

步骤07 按Ctrl+Y组合键，新建一个Name（名称）为"光线"、Color（颜色）为黑色的纯色层，如图15.484所示。

图15.484 新建"光线"纯色层

步骤08 选择"光线"纯色层，在Effects & Presets（效果和预设）面板中展开Generate（生成）特效组，然后双击Ramp（梯度渐变）特效，如图15.485所示，Ramp（梯度渐变）特效的参数使用默认值。

步骤09 在Effects & Presets（效果和预设）面板中展开Color Correction（颜色校正）特效组，然后双击Colorama（色光）特效，如图15.486所示。Colorama（色光）特效的参数使用默认值。

图15.485 添加特效3　　　图15.486 添加特效4

提示 Ramp（梯度渐变）特效的参数介绍如下。Start of Ramp（渐变起点）：设置渐变开始的位置。Start Color（起始颜色）：设置渐变开始的颜色。End of Ramp（渐变终点）：设置渐变结束的位置。End Color（结束颜色）：设置渐变结束的颜色。Ramp Shape（渐变形状）：选择渐变的方式，包括Linear Ramp（线性渐变）和Radial Ramp（径向渐变）两种方式。Ramp Scatter（渐变散射）：设置渐变的扩散程度，值过大时将产生颗粒效果。Blend With Original（与原始图像混合）：设置渐变颜色与原图像的混合百分比。

步骤10 在时间轴面板中将"光线"层的Mode（模式）修改为Color（颜色），画面效果如图15.487所示。

步骤11 按Ctrl+Y组合键，新建一个Name（名称）为"蒙版遮罩"、Color（颜色）为黑色的纯色层。选择"蒙版遮罩"纯色层，单击工具栏中的Rectangle Tool（矩形工具）□，在合成窗口中绘制一个矩形蒙版，如图15.488所示。

图15.487 画面效果2　　　图15.488 绘制矩形蒙版

技巧 在调整蒙版的形状时，按住Ctrl键，蒙版将以中心对称的形式进行变换。

步骤12 按F键，打开"蒙版遮罩"纯色层的Mask Feather（蒙版羽化）选项，设置Mask Feather（蒙版羽化）的值为250,250，如图15.489所示。此时的画面效果如图15.490所示。

图15.489 设置蒙版羽化

图15.490 画面效果3

步骤13 选择"光线"纯色层,从Track Matte(轨道遮罩)下拉列表中选择Alpha Matte"蒙版遮罩"(Alpha"蒙版遮罩"),如图15.491所示。

图15.491 设置图层轨道遮罩模式

步骤14 这样就完成了彩光效果的制作,在合成窗口中预览,其中几帧的画面效果如图15.492所示。

图15.492 其中几帧的画面效果

15.4.3 制作蓝色光带

步骤01 执行菜单栏中的ComPosition(合成)| New ComPosition(新建合成)命令,打开ComPosition Settings(合成设置)对话框,设置ComPosition Name(合成名称)为"蓝色光带"、Width(宽度)为"720"、Height(高度)为"576"、Frame Rate(帧速率)为"25",并设置Duration(持续时间)为0:00:06:00,如图15.493所示。

图15.493 合成设置

步骤02 按Ctrl+Y组合键,打开Solid Settings(纯色设置)对话框,设置Name(名称)为"蓝光条"、Color(颜色)为蓝色(R:50,G:113,B:255),如图15.494所示。

图15.494 纯色设置

步骤03 选择"蓝光条"层,单击工具栏中的Rectangle Tool(矩形工具)▢,在"蓝色光带"合成窗口中绘制一个长条矩形,如图15.495所示。

图15.495 绘制矩形

步骤04 按F键,打开"蓝光条"层的Mask Feather(蒙版羽化)选项,设置Mask Feather(蒙版羽化)的值为25,25,如图15.496所示。

图15.496 设置蒙版羽化的值

步骤05 在Effects & Presets(效果和预设)面板中展开Style(风格化)特效组,然后双击Glow(发光)特效,如图15.497所示。

图15.497 添加Glow(发光)特效

步骤06 在Effect Controls（效果控件）面板中，设置Glow Threshold（发光阈值）的值为28%、Glow Radius（发光半径）的值为20、Glow Intensity（发光强度）的值为2，从Glow Colors（发光颜色）下拉列表中选择A & B Colors（A和B颜色），设置Color B（颜色B）为白色，如图15.498所示。

图15.498 Glow（发光）特效的参数设置

提示 Glow Based On（发光基于）：选择发光建立的位置。Glow Threshold（发光阈值）：设置产生发光的极限。值越大，发光的面积越大。Glow Radius（发光半径）：设置发光的半径大小。Glow Intensity（发光强度）：设置发光的亮度。Glow Operation（发光操作）：设置发光光与原图的混合模式。Glow Colors（发光颜色）：设置发光的颜色。Color Loops（颜色循环）：设置发光颜色的循环次数。Glow Dimensions（发光维度）：设置发光的方式。

步骤07 这样就完成了蓝色光带的制作，此时ComPosition（合成）窗口中的画面效果如图15.499所示。

图15.499 调节完参数后的画面效果

技巧 调节完成后的图像外部为蓝色的光带，由于在绘制时蒙版的大小不同，因此调节Glow（发光）特效时的参数也会不同，如果完成后的效果不满意，只需要调节Glow Threshold（发光阈值）的值即可。

15.4.4 制作碎片效果

步骤01 执行菜单栏中的ComPosition（合成）| New ComPosition（新建合成）命令，新建一个ComPosition Name（合成名称）为"渐变"、Width（宽度）为"720"、Height（高度）为"576"、Frame Rate（帧速率）为"25"、Duration（持续时间）为0:00:06:00的合成。

步骤02 按Ctrl+Y组合键，新建一个名为"Ramp渐变"，Color（颜色）为黑色的纯色层，如图15.500所示。

图15.500 新建纯色层

步骤03 选择"Ramp渐变"纯色层，在Effects & Presets（效果和预设）面板中展开Generate（生成）特效组，然后双击Ramp（梯度渐变）特效，为其添加Ramp（梯度渐变）特效。

步骤04 在Effect Controls（效果控件）面板中，设置Start of Ramp（渐变起点）的值为0,288、End of Ramp（渐变终点）的值为720,288，如图15.501所示。完成后的画面效果如图15.502所示。

图15.501 参数设置　　图15.502 画面效果1

步骤05 执行菜单栏中的ComPosition（合成）| New ComPosition（新建合成）命令，打开ComPosition Settings（合成设置）对话框，设置ComPosition Name（合成名称）为"碎片"、Width（宽度）为"720"、Height（高度）为"576"、Frame Rate（帧速率）为"25"，并设置Duration（持续时间）为0:00:06:00，如图15.503所示。

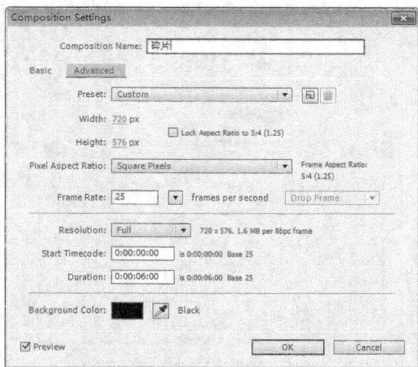

图15.503 合成设置

步骤06 在Project（项目）面板中，选择"扫光图片.jpg"和"渐变"合成两个素材，将其拖放到"碎片"合成的时间轴面板中，单击"渐变"合成层左侧的眼睛图标 👁，将"渐变"合成层隐藏，如图15.504所示。

图15.504 添加素材

步骤07 在时间轴面板的空白处单击鼠标右键，在弹出的快捷菜单中选择New（新建）| Camera（摄像机）命令打开Camera Settings（摄像机设置）对话框，在Preset（预设）下拉列表中选择24mm，如图15.505所示。

图15.505 Camera Settings（摄像机设置）对话框

技巧 在时间轴面板中按Ctrl+Alt+Shift+C组合键，可以快速打开Camera Settings（摄像机设置）对话框。

步骤08 选择"扫光图片.jpg"素材层，在Effects & Presets（效果和预设）面板中展开Simulation（模拟）特效组，然后双击Shatter（碎片）特效，如图15.506所示。此时，由于当前的渲染形式是网格，因此当前合成窗口中显示的是网格效果，如图15.507所示。

图15.506 添加碎片特效　　图15.507 画面效果2

步骤09 进入Effect Controls（效果控件）面板，在View（视图）下拉列表中选择Rendered（已渲染）选项，如图15.508所示；此时，拖动时间线，可以看到一个碎片爆炸的效果，其中一帧的画面效果如图15.509所示。

图15.508 视图设置

图15.509 画面效果3

技巧 要想看到图像的效果，注意在时间轴面板中拖动时间线，如果时间线位于0的位置，则看不到图像效果。

步骤10 设置图片的蒙版。在Effect Controls（效果控件）面板中，展开Shape（形状）选项组，设置Pattern（图案）为Squares（正方形）、Repetitions

（重复）的值为40、Extrusion Depth（凸出深度）的值为0.05，如图15.510所示。完成后的画面效果如图15.511所示。

图15.510 Shape（形状）参数设置

图15.511 图像效果

技巧 在设置Shatter（碎片）特效的Pattern（图案）时，也可以根据自己的喜好选择其他碎片图案。

步骤11 设置作用力和渐变参数。在Effect Controls（效果控件）面板中，展开Force 1（作用力1）选项组，设置Depth（深度）的值为0.2、Radius（半径）的值为1、Strength（强度）的值为5；将时间线调整到0:00:01:05的位置，展开Gradient（渐变）选项组，单击Shatter Threshold（碎片极限）左侧的码表按钮，在当前位置设置关键帧，并设置Shatter Threshold（碎片阈值）的值为0，然后在Gradient Layer（渐变图层）下拉列表中选择"7.渐变"，如图15.512所示。

图15.512 作用力和渐变参数设置

步骤12 将时间线调整到0:00:04:00的位置，修改Shatter Threshold（碎片阈值）的值为100%，如图15.513所示。

图15.513 设置碎片阈值

步骤13 设置物理学参数。在Effect Controls（效果控件）面板中，展开Physics（物理学）选项组，设置Rotation Speed（旋转速度）的值为0、Randomness（随机性）的值为0.2、Viscosity（黏度）的值为0、Mass Variance（大规模方差）的值为20%、Gravity（重力）的值为6、Gravity Direction（重力方向）的值为0×+90°、Gravity Inclination（重力倾向）的值为80；从Camera System（摄像机系统）下拉列表中选择Comp Camera（合成摄像机），如图15.514所示。此时，拖动时间线，从合成窗口中可以看到图片产生了很大的变化，其中一帧的画面如图15.515所示。

图15.514 物理学参数设置

图15.515 画面效果4

15.4.5 用空对象控制摄像机

步骤01 在Project（项目）面板中，选择"蓝色光带"和"彩光"两个合成素材，将其拖放到时间轴面板中的"Camera 1"层的下一层，如图15.516所示。

图15.516 添加合成素材

步骤02 打开"蓝色光带"和"彩光"合成层三维属性开关。将时间线调整到0:00:01:00的位置，选择"彩光"合成层，展开该层的Transform（变换）选项组，设置Anchor Point（锚点）的值为0,288,0、Orientation（方向）的值为0°,90°,0°、Opacity（不透明度）的值为0，并单击Opacity（不透明度）左侧的码表按钮，在当前位置设置关键帧，如图15.517所示。

图15.517 在0：00：01：00的位置设置关键帧

> **技巧** 只有打开三维属性开关的图层，才会跟随摄像机的运动而运动。

步骤03 将时间线调整到0:00:01:05的位置，单击Position（位置）左侧的码表按钮，在当前位置设置关键帧，并设置Position（位置）的值为740,288,0、Opacity（不透明度）的值为100%，如图15.518所示。

步骤04 将时间线调整到0:00:04:00的位置，修改Position（位置）的值为-20,288,0，单击Opacity（不透明度）左侧的Add or remove keyframe at current time（在当前位置添加或移除关键帧）按钮，添加一

个保持关键帧。将时间线调整到0:00:04:05的位置，修改Opacity（不透明度）的值为0，如图15.519所示。

图15.518 在0：00：01：05的位置设置关键帧

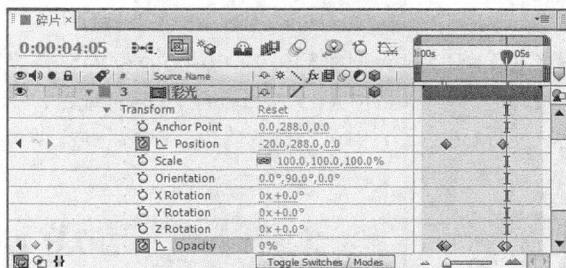

图15.519 在0：00：04：05的位置修改参数

> **技巧** 如果在某个关键帧之后的位置，单击Add or remove keyframe at current time（在当前位置添加或移除关键帧）按钮，则将添加一个保持关键帧，即当前帧的参数设置与上一帧的参数设置相同。

步骤05 在时间轴面板的空白处单击鼠标右键，在弹出的快捷菜单中选择New（新建）| Null Object（空对象）命令，时间轴面板中将会创建一个Null 1层，然后打开该层的三维属性开关，如图15.520所示。

图15.520 新建Null Object（空对象）

> **技巧** 在时间轴面板中，按Ctrl+Alt+Shift+Y组合键，可以快速创建Null Object（空对象）。

步骤06 在Camera 1层右侧的Parent（父级和链接）下拉列表中选择Null 1层，将"Null 1"层作为Camera 1层的父级，如图15.521所示。

图15.521 建立父子关系

技巧 建立父子关系后，子物体会跟随父物体一起运动。

步骤07 将时间线调整到0:00:00:00的位置，选择"Null 1"层，按R键，打开该层的旋转选项组，单击Orientation（方向）左侧的码表按钮，在当前位置设置关键帧，如图15.522所示。

图15.522 为Orientation（方向）设置关键帧

步骤08 将时间线调整到0:00:01:00的位置，修改Orientation（方向）的值为45°,0°,0°，并单击Y Rotation（y轴旋转）左侧的码表按钮，在当前位置设置关键帧，如图15.523所示。

图15.523 为Y Rotation（y轴旋转）设置关键帧

步骤09 将时间线调整到0:00:05:24的位置，修改Y Rotation（y轴旋转）的值为0×+120°，系统将在当前位置自动设置关键帧，如图15.524所示。

图15.524 修改Y Rotation（y轴旋转）的值为120

步骤10 将"Null 1"层的4个关键帧全部选中，按F9键，使曲线平缓地进入和离开，完成后的效果如图15.525所示。

图15.525 使曲线平缓地进入和离开

技巧 完成操作后，会发现关键帧的形状发生了变化，这样可以使曲线平缓地进入和离开，并使其不是匀速运动。执行菜单栏中的Animation（动画）|Keyframe Assistant（关键帧助理）|Easy Ease（缓动）命令，也可使关键帧的形状发生改变。

15.4.6 制作摄像机动画

步骤01 将时间线调整到0:00:00:00的位置，选择"Camera 1"层，按P键打开该层Position（位置）选项，单击Position（位置）左侧的码表按钮，在当前位置设置关键帧，并设置Position（位置）的值为0,0,-800，如图15.526所示。

图15.526 修改Position（位置）的值

步骤02 将时间线调整到0:00:01:00的位置，单击Position（位置）左侧的Add or remove keyframe at current time（在当前位置添加或移除关键帧）按钮，添加一个保持关键帧，如图15.527所示。

图15.527 添加一个保持关键帧

步骤03 将时间线调整到0:00:05:24的位置，设置Position（位置）的值为0，-800，-800；选择该层的后两个关键帧，按F9键，完成后的效果，如图15.528所示。

图15.528 设置位置的值

步骤04 将时间线调整到0:00:01:00的位置，选择"彩光"层，按U键打开该层的所有关键帧，将其全部选中，按Ctrl+C组合键，复制关键帧，然后选择"蓝色光带"层，按Ctrl+V组合键，粘贴关键帧，再按U键，效果如图15.529所示。

图15.529 复制关键帧

步骤05 将"蓝色光带"和"彩光"层的Mode（模式）修改为Screen（屏幕），并将"Null 1"层隐藏，如图15.530所示。

图15.530 修改图层的混合模式

步骤06 在Project（项目）面板中选择"扫光图片.jpg"素材，将其拖动到时间轴面板中，使其位于"彩光"合成层的下一层，并将其重命名为"扫光图片1"，如图15.531所示。

图15.531 添加"扫光图片1"素材

步骤07 确认当前选择的是"扫光图片1"层，将时间线调整到0:00:00:24的位置，按Alt+]组合键，为"扫光图片1"层设置出点，如图15.532所示。

图15.532 设置"扫光图片1"层的出点位置

步骤08 将时间线调整到0:00:01:00的位置，在时间轴面板中，选择除"扫光图片1"层以外的所有图层，然后按[键，为所选图层设置入点，完成后的效果如图15.533所示。

图15.533 为图层设置入点

步骤09 选择"扫光图片1"层，按S键，打开该层Scale（缩放）选项，在0:00:01:00的位置单击Scale（缩放）左侧的码表按钮，在当前位置设置关键帧，并修改Scale（缩放）的值为68，68，如图15.534所示。

图15.534 修改Scale（缩放）的值1

步骤10 将时间线调整到0:00:00:15的位置，修改Scale（缩放）的值为100,100，如图15.535所示。

图15.535 修改Scale（缩放）的值2

15.4.7 制作花瓣旋转

步骤01 在项目面板中选择"Logo"合成，按Ctrl+K组合键，打开ComPosition Settings（合成设置）对话框，设置Duration（持续时间）为0:00:03:00，如图15.536所示，单击OK（确定）按钮。双击打开"Logo"合成，此时合成窗口中的画面效果如图15.537所示。

图15.536 设置持续时间

图15.537 画面效果1

技巧 单击时间轴面板右上角的 按钮，从弹出的菜单中选择ComPosition Settings（合成设置）命令，也可打开ComPosition Settings（合成设置）对话框。

步骤02 在时间轴面板中，选择"花瓣""花瓣 副本""花瓣 副本2""花瓣 副本3""花瓣 副本4""花瓣 副本5""花瓣 副本6""花瓣 副本7"8个素材层，按A键，打开所选层的Anchor Point（锚点）选项，设置Anchor Point（锚点）的值为360,188，如图15.538所示。此时的画面效果如图15.539所示。

图15.538 设置锚点1

图15.539 画面效果2

步骤03 按P键，打开所选层Position（位置）选项，设置Position（位置）的值为360,188，如图15.540所示。画面效果如图15.541所示。

图15.540 设置位置1

图15.541 画面效果3

步骤04 将时间线调整到0:00:01:00的位置，单击Position（位置）左侧的码表按钮👌，在当前位置设置关键帧，如图15.542所示。

图15.542 在0:00:01:00的位置设置关键帧

步骤05 将时间线调整到0:00:00:00的位置，修改"花瓣"层Position（位置）的值为-723,259、"花瓣 副本"层Position（位置）的值为122,-455、"花瓣 副本2"层Position（位置）的值为-616,-122、"花瓣 副本3"层Position（位置）的值为-460,725、"花瓣 副本4"层Position（位置）的值为297,772、"花瓣 副本5"层Position（位置）的值为-252,-581、"花瓣 副本6"层Position（位置）的值为147,807、"花瓣 副本7"层Position（位置）的值为350,-170、参数设置如图15.543所示。

图15.543 修改Position（位置）的值

技巧 本步中采用倒着设置关键帧的方法来制作动画。这样制作是为了在0:00:00:00的位置，读者也可以根据自己的需要随便调节图像的位置，制作出另一种风格的汇聚效果。

步骤06 执行菜单栏中的Layer（图层）| New（新建）| Null Object（空对象）命令，创建一个"Null 2"层，按A键，打开该层的Anchor Point（锚点）选项，设置Anchor Point（锚点）的值为50,50，如图15.544所示。画面效果如图15.545所示。

图15.544 设置锚点2

图15.545 画面效果4

技巧 默认情况下，Null Object（空对象）的锚点在左上角，如果需要其围绕中心点旋转，必须调整锚点的位置。

步骤07 按P键，打开"Nwll 2"层Position（位置）选项，设置Position（位置）的值为360,188，如图15.546所示。此时空对象的位置如图15.547所示。

图15.546 设置位置2

图15.547 空对象的位置

步骤08 选择"花瓣""花瓣 副本""花瓣 副本2""花瓣 副本3""花瓣 副本4""花瓣 副本5""花瓣 副本6""花瓣 副本7"8个素材层，在所选层右侧的Parent（父级和链接）下拉列表中选择"2.Null 2"选项，建立父子关系。选择"Null 2"层，按R键，打开该层的Rotation（旋转）选项，将时间线调整到0:00:00:00的位置，单击Rotation（旋转）左侧的码表按钮，在当前位置设置关键帧，如图15.548所示。

图15.548 在0:00:00:00的位置设置关键帧

技巧 建立父子关系后，为"Null 2"层调整参数，设置关键帧，可以带动子物体层一起运动。

步骤09 将时间线调整到0:00:02:00的位置，设置Rotation（旋转）的值为1×+0°，如图15.549所示。然后将"Null 2"层隐藏。

图15.549 设置Rotation（旋转）的值

15.4.8 制作Logo定版

步骤01 在Project（项目）面板中，选择"光线.jpg"素材，将其拖动到时间轴面板中"天天卫视"层的上一层，并修改"光线.jpg"层的Mode（模式）为Add（相加），如图15.550所示。此时的画面效果如图15.551所示。

图15.550 添加素材

图15.551 画面效果1

技巧 在图层背景是黑色的前提下，修改图层的Mode（模式），可以将黑色背景滤去，只留下图层中的图像。

步骤02 按S键，打开"光线.jpg"层Scale（缩放）选项，单击Scale（缩放）右侧的Constrain Proportions（约束比例）按钮取消约束，并设置Scale（缩放）的值为100,50，如图15.552所示。

图15.552 设置缩放

步骤03 将时间线调整到0:00:01:00的位置，按P键，打开"光线.jpg"层Position（位置）选项，单击Position（位置）左侧的码表按钮🕐，设置Position（位置）的值为−421,366，如图15.553所示。

图15.553 设置"光线"位置参数

步骤04 将时间线调整到0:00:01:16的位置，设置Position（位置）的值为1057,366，如图15.554所示。拖动时间线，其中一帧的画面效果如图15.555所示。

图15.554 设置位置

图15.555 画面效果2

步骤05 选择"天天卫视"层，单击工具栏中的Rectangle Tool（矩形工具）▢，在合成窗口中绘制一个蒙版，如图15.556所示。

图15.556 绘制蒙版

步骤06 将时间线调整到0:00:01:13的位置，按M键，打开"天天卫视"层的Mask Path（蒙版路径）选项，单击Mask Path（蒙版路径）左侧的码表按钮🕐，在当前位置设置关键帧，如图15.557所示。

图15.557 设置关键帧

步骤07 将时间线调整到0:00:01:04的位置，修改Mask Path（蒙版路径）的形状，如图15.558所示。拖动时间线，其中一帧的画面效果如图15.559所示。

图15.558 修改蒙版路径   图15.559 画面效果3

技巧 在修改矩形蒙版的形状时，可以使用Selection Tool（选择工具）在蒙版的边框上双击，使其出现选框，然后拖动选框的控制点，即可修改矩形蒙版的形状。

15.4.9 制作最终合成

步骤01 执行菜单栏中的ComPosition（合成）| New ComPosition（新建合成）命令，新建一个ComPosition

Name（合成名称）为"最终合成"、Width（宽度）为"720"、Height（高度）为"576"、Frame Rate（帧速率）为"25"，Duration（持续时间）为0:00:08:00的合成。

步骤02 在Project（项目）面板中，选择"Logo"和"碎片"合成，将其拖动到"最终合成"合成的时间轴面板中，如图15.560所示。

图15.560 添加"Logo""碎片"合成素材

步骤03 将时间线调整到0:00:05:00的位置，选择"Logo"层，将其入点设置到当前位置，如图15.561所示。

图15.561 调整"Logo"层的入点

技巧 在调整图层入点位置时，可以按住Shift键拖动持续时间条，这样具有吸附功能，便于操作。

步骤04 按T键，打开"Logo"层的Opacity（不透明度）选项，单击Opacity（不透明度）左侧的码表按钮，在当前位置设置关键帧，并设置Opacity（不透明度）的值为0。

步骤05 将时间线调整到0:00:05:08的位置，修改Opacity（不透明度）的值为100%，如图15.562所示。

图15.562 设置Opacity（不透明度）的值

步骤06 选择"碎片"合成层，按Ctrl+Alt+R组合键，将"碎片"的时间倒播，完成效果如图15.563所示。

图15.563 将时间倒播

步骤07 这样就完成了"天天卫视"的整体制作，按小键盘上的0键播放预览。最后将文件保存并输出成动画。

第 ⑯ 章
常见格式的输出与渲染

内容摘要

　　本章主要讲解影片渲染和输出的相关设置。在影视动画制作过程中，渲染是经常要用到的操作，一部制作完成的动画要按照需要的格式渲染输出，制作成电影作品。渲染及输出的时间长度与影片的长度、内容的复杂度和画面的大小等方面有关，不同影片的输出时间有时相差很大。本章主要讲解常见格式的输出与渲染技巧。

教学目标

- 了解渲染工作区的设置
- 掌握常见动画及图像格式的输出方法
- 掌握音频的输出方法

16.1 渲染工作区的设置

难易程度： ★☆☆☆☆

实例说明： 我们制作的动画有时并不需要将全部内容输出，此时可以通过设置渲染工作区设置输出的范围，以输出自己最需要的动画部分，本例讲解渲染工作区的设置方法。

工程文件： 第16章\舞动的精灵

知识点

- 了解渲染工作区的设置

操作步骤

步骤01 执行菜单栏中File （文件）|Open Project （打开项目）命令，弹出"打开"对话框，打开配套资源中的"工程文件\第16章\舞动的精灵\舞动的精灵.aep"文件。

步骤02 渲染工作区位于时间轴面板中，由Work Area Start（开始工作区）和Work Area End（结束工作区）控制渲染区域，如图16.1所示。

图16.1　渲染区域

步骤03 在时间轴面板中，将鼠标指针放在Work Area Start（开始工作区）位置，当鼠标指针变成双箭头时按住鼠标左键向左或向右拖动，即可修改开始工作区的位置，操作方法如图16.2所示。

图16.2　手动操作开始工作区

步骤04 使用同样的方法，将鼠标指针放置在Work Area End（结束工作区）位置，当鼠标指针变成双箭头时按住鼠标左键向左或向右拖动，即可修改结束工作区的位置，如图16.3所示。调整完成后，渲染工作区即被修改。这样在渲染时，就可以通过设置渲染工作区来渲染工作区内的动画。

图16.3 手动操作结束工作区

16.2 输出SWF格式

难易程度： ★☆☆☆☆

实例说明： 使用After Effects制作的动画，有时候需要发布到网络上，用于网络发布的视频越小，加载的速度也就越快，这样就会大大提高被浏览的概率，而网络上应用比较多的格式就是SWF格式，本例讲解SWF格式的输出方法。

工程文件： 第16章\延时光线

知识点

● 学习SWF格式的输出方法

操作步骤

步骤01 执行菜单栏中File（文件）|Open Project（打开项目）命令，弹出"打开"对话框，打开配套资源中的"工程文件\第16章\延时光线\延时光线.aep"文件。

步骤02 执行菜单栏中File（文件）|Export（输出）|Adobe Flash Player（SWF）命令，打开"另存为"对话框，如图16.4所示。

图16.4 设置"另存为"对话框

步骤03 在"另存为"对话框中，设置合适的文件名称及保存位置，然后单击"保存"按钮，打开SWF Settings（SWF设置）对话框，如图16.4所示。一般在网页中，动画都是循环播放的，所以这里要勾选Loop Continuously（循环播放）复选框，如图16.5所示。

图16.5 设置SWF 设置对话框

提示

▶ JPEG Quality（图像质量）：设置SWF动画质量。可以通过直接输入数值来修改图像质量，值越大，质量也就越好。还可以直接通过选项来设置图像质量，包括Low（低）、Medium（中）、High（高度）和Maximum（最佳）4个选项。

▶ Unsupported Features（不支持特效）：该项用于处理当遇到SWF格式文件不支持的效果时的调整方式。其中Ignore（忽略）表示忽略不支持的效果，Rasterize（栅格化）表示将不支持的效果栅格化，保留特效。

▶ Audio（音频）：主要用于对输出的SWF格式文件的音频质量进行设置。

▶ Loop Continuously（循环播放）：勾选该复选框，可以将输出的SWF文件连续热循环播放。

▶ Prevent Import（防止导入）：勾选该复选框，可以防止导入程序文件。

▶ Include Object Names（包含对象名称）：勾选该复选框，可以保留输出的对象名称。

▶ Include Layer Marker Web Links（包含层链接信息）：勾选该复选框，将保留层中标记的网页链接信息，可以直接将文件输出到互联网上。

▶ Flatten Illustrator Artwork：如果合成项目中包含纯色层或Illustrator素材，建议勾选该复选框。

步骤04 参数设置完成后，单击OK（确定）按钮，完成输出设置，此时会弹出一个输出对话框，显示输出的进程信息，如图16.6所示。

图16.6 输出进程信息

步骤05 输出完成后，打开资源管理器，找到输出的文件位置，可以看到输出的SWF格式动画效果，如图16.7所示。

图16.7 渲染后效果

> **提示** 将影片输出后，如果计算机中没有安装Flash播放器，将不能打开该文件，还需要安装一个播放器才能进行浏览。

16.3 输出AVI格式文件

难易程度： ★☆☆☆☆

实例说明： AVI格式是视频中非常常用的一种格式，它不但占用空间少，而且压缩失真较小，本例讲解将动画输出成AVI格式的方法。

工程文件： 第16章\流光线条

知识点
● 学习AVI格式的输出方法

操作步骤

步骤01 执行菜单栏中File（文件）|Open Project（打

开项目）命令，弹出"打开"对话框，打开配套资源中的"第16章\流光线条\流光线条.aep"文件。

步骤02 执行菜单栏中ComPosition（合成）|Add to Render Queue（添加到渲染队列）命令，或按Ctrl+M组合键，打开Render Queue（渲染队列）面板，如图16.8所示。

图16.8 Render Queue（渲染队列）面板

步骤03 单击Output Module（输出模块）右侧的lossless（无损）文字部分，打开Output Module Settings（输出模块设置）对话框，从Format（格式）下拉列表选择AVI格式，单击OK（确定）按钮，如图16.9所示。

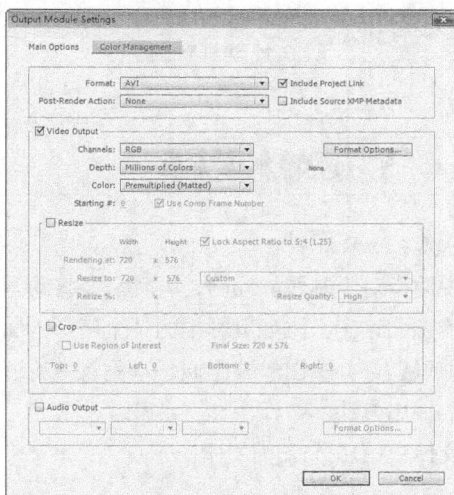

图16.9 设置输出模块

步骤04 单击Output To（输出到）右侧的文件名称文字部分，打开Output Movie To（将影片输出到）对话框，选择输出文件存放的位置。

步骤05 输出的路径设置好后，单击Render（渲染）按钮开始渲染影片，渲染过程中Render Queue（渲染队列）面板上方会显示进度条，渲染完毕后会有声音提示，如图16.10所示。

图16.10 渲染中效果

步骤06 渲染完毕后，在设置的输出文件文件夹里可找到AVI格式文件，如图16.11所示。双击该文件，可在播放器中打开播放影片。

图16.11 渲染后效果

16.4 输出单帧图像

难易程度： ★☆☆☆☆

实例说明： 对于制作的动画，有时需要将动画中某一帧的画面输出，比如电影中的某个精彩画面等，这时就可以选择输出单帧图像，本例就来讲解单帧图像的输出方法。

工程文件： 第16章\滴血文字

知识点

● 学习单帧图像的输出方法

操作步骤

步骤01 执行菜单栏中File（文件）|Open Project（打开项目）命令，弹出"打开"对话框，打开配套资源中的"工程文件\第16章\滴血文字\滴血文字.aep"文件。

步骤02 在时间轴面板中，将时间线调整到要输出的那一帧画面的位置，执行菜单栏中ComPosition（合成）| Save Frame As（帧另存为）| File（文件）命令，弹出选择单帧图像保持位置的对话框，在其中设置好保存位置并确认后，将打开Render Queue（渲染队列）面板，如图16.12所示。

图16.12 渲染队列面板

步骤03 单击Output Module（输出模块）右侧Photoshop文字，打开Output Module Settings（输出模块设置）对话框，从Format（格式）下拉列表选择某种图像格式，比如JPEG Sequence格式，单击OK（确定）按钮，如图16.13所示。

图16.13 设置输出模块

步骤04 单击Output To（输出到）右侧的文件名称文字部分，打开Output Movie To（将影片输出到）对话框，选择输出文件存放的位置。

步骤05 输出文件的路径设置好后，单击Render（渲染）按钮开始渲染影片，渲染过程中Render Queue（渲染队列）面板上方会显示进度条，渲染完毕后会有声音提示，如图16.14所示。

图16.14 渲染中效果

步骤06 渲染完毕后，在设置的文件保存文件夹里可找到JPEG格式的单帧图片，如图16.15所示。

图16.15 渲染得到的单帧图片

16.5 输出序列图片

难易程度： ★☆☆☆☆

实例说明： 序列图片在动画制作中非常实用，特别是与其他软件配合时，例如在3ds Max、Maya等软件中制作特效，然后应用在After Effects中时；有时也需要将After Effects中制作的动画输出成序列图片用于其他用途，本例就来讲解序列图片的输出方法。

工程文件： 第16章\数字人物

知识点
- 学习序列图片的输出方法

操作步骤

步骤01 执行菜单栏中File（文件）|Open Project（打开项目）命令，弹出"打开"对话框，打开配套资源中的"工程文件\第16章\数字人物\数字人物.aep"文件。

步骤02 执行菜单栏中ComPosition（合成）| Add to Render Queue（添加到渲染队列）命令，或按Ctrl+M组合键，打开Render Queue（渲染队列）面板，如图16.16所示。

图16.16 打开渲染队列面板

步骤03 单击Output Module（输出模块）右侧的lossless（无损）文字部分，打开Output Module Settings（输出模块设置）对话框，从Format（格式）下拉列表选择Targa Sequence格式，单击OK（确定）按钮，如图16.17所示。

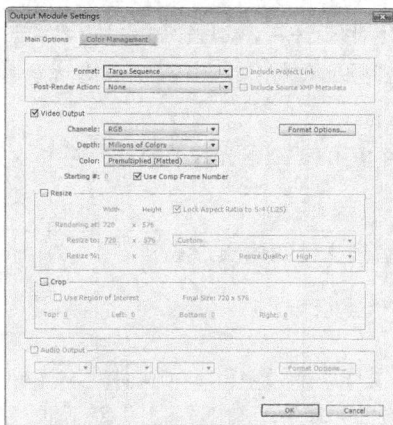

图16.17 选择TGA格式

步骤04 单击Output To（输出到）右侧的文件名称文字部分，打开Output Movie To（将影片输出到）对话框，选择输出文件存放的位置。

步骤05 输出的路径设置好后，单击Render（渲染）按钮开始渲染影片，渲染过程中Render Queue（渲染队列）面板上方会显示进度条，渲染完毕后会有声音提示，如图16.18所示。

图16.18 渲染中效果

步骤06 渲染完毕后，在设置的输出文件文件夹里可找到TGA格式序列图，如图16.19所示。

图16.19 渲染得到的序列图

16.6 输出音频文件

难易程度： ★☆☆☆☆

实例说明： 对于动画来说，有时候并不需要动画画面，而只需要动画中的音乐，如对一部电影或动画中的音乐非常喜欢，想将其保存下来，此时就可以只将音频文件输出，本例就来讲解音频文件的输出方法。

工程文件： 第16章\电光线效果

- 学习音频文件的输出方法

操作步骤

步骤01 执行菜单栏中File（文件）|Open Project（打开项目）命令，弹出"打开"对话框，打开配套资源中的"工程文件\第16章\电光线效果\电光线效果.aep"文件。

步骤02 在时间轴面板中，执行菜单栏中ComPosition（合成）|Add to Render Queue（添加到渲染队列）命令，或按Ctrl+M组合键，打开Render Queue（渲染队列）面板，如图16.20所示。

图16.20 Render Queue（渲染队列）面板

步骤03 单击Output Module（输出模块）右侧的lossless（无损）文字部分，打开Output Module Settings（输出模块设置）对话框，从Format（格式）下拉列表选择WAV格式，单击OK（确定）按钮，如图16.21所示。

步骤04 单击Output To（输出到）右侧的文件名称文字部分，打开Output Movie To（将影片输出到）对话框，选择输出文件存放的位置。

步骤05 输出的路径设置好后，单击Render（渲染）按钮开始渲染影片，渲染过程中Render Queue（渲染队列）面板上方会显示进度条，渲染完毕后会有声音提示。

图16.21 设置参数

步骤06 渲染完毕后，在设置的输出文件文件夹里可找到WAV格式文件，如图16.22所示。双击该文件，可在播放器中播放音频，如图16.23所示。

图16.22 渲染后得到的文件

图16.23 播放音频